民族文字出版专项资金资助项目

青藏高原农牧区温室大棚果蔬栽培技术指导丛书

སྐྱེ་དངོས་ཞིང་སྨན་ཚན་རིག་བེད་སྤྱོད་ལག་རྩལ།

生物农药科学使用技术

（汉藏对照）

《生物农药科学使用技术》编委会　编

《སྐྱེ་དངོས་ཞིང་སྨན་ཚན་རིག་བེད་སྤྱོད་ལག་རྩལ》རྩོམ་སྒྲིག་ཨུ་ཡོན་ལྷན་ཁང་གིས་བསྒྲིགས།

扎西才让　译

བཀྲ་ཤིས་ཚེ་རིང་གིས་བསྒྱུར།

青海人民出版社

图书在版编目（CIP）数据

生物农药科学使用技术 ：汉藏对照 / 《生物农药科学使用技术》编委会编 ；扎西才让译. -- 西宁 : 青海人民出版社，2021.6（2022.11重印）
（青藏高原农牧区温室大棚果蔬栽培技术指导丛书 / 胡小朋主编）
ISBN 978-7-225-06173-3

Ⅰ. ①生… Ⅱ. ①生… ②扎… Ⅲ. ①生物农药－农药施用－汉、藏 Ⅳ. ① S482.1

中国版本图书馆CIP数据核字(2021)第111920号

青藏高原农牧区温室大棚果蔬栽培技术指导丛书
胡小朋 主编
生物农药科学使用技术（汉藏对照）
《生物农药科学使用技术》编委会 编
扎西才让 译

出 版 人 樊原成
出版发行 青海人民出版社有限责任公司
西宁市五四西路 71 号 邮政编码：810023 电话：（0971）6143426（总编室）
发行热线 （0971）6143516/6137730
网　　址 http://www.qhrmcbs.com
印　　刷 青海新华民族印务有限公司
经　　销 新华书店
开　　本 890mm × 1240mm 1/32
印　　张 8.125
字　　数 240 千
版　　次 2021 年 8 月第 1 版 2022 年 11 月第 3 次印刷
书　　号 ISBN 978-7-225-06173-3
定　　价 35.00 元

《生物农药科学使用技术》编委会

主　　编：胡小朋
副 主 编：陆一林　李育静
编写人员：马　婷　许安洁　刘小虎

《སྐྱེ་དངོས་ཞིང་སྨན་ཚན་རིག་བེད་སྤྱོད་ལག་རྩལ》

རྩོམ་སྒྲིག་ཨུ་ཡོན་ལྷན་ཁང་།

གཙོ་སྒྲིག་པ། ཧུའུ་ཞའོ་ཕུན།

གཙོ་སྒྲིག་གཞོན་པ། ལུའུ་དབྱི་ལིན། ལི་ཡུས་ཅིན།

རྩོམ་འབྲི་མི་སྣ། མ་ཐེང་། ཞུས་ཨན་ཅེ། ལིའུ་ཞའོ་ཧུའུ།

目 录
MU LU

第一章 生物农药的基本知识 //1

第一节 生物农药的概述 //1

第二节 生物农药的登记现状 //16

第三节 生物农药的常用剂型 //17

第二章 生物农药的品种简介 //27

第一节 微生物农药 //27

第二节 植物源农药 //44

第三节 生物化学农药 //54

第三章 生物农药的科学使用 //69

第一节 生物农药的选购与识别 //69

第二节 生物农药的安全施用 //73

第三节 安全使用原则及废弃物的处置 //81

第四节 几种常用生物农药的国家标准残留限量 //85

དཀར་ཆག

ལེའུ་དང་པོ། སྐྱེ་དངོས་ཞིང་སྨན་གྱི་གཞི་རྩའི་ཤེས་བྱ། // 93

ཚན་པ་དང་པོ། སྐྱེ་དངོས་ཞིང་སྨན་གྱི་སྤྱི་བཤད། // 93

ཚན་པ་གཉིས་པ། སྐྱེ་དངོས་ཞིང་སྨན་ཐོ་འགོད་བྱས་པའི་གནས་ཚུལ། // 122

ཚན་པ་གསུམ་པ། སྐྱེ་དངོས་ཞིང་སྨན་གྱི་རྒྱུན་སྤྱོད་སྨན་གྱི་བཟོ་དབྱིབས། // 124

ལེའུ་གཉིས་པ། སྐྱེ་དངོས་ཞིང་སྨན་གྱི་རིགས་ངོ་སྤྲོད་མདོར་བསྡུས། // 142

ཚན་པ་དང་པོ། སྐྱེ་དངོས་ཕྲ་རབ་ཀྱི་ཞིང་སྨན། // 142

ཚན་པ་གཉིས་པ། རྩི་ཤིང་ལས་བྱུང་བའི་ཞིང་སྨན། // 172

ཚན་པ་གསུམ་པ། སྐྱེ་དངོས་རྫས་འགྱུར་གྱི་ཞིང་སྨན། // 191

ལེའུ་གསུམ་པ། སྐྱེ་དངོས་ཞིང་སྨན་གྱི་ཚན་རིག་དང་མཐུན་པའི་བེད་སྤྱོད། // 217

ཚན་པ་དང་པོ། སྐྱེ་དངོས་ཞིང་སྨན་འདེམས་ཉོ་དང་དབྱེ་འབྱེད་ངོས་འཛིན། // 217

ཚན་པ་གཉིས་པ། སྐྱེ་དངོས་ཞིང་སྨན་གྱི་བདེ་འཇགས་བེད་སྤྱོད། // 224

ཚན་པ་གསུམ་པ། བདེ་འཇགས་སྒོས་བེད་སྤྱོད་བྱེད་པའི་རྩ་དོན་དང་སྙིགས་རོ་གཙང་བཅོས་བྱེད་སྟངས། // 240

ཚན་པ་བཞི་པ། རྒྱུན་སྤྱོད་སྐྱེ་དངོས་ཞིང་སྨན་རིགས་འགའི་རྒྱལ་ཁབ་ཀྱི་འཕྲོ་ལུས་ཚད་བཀག་ཚད་གཞི། // 246

第一章　生物农药的基本知识

第一节　生物农药的概述

一、生物农药的概念

广义上生物农药是指直接利用生物产生的生物活性物质或生物活体作为农药，以及人工合成的与天然化合物结构相同的农药。狭义上生物农药是指用来防治农业病、虫、草、鼠害和卫生害虫等有害生物的生物活体及其生理活性物质，并可以制成商品上市流通的生物源制剂，包括微生物源（细菌、病毒、真菌及其次级代谢产物等）、植物源、动物源和抗病虫草害的转基因植物等。按照联合国粮农组织的标准，生物农药一般是天然化合物或遗传基因修饰剂，主要包括生物化学农药（信息素、激素、植物调节剂、昆虫生长调节剂）和微生物农药（真菌、细菌、昆虫、病毒、原生动物，或经遗传改造的微生物）。

二、生物农药的分类

在中国，传统的生物农药仅指微生物农药。随着科学技术的迅速发展，对生物农药的概念和类别的研究也备受关注。张兴等在2002年系统地提出了生物农药的概念、分类及特征，得到了业界的认可。生物农药是指能来防除病、虫、草等有害生物的生物体本身及源于生物，并可作为“农药”的各种生理活性物质。

在2017年11月施行的《农药登记资料要求》中，虽然没有明确生物农药的定义，但按照来源将农药分为化学农药、生物化学农药、微生物农药、植物源农药，其中微生物代谢物（农用抗生素）在登记方面要求等同于化学农药，不过一直没有明确的定义。

此前一般认为生物农药包含后3类，即生物化学农药、微生物农药（含农药抗生素）和植物源农药。但是需要特别注意的是，2019年8月，农业农村部在十三届全国人大会议的答复中明确指出，生物农药主要包括生物化学农药、微生物农药和植物源农药，农用抗生素不包括在内。至此，农用抗生素从生物农药中彻底除名。

综上所述，生物农药包括生物体农药和生物化学农药两类。生物体农药是指用来防除病、虫、草等有害生物的商品活体生物，如转基因作物、天敌昆虫、真菌、细菌、病毒、线虫、微孢子生物等。生物化学农药是指从生物体中分离出的、具有一定化学结构的、对有害生物具有抑制作用的生物活性物质。该物质若可人工合成，则合成物结构必须与天然物质完全相同（允许所含异构体在比例上的差异），如植物源昆虫激素、昆虫信息素等。

- 生物农药
  - 生物体农药
    - 植物体农药：转基因作物等
    - 动物体农药：天敌昆虫、捕食螨、转基因昆虫等
    - 微生物体农药：真菌、细菌、病毒、线虫、微孢子生物等
  - 生物化学农药
    - 植物源生物化学农药：毒素、激素、防卫素、植物源昆虫激素等
    - 动物源生物化学农药：昆虫信息素、昆虫激素、毒素等
    - 微生物源生物化学农药：毒素类等

图1　生物农药的分类

三、生物农药的特点

(一)选择性强，对人畜安全

目前，市场上开发并大范围应用成功的生物农药产品，它们只对病虫害有作用，一般对人、畜及各种有益生物(包括动物天敌、昆虫天敌、蜜蜂、传粉昆虫及鱼、虾等水生生物)比较安全，对非靶标生物的影响也比较小。

(二)对生态环境影响小

生物农药控制有害生物的作用，主要是利用某些特殊微生物或微生物的代谢产物所具有的杀虫、防病、促生功能，其有效活性成分完全存在和来源于自然生态系统。生物农药的最大特点是极易被日光、植物或各种土壤微生物分解，是一种来自自然、归于自然的正常物质循环方式。因此，可以认为生物农药对自然生态环境安全、无污染。

(三)可以诱发害虫流行病

一些生物农药品种(昆虫病原真菌、昆虫病毒、昆虫微孢子虫、昆虫病原线虫等)，具有在害虫群体中水平或经卵垂直传播的能力，在野外一定的条件之下，具有定殖、扩散和发展流行的能力。不但可以对当年当代的有害生物发挥控制作用，而且对后代或者翌年的有害生物种群起到一定的抑制作用，具有明显的后效作用。

(四)原材料来源广泛

目前，国内生产加工生物农药，一般主要利用天然可再生资源(如农副产品的玉米、豆饼、鱼粉、麦麸或某些植物体等)，原材料的来源十分广泛，生产成本比较低廉。

(五)害虫不易产生抗性

生物农药一般有效成分较多，对害虫的作用位点更多，因而害虫不易产生抗性，或产生抗性时间较长。

四、我国生物农药的发展回顾

我国生物农药的研究从 20 世纪 50 年代开始，至今已有 70 多年的历史。回顾生物农药的发展历程，大致可以分为以下几个阶段：

（一）从 20 世纪 50 年代初到 70 年代末，仿制或直接引进国外成果，成功研发了一批生物农药品种

我国在 1959 年于苏联引进苏云金杆菌杀虫剂，简称 Bt 杀虫剂，1965 年在武汉建成了国内第一个苏云金杆菌杀虫剂工厂，此后开始生产苏云金杆菌杀虫剂，叫“青虫菌”；随后我国自己筛选生产的苏云金芽孢杆菌株，被命名为“7216”。农用抗生素方面则参照日本的研究成果多氧霉素、有效霉素、灭瘟素和春雷霉素，先后筛选并获得灭瘟素（1959）、春雷霉素（1964）、多抗霉素（1967）和井冈霉素 (1973) 的产生菌，并投厂生产农用抗生素产品，为我国农用抗生素的发展打下了坚实的基础。1970 年，国务院发布《积极推广微生物农药》的文件，使生物农药迎来了第一个春天。我国研制成功的公主岭霉素、井冈霉素和多效霉素 3 种生物农药，在 20 世纪 70 年代末获得国家科委发明三等奖，特别是成功研制的井冈霉素杀菌剂，开辟了生物农药的第一个里程碑。

（二）从 20 世纪 80 年代初到 90 年代中期，生物农药进入相对规范稳定的发展阶段，成为无公害农药制剂中的主力军

1984 年，国家恢复农药登记管理制度，重新对生物农药进行登记，注册了 9 个品种，到 1995 年底又临时登记了 10 个品种，规范了生物农药的生产、布点和应用。正式登记品种中有春雷霉素、井冈霉素、公主岭霉素、农抗 120、多抗霉素、硫酸链霉素、灭瘟素、赤霉素和苏云金杆菌，临时登记品种中增加了棉铃虫核型多角体病毒、阿维菌素、印楝素、浏阳霉素和苦参碱等生物农药，使生物农药进入了相对稳定的发展阶段。同时，国家开始重视生物农药

的研究，将生物防治研发列入国家“七五”“八五”计划攻关课题，为后来的生物农药新品种的研发成功和商品化做出了积极贡献。在这个阶段特别要指出的是，1992—1994年，农业生产中主要害虫棉铃虫大发生，从美国引进的苏云金杆菌库斯塔克亚种HD-1为主的苏云金杆菌制剂在防治该类害虫中发挥了重要的作用。1991年年产苏云金杆菌制剂量为3500吨，1994年快速发展到3万吨，使苏云金杆菌成为活体微生物农药最重要的品种，这一研究成果获得国家科技进步二等奖。随后研制成功阿维菌素品种，成为继井冈霉素之后开创的生物农药的第二个里程碑。

（三）1994—2001年，生物农药进入快速健康的发展阶段

1994年，我国将生物农药研制和环境保护列入《中国21世纪议程》的白皮书，农业部为此专门成立了中国绿色食品发展中心，从政府层面规范了绿色农业的发展，同时制定了绿色食品生产中使用生物农药防治病、虫、草害的标准，促进了生物农药的发展。科技部还将生物农药列入国家“九五”攻关课题计划和“863”计划中，提出产业化的要求，进一步加快了生物农药商品化的步伐。截至2001年底，已形成40多家研究机构、由600多人组成的专业研发队伍和接近200家的生产企业；累计登记注册的生物农药有效成分品种达到80个，占我国农药总有效成分品种的13.9%；登记产品696个，占注册登记农药产品的7.3%；年产11万吨以上，占总产量的11%；年产值约18亿元人民币，占总产值的8%～9%；使用面积达4亿～5亿亩次，约占总应用面积的9%～10%。苏云金杆菌和农用抗生素的整体水平达到国际先进水平，迎来生物农药发展的第二个春天，同时为我国生产绿色食品和无公害食品做出了重要贡献。

（四）2001年至今，生物农药进入关键技术核心发展阶段

目前，国内已相继建成一批生物科技重大基础设施，在生物农药的资源筛选评价、发酵工程、遗传工程、产后加工和工程化示

范验证等方面已自成体系，逐年加快研究开发步伐，逐步完善研发体系。在技术水平方面，我国已经掌握了多种生物农药的关键技术和产品研制的技术，研发水平与世界水平相当。在虫生真菌、人造赤眼蜂技术的工业化生产技术与应用技术、捕食螨商品化、植物线虫的生防制剂等技术领域方面领先国际；昆虫性诱剂在害虫综合防治中的作用受到广大农户的认可，昆虫性诱剂在虫情监测、诱杀成虫、干扰交配、保护天敌、减少污染等方面具有十分明显的优势。我国目前已有多个生物农药产品获得了广泛应用，其中微生物农药中应用最广泛的是苏云金杆菌，发现了 140 多种晶体毒素，每年全球市场销售 48 亿美元的苏云金杆菌产品。目前，使用面积最大、防效最显著的一类生物制剂是农用抗生素，主要包括阿维菌素、井冈霉素、武夷菌素、多氧霉素、农抗 120、中生菌素。植物源农药在我国农业生产上也获得了广泛应用，其中化学物质如萜烯类、生物碱、类黄酮、甾体、酚类、独特氨基酸和多糖等均具有杀虫和抗菌活性。昆虫病毒防治虫害的应用在我国取得了很大进步，目前已知至少有 20 余类昆虫病毒，包括核型多角体病毒、质型多角体病毒和颗粒体病毒等。防治对象主要为鳞翅目、双翅目、膜翅目和鞘翅目害虫。

我国从 2014 年开始大力推进低毒低残留农药示范补贴工作。每年在 10 个省份实施低毒生物农药补贴试点，引导农民使用低毒低残留生物农药。在上海、山东等地启动生物农药补贴试点工作的实践经验证明，实施补助政策是推广低毒生物农药应用的好办法，有利于规范农民合理使用农药，从源头控制住农药残留，减少对环境的污染，保障农产品的质量安全。据悉，在食品安全和农村环境治理的迫切要求下，政策将强力扶持低毒高效和生物农药的推广，并将大幅提升市场需求，推动行业扩容。

五、我国生物农药产业面临的挑战及发展瓶颈

尽管生物农药的应用推广面积呈稳步上升的趋势，但生物农药在农业生产中的普及和应用步伐十分缓滞呈现出强烈的反差，生物源农药在整个农药产业中的比重还很低，且与欧美发达国家相比仍存在不小的差距。据近年来多地的调查，我国一些地区种植的水果、蔬菜等农作物产品因用药次数过多，病虫害的抗药性增加和农药残留等诸多问题，以及大气、水域、食品的污染，使食品安全与环境安全的问题受到了广泛的关注。人们呼吁加快生物农药产业的发展与生物防治技术的应用。然而，从目前生物农药的使用现状来看，由于生物农药见效慢、无化学农药防效高、使用技术要求高等限制了生物农药的应用。针对生物农药产业发展的瓶颈所需解决的主要问题：①解决微生物产品的货架期，加强产品制剂稳定性研究开发；②与化学农药轮用或混用技术，减少化学防治等综合配套技术；③生物农药产品及其解决方案配套技术体系的应用。

我国生物农药行业虽然队伍整体素质较高，研发体系完善，但产业化水平不高。目前，我国生物农药的种类和数量都还难以满足市场需求。我国生物农药仅占 5% ~ 7% 的市场，许多重大有害生物都缺乏相应的生物农药。同时，我国发展生物农药还面临严峻的国际竞争和挑战。发达国家一方面将高污染、高能耗的化学农药工业向我国转移；另一方面在其国内对生物农药研发、市场准入、农药残留标准、化学农药使用限制、政府财政补贴等多方面出台一系列积极政策，促进生物农药产业发展；同时还在我国积极布局，参股、控股和收购我国生物农药企业。一旦发达国家的生物农药产业达到了优势控制地位，不仅将挤压我国农药工业的发展空间，而且必将波及我国农林及相关产业的发展。

为解决我国的生物农药“产、学、研、销、用”脱节，企业小而分散，原始创新能力不强的问题，国内首个生物农药与生物防治产业技术创新联盟于2013年10月11日经科技部审批公示，联盟由中国农业科学院植物保护研究所牵头组织，并于2014年3月22日在北京召开联盟理事会成立大会且举行授牌仪式。截至目前，联盟理事会已发展会员单位149家，占生物农药生产研发单位总数的50%以上。初步统计，现联盟理事会会员单位总体销售额情况预计占国内生物农药行业总体产值的60%左右。联盟以科技创新为指导，以组织技术研发、成果转化和健全创新体系为重点，带动和促进产业技术进步，推动产业结构调整和优化升级。为提升我国生物农药与生物防治技术产业的国际竞争力和健康快速发展，联盟还组织成员进行了病虫害生物防治技术试验示范：

（1）由联盟成员武汉武大绿洲生物技术有限公司、湖北康欣药业有限公司、福建艳璇生物防治技术有限公司等单位在湖北茶叶主产区英山县开展了茶园绿色防控示范项目，以英山县茶叶主产区温泉镇、杨柳镇、红山镇为主，建立茶叶绿色防控高标准示范园3个，示范面积1000亩，辐射带动面积3.75万亩以上。示范区茶园病虫总体防效达85%以上，茶园病虫害损失率控制在2%以内，全年减少用药2 ~ 3次，用药量降低10% ~ 20%，平均节省农药成本13.8元/亩，茶产品达到绿色食品标准，实现每亩平均节约成本增收1800元。

（2）由湖北生物农药工程技术研究中心、中国农业科学院植物保护研究所、陕西绿盾生物制品有限公司等单位参加，在湖北利川市进行了高山蔬菜病虫害生物防治集成示范，示范面积1000亩，蔬菜主要品种有芹菜、大白菜等。示范区虫害防治效果达到90%，病害防治效果达到80%，所有产品都达到绿色食品标准。

（3）由江苏省农业科学院植物保护研究所、中国农业科学院植物保护研究所、浙江桐庐汇丰生物化工有限公司等单位参加，在江苏省泗阳县李口镇和鹿集镇开展示范项目，示范面积2万亩。主要应用芽孢杆菌、苏云金杆菌、寄生蜂、井冈霉素等生物农药，病虫害防治效果达 80% 以上，得到了当地农民的认可。

六、我国生物农药产业创新发展的主体布局

随着全球可持续发展潮流的兴起，绿色生产或绿色制造已成为未来产业发展的必然趋势。20 世纪 90 年代，随着人类对环境的要求越来越高，要求农药必须向低毒、无公害方向发展。生物农药正是这样一类既满足上述要求又与环境相容的绿色农药，它与化学农药相比，具有选择性强、无污染、不易产生抗药性、不破坏生态环境且生产原料广泛等特点，应用前景广阔。发展生物农药，寻求新的开发点，正是目前农药科研人员努力的方向。生物农药将在生物农业领域起到重要支撑作用，并逐步发展成为战略性新兴产业。生命科学前沿技术的不断更新，为生物农药发展提供了全新的技术途径。出现了一批新的研究领域和具有重大应用潜力的新技术及新产品。主要代表性产业分析如下：

（一）以免疫诱抗剂为代表的新生物农药品种将成为行业热点

随着对植物自然免疫抗性和诱导系统性获得抗性研究的不断深入，植物免疫诱导和激发子研究是近年绿色生态农药研究中新的增长点。近年来，除了各种类型的蛋白激发子不断被发现外，激发子作用的分子靶标、分子机制研究亦不断深入，并主要集中在激发子受体、诱导免疫反应的信号通路、有关技术的突破将促进植物免疫诱抗剂的快速发展。作为一类新型的多功能生物制品，已有部分产品（如蛋白激发子、寡糖、脱落酸、枯草芽孢杆菌及木霉等）在国内管理部门登记注册，并得到大面积的推广应用。这些免疫诱抗药物的共同突出特点不同于传统的杀菌剂，并不直接杀死病原菌，而是通过调节植物的新陈代谢，激活植物自身的免疫系统和生长系统，诱导植物产生广谱性的抗病、抗逆能力。近年来，植物免疫诱抗剂的研发与应用在应用绿色生物防治手段防治植物病虫害的基础上又有了新的突破。以往创制控制植物病害药物的基本原则，大都以病原菌为靶标，以能快速全面杀死靶标为目标，忽视了被病原菌危害的寄主植物自身对这些外来生物的抵抗能力。而今利用植物的诱导免疫抗性，恰恰是重视了植物的生长规律及其自身对病害发生的潜在控制能力而制定的防治对策。提高植物自身的抗病水平，减少对化学农药的防病依赖，可从根本上减少农药的过度使用对环境和农产品带来的污染。

（二）恢复土壤结构，土壤连作障碍修复技术备受关注

作物健康栽培从健康土壤开始，化肥农药的过度使用，以及土壤有机质匮乏导致大量功能微生物难以生存，而植物病原微生物以取食植物为生，大量繁殖，土壤微生物生态失去平衡，植物很难健康生长，甚至无法生存。解决土壤的根本途径是增加土壤功能微生物的种类和数量，通过添加土壤有机质来维持庞大的功能微生物群体，抑制病原微生物的发生和发展，保障和促进植物健康生长。

（三）天敌昆虫和高效微生物菌株的改造技术将在生物防治中起重要作用

高效专化性和多功能天敌昆虫和微生物菌株（包括昆虫线虫与昆虫病毒等）的创新技术将随着基因组学、蛋白组学和代谢组学技术的进步日趋完善与发展。组织实施工程昆虫产业创新发展工程，加强新品种的研制，建设评价与应用基地，加快推进新产品的产业化。建设重要昆虫基因资源信息库，完善安全评价管理体系，强化工程昆虫工程化能力，建设和完善研究开发设施。形成以现代科学技术为支撑、以企业为主导的工程昆虫创制和应用产业基础，掌握创制关键核心技术，创建工程天敌昆虫、雄性不育卫生工程昆虫、生物反应器类工程昆虫、现代生命科学模式生物类工程昆虫等为代表的一批具有国际水平的工程昆虫技术研发与产品应用开发平台，形成安全评价与监督体系，促使我国工程昆虫产业水平大幅提升，

产品发展能力跻身国际先进水平。

（四）昆虫信息素和昆虫性诱剂的发展将广泛应用于绿色植保

新技术与新产品不断涌现，昆虫信息素和昆虫性诱剂已经系列化和技术实用化，生物源信息化合物诱杀害虫技术是目前国际公认的绿色植保技术，在生产实践中现已获得了广泛的应用与发展。主要利用昆虫的各类信息化合物可以特异性地调节靶标昆虫行为的原理，将人工合成来源于昆虫、植物等的信息化合物用释放器缓释到田间，干扰昆虫的交配、取食、产卵等正常行为，减少靶标害虫的种群数量，达到控制靶标害虫的目的。同其他病虫害防治技术相比，应用性诱剂防治农业害虫具有安全性、选择性、高效性、持效性、兼容性五大特点，符合“优质、高产、高效、生态、安全”的农业发展目标。应用昆虫信息素来防控果树的虫害是目前行之有效且可筛选出有效的生物防治措施之一，能有效减少农药的使用量，降低农药残留，达到出口果品的标准。

（五）代谢产物的仿生合成技术将快速发展

代谢产物（包括微生物和植物源等）与功能物质的生物合成和绿色技术近年来已获得了快速的发展，仿生合成和绿色生产技术的发展将极大地促进代谢产物规模化生产与代谢产物的推广应用。

（六）RNA 干扰精准控害技术的发展将推动产业进步

该技术已被广泛用于研究各种生物基因功能、控制动物疾病和植物病毒、病虫的危害。应用RNA干扰精准控害技术平台培育新兴产业有可能对农业病虫害的控制起到巨大的推动作用。

七、我国生物农药的产业发展

生物农药随着多年的发展，以及国家政策的引导，正迎来一个崭新的春天。全国涌现出了多家生物农药生产企业，呈现品种丰富、品质优良的新局面。

（一）国家政策导向更加明确与强化

目前，生物农药已逐步发展为生物产业的基础和主体之一，上升为国家战略性新兴产业的重要生长点。

“十一五”以来，国家部署安排了20多项与生物农药密切相关重大科技计划，包括“973”计划、“863”计划、国家科技支撑计划、公益性行业（农业）科研专项、国家自然科学基金等项目。“973”计划包括“肥料减施增效与农田可持续利用基础研究”“农业微生物杀虫防病功能基因的发掘和分子机理”；“863”计划包括“细菌、真菌类生物杀虫剂研究和创制”；国家科技支撑计划包括“高效施肥关键技术”“新型高效肥料创制”“农药靶标位点与病原抗药性的机理”“粮食主产区三大作物重大病虫害防控技术研究”“靶标害虫抗性遗传演化研究”，以及重大科技成果转化项目“生物农药武夷菌素生产技术改进及产业化”等。“十一五”以来，获得多项国家级科技奖励，“低成本易降解缓释材料的创制与应用”“克服土壤连作生物障碍的微生物有机肥及其新工艺”获国家技术发明二等奖；“协调作物高产和环境保护的养分综合管理技术”“防治重大抗性害虫多分子靶标杀虫剂的研究开发与应用”“微生物农药发酵新技术新工艺及重要产品规模应用”“南方蔬菜生产清洁化关键技术研究与应用”获国家科技进步二等奖，为生物农药和生物防治技术的实施奠定了坚实的基础。

（二）生物农药企业规模有了很大的发展，大型公司正在积极进入生物农药企业的行列

近年来，我国生物农药企业的总体规模有了大幅度提高，生物农药行业的资金渠道不断拓展，为生物农药新产品的开发与企业的发展提供了良好的发展基础。如中国农业科学院植物保护研究所2014年6月推出了我国蛋白质生物农药制剂——6%寡糖·链蛋白（“阿泰灵”），此蛋白质生物农药技术的成果转化已取得突破性的进

展和良好的市场反馈。据悉，2014 年 6 月正式上市半年时间内 6% 寡糖·链蛋白产品销售突破 50 余吨，推广应用面积达 100 万亩，实现销售额 1000 余万元。6% 寡糖·链蛋白从观念、技术和产品 3 个方面为中国植保领域注入了新的活力。

（三）生物农药产品的品质有了很大的改善与提高

截至目前，包括单剂和混配药剂，我国已登记的生物农药有效成分达到 104 个，登记的产品总数达到 3335 个，已获得农药登记证的微生物农药、植物源农药和生物化学农药等生产企业有 260 余家，约占全国农药生产企业的 10%，生物农药制剂年产量近 13 万吨;年产值约30亿元，分别占整个农药总产量和总产值的9%左右。

由武汉武大绿洲与武汉大学联合开发出了一系列昆虫病毒杀虫剂、昆虫病毒与苏云金杆菌复配制剂。其中，菜青虫颗粒体病毒是国内唯一产品，蟑螂病毒是全世界唯一产品。开发的茶尺蠖核型多角体病毒·苏云金杆菌悬浮剂防治茶园茶尺蠖、茶毛虫、茶小绿叶蝉等茶叶主要害虫效果明显，同时可减少用药次数，解决茶叶残留超标问题，可恢复茶园生态环境，特别是天敌的恢复可控制其他病虫害的发生，将茶园带上了良性发展循环，取得了巨大的生态和经济效益。

由陕西上格之路生物科学有限公司和西北农林科技大学发明的一种植物源抗病毒剂可应用于防治多种植物的多种病毒病，且天然、高效、安全，对水稻飞虱、果树介壳虫有显著的防治效果，具有广泛的应用前景。

植物免疫诱导剂的发展表明：以杀灭病虫为目的的传统植保策略开始向以提高植物免疫、预防病虫、植物保健等防治病虫害的策略转变。而随着植物蛋白提取和发酵工艺的不断改善提升，植物免疫诱导产品的产业化进程也取得了快速发展。中国农业科学院植物保护研究所农药厂推出的 6% 寡糖·链蛋白蛋白质抗病毒农药产品填补了我国蛋白质生物农药制剂的空白。6% 寡糖·链蛋白在湖南省江华瑶族自治县和长沙县进行了双季晚稻抗病毒田间试验，6% 寡糖·链蛋白抗南方水稻黑条矮缩病效果可达 60% ~ 70%，当与杀虫剂配合施用时防效高达 90%；同时在江西省珠湖农场双季晚稻上进行了集成示范，6% 寡糖·链蛋白取得了良好的抗病增产效果，水稻综合增产 7% ~ 12%。

（四）生物农药效果的评价已经趋于理性与客观

长期以来，对于生物农药的效果评价总是基于化学农药的防效高、见效快和易于观察等方式来对照评价生物农药和生物防治技术，严重阻碍了生物农药的推广与技术的应用。近年来，随着人们对生物农药安全性好，通过提高植物免疫能力降低病虫害作用的认同，生物农药的可持续防控和提高农作物品质的综合效益十分显著，对于生物农药效果的评价与生物农药技术的推广应用已经趋于理性与客观，为生物农药的推广和生物防治技术的应用提供了良好的社会基础。

（五）农民开始接受生物农药以预防为主的绿色防控理念

2014 年，农业部在全国 31 个省市区组织开展水稻、小麦、玉米、蔬菜、水果等 10 种作物病虫害统防统治与绿色防控融合推进试点工作，集成一批技术模式。各地因地制宜开展集成了适宜不同作物，经济实用、简便易行、可操作性强的病虫害综合治理模式，为大面积推广应用奠定了基础。试点工作经验显示：化学农药使用减量且控害显著；示范区降低化学农药用量 20% ~ 30%，农田生态环境明显改善，天敌种群数量明显上升。

（六）现代电子商务进入生物农药与生物防治企业

"互联网 +"在国内掀起了一层波浪，同样，在生物农药领域也激起了浪花。这也让国人对于生物农药电子商务充满了热情，由江西新龙生物科技股份有限公司推出的一款专为绿色防控产品营销的网络商城——农惠网，提出了"找生物农药，就上农惠网"的口号，该网站免费帮助绿色防控产品生产商提供专业推广平台，为消费者提供物美价廉的生物农药产品。

在整个中国超过 80% 市场份额的淘宝、天猫等综合电商平台凭借强大的流量优势也逐步出现了生物农药的身影。同样，拥有广大用户的微信平台也非常看好生物农药的营销，由此又出现了生物农药微商用户。

（七）生物农药企业积极进入新三板的规范化与营销现代化管理

在政府的大力扶持下，瞄准生物农药领域中世界发展前沿的科学技术，继续加强生物新品种、新类型和新靶标的研发。生物农药企业也积极通过进入新三板促进企业发展，云叶肥料集团公司成为我国第一个进入新三板的生物农药企业，上市以来，随着新三板的发展已经为公司的发展提供了坚实的基础，预计生物农药产业产值年均增速保持在 20% 以上。以生物农药线虫制剂为例，目前我国线虫药剂产值约 5 亿元，占比 1% 左右。未来 10 年线虫年平均增幅 1% ~ 9%，换句话说未来线虫药剂的市场将不断增大。

随着我国生物农药产业品种结构调整、组织方式创新、防治技术进步等措施的不断改进，生物农药发展将迎来难得的发展空间，逐渐成为我国未来经济中具有发展潜力的新增长点之一。

推动农药市场前行的因素包括可用耕地面积的锐减、人口的剧增及对作物增产的需求。另一方面，为缓解环境压力，提高消费者使用安全生物农药的意识，这些都无形中减缓了对合成农药的需求增长；加之生物农药的生产源自可再生资源，并且不含合成的活性成分。有机、无化学残留、对环境无害，这些因素促使生物农药比传统农药获得更快的需求增长。我们可以预期生物农药产业将具有广阔的发展前景。

第二节　生物农药的登记现状

近年来，生物农药的创制与开发应用得到了政府部门的高度重视与大力支持，设立“863”计划等专项资助项目，推动了生物农药资源的挖掘、新剂型的研发、产业化示范推广和不同生物农药的标准的制定，促进了我国生物农药的创新与推广，并促成了多种新型生物农药的登记注册。

至 2019 年 3 月底，我国共登记生物农药 50 种，其中，生物化学农药 17 余种有效成分，432 个登记，涉及 218 个生产企业。主要有乙烯利、赤霉酸、氨基寡糖素、吲哚乙酸、S- 诱抗素等。登记数量最多的产品是乙烯利、赤霉酸和氨基寡糖素三大类，占了总数的 58%。厂家主要是安邦电化（乙烯利系列）；海南正业中农（以氨基寡糖素系列复配为主）；钱江生化、江苏丰源、江西新瑞丰、三浦百草等（赤霉酸系列）；云南云大（芸苔素内酯系列）等。微生物农药 22 种有效成分，468 个登记，涉及 205 个生产企业。主要有苏云金杆菌、枯草芽孢杆菌、蜡质芽孢杆菌、棉铃虫核型多角体病毒、球孢白僵菌、木霉菌、斜纹夜蛾核型多角体病毒等。登记数量最多的前三大产品是苏云金杆菌、枯草芽孢杆菌和蜡质芽孢杆菌，占了总数的 73%。厂家主要是武汉科诺、武汉楚强、湖北康欣、江西天人、浦城绿安等。植物源农药 11 种有效成分，192 个登记，涉及 124 个生产企业。主要有烟碱、苦参碱、小檗碱、印楝素、鱼藤酮、藜芦碱、柠檬烯、芸苔素内酯、樟脑、除虫菊素、蛇床子素、苦皮藤素、桉油精、八角茴香油、大黄素甲醚、狼毒素、雷公藤甲素、香芹酚、大蒜素、右旋樟脑、莪术醇、补骨脂种子提取物、银杏果提取物、博落回提取物、甾烯醇、萜烯醇等。登记数量最多的前三大产品是苦参碱、鱼藤酮和印楝素，占了总数的84%(苦参碱类产品就占了一半以上，为57%)。厂家主要是成都新朝阳、清源保、广东园田、三浦百草等。

第三节　生物农药的常用剂型

一、生物农药剂型的原理

（一）剂型加工的原因

使高毒农药低毒化、提高药效、扩大使用方式和用途、缓释作用、稳定作用、提高生物活性和降低对环境的污染、赋形作用。

（二）影响农药药效的物理性质

粉粒细度、分散性、飞散性、附着性、黏着性、润湿性、展着性、乳化性、悬浮率。

（三）主要剂型

为了方便使用，农药都要加工成一定的剂型，生物农药也不例外。生物农药的剂型有粉剂、可湿性粉剂、可溶粉剂、乳油、水剂、悬浮剂、微乳剂、颗粒剂、水分散粒剂等。

二、生物农药助剂

助剂指与农药原药混合或通过加工过程与原药混合能改善制剂的理化性质、提高药效、便于使用的物质。生物农药的剂型种类很多，化学农药所涉及的剂型在生物农药中几乎都有使用，生物农药的剂型加工很大部分是模仿化学农药进行的，只有少部分是微生物农药特有的。与化学农药相比，生物农药的剂型加工更困难，特别是活体微生物农药。首先，微生物是不溶于水的生物体，其颗粒大小可以从不足 0.15 微米 (颗粒病毒) 到 1000 微米以上 (线虫)，这种颗粒性的硫水性直接影响制剂的润湿性、分散性和悬浮性等物理性能。其次，作为生物体，微生物对外界环境因素如温度、湿度和光照等比较敏感，制剂贮存稳定性差，作用速度慢，田间持效期短，所以在选择助剂时除需考虑制剂理化性能的要求外，还要考虑选择一些特殊助剂，如防光剂、增效剂等。再者，微生物作为活体，与各种助剂的相容性一般比化学农药差，某些助剂可能完全不能使用。因此，选择助剂时要注意与活体微生物的相容性。

（一）农用增效剂（根据有效成分分类）

1. 矿物油型助剂

一般为机油或柴油，价格便宜，但是当温度大于 28℃、湿度小于 65%时无明显增效作用，安全性差。

2. 非离子助剂

展着性好，减少飘移、流失，可以溶解非极性植物物质 (叶面角质层、细胞壁类质部分)，但是展着性偏差。

3. 阴离子助剂

渗透性好、展着性偏差，不耐雨水冲刷。

4. 螯合分散剂

一种高效多用途的有机螯合物，它可以软化水质，对钙、镁等金属离子有很强的螯合力及浮渣分散力，可以有效地降低水的硬度。

5. 植物油型助剂

增加药液黏度，减少挥发、耐雨水冲刷，天然产品，无毒，可为植物吸收利用和土壤微生物分解。

6. 有机硅助剂

有机硅助剂是目前销售最多的助剂，它展着性非常好，可以延长效果，但是展着性过好也可能会造成单位面积的药量过少从而降低农药的效果；在运输途中容易破坏结构产生油性离子，从而堵塞毛细孔，产生药害，造成叶片加厚影响光合作用造成落叶。

7. 氮酮类

有机溶剂，对有机物质有一定的腐蚀性，故不能使用铝箔或PET包装。复合型助剂结合阴、非离子以及螯合分散剂的功效。产品具有良好的渗透性、展着性，并能够改良水质。

（二）农用增效剂（按照功能分类）

1. 增强展着性和黏附力

有机硅、非离子助剂、植物油型助剂等在触杀型的除草剂、保护性杀菌剂、叶片不容易着药的植物上喷雾应用效果良好。

2. 增强渗透性

阴离子助剂、复合型助剂等在内吸性除草剂（如草甘膦等），防治蚧壳虫、卷叶蛾、潜叶蝇等害虫，涂抹腐烂病，灌根防治根部病害，果树清园等方面应用效果良好。

3. 改良水质

柔水通和复合型助剂在北方尤其是黄河流域的硬水区域应用，可以有效地软化硬水提升药效。

4. 农药乳化剂

农药乳化剂有脂肪聚氧乙烯类、烷基苯酚聚氧乙烯醚类、磺酸盐类、磺酸脂类、酰胺类、有机硅类等。

（三）常用助剂

1. 填料和载体

粉剂加工多采用中性无机矿物，如陶土、高岭土、硅藻土、滑石粉等。浸渍法颗粒剂采用吸油性强的活性白土、膨润土等。包衣法颗粒剂采用非吸油性的粒状硅砂为载体。

2. 乳化剂

一类表面活性剂，能使一种流体以极微小的液珠稳定地分散在另一种与之互不相溶的液体（例如油在水中）中，形成乳浊液。常用的有聚氧乙烯基的酯及醚等非离子表面活性剂和烷基苯磺酸盐等阴离子表面活性剂。一般采用非离子型和阴离子型复合配制的乳化剂，其比例调节到最适宜的亲水亲油平衡值(HLB 值)，以得到最佳乳化效果。

3. 分散剂

一类表面活性剂，其功能是保持粉粒分散，防止凝聚结团。常用的有烷基芳基磺酸盐及其甲醛缩合物、木质素磺酸盐、烷基酚聚氧乙烯基醚甲醛缩合物、硫酸盐等。

4. 湿润剂

一类表面活性剂，其功能是降低药液的表面张力，使药粒迅速湿润，并使药液容易在施用目标的表面湿润和展布，帮助药剂渗透。常用的有含皂素的皂角粉、茶子饼粉和含木质素的亚硫酸纸浆废液，以及合成的表面活性剂如聚氧乙烯基烷基芳基醚、聚氧乙烯基烷基醚、烷基苯磺酸盐、烷基萘磺酸盐等。

5. 展着剂

一类表面活性剂，其功能为增强药剂在施用目标表面的固着能力，抵抗风雨吹洗，使药效充分发挥，兼有湿展、渗透能力。常用的有非离子或阴离子表面活性剂、木质素磺酸盐、乳酪素等。在某些情况下药液中添加一些矿物油或植物油也可起展着作用。

6. 溶剂

溶剂指农药工业生产和应用技术中使用的溶剂、液体稀释剂，或载体的总称。如苯类、柴油、甲醇、石油醚等。

7. 黏着剂

能增加农药对固体表面黏着性能的助剂。能增加药剂在作物和靶标生物体表的黏着或附着量，减少药剂因雨水而淋失，风、机械振动造成的损失，从而增加沉积量，提高防治效果，延长药效期。如矿物油、明胶、聚乙烯醇等。

8. 稳定剂

稳定剂指具有延缓和阻止农药及其加工制品的化学和物理性能自发劣化趋势的各类助剂总称。稳定剂有两方面的功能：一是保持和增强产品物理和化学性能的助剂，包括防结晶、抗絮凝、沉降、抗结块及悬浮助剂等，称物理稳定剂；二是化学稳定剂，包括防分解、抗氧化、防紫外线辐照剂等，它们主要是保持和增强产品化学性能，特别是防止和减缓有效成分的分解。如 1，2- 丁二醇、异丙基磷酸酯、wgwin D902（用于抑制甲维盐和阿维菌素的分解）等。

9. 增效剂

本身没有生物活性，与某些农药混用时，能显著提高农药毒力和药效的助剂。广泛应用于杀虫剂、杀菌剂、除草剂、叶面肥、植物生长调节剂、微量元素和生物农药等农用化学品的喷雾混合液中，特别适合内吸型药剂。比如有新高脂膜、胺鲜酯 (DA-6)。

10. 喷雾助剂

喷雾助剂指喷雾施药时应用的助剂总称。应用喷雾助剂的原因是因为现今施药技术，特别是喷雾施药技术中，普遍存在农药有效利用率低的问题。有人对杀虫剂在田间喷施后药剂的分布作典型调查后指出，真正达到害虫体的药量不到施药量的 1%，即 99% 以上的农药不仅没有发挥作用，而是变成污染源，引起人们越来越强烈的关注。

三、生物农药常用剂型与新型剂型

（一）粉剂

粉剂是用原粉和惰性填料（包括滑石粉、硅土、高岭土）按照规定比例混合制成的制剂。我国粉剂的标准是 5% 的粉粒能通过 200 目标准筛，即平均粒径在 74 微米左右。粉剂的优点是不用水、易喷撒、工效高。生物农药剂型中，粉剂较少，如白菌粉剂等。由于粉剂随风飘失多，浪费药量，易对环境造成污染，正逐步被可湿性粉剂、悬浮剂、水分散粒剂等所取代。

（二）可溶性液剂

可溶性液剂(包括水剂)虽是一种传统的老剂型，但剂型中农药活性成分呈分子或离子状态分散在介质中，直径小于1微米，是分散度极高的真溶液。此剂型容易加工、药害低、毒性小、易于稀释、使用安全和方便并具有良好的生物活性，一直深受广大用户欢迎。以这种方式加工的农药活性成分的品种数目受到它在水中溶解度和水解稳定性的限制。非水介质的可溶性液剂在国内也有登记和生产，如1%苦参碱醇溶液、0.5%黎芦醇溶液和乙烯利醇剂、井冈霉素水剂、枯草芽孢杆菌水剂、赤霉酸水剂、春雷霉素水剂等。

（三）乳油

乳油是农药活性成分溶解在非极性碳氢化合物溶剂中，使用表面活性剂(乳化剂)加工而成的油基液体制剂。该剂型一般有较宽的贮存温度，在 -10 ~ 50℃至少2 ~ 3年稳定，有好的化学稳定性和高的药效，易计量和倒出，制造相对简单。因此，它是农药剂型加工中最基本和最重要的剂型，长期以来占据农药市场的首位。可是，国内的乳油含有有毒的挥发性有机溶剂(如甲苯、二甲苯等)，存在易燃、易爆和中毒的危险，易产生药害、污染环境和贮运不安全等问题。目前，该剂型发展方向一方面是采用具有更高闪点的溶剂(如Exon的Solves100、150、200)代替二甲苯等挥发性溶剂，或者开拓以“绿色溶剂”，例如多元醇类酯(尤其是醇类的磷酸化三酯类)、醚类、水不溶的醇类、聚乙二醇类和植物油类代替石油基溶剂，从而制得更安全和环保的乳油剂型产品；另一方面对低质量浓度的乳油产品，用水替代大部分有机溶剂，不仅可大幅降低成本，而且可加工成安全和对环境有利的剂型，例如2% ~ 5%拟除虫菊酯农药乳油很多都可制成水乳剂和微乳剂剂型产品出售。现在国内登记的产品有 0.3%、0.5% 印楝素乳油，2%、5%、4%、7.5% 鱼藤乳油，0.5% ~ 5% 阿维菌素乳油，1% ~ 5% 甲氨基阿维菌素苯甲酸盐乳油等。

（四）可湿性粉剂

可湿性粉剂是用原药和惰性填料及一定量的湿润剂等制成。98% 的粉粒通过 325 目筛，即平均粒径在 4 微米左右，湿润时间小于 2 分钟，悬浮率在 75% 以上。优点是喷在作物上的黏附性好，防治效果好。缺点是助剂性能不良时，不易在水中分散悬浮均匀，易堵塞喷头，或造成喷雾不匀等。可湿性粉剂正逐步被悬浮剂、水分散粒剂所取代。现阶段大部分的生物农药都加工成可湿性粉剂，如阿维菌素等。

（五）悬浮剂

悬浮剂又称胶悬剂，是将固体农药原药借助悬浮分散于水中制成，兼具乳油和可湿性粉剂的特点。悬浮剂有效成分粒径小到 1 ~ 5 微米，黏附在作物表面比较牢固，抗雨水冲刷，药效较高，适用于各种喷洒方式，如低容量喷雾等。悬浮剂比可湿性粉剂有更多优点，如无粉尘、容易混合、改善在稀释时的悬浮率、改善润湿、有较低的包装体积、对操作者和使用者及环境安全、成本相对较低和增强生物活性，还可以加工成高质量浓度的剂型。

（六）微胶囊悬浮剂

微胶囊悬浮剂是当前农药新剂型中技术含量最高最具开发前景的一种新剂型。微胶囊技术是一种用成膜材料把固体或液体包硬形成微小粒子的技术，大小一般在微米级范围 (1 ~ 400 微米)。农药微胶囊悬浮剂具有以下优点：抑制了由于环境因素 (如光、热、空气、雨水、土壤、微生物等) 和其他化学物质等造成农药的分解和流失，提高了药剂本身的稳定性，有利于生态和环境保护，具有控制释放功能，提高农药的利用率，延长其持效期，从而可减少施药的数量和频率，改善农药对环境的压力。

（七）油悬浮剂

油悬浮剂是一种油类不溶的农药固体活性成分在非水介质(即油类)中，依革表面活性剂形成高分散、稳定的悬浮液体制剂，其加工制备与悬浮剂相似。油悬浮剂适用于各种喷雾技术使用(不加水直接喷雾，可加或不加助剂，或加少量水的 ULV 喷雾)。油悬剂具有黏着性和展着性好、抗雨水冲刷能力强等优点，但该剂型在挥发性、闪点、黏度及有效成分稳定性方面均有严格要求。生物农药油悬浮剂是以油为稀释剂，将分生孢子制成孢悬液的一种形式，相对湿度很低的环境中利于孢子萌发，高温环境下又能延长孢子的寿命，还有利于孢子对疏水基质的吸附如昆虫体壁或植物表面。

（八）水分散粒剂

水分散粒剂是农药有效成分、各种助剂和填料经混合、粉碎和造粒工艺而制成的一种粒状制剂。其崩解性、分散性、悬浮性好，有效成分含量高，流动性好，计量和使用方便，不会造成粉尘污染，贮运化学物理性状稳定，包装费用低。因此，成为安全、环保型可替代可湿性粉剂和悬浮剂而大力发展的新剂型。随着新助剂不断开发和使用，以及加工造粒工艺技术和设备的不断完善，水分散粒剂在国内外市场上已成为最受欢迎的产品剂型之一。

近年来，水分散粒剂在我国发展也非常迅速，多个产品已申请专利，包括阿维菌素和高效氯氰菊酯混配水分散粒剂、甲氨基阿维菌素苯甲酸盐水分散粒剂等。

（九）种子处理剂

种子处理剂产品分为 4 类：种子处理干粉剂、种子处理可分散粉剂、种子处理液剂、种子处理悬浮剂。种子处理悬浮剂与其他几个种子处理剂产品相比，性能和效果更好：无粉尘产生，对操作者和使用者安全，对环境污染小；可加工成高质量浓度制剂，节省贮运和包装成本；药液不分离，种子处理后药液分布均匀，脱落率低；种子处理后成膜性好，透气性好，提高出苗率；药液粒径比种子处理干粉剂和种子处理可分散粉剂更细，药效较高。因此，种子处理悬浮剂是国内外优先发展和生产的种子处理剂产品，种子处理悬浮剂的生产技术类似于生产悬浮剂的工艺。由于种子处理剂直接用在种子上，它的农药活性成分与喷雾应用面积相比损失十分小，处理面积损失量可小于 1%。因此，种子处理剂具有农药利用率高，防治效果好，使用方便，对环境污染小，残留低等优点。

（十）水乳剂

水乳剂原药平均液滴直径小于 2 微米，外观呈乳白色牛奶状，用水稀释时与乳油倒入水中形成的外观相同。与乳油相比，水乳剂具有制造和使用安全，经皮毒性低，不易燃或低的燃烧性，尤其是降低生产、包装和贮运成本，减少对环境污染。开发水乳剂在技术上有一定难度，特别是选择合适的表面活性剂(乳化剂)和工艺放大问题。国内大都选用加工乳油的乳化剂，类型少用量大，较难制得稳定的水乳剂。国外开发的专用乳化剂性能好，既能降低液滴界面张力，减少能量输入，易于液滴乳化，又能在液滴周围形成具有一定弹性的稳定界面膜，确保乳化液滴之间不絮凝和聚并。而且用量较低，一般在 3% ~ 5% 之间即可得到长期稳定的水乳剂产品。除此之外，添置高剪切乳化器是必须的。

（十一）干菌丝

干菌丝的研制为液体发酵产物的应用提供了新的应用空间，丰富了真菌杀虫剂的剂型，也为真菌杀虫剂液体发酵产物的应用提供了新的途径，在解决干菌丝制备的一些瓶颈问题后，该剂型得到较为广泛的应用。

（十二）漂浮剂

漂浮剂是针对水田环境研发的，利用辅助材料使得制剂漂浮在水面上，或吸附于水稻等作物的茎秆上。

第二章　生物农药的品种简介

第一节　微生物农药

微生物农药共有30种有效成分，登记数量最多的是苏云金杆菌、枯草芽孢杆菌和蜡质芽孢杆菌三大类产品。

一、苏云金杆菌

（一）作用特点

苏云金杆菌即苏云金芽孢杆菌，简称Bt，细菌类微生物杀虫剂，包含许多变种的一类产晶体芽孢杆菌，毒性低毒，以胃毒作用为主。该菌可产生两大类毒素，即内毒素（伴孢晶体）和外毒素，害虫取食后在肠道内菌体释放毒素，可使昆虫的肠道在几分钟内麻痹，使昆虫停止取食，并很快破坏肠道内膜，造成细菌的营养细胞易于侵袭和穿透肠道底膜进入血淋巴，最后昆虫因拒食、麻痹、肠穿孔、饥饿和败血症而死亡。

（二）登记作物及防治对象

苏云金杆菌适用范围非常广泛，主要登记在十字花科蔬菜、烟草、水稻、玉米、高粱、大豆、甘薯、棉花、茶树、苹果、梨、桃、枣、柑橘树等作物和林木上。主要用于防治鳞翅目害虫幼虫，如菜青虫、小菜蛾、天蛾、烟青虫、食心虫、玉米螟、稻纵卷叶螟、稻苞虫、巢蛾、松毛虫、茶毛虫、尺蠖、棉铃虫、柑橘凤蝶等多种害虫幼虫。

（三）注意事项

本品主要用于防治鳞翅目害虫幼虫，对害虫的低龄幼虫效果好。苏云金杆菌在气温较高时（20℃以上）才能充分发挥作用，所以在7～9月份应用效果最好。施药适期一般比使用化学农药提前2～3天为宜；不能与内吸有机磷杀虫剂或杀菌剂混合使用；药剂对鱼类、蜜蜂、鸟类安全，对家蚕高毒，桑蚕养殖区禁用。

二、枯草芽孢杆菌

（一）作用特点

枯草芽孢杆菌属于细菌类微生物杀菌剂，毒性低毒。药剂喷洒在作物叶片上后，其活芽孢利用叶面上的营养和水分在叶片上繁殖，迅速占领整个叶片表面，同时分泌具有杀菌作用的活性物，达到有效排斥、抑制和杀灭病菌的作用。菌体生长过程中产生的枯草菌素、多黏菌素、制霉菌素、短杆菌肽等活性物质，对致病菌或内源性感染的条件致病菌有明显的抑制作用。

（二）登记作物及防治对象

登记在黄瓜、水稻、烟草、棉花、马铃薯、柑橘、小麦、草莓、番茄、茄子、人参、西瓜、香蕉、辣椒等作物上。主要防治黄瓜白粉病、灰霉病、霜霉病、根腐病，水稻稻曲病、稻瘟病、纹枯病，烟草褐斑病、黑胫病，棉花、番茄、茄子黄萎病，马铃薯晚疫病，柑橘溃疡病，小麦赤霉病，草莓灰霉病、白粉病，人参根腐病、立枯病，西瓜、香蕉、辣椒枯萎病等病害。

（三）注意事项

本品不能和防治细菌制剂（如铜制剂、农用链霉素等抗生素）混用，不能与碱性农药混用。药剂对蜜蜂、鱼类等水生生物、家蚕有毒，施药期间应避免对周围蜂群的影响，禁止在开花植物花期、蚕室和桑园附近使用。

三、蜡质芽孢杆菌

（一）作用特点

蜡质芽孢杆菌属于细菌类微生物杀菌剂，毒性低毒。蜡质芽孢杆菌能通过体内的SOD酶，调节作物细胞微生境，维持细胞正常的生理代谢和生化反应，抑制致病菌的生长，提高抗逆性。

（二）登记作物及防治对象

登记在番茄、茄子、水稻、姜等作物上。主要防治番茄根结线虫，茄子青枯病，水稻稻曲病、稻瘟病、纹枯病，姜瘟病等病害。

（三）注意事项

药剂贮存温度不要高于40℃，最适宜温度为4℃～20℃，避免反复冻融及避免长时间光照。如用化学杀虫剂杀灭其他地下害虫，应在用本剂15天前施用，使用本剂之后不要用高毒化学药剂灌根或者浇灌到土壤中，否则高毒药剂会对活性菌有伤害。不能与波尔多液、石灰硫黄合剂等强碱性药剂混用，以免分解失效。建议与作用机制不同的杀菌剂轮换使用，以延缓抗性的产生。

四、棉铃虫核型多角体病毒

（一）作用特点

棉铃虫核型多角体病毒是一种病毒类微生物杀虫剂，毒性低毒，由核型多角体病毒及助剂加工而成。药剂喷施到农作物上被棉铃虫取食后，病毒在虫体内大量复制增殖，迅速扩散到害虫全身各个部位，吞噬消耗虫体组织，导致害虫染病后全身化水而亡。病毒通过死虫的体液、粪便继续传染至下一代害虫，从而使田间的棉铃虫得到较好的控制。

（二）登记作物及防治对象

登记作物棉花，防治对象棉铃虫。

（三）注意事项

本品不能与碱性物质或杀菌剂农药混用。不耐高温，易被紫外线杀灭，阳光照射会失效，一定密闭保存，用棕色玻璃瓶盛装。作物的新生部分及叶片背面等害虫喜欢咬食的部位应重点喷洒。建议与其他作用机制不同的杀虫剂轮换使用，以延缓抗性的产生。

五、球孢白僵菌

（一）作用特点

球孢白僵菌是一种真菌类微生物杀虫剂，毒性低毒。药剂通过穿透昆虫的体壁、呼吸道和消化道而感染寄主，降解体壁，破坏虫体组织，致使其死亡。

（二）登记作物及防治对象

登记在茶树、玉米、韭菜、小白菜、甘蓝、马铃薯、花生、水稻、番茄、棉花、小麦等作物上。主要防治茶小绿叶蝉、玉米螟、玉米黏虫、韭蛆、蝗虫、小菜蛾、甲虫、蛴螬、稻纵卷叶螟、二化螟、稻飞虱、蓟马、烟粉虱、斜纹夜蛾、蚜虫等。

（三）注意事项

本品包装一旦开启，应尽快用完，以免影响孢子活力。本品对家蚕有毒，在蚕室和桑园附近禁用。本品不可与杀菌剂混用，也不能与呈碱性的农药等物质混用。本品勿在阳光曝晒下使用。建议与其他不同作用机制的杀虫剂轮换使用，以延缓抗性的产生。

六、苏云金杆菌(以色列亚种)

（一）作用特点

苏云金杆菌(以色列亚种)属于细菌类微生物杀蚊剂，原药低毒，制剂低毒。苏云金杆菌（以色列亚种）是在自然界中分离筛选出的一种病原微生物，对蚊（幼虫）有强烈的杀灭作用，主要杀虫成分是伴孢晶体中的毒素蛋白。其药理作用是蚊（幼虫）取食后，产品中的伴孢晶体经过蚊（幼虫）中肠碱性环境的降解和肠道蛋白酶的酶解作用释放出毒性肽，致使幼虫麻痹，幼虫因饥饿和败血症而死亡。本品是通过生物发酵技术生产的目前应用广泛的一种微生物杀蚊剂，能有效控制蚊（幼虫）的危害。

（二）登记作物 / 场所及防治对象

登记在室内、室外。防治蚊（幼虫）。

（三）注意事项

本品对人、畜有毒，使用时应采取安全防护措施，穿戴防护服和手套，避免吸入药液。施药期间不可吃东西和饮水。对鱼类等水生动物、蜜蜂、蚕有毒，使用时注意不可污染鱼塘等水域及饲养蜂、蚕场地。蚕室内及其附近禁用。喷药后及时脱下衣服，用洗衣粉水洗涤，并用肥皂水冲洗皮肤裸露部位。不能与碱性物质混用。切勿污染饮用水源地。过敏者禁用，使用中有任何不良反应应及时就医。

七、木霉菌

（一）作用特点

木霉菌属于真菌类微生物杀菌剂，毒性低毒。木霉菌通过产生小分子的抗生素和大分子的抗菌蛋白或胞壁降解酶来抑制病原菌的生长、繁殖和侵染；也可以通过快速生长和繁殖而夺取水分和养分，占有空间，消耗侵染位点的营养物质，使病原菌停止生长和侵染，该药剂具有保护和治疗双重功效。

（二）登记作物及防治对象

登记在小麦、黄瓜、番茄、草莓、辣椒、葡萄等作物上。主要防治小麦纹枯病、黄瓜霜霉病和灰霉病、番茄灰霉病及苗期猝倒病、草莓枯萎病、辣椒茎基腐病、葡萄灰霉病等病害。

（三）注意事项

本品按照标签推荐的使用剂量施药，注意用药时间，避免高温时用药；不可与碱性农药等物质混用；不可与防治真菌药剂同时使用。每季作物最多使用次数为 2 ~ 3 次。

八、斜纹夜蛾核型多角体病毒

（一）作用特点

斜纹夜蛾核型多角体病毒属病毒类微生物杀虫剂，毒性低毒。药剂喷洒到农作物上被斜纹夜蛾取食后，病毒在虫体内大量增殖，使害虫染病致死。具有胃毒作用，无内吸、熏蒸作用，毒性低，持效期长。

（二）登记作物及防治对象

登记在十字花科蔬菜、烟草等作物上。主要防治斜纹夜蛾。

（三）注意事项

本品不能与强酸、碱性物质和铜制剂及杀菌剂混用，以免降低药效。采收前 7 天停止施药。

九、甜菜夜蛾核型多角体病毒

（一）作用特点

甜菜夜蛾核型多角体病毒属于病毒类微生物杀虫剂，毒性低毒，胃毒。药剂喷施到农作物上被害虫取食后，进入甜菜夜蛾幼虫的脂肪体细胞和肠细胞核中，病毒在害虫体内迅速大量增殖，使害虫染病死亡；同时病毒还可在害虫种群中横向和纵向传播，有效地控制害虫的种群数量和危害。

（二）登记作物及防治对象

登记在扁豆、菜豆、番茄、辣椒、茄子、豇豆及十字花科蔬菜等作物上。主要防治甜菜夜蛾。

（三）注意事项

本品不能与碱性物质混用，不能与含铜等杀菌剂混用。本品有效成分对热敏感，远离热源。建议与其他作用机理不同的杀虫剂轮用。

十、金龟子绿僵菌

（一）作用特点

金龟子绿僵菌属于真菌类微生物杀虫剂，毒性微毒。金龟子绿僵菌接触虫体感染，孢子侵入虫体内破坏其组织，使其致死。或者通过害虫体壁侵入体内，感染病毒后害虫取食量递减最终死亡。

（二）登记作物/场所及防治对象

登记作物/场所在滩涂、水稻、豇豆、草地、茶树、甘蓝、柑橘树、黄瓜、苦瓜、桃树、小麦、烟草、苹果树、大白菜、萝卜等。防治滩涂飞蝗，水稻稻飞虱、稻纵卷叶螟、二化螟，豇豆蓟马，甜菜夜蛾，茶树茶小绿叶蝉，甘蓝菜青虫、黄条跳甲，柑橘木虱，小麦（黄瓜、苦瓜、桃树、烟草）蚜虫，苹果树桃小食心虫，萝卜地老虎等。

（三）注意事项

本品使用时尽量使药剂喷在虫体上或可与害虫容易接触的植物表面部位。药后 12 小时内下雨，要补施。现配现用，不可与呈碱性的农药和杀菌剂等物质混合使用。

十一、苜蓿银纹夜蛾核型多角体病毒

（一）作用特点

苜蓿银纹夜蛾核型多角体病毒属于病毒类微生物杀虫剂，毒性低毒。施用药剂后害虫取食受抑制并染病，并最终导致害虫细胞崩解破坏体液流失而死，具有害虫对药剂不易产生抗性等特点。具有强烈的病毒致病能力触杀作用，以经口、经卵传播作用于害虫群体，形成“虫瘟”，作用机制独特，有效控制害虫数量。

（二）登记作物及防治对象

登记作物十字花科蔬菜，防治对象甜菜夜蛾。

（三）注意事项

本品不能与强酸、碱性物质和铜制及杀菌剂混用，以免降低药效。建议与其他作用机制不同的杀虫剂轮换使用。

十二、甘蓝夜蛾核型多角体病毒

（一）作用特点

甘蓝夜蛾核型多角体病毒属于病毒类微生物杀虫剂，毒性低毒。药剂施用到作物上被害虫取食后，病毒侵入害虫体内，麻醉害虫神经，使其停止取食直至全身化水而死。同时病毒大量复制增殖，通过死虫的体液、粪便继续传染下一代害虫，造成害虫病毒病的田间大流行，从而达到“虫瘟杀虫”、长期持续控制害虫的目的。

（二）登记作物及防治对象

登记在茶树、甘蓝、棉花、烟草、玉米、水稻等作物上。主要防治茶树茶尺蠖、甘蓝小菜蛾、棉花棉铃虫、烟草烟青虫、玉米田地老虎、玉米螟、稻纵卷叶螟等。

（三）注意事项

本品不能与强酸、碱性物质混用，以免降低药效。由于该药无内吸作用，所以喷药要均匀周到，新生叶部位、叶片背面重点喷洒，才能有效防治害虫。

十三、荧光假单胞杆菌

（一）作用特点

荧光假单胞杆菌属于细菌类微生物杀菌剂，毒性微毒。荧光假单胞杆菌是一类革兰氏阴性杆状菌，环境适应性强，可以产生大量铁载体、多种抗生素和活性物质，具有抑制多种病原菌，帮助植物吸收营养，促进植物生长等有益的作用。其杀菌活性高，具有内吸和传导功能，可被植物的叶片、表皮和根部吸收并上下传导，在植物体内能发挥更有益的杀菌效果。

（二）登记作物及防治对象

登记在小麦、烟草、黄瓜、水稻、番茄（大棚）等作物上。主要防治小麦全蚀病、烟草和番茄青枯病、黄瓜靶斑病和灰霉病、稻瘟病等病害。

（三）注意事项

本品严禁与其他杀菌剂和化学农药混用。建议与其他作用机制不同的杀菌剂轮换使用，以延缓抗性的产生。

十四、金龟子绿僵菌 CQMa421

（一）作用特点

金龟子绿僵菌 CQMa421 属于真菌类微生物杀虫剂，原药微毒，制剂微毒。金龟子绿僵菌 CQMa421 有效成分为杀虫真菌绿僵菌分生孢子，通过害虫体壁侵入体内，感病后害虫取食量递减最终死亡。

（二）登记作物 / 场所及防治对象

登记作物 / 场所在草地、茶树、甘蓝、柑橘树、黄瓜、苦瓜、水稻、桃树、小麦、烟草、豇豆、萝卜等。主要防治草地蝗虫，茶树茶小绿叶蝉，甘蓝菜青虫、黄条跳甲，柑橘树木虱，黄瓜蚜虫，苦瓜蚜虫，水稻稻飞虱、稻纵卷叶螟、二化螟、叶蝉，桃树蚜虫，小麦蚜虫，烟草蚜虫，豇豆甜菜夜蛾，萝卜地老虎等害虫。

（三）注意事项

本品使用时尽量使药剂喷在虫体上或可与害虫容易接触的植物表面部位。用药后 12 小时内若下雨，要补施。现配现用，不可与呈碱性的农药和杀菌剂等物质混合使用。

十五、松毛虫质型多角体病毒

（一）作用特点

松毛虫质型多角体病毒属于病毒类微生物杀虫剂，毒性低毒。松毛虫质型多角体病毒原药，外观为灰白色粉状物。松毛虫质型多角体病毒是从染病死亡的松毛虫体内提取而来，对松毛虫有很好的防治效果。病毒进入害虫体内后迅速大量复制，破坏害虫正常生理功能，导致害虫染病而亡，病死虫的尸体腐烂后又可释放出新的病毒，在林间感染其他健康虫和下代虫，最终达到有效控制害虫种群数量和危害的目的。

（二）登记作物及防治对象

登记作物松树，防治对象松毛虫。登记产品松质·赤眼蜂，毒性微毒，剂型杀虫卡，有效成分松毛虫赤眼蜂和松毛虫质型多角体病毒；苏·松质病毒，毒性低毒，剂型可湿性粉剂，有效成分苏云金杆菌和松毛虫质型多角体病毒。

（三）注意事项

本品不能与碱性物质混用，不能与含铜杀菌剂混用。建议与其他生物制剂（如苏云金杆菌活体生物制剂）轮换使用。

十六、茶尺蠖核型多角体病毒

（一）作用特点

茶尺蠖核型多角体病毒属于病毒类微生物杀虫剂，毒性低毒。茶尺蠖核型多角体病毒是利用现代生物技术，从染病死亡的茶尺蠖体内提取而来的。该产品是纯生物产品，加工制剂对茶尺蠖有很好的防治效果。病毒进入害虫体内后迅速大量复制，破坏害虫的正常生理功能，导致害虫染病而亡，病死虫的尸体腐烂后又可释放出新的病毒，感染其他健康虫和下代虫。最终达到有效控制害虫种群数量和危害的目的。

（二）登记作物及防治对象

登记作物茶树，防治对象茶尺蠖。登记产品茶核·苏云菌悬浮剂，毒性低毒，有效成分茶尺蠖核型多角体病毒和苏云金杆菌。

（三）注意事项

避免阳光紫外线照射；不能与杀菌剂混用。安全间隔期为 1 ~ 2 天，每季施药不超过 5 次。

十七、哈茨木霉菌

（一）作用特点

哈茨木霉菌属于真菌类微生物杀菌剂，原药微毒，制剂微毒。哈茨木霉菌能抑制作物的根部病害以及叶部和果实的病害。作用方式复杂，包括化学作用、抗生作用和寄生作用。使用后木霉菌的菌丝感应到寄主（病原菌）分泌的凝集素而趋向寄主生长，凝集素可以结合木霉菌细胞壁上的半乳糖残基，木霉菌通过这个位置侵入寄主，导致病原菌因为细胞膨胀压降低而崩解。

（二）登记作物及防治对象

登记在番茄、葡萄、人参、观赏百合等作物上。主要防治番茄灰霉病、立枯病、猝倒病，葡萄灰霉病、霜霉病，人参灰霉病、立枯病，观赏百合根腐病等病害。

（三）注意事项

本品小包装开封后，要尽快使用，最好在一次施药中使用完。在配制药液时，要充分搅拌均匀。不可与呈碱性的农药等物质混合使用。对蜜蜂、鱼类等水生生物、家蚕低毒，应避免污染蜂巢、水源和蚕室。药品及其废品不得污染各类水域、土壤等环境。

十八、菜青虫颗粒体病毒

（一）作用特点

菜青虫颗粒体病毒属于病毒类微生物杀虫剂，毒性低毒。菜青虫颗粒体病毒是利用现代生物技术，从染病死亡的菜青虫体内提取而来的。加工的制剂对菜青虫有很好的防治效果。病毒进入害虫体内后迅速大量复制，破坏害虫的正常生理功能，导致害虫染病而亡，病死虫的尸体腐烂后又可释放出新的病毒，感染其他健康虫和下代虫，在害虫种群中引发“虫瘟”。最终达到有效控制害虫种群数量和危害的目的。

（二）登记作物及防治对象

登记作物十字花科蔬菜，防治对象菜青虫。登记产品菜颗·苏云菌悬浮剂，毒性低毒，有效成分菜青虫颗粒体病毒和苏云金杆菌。

（三）注意事项

本品对家蚕有毒，桑园和蚕室附近禁用。安全间隔期为 7 天，每季施药不超过3次。

十九、稻纵卷叶螟颗粒体病毒

（一）作用特点

稻纵卷叶螟颗粒体病毒属于病毒类微生物杀虫剂，毒性低毒。害虫取食后，病毒在虫体内大量繁殖，使害虫染病致死，同时病毒还可在害虫种群中传播引发虫瘟，有效控制害虫的种群数量和危害。

（二）登记作物及防治对象

登记作物水稻，防治对象稻纵卷叶螟。登记产品苏云·稻纵颗可湿性粉剂，毒性低毒，有效成分苏云金杆菌和稻纵卷叶螟颗粒体病毒。

（三）注意事项

本品避免阳光紫外线照射；对家蚕有毒，桑园和蚕室附近禁用；不能与碱性农药混合使用。

二十、寡雄腐霉菌

（一）作用特点

寡雄腐霉菌属于真菌类微生物杀菌剂，毒性低毒。寡雄腐霉菌是一种新型的微生物杀菌剂，可有效地抑制多种土壤真菌的生长及其危害作用，具有较强的真菌寄生性和竞争能力，同时还能刺激植物抗病机体所需的植物激素产生，从而增强植物的抗病能力，促使植物生长与强壮，增强植物的防御机能及对致病真菌的抗性。

（二）登记作物及防治对象

登记在番茄、苹果树、水稻、烟草等作物上。主要防治番茄晚疫病、苹果树腐烂病、水稻立枯病、烟草黑胫病等病害。

（三）注意事项

本品不能与化学杀菌剂混合使用，使用过化学杀菌剂的容器和喷雾器，均不能直接用于本品，需用清水彻底清洗后使用。对鱼类低毒，远离水产养殖区施药，禁止在河塘等水体中清洗施药器具。

二十一、苏云金杆菌 G033A

（一）作用特点

苏云金杆菌 G033A 属于细菌性微生物杀虫剂，制剂低毒。苏云金杆菌 G033A 是对天然野生苏云金杆菌菌株 G03 进行基因重组、转化及筛选后得到的微生物苏云金杆菌工程菌株，作用方式为胃毒。

（二）登记作物及防治对象

登记作物甘蓝和马铃薯。防治对象甘蓝小菜蛾和马铃薯甲虫。

（三）注意事项

本品不能与有机磷杀虫剂或杀菌剂混用。所有操作应在通风处进行，对皮肤和眼睛采取防护措施，避免与皮肤、眼睛接触，防止由口鼻吸入。施药期间不可饮食和吸烟，施药后及时洗手、洗脸及清洁裸露部位皮肤。对家蚕高毒，桑园和蚕室禁用。

二十二、黏虫颗粒体病毒

（一）作用特点

黏虫颗粒体病毒属于病毒类微生物杀虫剂，毒性低毒。黏虫颗粒体病毒与苏云金杆菌混配使用，能增强苏云金杆菌的毒力，对小菜蛾具有较好防效。

（二）登记作物及防治对象

登记作物十字花科蔬菜，防治对象小菜蛾。登记产品黏颗·苏云菌可湿性粉剂，毒性低毒，有效成分黏虫颗粒体病毒和苏云金杆菌。

（三）注意事项

本品在害虫低龄期施药效果更佳，避免阳光紫外线照射。对桑蚕有毒，不能在桑园和养蚕场所附近使用。不能与碱性农药混合使用。

二十三、球形芽孢杆菌

（一）作用特点

球形芽孢杆菌属于细菌类微生物卫生杀虫剂，蚊幼虫取食孢晶混合物后，晶体在中肠碱性环境和蛋白酶的作用下迅速溶解，释放出两类毒素蛋白，对蚊幼虫有很好的防治效果。

（二）登记场所及防治对象

卫生杀虫剂，选择池塘、河沟、下水道等蚊幼虫孳生地喷洒，主要用于防治孑孓。

（三）注意事项

本品应避免阳光紫外线照射，使用时应充分摇匀。不能与碱性农药混用。使用本品应采取相应的安全防护措施，避免口罩吸入和皮肤接触。使用后及时清洗暴露部位皮肤。不能直接用于河塘等流动水体。禁止在河塘等水域清洗施药器具。

二十四、地衣芽孢杆菌

（一）作用特点

地衣芽孢杆菌属于细菌类微生物杀菌剂，具有保护和治疗作用。在生长代谢过程中能产生多种抗菌物质和高温蛋白酶及多种生长因子，具有抑制病源菌的生长，促进有益微生物的增殖，增强农作物的免疫功能。

（二）登记作物及防治对象

登记在小麦、西瓜、黄瓜等作物上。主要防治小麦全蚀病、西瓜枯萎病、黄瓜霜霉病等病害。

（三）注意事项

本品不能与苯酚、过氧化氢、过氧乙酸、高锰酸钾、氯化汞、磺基水杨酸等物质混用。施用本品需要均匀周到，不能与强酸、强碱性的农药等物质混合使用。不能用于防治食用菌类病害。本产品如有沉淀属正常现象，使用时摇匀，不会影响药效。避免药液污染水源地。建议与其他作用机制不同的杀菌剂轮换使用，以延缓抗性的产生。按规定防治对象及用药量使用。

二十五、多粘类芽孢杆菌

（一）作用特点

多粘类芽孢杆菌属于细菌类微生物杀菌剂。多粘类芽孢杆菌产生的抗菌物质和位点竞争、诱导抗病性的作用方式，杀灭和控制病原菌，从而达到防治病害的目的。

（二）登记作物及防治对象

登记在黄瓜、西瓜、番茄、杧果、人参、桃树、烟草、姜等作物上。主要防治黄瓜角斑病，西瓜炭疽病、枯萎病，番茄青枯病，杧果细菌性角斑病，人参立枯病，桃树流胶病，烟草青枯病，姜青枯病等病害。

（三）注意事项

按照推荐的使用剂量施药，注意用药时间，避免高温时用药，不可与碱性农药等物质混用，每季作物最多使用次数为 2 ～ 3 次；不能与杀菌剂的化学农药直接混用或同时使用，使用过杀菌剂的容器和喷雾器需要用清水彻底清洗后使用。土壤潮湿时，在登记范围内减少稀释倍数，确保药液被植物根部土壤吸收；土壤干燥、种植密度大或冲施时，在登记范围内则加大稀释倍数，确保植物根部土壤浇透。对鱼类、蜜蜂、家蚕、鸟类有毒，禁止在鸟类聚集区施药，施药时应避开鱼塘、蚕室、桑园等场所，还要避开蜜源作物花期。

二十六、短稳杆菌

（一）作用特点

短稳杆菌属于细菌类微生物杀虫剂。杀虫机理是害虫在取食后进入肠胃，在特定的环境下迅速繁殖，引起血液细胞及其组织产生生理病变、生化病变，致使害虫拒食逐步死亡。

（二）登记作物及防治对象

登记在茶树、棉花、十字花科蔬菜、水稻、烟草等作物上。主要防治茶树茶尺蠖，棉花棉铃虫，十字花科蔬菜小菜蛾、斜纹夜蛾，水稻稻纵卷叶螟，烟草烟青虫等虫害。

（三）注意事项

本品对蜜蜂、家蚕中等风险性，开花植物开花期禁用，蚕室及桑园附近禁用。傍晚喷雾可提高防效，药液要喷到害虫捕食处。不可与杀菌剂混用。喷药时要穿防护服，戴手套、口罩。施药期间不可吃东西和喝水。施药后应及时洗手和洗脸。废弃容器可送至废物处理场所处置。孕妇及哺乳期妇女应避免接触本品。

二十七、侧孢短芽孢杆菌 A60

（一）作用特点

侧孢短芽孢杆菌 A60 属于细菌类微生物杀菌剂，药剂喷洒在作物叶片上后，通过成功定植至植物根际、体表或体内，改变其周围菌群环境和种类，与病原菌竞争植物周围的位点，采用以菌治菌、抑菌杀菌及诱导作物产生抗病性等原理，对防治对象具有预防和治疗的双重效果。同时，诱导植物防御系统抵御病原菌入侵，从而达到有效排斥、抑制和防治病菌的作用。

（二）登记作物及防治对象

登记作物辣椒，防治对象辣椒疫病。

（三）注意事项

本品严格按规定用药量和方法使用。不可与其他化学杀菌剂混合使用。

二十八、淡紫拟青霉

（一）作用特点

淡紫拟青霉属于真菌类杀线虫剂，药剂施入土壤后孢子萌发长出很多菌丝，菌丝分泌几丁质酶，从而破坏线虫卵壳的几丁质层，菌丝得以穿透卵壳，以卵内物质为养料大量繁殖，使卵内的细胞和早期胚胎受破坏，不能孵出幼虫。

（二）登记作物及防治对象

登记作物有番茄、草坪等。主要防治根结线虫。

（三）注意事项

本品不可与含有铜离子、镁离子的农药和其他杀菌剂混合使用。建议与其他不同作用机制的杀线虫剂轮换使用。蜜源作物花期、蚕室和桑园附近禁用。

二十九、厚孢轮枝菌

（一）作用特点

厚孢轮枝菌属于真菌类杀线虫剂，其作用机理：一是通过孢子在作物根系周围土壤中萌发，产生菌丝作用于根结线虫雌虫，导致线虫死亡；二是通过孢子萌发产生菌丝寄生根结线虫的卵，使得虫卵不能孵化、繁殖。

（二）登记作物及防治对象

登记作物烟草，防治对象根结线虫。

（三）注意事项

本品不可与化学杀菌剂混用。产品现拌现用，必须施于作物根部，不可兑水浇灌或喷施。

三十、耳霉菌

（一）作用特点

耳霉菌属于真菌类微生物杀虫剂，其活孢子可以侵染害虫并寄生致死，可持续传染，引起群体大量死亡，持效期长。

（二）登记作物及防治对象

登记在小麦、黄瓜、水稻等作物上。主要防治小麦蚜虫、黄瓜白粉虱、水稻稻飞虱等害虫。

（三）注意事项

喷雾必须均匀，全面接触害虫隐藏处。不要与杀菌剂混用，与其他杀虫剂轮换使用。

第二节　植物源农药

植物源农药共有16种有效成分，登记数量最多的是苦参碱、鱼藤酮和印楝素三大类产品。

一、苦参碱

（一）作用特点

苦参碱属于植物源类杀虫剂，兼具杀菌功能，毒性低毒。苦参碱是由豆科植物苦参的干燥根、植株、果实经乙醇等有机溶剂提取制成的，是生物碱。一般为苦参总碱，其主要成分有苦参碱、氧化苦参碱、槐果碱、氧化槐果碱、槐定碱等多种生物碱，以苦参碱、氧化苦参碱含量最高。苦参碱具有胃毒、触杀作用，害虫接触药剂，即麻痹神经中枢，继而使虫体蛋白质凝固，堵塞虫体气孔，导致虫体窒息死亡。

（二）登记作物及防治对象

登记在十字花科蔬菜、甘蓝、苹果树、杨树、林木、草莓、茶树、烟草、梨树、马铃薯、葡萄、水稻、黄瓜、花卉、韭菜、大葱等作物和林木上。主要防治十字花科蔬菜菜青虫、蚜虫，甘蓝小菜蛾、菜青虫，苹果树红蜘蛛，林木美国白蛾，草莓蚜虫，茶树茶小绿叶蝉、茶毛虫、红蜘蛛和茶尺蠖，烟草蚜虫、烟青虫和小地老虎，梨树黑星病、梨木虱，马铃薯晚疫病，葡萄灰霉病、炭疽病，水稻条纹叶枯病，黄瓜霜霉病，花卉蚜虫，韭菜韭蛆，甜菜夜蛾等病虫害。

（三）注意事项

如用过化学农药，5 天后方可施用此药，以防酸碱中和影响药效。建议与其他作用机制不同的杀虫剂轮换使用，以延缓抗性的产生。本品不可与碱性农药等物质混用。

二、鱼藤酮

（一）作用特点

鱼藤酮属于植物源类杀虫剂，毒性低毒。鱼藤酮存在于亚洲热带及亚热带区所产豆科鱼藤属植物根中，具有触杀和胃毒作用。主要影响昆虫的呼吸作用，使害虫细胞的呼吸链受到抑制，最终使害虫得不到能量供应，然后行动迟滞、麻痹而缓慢死亡。

（二）登记作物及防治对象

登记在甘蓝、十字花科蔬菜、油菜等作物上。主要防治甘蓝蚜虫、黄条跳甲、小菜蛾，十字花科蔬菜蚜虫，油菜斑潜蝇、黄条跳甲等虫害。

（三）注意事项

本品不能与其他碱性物质混合使用。遇光、空气、水和碱性物质会加速氧化，失去药效。对鱼类等水生生物极为敏感，对蜜蜂、家蚕有毒，施药期间应避免对周围蜂群的影响，禁止在开花植物花期、蚕室和桑园附近使用。赤眼蜂等天敌放飞区域禁用。地下水、饮用水水源地禁用。在低龄幼虫期喷雾效果最佳。建议与其他作用机制不同的杀虫剂轮换使用。

三、印楝素

（一）作用特点

印楝素属于植物源类杀虫剂，原药微毒，制剂低毒。印楝素是从印楝树种子里提取的一种天然植物源杀虫剂，对昆虫具有拒食、忌避、触杀、胃毒、干扰产卵、干扰昆虫变异，使其无法蜕变为成虫，驱避幼虫及抑制生长发育的作用而达到杀虫目的。

（二）登记作物及防治对象

登记作物/场所在草原、茶树、柑橘树、高粱、十字花科蔬菜、烟草、枸杞、水稻、甘蓝、韭菜、仓储原粮等。主要防治草原蝗虫，茶树茶毛虫、茶小绿叶蝉、茶黄螨，柑橘树潜叶蛾，高粱玉米螟，十字花科蔬菜小菜蛾、菜青虫，烟草烟青虫，枸杞蚜虫，水稻二化螟、甘蓝小菜蛾、斜纹夜蛾，韭菜韭蛆，赤拟谷盗、谷蠹、玉米象等虫害。

（三）注意事项

本品不可与碱性农药、碱性肥料和碱性水混合使用。为避免产生抗性，可与其他作用机制不同的杀虫剂轮换使用。应在幼虫发生前预防使用，药效较慢，但持效期长。

四、烟碱

（一）作用特点

烟碱属于植物源类杀虫剂，原药高毒，制剂低毒。烟碱对害虫有胃毒、触杀、熏蒸作用，并有杀卵作用，其主要作用机理是麻痹神经，烟碱的蒸汽可从虫体任何部分浸入体内而发挥毒杀作用。

（二）登记作物及防治对象

登记作物棉花和烟草，主要防治蚜虫和烟青虫。混配制剂主要有氯氰·烟碱水乳剂，有效成分烟碱及氯氰菊酯，登记作物甘蓝，防治对象蚜虫；烟碱·苦参碱烟剂，有效成分烟碱及苦参碱，登记作物松树及林木，防治对象松毛虫及美国白蛾。

（三）注意事项

本品不能与碱性物质混用，不能与含铜杀菌剂混用。建议与作用机理不同的药物轮换使用。对鸟类、蜜蜂、鱼类等水生生物、家蚕有毒，施药期间应避免对周围蜂群的影响，鸟类保护区、蜜源作物花期、蚕室和桑园附近禁用，远离水产养殖区、河塘等水体施药。禁止在河塘等水域中清洗施药。

五、小檗碱

（一）作用特点

小檗碱属于植物源类杀菌剂，毒性低毒。小檗碱是植物中提取的生物碱杀菌剂，能迅速渗透到植物体内和病斑部位，通过干扰病原菌体内代谢，而抑制其生长和繁殖，达到杀菌作用。

（二）登记作物及防治对象

登记在番茄、猕猴桃树、辣椒、黄瓜、桃树等作物上。主要防治番茄灰霉病，猕猴桃树褐斑病，辣椒疫霉病，黄瓜白粉病、角斑病，桃树褐腐病等病害。

（三）注意事项

本品建议与其他作用机制不同的杀菌剂轮换使用，以延缓抗性的产生。对蜜蜂、水生生物有毒，施药期间应避免对周围蜂群的影响，开花作物花期禁用。不能与碱性农药等物质混用，以免降低药效。

六、苦皮藤素

（一）作用特点

苦皮藤素属于植物源类杀虫剂，毒性低毒。苦皮藤素具有胃毒、触杀和麻醉、拒食的作用，以胃毒为主。主要作用于昆虫消化道组织，破坏其消化系统正常功能，导致昆虫进食困难，饥饿而死。

（二）登记作物及防治对象

登记在芹菜、豇豆、猕猴桃树、茶叶、葡萄、甘蓝、水稻、韭菜、辣椒、十字花科蔬菜等作物上。主要防治芹菜甜菜夜蛾、豇豆斜纹夜蛾、猕猴桃树小卷叶蛾、茶叶茶尺蠖、葡萄绿盲蝽、甘蓝菜青虫和黄条跳甲、水稻稻纵卷叶螟、韭菜根蛆、辣椒甜菜夜蛾、十字花科蔬菜菜青虫等虫害。

（三）注意事项

本品对鸟类、鱼类等水生生物有毒，施药期间应避免对周围鸟类的影响，鸟类保护区附近禁用。建议与其他作用机制不同的杀虫剂轮换使用，以延缓抗性的产生。不可与碱性物质混用。掌握施药适期，不要随意加大用药量。

七、大黄素甲醚

（一）作用特点

大黄素甲醚属于植物源类杀菌剂，毒性低毒，是从中草药植物大黄的根、茎中提取的一种植物源农药。大黄素甲醚是保护性杀菌剂，能诱导作物产生保卫反应，抑制病原菌孢子萌发、菌丝的生长、吸器的形成，使得作物免受病原菌的侵害，达到防病的效果。

（二）登记作物及防治对象

登记在葡萄、番茄、黄瓜、小麦等作物上。主要防治葡萄白粉病、番茄病毒病、黄瓜和小麦白粉病等病害。

（三）注意事项

本品建议与其他作用机制不同的杀菌剂交替使用，以延缓抗性的产生。不能与碱性农药等物质混用，以免降低药效。对蜜蜂、家蚕有毒，开花植物花期周围禁用，施药期间应密切注意对附近蜂群的影响，蚕室及桑园附近禁用；对鱼类等水生生物有毒，远离水产养殖区施药，禁止在河塘等水域内清洗施药器具。

八、除虫菊素

（一）作用特点

除虫菊素属于植物源类杀虫剂，毒性微毒。除虫菊素是从除虫菊干花中萃取出来后精制而成的植物源农药，主要由具有杀虫活性成分的除虫菊素Ⅰ和除虫菊素Ⅱ组成，其外观为浅黄色或黄棕色油状黏稠物。除虫菊素是一种典型的神经毒剂，由 6 种具有杀虫活性的物质组成，因此昆虫不易产生抗药性，具有触杀、胃毒和驱避作用，能对周围神经系统、中枢神经系统及其他器官组织同时起作用。对害虫击倒力强，杀虫谱广，使用浓度低，对人畜低毒，对植物及环境安全。

（二）登记作物/场所及防治对象

登记作物/场所在室内、十字花科蔬菜、烟草、猕猴桃树等。防治对象室内跳蚤、蚊、蝇等，用于家庭、学校、医院、宾馆、超市、餐厅、办公场所、食品工厂、养殖场等室内环境防治蚊、蝇和跳蚤；防治十字花科蔬菜和烟草蚜虫、猕猴桃树叶蝉等害虫。

（三）注意事项

本品建议与其他作用机制不同的杀虫剂交替使用。对鸟类、蜜蜂、家蚕、鱼类等水生生物有毒，施药期间应避免对周围蜂群的影响，周围开花作物花期、鸟类保护区、蚕室和桑园附近禁用。不可与呈碱性的农药等物质混合使用。对眼睛有轻度刺激，使用本品应采取相应的安全防护措施，戴防护手套、口罩、护目镜等，避免皮肤黏膜接触及口鼻吸入。

九、蛇床子素

（一）作用特点

蛇床子素属于植物源类杀虫杀菌剂，毒性低毒。蛇床子素是从中药材蛇床子中提取的具有杀虫杀菌的活性物质。杀虫机理是有效成分作用于害虫神经系统，导致昆虫肌肉非功能性收缩，最终衰竭而死。杀菌机理是影响细胞壁的生长导致菌丝大量断裂，同时抑制病菌菌丝的生长。

（二）登记作物及防治对象

杀菌剂登记在黄瓜、葡萄、枸杞、水稻、草莓、小麦、豇豆、番茄、花卉、辣椒等作物上；防治黄瓜霜霉病、白粉病，葡萄白粉病，枸杞白粉病，水稻纹枯病、稻曲病，草莓白粉病，小麦白粉病，豇豆白粉病等病害。杀虫剂登记在甘蓝、仓储原粮、十字花科蔬菜、茶树等作物上；防治甘蓝菜青虫，仓储原粮谷蠹、书虱、玉米象，十字花科蔬菜菜青虫，茶树茶尺蠖等虫害。

（三）注意事项

本品对鱼类、蜜蜂、家蚕 、鸟类有毒，周围开花植物花期禁用，使用时应密切关注附近蜂群的影响；远离桑蚕养殖区施药，水产养殖区、河塘等水体附近禁用，禁止在河塘等水域清洗施药器具。不可与呈强酸、强碱性的农药等物质混合使用。建议与其他作用机制不同的药剂轮换使用，以延缓抗性的产生。如果使用过化学农药，5 天后再使用本品，以免酸碱中和影响药效。

十、藜芦碱

（一）作用特点

藜芦碱属于植物源类杀虫剂，毒性低毒。藜芦碱对害虫具有触杀和胃毒作用。药剂经虫体表皮或吸食进入消化系统，造成局部刺激，引起反射性虫体兴奋，继而抑制虫体感觉神经末梢致害虫死亡。

（二）登记作物及防治对象

登记在棉花、小麦、草莓、茶树、柑橘树、辣椒、茄子、枣树、猕猴桃、甘蓝、黄瓜、烟草、枸杞等作物上。主要防治棉花棉铃虫、棉蚜，小麦蚜虫，茶树茶黄螨、茶橙瘿螨、茶小绿叶蝉，草莓（柑橘树、辣椒、茄子、枣树、猕猴桃）红蜘蛛，茄子蓟马，甘蓝菜青虫，黄瓜白粉虱，烟草烟蚜，枸杞蚜虫等虫害。

（三）注意事项

本品建议与其他作用机制不同的杀虫剂轮换使用，以延缓抗性的产生。对蜜蜂、鱼类等水生生物、家蚕有毒，施药期间应避免对周围蜂群的影响，开花植物花期、蚕室和桑园附近禁用。远离水产养殖区施药，禁止在河塘等水域清洗施药器具。不可与呈强酸、强碱性的农药等物质混合使用 。

十一、乙蒜素

（一）作用特点

乙蒜素是植物源类杀菌剂，原药中等毒，制剂中等毒。乙蒜素是大蒜素的同系物，是一种高效、广谱仿生杀菌剂。其杀菌机制是抑制菌体正常代谢。乙蒜素内吸传导性强，渗透性强，兼具植物生长调节作用，能促进萌芽、提高发芽率、增加产量、改善品质，对多种细菌、真菌性病害有很好的防治效果。

（二）登记作物及防治对象

登记在大豆、甘薯、棉花、苹果树、水稻、油菜、黄瓜等作物上。主要防治大豆紫斑病，甘薯黑斑病，棉花枯萎病、立枯病、黄萎病，苹果树叶斑病、褐斑病，水稻烂秧病、稻瘟病，油菜霜霉病，黄瓜细菌性角斑病、霜霉病等病害。

（三）注意事项

本品不能与碱性农药等物质混用。远离水产养殖区施药，禁止在河塘等水域清洗施药器具。开花植物花期禁用，赤眼蜂等天敌放飞区域禁用，桑园及蚕室附近禁用。产品对眼睛有中度刺激性，使用本品时应穿戴防护服、手套、护目镜，避免药液接触眼睛、黏膜和伤口等，施药期间不可吃东西或饮水，施药后应及时洗手洗脸。建议与其他作用机制不同的杀菌剂轮换使用，以延缓抗性的产生。经乙蒜素处理过的种子应立即播种，不能食用或作饲料，且不得与草木灰等碱性物质一起播种，以免影响药效。

十二、丁子香酚

（一）作用特点

丁子香酚是植物源类杀菌剂。通过改善病菌生长的微环境和制剂疫霉菌的腺嘌呤苷脱氨酶的活性，干扰病菌的有丝分裂过程，使病菌死亡。

（二）登记作物及防治对象

登记在番茄、马铃薯、葡萄、观赏牡丹等作物上。主要防治番茄灰霉病、病毒病、晚疫病，马铃薯晚疫病，葡萄霜霉病，观赏牡丹灰霉病等病害。

（三）注意事项

本品应与其他作用机制不同的杀菌剂轮换使用，以延缓抗性的产生。不要与呈强酸、强碱性物质混用。施药时注意周围环境，避开蜂群、开花植物花期、蚕室和桑园、池塘、水源使用。用过的容器应妥善处理，不可作他用，也不可随意丢弃，药液及其废液不得污染各类水域、土壤等环境。

十三、香芹酚

（一）作用特点

香芹酚是植物源类杀菌剂，能有效抑制病原菌孢子萌发和菌丝生长。快速提高细胞膜的通透性和渗透压，造成病原细胞膜破裂，胞内物质泄露，从而杀死病原菌。

（二）登记作物及防治对象

登记在番茄、烟草、枣树、猕猴桃树、枸杞等作物上。主要防治番茄灰霉病，烟草白粉病、赤星病、病毒病，枣树锈病，猕猴桃树灰霉病，枸杞白粉病等病害。

（三）注意事项

本品不能与碱性农药等物质混用。对蜜蜂、家蚕有毒，开花植物花期周围禁用，施药期间应密切注意对附近蜂群的影响，蚕室及桑园附近禁用；对鱼类等水生生物有毒，远离水产养殖区施药，禁止在河塘等水域内清洗施药器具。建议与其他作用机制不同的杀菌剂轮换使用，以延缓抗性的产生。

十四、桉油精

（一）作用特点

桉油精是植物源类杀虫剂。以桉树叶为原料，采用现代提取工艺获得有效成分，经浓缩提纯而成。

（二）登记作物及防治对象

登记作物十字花科蔬菜。主要防治十字花科蔬菜蚜虫。

（三）注意事项

本品不能与波尔多液等碱性农药等物质混用。在配制药液时，充分搅拌均匀。对蜜蜂、鱼类、鸟类有毒。施药时避免对周围蜂群产生影响，蜜源作物花期、桑园和蚕室附近禁用，远离水产养殖区施药，不要让药剂污染河流、水塘和其他水源和雀鸟聚集地。天气不良时不要施药。用过的容器应妥善处理，不可作他用，也不可随意丢弃。在十字花科蔬菜上使用的安全间隔期为 7 天，每季最多使用两次。

十五、狼毒素

（一）作用特点

狼毒素属于植物源类杀虫剂，为我国川西北等地生长的瑞香科植物瑞香狼毒根茎的乙醇提取物，对昆虫具有触杀和胃毒作用。当药液通过体表进入害虫神经系统和体细胞，渗入细胞核，抑制破坏细胞新陈代谢，使受体能量传递失调、紊乱，导致害虫肌肉非功能性收缩，直至衰竭死亡。当药液进入害虫消化系统，狼毒素直接杀死肠壁细胞，致害虫功能衰竭死亡。

（二）登记作物及防治对象

登记作物十字花科蔬菜。主要防治十字花科蔬菜菜青虫。

（三）注意事项

本品不宜与碱性农药混合使用，不作土壤处理剂使用。严格按推荐剂量用药。施药温度不能小于 10℃，雨前不宜喷洒，开瓶一次用完。对水生生物鱼类、蚕高毒，禁止污染鱼塘、桑田、水源，远离水产养殖区、河塘等水体施药。禁止在河塘等水域清洗施药器具。药液出现少量结晶不影响药效。

十六、大蒜素

（一）作用特点

大蒜素属于植物源类杀菌剂，兼具杀菌和抑菌功能。能对含巯基的化合物发生竞争性抑制，通过对细菌生长繁殖所必需的半胱氨酸分子中巯基的氧化使蛋白质失活，从而抑制病菌的生长和繁殖。

（二）登记作物及防治对象

登记在三七、川芎、甘蓝、黄瓜等作物上。主要防治三七黑斑病、川芎根腐病、甘蓝软腐病、黄瓜细菌性角斑病等病害。

（三）注意事项

本品建议与其他作用机制不同的杀菌剂轮换使用，以延缓抗性的产生。对鸟类、蜜蜂、鱼类等水生生物有毒，施药期间应避免对周围蜂群的影响，开花作物花期、鸟类保护区附近禁用。远离水产养殖区施药，禁止在河塘等水域清洗施药器具。清洗施药器具的水也不能排入河塘等水体。

第三节　生物化学农药

生物化学农药共有 22 种有效成分，登记数量最多的是乙烯利、赤霉酸和氨基寡糖素三大类产品。

一、乙烯利

（一）作用特点

乙烯利是促进成熟的植物生长调节剂，主要用于多种经济作物的增产与催熟。在酸介质中十分稳定，而在pH4以上，则分解释放出乙烯。一般植物细胞液的pH皆在4以上，乙烯利经由植物的叶片、树皮、果实或种子进入植物体内，然后传导到起作用的部位，便释放出乙烯，能起内源激素乙烯所起的生理功能，如促进果实成熟及叶片、果实的脱落，矮化植株，改变雌雄花的比率，诱导某些作物上雄性不育等。

（二）登记作物及主要功能

登记在番茄催熟、棉花催熟增产、柿子催熟、水稻催熟增产、香蕉催熟、橡胶树增产、烟草催熟、甘蔗调节生长、玉米调节生长等作物上。主要功能是调节生长。

（三）注意事项

本品使用浓度不宜过高，过高时易出现叶片畸形、叶黄、落花等，但浓度过小，也达不到预期的目的。按规定要求的浓度范围使用。在中性溶液中即可逐渐分解，要随配随用，不能久放。不能与碱性农药混用，不能用污水配制，也不能与其他农药化肥混合使用。使用温度为20～30℃效果最好，低于10℃或高于30℃，均不易达到理想效果。具有强酸性，能腐蚀金属、皮肤和衣物等，使用本品时应戴护目镜、口罩和手套等，作业结束即洗净喷雾器械，施药期间不可吃东西和饮水等；施药后应彻底洗净被污染的衣服和身体。作物后期施用时要及时收获，以免造成催熟过度。在天旱、土壤肥力不足，植株生长矮小的作物上，不宜施用乙烯利。

二、赤霉酸

（一）作用特点

赤霉酸是一种植物生长调节剂，原药微毒，制剂低毒。赤霉酸在植物的体内普遍存在，是促进植物生长发育的重要激素之一，是多效唑、矮壮素等生长抑制剂的拮抗剂。该药可促进细胞分裂生长，茎伸长，叶片扩大，单性结实、果实生长，打破种子休眠，改变雌、雄花比率，影响开花时间，减少花、果的脱落。本品经植物吸收后，具有内源赤霉素同样的生理功能。赤霉素主要经叶片、嫩枝、花、种子或果实进入到植株体内，然后传导到生长活跃的部位起作用。

（二）登记作物及主要功能

登记在菠菜增加鲜重、菠萝果实增大增重、柑橘树果实增大增重、花卉提前开花、马铃薯苗齐增产、葡萄无核增产、芹菜增加鲜重、人参增加发芽率、水稻制种增加千粒重等作物上。主要功能是调节生长。

（三）注意事项

赤霉酸遇碱分解在偏酸和中性溶液中较稳定。使用时最好现配现用。不可与氨水、石硫合剂、纯碱等混合。溶液配制要按需定量，一经配制成水溶液不可久存，以免失去活性而影响效果。对眼睛和皮肤有刺激作用。配制溶液时禁与碱性物品相混。

三、氨基寡糖素

（一）作用特点

氨基寡糖素是D-氨基葡萄糖以 β-1，4 糖苷键连接的低聚糖类，植物抗性诱导剂，原药低毒，制剂微毒。氨基寡糖素能对一些病菌的生长产生抑制作用，影响真菌孢子萌发，诱发菌丝形态发生变异、孢内生化发生改变等。能激发植物体内基因，产生具有抗病作用的几丁酶、葡聚糖酶、保素及PR蛋白等，并具有细胞活化作用，有助于受害植株的恢复，促根壮苗，增强作物的抗逆性，促进植物生长发育。

（二）登记作物及防治对象

登记在番茄、烟草、西瓜、葡萄、辣椒、棉花等作物上。防治番茄病毒病、晚疫病，烟草病毒病，西瓜枯萎病、根结线虫，葡萄霜霉病，辣椒病毒病，棉花黄萎病等病害。

（三）注意事项

本品宜在傍晚或阴天使用，不可与强碱性农药等物质混用。避开蜜蜂、家蚕、水生生物等敏感区域使用。建议与其他作用机制不同的杀菌剂轮换使用，以延缓抗性的产生。氨基寡糖素是新型天然高分子生物杀菌剂，应注意防霉、防冻、防晒。

四、24- 表芸苔素内酯

（一）作用特点

24- 表芸苔素内酯是一种植物生长调节剂，原药微毒，制剂低毒。具有调控植物细胞分裂和伸长的作用。可提高叶绿素含量，增强光合作用，调控维管组织分化，促进根系发达，促进植物对肥料的有效吸收，有利于植物生长良好，提高作物抗病、抗旱、抗盐、耐涝、耐冷等抗逆能力，促进生殖发育，用于瓜果类可提高坐果率、增加单果重，改善品质。

（二）登记作物及主要功能

登记在荔枝树、水稻、小麦、草莓、黄瓜、柑橘树、苹果树、玉米等作物上。主要功能是调节生长，促使植物细胞分裂和延长的双重功效，可促进植物根系发达，增强光合作用，提高作物叶绿素含量，促进作物新陈代谢与对肥料的有效吸收，从而促进作物生长，达到丰产的效果。

（三）注意事项

本品不可与碱性农药等物质混用，建议与其他作用机制不同的植物生长调节剂轮换使用，以延缓抗性的产生。对家蚕、蜜蜂有毒，施药应该远离桑园，开花植物花期附近禁用，避免对周围蜂群的影响，禁止在河塘等水域清洗施药器具。对眼睛有中毒刺激性，使用时应穿戴长衣长裤、帽子、口罩、护目镜、手套、鞋等。施药期间不可吃东西和饮水。施药后应及时洗手和洗脸。

五、赤霉酸 A4+A7

（一）作用特点

赤霉酸 A4+A7 是一种植物生长调节剂，原药低毒，制剂低毒。它也是促进植物生长发育的重要激素之一。它可以促进细胞、茎伸长，叶片扩大，单性结实，果实生长，打破种子休眠，改变雌雄花比率，影响开花时间，减少花、果脱落，促进果实的生长、膨大、增产。

（二）登记作物及主要功能

登记作物有苹果树、梨树等果树。主要功能是调节生长，促进细胞伸长，提高果形指数，减少裂果，促进早熟，改善外观质量，增加大型果比例。

（三）注意事项

严格按照规定用药期用药，过早使用会引起烧果。使用时严格按推荐剂量使用，一定不能过量使用。当遇到 30℃以上晴朗高温天气时，有可能会烧伤果梗产生药害，应避开高温时使用。注意肥培管理及高钙等微量元素使用，使果树健壮，提升果实品质。涂抹或滴落至果面会产生果锈或褐斑，请勿使药剂接触果面。

六、芸苔素内酯

（一）作用特点

芸苔素内酯是一种生物活性较高，用量少，用途广泛的植物生长调节剂。其有效活性成分为天然芸苔素内脂，能增强植物自身活力，增强叶绿组织光合作用，促进植物根、芽、花、果生长发育，显著提高其抗病、耐旱、耐寒等抗逆能力，能恢复和减轻农药药害症状。使植物均衡生长，显著提高产量并改善品质。

（二）登记作物及主要功能

登记在大豆、水稻、小麦、柑橘树、苹果树、棉花、白菜、玉米、辣椒、黄瓜等作物上。主要功能是调节生长、增产，促进植物细胞分裂和延长的双重作用，促进根系发达，增强光合作用，提高作物叶绿素含量和增产的效果。

（三）注意事项

在气温 10 ~ 30℃喷雾效果最佳，若施药后 4 小时内遇雨应重新喷施。喷施时避开花粉期。勿与碱性农药、肥料等物质混用。按各个作物生长周期的施药方法进行施药，不可随意提高施药浓度和施药次数。

七、苄氨基嘌呤

（一）作用特点

苄氨基嘌呤是植物生长调节剂，原药低毒，制剂微毒。它能促进细胞分裂，促进植株光合作用，延缓衰老，提高坐果率，防止裂果，能形成无核果实，改善品质，提高商品价值等。

（二）登记作物及主要功能

登记在柑橘树、枣树、杨梅树、白菜、芹菜等作物上。主要功能是调节生长、增产，是一种高活性细胞分裂素，活性高，能增加叶绿素，提高光合效率，有效促进植株细胞分裂和分化，促进花芽分化，加速生长和发育，强化植株，预防生理落果，壮果膨果，可提高产量。

（三）注意事项

本品药剂呈酸性，易腐蚀金属、衣物等，使用时应穿长衣长裤和戴手套、护目镜等；施药期间不能吃东西、饮水、吸烟等；施药后应及时洗手和洗脸。对鱼类有毒，施药期间应远离水产养殖区施药，禁止在河塘等水域清洗施药器具；对蜜蜂有毒，避免对周围蜂群的影响，开花作物花期禁用；对鸟类毒性较高，鸟类觅食区慎用。对玉米、黄瓜、番茄敏感，施药时应避免药液漂移到临近作物上，以免产生药害。选阴天或晴天早晚喷洒，喷后 6 小时内遇雨，应补喷。高温、干旱期用，请适当增加兑水量。不可与碱性农药等物质混用，建议与其他作用机制不同的植物生长调节剂轮换使用，以延缓抗性的产生。

八、羟烯腺嘌呤

（一）作用特点

羟烯腺嘌呤是植物生长调节剂，原药微毒，制剂低毒能促进叶绿素形成，增强作物光合作用，从而改善作物品质，提高蛋白质含量，并能提高植物产量和抗病性。

（二）登记作物及主要功能

登记在大豆、甘蔗、水稻、玉米等作物上。主要功能是调节生长，刺激植物细胞分裂，促进叶绿素形成，加速植物新陈代谢和蛋白质的合成，从而达到有机体迅速增长，促进作物早熟丰产，提高植物抗病抗衰抗寒能力。

（三）注意事项

本品不可与呈碱性的农药等物质混合使用。施药应在晴天的早晨或傍晚进行，避免在烈日和雨天喷施，如喷后 1 天内遇雨，应补喷。

九、赤霉酸 A3

（一）作用特点

赤霉酸 A3 是一种植物生长调节剂，药剂经叶片、嫩枝、花、种子或果实进入到植株体内，然后传导到生长活跃的部位起作用，可均衡地促进茎叶、果实生长，改变雌雄花比率，减少落花落果，持效期较长。

（二）登记作物及主要功能

登记在菠菜、芹菜、葡萄、水稻、梨树、柑橘树等作物上。主要功能是调节生长，增加作物重量、增产，可提高其品质和产量。

（三）注意事项

本品避免和碱性农药、肥料等物质混合使用。使用时最好现配现用，贮存在低温干燥处。掌握好使用剂量、时间，严格按照规定用药期用药。

十、烯腺嘌呤

（一）作用特点

烯腺嘌呤是植物生长调节剂，药剂进入植物体内能刺激细胞分裂，促进叶绿素形成，加速新陈代谢和蛋白质的合成，从而达到有机体迅速增长，促进作物早熟丰产，提高植物抗病、抗衰、抗寒能力。

（二）登记作物及主要功能

登记在葡萄、柑橘树、番茄、水稻、小麦、玉米、大豆、甘蓝、茶叶等作物上。主要功能是调节生长、增产，能刺激植物细胞分裂促进叶绿素形成，增强植物光合作用，具有促进生长、提早成熟、保花保果、增加产量、改良品质等功效。

（三）注意事项

本品严格按推荐剂量、时期正确使用。宜早或傍晚施药，避开烈日或雨天喷施。不可与碱性农药混合使用。阴凉干燥处贮藏，如有少量沉淀，属正常现象，摇匀后不影响使用。兑制药液时，先用少量水调和，然后加足水量充分搅拌后进行喷洒。

十一、22、23、24–表芸苔素内酯

（一）作用特点

22、23、24–表芸苔素内酯具有促使植物细胞分裂和延长的双重功效，可促进作物根系发达，增强光合作用，提高作物叶绿素含量，促进作物新陈代谢与对肥料的有效吸收，辅助作物劣势部分良好生长，从而促进作物生长，达到丰产的效果。

（二）登记作物及主要功能

登记在小麦、水稻、玉米、葡萄、香蕉、菜心、大豆、黄瓜、番茄、小白菜、柑橘树、荔枝树、花生、棉花、烟草等作物上。主要功能是调节生长、增产，在很低浓度下能显著地增加植物的营养体生长。

（三）注意事项

本品不可与强酸、强碱性物质混用。对蜜蜂、鱼类等水生生物、家蚕有毒，施药期间应避免对周围蜂群的影响，禁止在开花植物花期、蚕室和桑园附近使用。药剂应现混现兑，配好的药液要立即使用。

十二、28-表高芸苔素内酯

（一）作用特点

28-表高芸苔素内酯是一种新型植物生长调节剂，具有使植物细胞分裂和延长的双重作用，可促进根系发达，增强光合作用，提高作物叶绿素含量，促进作物对肥料的有效吸收，辅助作物劣势部分良好生长。

（二）登记作物及主要功能

登记在大白菜、大豆、番茄、黄瓜、梨树、荔枝树、柑橘树、苹果树、棉花、水稻、小麦、玉米、烟草、甘蔗、油菜、叶菜类蔬菜等作物上。主要功能是调节生长，在很低浓度下能显著地增加植物的营养体生长。

（三）注意事项

使用本品时应穿戴防护服和手套，避免吸入药液。施药期间不可以吃东西和饮水。施药后应及时洗手和洗脸。按推荐时期及剂量施用，同时加强肥水管理。用过的废弃物要妥善处理，不能乱丢乱放，也不能作他用。

十三、丙酰芸苔素内酯

（一）作用特点

丙酰芸苔素内酯是植物生长调节剂，能促进植物三羧酸循环，提高蛋白质合成能力，促进细胞分裂和增大，加速植物生长发育、增产。

（二）登记作物及主要功能

登记在葡萄、黄瓜、辣椒、柑橘树、杧果树、花生、棉花、水稻、小麦、烟草等作物。主要功能是调节生长、增产。一是促进细胞分裂和生长；二是有利于花粉授精；三是提高叶绿素含量；四是增强作物抗逆能力。

（三）注意事项

用过的容器要妥善处理，不可作他用，也不可随意丢弃；取用时应穿戴防护用品，存贮或加工容器应是密闭的，注意安全生产，避免接触明火；使用过的容器应用有机溶剂清洗，空的容器应按当地政府允许的方式销毁；应避免污染水源，禁止在河塘等水域清洗施药器具；开启包装时应小心，防止遗漏和接触；加工区域应注意安全生产，防火，防泄漏；孕妇及哺乳期妇女禁止接触。

十四、14-羟基芸苔素甾醇

（一）作用特点

14-羟基芸苔素甾醇属于甾醇类植物生长调节剂，具有促使植物细胞分裂和延长的双重功效，可促进作物根系发达，增强光合作用，提高作物叶绿素含量，促进作物新陈代谢与对肥料的有效吸收，辅助作物劣势部分良好生长，从而促进作物生长和达到丰产的效果。

（二）登记作物及主要功能

登记在黄瓜、小白菜、葡萄、柑橘树、小麦、水稻等作物上。主要功能是调节生长、增产，能促进植物生长，增强光合作用，提高作物叶绿素含量、坐果率、结实率、增加产量、改善品质。

（三）注意事项

使用本品时，要做好对皮肤、眼睛的防护措施；配药及施药时要穿防护服、戴防护手套等防护用品；工作时禁止吸烟、进食和饮水；工作完毕，清洗双手，淋浴更衣。本品不可与碱性农药和助剂混用。清洗器具的废水不能排入河流、池塘等水源，废弃物的空包装要妥善处理，不能随意丢弃，也不能作他用。本品对家蚕高毒，蚕室和桑园附近禁用，远离家蚕养殖区施药。避免孕妇及哺乳期的妇女接触。

十五、吲哚乙酸

（一）作用特点

吲哚乙酸是一种植物生长调节剂，其作用机理为促进细胞的分裂、伸长和扩大，诱发组织的分化，促进 RNA 合成，提高细胞膜透性，使细胞壁松弛，加快原生质的流动。

（二）登记作物及主要功能

登记作物番茄。主要功能是调节生长，能有效促进和调控作物的营养与生殖生长，达到高产、优质、抗逆（抗旱、抗寒、减轻病虫害等），可用于番茄茎叶喷雾。混剂赤·吲乙·芸苔可湿性粉剂主要登记在茶叶、黄瓜、苹果树、水稻、小麦、烟草等作物，混剂含有植物内源激素和黄酮类、氨基酸等多种植物活性物质。能够打破休眠，促进生根和发芽、活化细胞。

（三）注意事项

施药时须穿防护服，戴护目镜、手套等保护性衣物；施药时不能吃东西、吸烟、饮水等；施药后彻底清洗裸露部位。清洗器具的废水不能排入河流、池塘等水源；废弃物要妥善处理，不能乱丢乱放，也不能作他用。用过的容器应妥善处理，不可作他用，也不可随意丢弃。避免孕妇及哺乳期妇女接触本品。农药包装废弃物应当及时交回农药经营者。

十六、极细链格孢激活蛋白

（一）作用特点

极细链格孢激活蛋白是创制型植物免疫蛋白质生物农药杀菌剂，将极细链格孢激活蛋白与氨基寡糖素科学配伍，全面激发药剂潜能，提高作物抗性。通过诱导植物体产生抗性蛋白，提高植物的免疫力，促进植物生长。可防治作物真菌、细菌病害和病毒病。

（二）登记作物与防治对象

登记在白菜、番茄、西瓜、水稻、烟草等作物上。主要防治白菜软腐病、番茄病毒病、西瓜枯萎病、水稻病毒病、烟草病毒病等病害。

（三）注意事项

本品不能与碱性农药等物质混用，以免降低药效。本品使用时应穿戴防护服和手套，避免吸入药液。施药期间不可吃东西和饮水。施药后应及时洗手和洗脸及暴露部位皮肤。禁止在河塘等水域清洗施药器具。孕妇和哺乳期妇女禁止接触本品。用过的包装物应妥善处理，不可作他用，也不可随意丢弃。使用中有任何不良反应请及时携标签就医。

十七、S-诱抗素

（一）作用特点

S-诱抗素是一种植物生长调节剂，俗称“天然脱落酸”，能诱导并激活植物多种抗逆基因的表达，增强植物抵抗不良生长环境（逆境）的能力，如诱导植物产生抗旱性、抗寒性、抗病性、耐盐性等，达到增产的目的。

（二）登记作物及主要功能

登记在葡萄、番茄、水稻等作物上。主要功能是调节生长、促进着色，诱导植物多种抗逆基因表达，有效增强植物抗寒、抗旱、抗盐碱、抗干热风等抗逆境的能力，从而提高作物产量。

（三）注意事项

忌与碱性农药混用，忌用碱性水（pH 大于 7）稀释本产品。应采用雾化好的喷雾器或者喷头喷洒，雾滴要细小，喷洒要均匀。喷雾的时间应选在无风的清晨或者傍晚为宜，注意避光保存，开启包装后最好一次性用完。

十八、香菇多糖

（一）作用特点

香菇多糖属于植物诱抗剂，为预防型抗病毒剂。对病毒起抑制作用的主要组分系食用菌菌体代谢所产生的蛋白多糖，以 β -D(1 → 3）葡聚糖为主，含有少量的木糖和甘露糖，具有抗病毒功能。同时，本品富含多种氨基酸，能够预防、抵抗病毒。

（二）登记作物及防治对象

登记在烟草、番茄、辣椒、西瓜、水稻等作物上。防治烟草、番茄、辣椒、西瓜病毒病，水稻条纹叶枯病等病害。

（三）注意事项

避免与酸性、碱性或其他物质混用，配制时必须用清水，现配现用，配好的药剂不可贮存。喷后 24 小时内若遇雨，应及时补喷。建议与其他作用机制不同的杀菌剂轮换使用，以延缓抗性的产生。

十九、几丁聚糖

（一）作用特点

几丁聚糖是从海洋生物甲壳中提取的一种具有抗病作用的植物诱抗剂。通过改变病原菌细胞膜的结构和功能，从而抑制其生长，提高作物的防病、抗病等免疫机能。

（二）登记作物及防治对象

登记在黄瓜、番茄、水稻、烟草等作物。防治黄瓜白粉病、霜霉病，番茄晚疫病、病毒病，水稻稻瘟病、黑条矮缩病，烟草病毒病等病害。

（三）注意事项

建议与其他作用机制不同的杀菌剂轮换使用。不可与呈碱性的农药等物质混合使用。对家蚕中毒，蚕室和桑园附近禁用。

二十、葡聚烯糖

（一）作用特点

葡聚烯糖是一种新型植物抗性诱导剂。通过激活植物表面受体及信号分子传导，调控植物病原相关蛋白、植保素等相关抗病物质的产生及次生代谢物质的积累，达到预防病毒病侵入、扩展，以及在植物体内转移的作用。同时葡聚烯糖兼有活化植物细胞和促进生长的作用，可以增强患病植株的耐病能力。

（二）登记作物及防治对象

登记作物番茄，防治番茄病毒病。

（三）注意事项

本品与其他作用机制不同的杀菌剂轮换使用，以延缓抗性的产生。对蜜蜂、鱼类等水生生物、家蚕有毒，施药期间应避免对周围蜂群的影响，禁止在开花植物花期、蚕室和桑园附近使用。赤眼蜂等天敌放飞区域禁用。不可与强碱性或强酸性的农药等物质混合使用。

二十一、低聚糖素

（一）作用特点

低聚糖素是从热带植物中提取的植物源农药，是一种新型植物抗性诱导剂。通过激活植物表面受体及信号分子传导，调控植物病原相关蛋白、植保素等相关抗病物质的产生及次生代谢物质的积累，到达预防病毒病侵入、扩展，以及在植物体内转移的作用。同时低聚糖素兼有活化植物细胞和促进生长的作用，可以增强患病植株的耐病能力。

（二）登记作物及防治对象

登记在西瓜、番茄、胡椒、水稻、小麦、玉米等作物上。防治西瓜病毒病、细菌性角斑病，番茄病毒病，胡椒病毒病，水稻纹枯病、稻瘟病，小麦赤霉病，玉米粗缩病等病害。

（三）注意事项

本品与其他作用机制不同的杀菌剂轮换使用，以延缓抗性的产生。对蜜蜂、鱼类等水生生物、家蚕有毒，施药期间应避免对周围蜂群的影响；开花植物花期、蚕室和桑园附近禁用；远离水产养殖区施药；禁止在河塘等水域清洗施药器具。本品不可与强碱性或强酸性的农药等物质混合使用，以免降低药效。

二十二、超敏蛋白

（一）作用特点

超敏蛋白微粒剂是一种具有促进作物生长、提高作物抗病能力、增加作物产量的纯天然蛋白制剂。当病原菌侵入作物时，超免蛋白能诱导作物获得抗性，促进作物生长，从而达到增加产量、调节生产和提高抗病力的目的。

（二）登记作物及主要功能

登记在番茄、辣椒、水稻、烟草等作物上。主要功能是抗病，调节生长、增产。

（三）注意事项

超敏蛋白对氯气敏感，请勿用新鲜自来水配用。不能与 pH 小于 5 的强酸、pH 大于 10 的强碱以及强氧化剂、离子态药肥等物质混用。启封后在 24 小时内使用，与水混合后应在 4 小时内使用，喷施 30 分钟后遇雨不必重喷。使用期间结合正常使用杀虫剂、杀菌剂，则使用效果更佳。避免在强紫外线时段喷施。

第三章　生物农药的科学使用

第一节　生物农药的选购与识别

一、生物农药合理选择的原则

农药使用效果受环境条件、防治对象及农药本身性质等多种因素的影响。要做到科学合理使用生物农药，提高使用效果，达到安全、经济、有效的目的，必须遵循以下原则。

（一）熟悉当地农作物的生产特点

农作物有其本身的遗传特性，也受其生活环境条件的影响。因此，农作物生产具有地域性、季节性、周期性和持续性的特点。我国幅员辽阔，地形、地貌、气候、土壤、水利等自然条件千差万别，其社会经济、生产条件、技术水平等也有很大差异，从而构成了农作物生产的地域性。

病原菌、害虫等有害生物是与农作物协同进化的，不同地域、不同季节、不同作物种类、不同生育期，有害生物发生的特点各有不同。用于预防和控制有害生物的农药，应依据其发生特点科学合理选择使用。绝不能一个配方或者一套解决方案“打遍天下”。

（二）准确诊断鉴定识别病虫害

要想有效防治病虫害，首先应掌握植保基础知识，能够做到准确诊断病害、鉴定害虫和识别杂草。需要分清楚是受侵染性病害还是非侵染性病害，要是侵染性病害，应进一步明确其病原是什么。农业害虫主要集中在7个目，分别为直翅目、半翅目、鳞翅目、鞘翅目、双翅目、膜翅目和缨翅目。在田间发现为害严重的害虫，至少应能够鉴定到目，再依据其发生为害规律制订杀虫剂使用策略。

病原菌和害虫种类不同，发生规律则不同，对药剂的敏感性或抵抗力差异很大。同一种药剂对不同防治对象的药效不同，同一种防治对象对不同的药剂也表现出不同的抵抗力。此外，同一种有害生物的不同发育阶段，对药剂的抵抗力也有显著差异，如昆虫和螨的卵，与其幼虫阶段相比，耐药性明显强。因此，在选用农药时，一定要明确防治靶标的种类和发育阶段，做到“对症下药”。

（三）掌握生物农药的作用方式

农药预防或控制病原菌、害虫等有害生物的途径，称之为农药的作用方式。系统地掌握农药的作用方式，有利于科学施用农药、充分发挥农药的防病、杀虫作用。

杀虫剂中最常用的作用方式有触杀、胃毒、内吸、熏蒸、拒食、忌避和调节生长等。触杀作用是目前使用的杀虫剂最主要的作用方式，可杀死各种口器的害虫和害螨。胃毒作用一般只能防治咀嚼式口器害虫，如鳞翅目幼虫、鞘翅目成虫、直翅目若虫等，微生物杀虫剂如苏云金杆菌杀死害虫时主要是胃毒作用，它的作用机理是害虫取食后由于细菌毒素作用，很快停止进食，同时芽孢在虫体内大量繁殖，导致害虫死亡。蚜虫等刺吸式口器害虫多用具有内吸作用的药剂防治。目前，使用的多数杀虫剂通常具有两种以上的作用方式，可根据主要防治对象选用最合适的药剂，如阿维菌素是一种抗生素杀虫杀螨剂，主要是胃毒和触杀作用，它可以通过昆虫的气孔和爪垫进入体内，同时具有良好的皮层流的传导作用，是通过阻碍神经系统影响害虫的生命，害虫食药后开始是呈麻痹症状，随后活动和取食行为迟缓直至停止而死亡。苦参碱杀虫主要是具有触杀和胃毒作用，害虫一旦触及本药，即麻痹神经中枢，继而使虫体蛋白质凝固，堵死虫体气孔，使害虫窒息而死，对各种作物上的黏虫、菜青虫、蚜虫、红蜘蛛、绿叶蝉、白粉虱有较好的防治效果。

杀菌剂的作用方式可分为保护作用、治疗作用和诱导抗病性作用。在植物罹病之前使用保护作用药剂，消灭病菌或在病原菌与植物体之间建立起一道药物屏障，防止病菌侵入，使植物得到保护。该类杀菌剂对病原物的杀死或抑制作用仅局限于在植物体表，对已经侵入寄主的病原物无效。例如，哈茨木霉菌是木霉菌中应用的一个菌种，其主要有效成分为哈茨木霉菌 T-22 株系，通过在植物的根围、叶围迅速生长，抢占植物体表面的位点，形成一个保护罩，阻止病原真菌接触到植物根系及叶片表面，以此来保护植物根部、叶部免受上述病原菌的侵染，并保证植株能够健康地成长，同时也具有一般木霉菌的重寄生作用和抗生素作用。治疗作用是在植物感病或发病以后，对植物体施用杀菌剂解除病菌与寄主的寄生关系或阻止病害发展，使植物恢复健康，该类杀菌剂一般选择性强且持效期较长。既可以在病原菌侵入以前使用，起到化学保护作用，也可在病原菌侵入之后，甚至发病以后使用，发挥其化学治疗作用。例如，荧光假单胞杆菌首先能够定殖于作物根际或根表，然后依靠产生的噬铁素或抗生素起作用，主要通过对铁离子的竞争，产生噬铁素络合根围铁离子，使病菌得不到足够的营养，从而影响多种病原真菌的生长，减轻对植物体的危害，还可以产生多种抗生素，对病原菌有较强的杀伤作用。诱导抗病性作用也称免疫作用，由于这类杀菌剂大多数对靶标生物没有直接毒杀作用。因此，必须在植物罹病之前使用，对已经侵入寄主的病原菌无效。

二、识别真假生物农药

（一）产品包装规格

植物源、矿物源、微生物、蛋白类和寡聚糖类等生物农药，一般使用量大、包装规格大，包装规格在50毫升(毫克)以内的，很可能为假药。植物生长调节剂(如芸苔素内酯、吲哚乙酸等)和性诱剂用量小，包装规格在100毫升(毫克)以上的，很可能为假药。

（二）产品剂型

很多生物农药因其自身特点，只能做成固定的几种剂型，如苏云金杆菌产品，只有可湿性粉剂、悬浮剂、水分散粒剂几种剂型，蛋白类和寡聚糖类等主要为水剂产品。购买前，先看标签上标注的剂型。对于袋装农药，要用手摸一下，仔细观察产品外观，必要时观察产品兑水稀释后的状态。如水剂产品兑水后成为乳白色液体，则可能为假农药。

（三）产品适用范围

病毒类、性诱剂等生物农药一般只对一种害虫起作用，如果标明这类农药有多种用途，则产品可能有假。

（四）产品标注使用量

植物源、矿物源、寡聚糖类等生物农药使用量较大，一般稀释倍数在500倍以下。如产品标明每亩用量在几十毫升(毫克)，或者稀释倍数在1000倍以上，则产品可能有假。

（五）产品药效表述

植物源、矿物源、微生物、蛋白类和寡聚糖类等生物农药效果较慢，如标称作用迅速、有速效，则产品可能有假。

（六）产品有效期

微生物农药有效成分为活体生物，不耐贮存，保质期一般为半年至1年。如果这类产品标明有效期为2年，则产品可能有假。

（七）对比价格

价格明显高于同类生物农药的，很可能非法添加了其他农药；价格明显低于同类生物农药的，很可能偷工减料。这样的产品都不要购买。

第二节　生物农药的安全施用

一、正确使用生物农药

生物农药包括微生物农药、植物源农药、生物化学农药等。一般来说生物农药具有选择性高、易于降解、不易积累、用量少、污染小、对人畜毒性小、环境兼容性好、病虫害不易产生抗性等优点。目前，随着无公害生产技术的推广和绿色食品的开发利用。对高毒、高残留化学农药的禁用和限用越来越多，对无公害生物农药的应用越来越广泛。因此，大力推广生物农药，正确掌握生物农药的使用技术，在生产实践中应注意以下几个方面。

（一）熟悉生物农药的生物特性

所谓生物农药的生物特性是指药剂的适用范围、作用途径、有效成分和作用机理等。例如有效成分苏云金杆菌，适用范围是鳞翅目幼虫，作用途径是胃毒杀，作用机理是死亡后的虫体还可感染其他未接触过农药的同类害虫。生物药剂的共同特点是以低毒、无残留、作用迟缓、持效期长为主要特征，配比浓度和使用剂量都比化学药剂精确度低，药量稍大时不会对植物产生药害，对人畜也较安全，且不污染环境。

在生物农药的实际使用中，不少人误认为生物杀虫剂可杀灭一切害虫，因而便不加选择地购买使用，这样不但收不到应有的效果，反而增加生产成本，增加防治难度，而且还会延误防治时机。实际上，生物杀虫剂的专一性很强，杀虫谱不广。因此，应根据不同害虫有针对性地选择适宜的生物农药品种。使用生物农药时要根据防治对象、气象条件和使用时期，正确选择适当的剂型，如粉剂可借助空气浮力和风力分散于较大范围，从而与害虫有更大接触；胶囊剂不但有较长的防效，而且还能保护其中的病原体不受环境因子的影响，可用于大棚洒施。

（二）科学混配生物药剂

科学混配生物药剂可以提高防治效果。配用时要详细阅读说明书，使用时要随配随用，配好的农药要一次性用完，如白僵菌，配好的农药要在两个小时内喷完，以免孢子早期萌发，失去效力。对于生物杀虫剂可以与多数化学杀虫剂进行混配，因多数化学杀虫剂都呈化学酸性、生理中性，对细菌、真菌没有抑杀作用和中和反应，因此可以充分混配。但要注意：生物农药不能和杀菌剂混用，因为生物农药多为菌类，和杀菌剂混合后，它的主要成分菌类也被杀死，农药也就失去了效果；生物农药也不能与碱性农药混用，因为生物农药中的微生物大都生活在酸性环境条件下，与碱性农药混用，就破坏了这些微生物的生存环境，引起菌类的失活和农药的失效。

（三）科学掌握用药温度

生物农药的活性成分主要由蛋白质晶体和有生命的芽孢组成，均对温度要求较高。因此，施用生物农药时，务必将温度控制在20℃以上。一旦低于最佳温度喷施生物农药，芽孢在害虫机体内的繁殖速度十分缓慢，而且蛋白质晶体也很难发挥其作用，往往难以达到最佳防治效果。试验证明，在 20 ~ 30℃条件下，生物农药防治效果比在 10 ~ 15℃之间高出 1 ~ 2 倍。

（四）科学掌握用药湿度

生物农药对湿度的要求极为敏感，农田环境湿度越大，药效越明显，特别是粉状生物农药更是如此。因此，喷施生物农药细菌粉剂务必在早晚露水未干的时候进行，以利于菌剂较好地黏在茎叶上，并促进芽孢繁殖，提高药效。

（五）科学掌握用药时间

生物农药中细菌的芽孢喜潮湿环境，因此使用时田间湿度越大，药效越高。一般来说，喷药在早晚时间为最好，特别是粉剂农药的药效更佳。由于早晚有露水，药剂能很好地黏在茎叶上，芽孢就很快繁殖，只要害虫食到茎叶，就会很快死亡，可以提高药效和防治效果。若在中午高温时喷药，在阳光直接照射下，强日光中的紫外线会杀伤芽孢。阳光直射 0.5 小时，芽孢死亡率达 50%，直射 1 小时，芽孢死亡率达 80%。此外，紫外线辐射会使芽孢晶体变形，会大大影响使用效果。所以，喷施生物农药应最好在傍晚或阴天进行。但是必须把握好天气变化，除选择在晴天早晚时间、阴天或雨后转晴喷药外，尽量避开大雨，大雨会将菌液冲刷掉，失去杀伤力。如施药后 5 ~ 6 小时遇小雨，有利于芽孢发芽，非但不会降低药效，反而会提高防虫效果。

（六）科学掌握使用的方法

因为多数生物农药无内吸性，喷药时要注意两点：一是要注意喷洒均匀才能起到良好效果，如白僵菌，必须将菌体均匀喷洒到害虫身上，菌体不断繁殖，逐渐破坏害虫的生理机能，最终使害虫代谢紊乱而死亡。在旱地作物上使用，要尽量喷足药液，使植物每个部位都喷湿喷透，防止漏喷，这样才能达到防治目的。二是生物农药作用缓慢，宜在害虫低龄幼虫期使用。许多微生物农药杀虫效果缓慢，差于喷后立竿见影的化学农药，因此用药时间应比化学农药提前2 ~ 5天，如苏云金杆菌乳剂、白僵菌等，它们杀菌速度缓慢，一般喷药后，害虫 3 ~ 5 天才逐渐死亡。

不同地区，生物农药的使用效果也不尽相同。如在干旱地区需加大喷药用水量，造成一种高湿环境，才有利于微生物孢子的存活和繁殖，同时可在制剂中加入一些特定的高分子物质和增加溶液黏度的物质，如淀粉、动物骨胶、草木灰浸出液等，可避免药剂溶液快速干燥，以提高生物农药的使用效果。

（七）正确的施药时期

根据防治对象的发育时期和农药品种的特性确定。例如，害虫一生有几个不同的发育阶段，各个发育阶段对生物杀虫剂的抵抗力不同，选择害虫低龄幼虫期施药，能充分发挥生物农药的杀虫效果，从而达到“治小、治早”的要求。对大多数生物农药品种而言，因其杀虫速度较慢，一般都在发生初期施药，以便早期控制。触杀型的生物农药，则要求害虫在田间有一定数量时施药，过早施药时田间无虫，起不到杀虫作用。诱抗型杀菌剂则要求早施，以诱发作物对病菌的抗性，减轻受害。又如鲁保一号防治菟丝子，要求大部分菟丝子出土抽茎缠绕作物时施药。过早施药，对后出的菟丝子无效。总之，要根据防治对象的发育时期，结合所用生物农药品种的特点，科学确定适时施药的时间，尽可能减少防治次数，在保证药效的前提下降低成本。

（八）选择合适的施药器械

喷雾器是使用最广泛的施药器械，有手动的、机动的、背负式的、担架式的等多种类型。喷雾器械不仅与农药的效果有关，也与使用者的人身安全、环境质量等密切相关。因此，国家要求喷雾器械要通过中国强制性认证。只有通过强制性认证的喷雾器械才可以在市场上销售。使用者在购买喷雾器时一定要注意喷雾器上是否有强制认证 (CCC) 标志。

在使用喷雾器前要进行检查清洗，检查使用的喷头是否正确，一般喷施杀虫剂和杀菌剂使用锥形雾喷头，喷施除草剂使用扇形雾喷头，另外要对行走速度、流量、压力等进行校准，以免松动、滴漏等。注意喷施杀虫剂和杀菌剂的喷雾器械不能用于喷施除草剂，以免清洗不干净发生药害事故。

由于生物农药生产成本高，因此应优化用药技术，使用高性能喷洒机械，如采用与扇形空气喷口配套的弥雾机，其液压喷嘴喷出的雾滴小而均匀，能提高生物农药的防效，降低生产成本。

（九）科学贮存生物农药

贮存生物农药要注意以下几点：一是要防止在高温或强光下暴晒，防止生物农药失效；二是放在阴凉、干燥通风处；三是配好的药液，要在当天用完，防止水解失效或生物活体死亡；四是因很多品种是水剂，冬季要放在不冻的低温条件下贮存；五是在保质期内使用完，贮存时间超过保质期的则失效，不可再用，对活体生物制剂更要十分注意贮存条件和贮存时间；六是活体天敌昆虫购入后应在规定的时间内放入田间，不能在一般条件下贮存，如必须贮存时应按其所要求的技术条件，放在一定温度的冰箱、冷室内短期贮存。抑制天敌昆虫的生长，使其处于休眠状态。

二、不同类型的农药使用特点

（一）微生物农药

1. 掌握温度

微生物农药的活性与温度直接相关，使用环境的适宜温度应当在 15℃以上、30℃以下。低于适宜温度，所喷施的生物农药，在害虫体内的繁殖速度缓慢，而且也难以发挥作用，导致产品药效不好。通常，微生物农药在 20 ~ 30℃条件下防治效果比在 10 ~ 15℃间高出 1 ~ 2 倍。

2. 把握湿度

微生物农药的活性与湿度密切相关。农田环境湿度越大，药效越明显，粉状微生物农药更是如此。最好在早晚露水未干时施药，使微生物快速繁殖，起到更好的防治效果。

3. 避免强光

紫外线对微生物农药有致命的杀伤作用，在阳光直射 30 分钟和 60 分钟，微生物死亡率可达到 50% 和 80% 以上，最好选择阴天或傍晚施药。

4. 避免雨水冲刷

喷施后遇到小雨，有利于微生物农药中活性组织的繁殖，不会影响药效，但暴雨会将农作物上喷施的药液冲刷掉，影响防治效果。要根据当地天气预报，适时施药，避开大雨或暴雨，以确保杀虫效果。

另外，病毒类微生物农药专一性强，一般只对一种害虫起作用，对其他害虫完全没有作用，如小菜蛾颗粒体病毒只能用于防治小菜蛾。使用前要先调查田间虫害发生情况，根据虫害发生情况合理安排防治时期，适时用药。

（二）植物源农药

1. 预防为主

发现病虫害及时用药，不要等病虫害大发生时才防治，植物源农药药效一般比化学农药慢，用药后病虫害不会立即见效，施药时间应较化学农药提前 2 ～ 3 天，而且一般用后 2 ～ 3 天才能观察到其防效。

2. 与其他农药配合使用

病虫害危害严重时，应当首先使用化学农药尽快降低病虫害的数量、控制蔓延趋势，再配合使用植物源农药，实行综合治理。

3. 避免雨天施药

植物源农药不耐雨水冲刷，施药后，遇雨应当补施。

（三）生物化学农药

生物化学农药是通过调节或干扰植物（或害虫）的行为，达到施药目的。

1. 性诱剂

性诱剂不能直接杀灭害虫，主要作用是诱杀（捕）和干扰害虫交配，以降低害虫种群密度，控制虫害过快繁殖。因此，不能完全依赖性引诱剂，一般应与其他化学防治方法相结合，如使用桃小食心虫性诱芯时，可在蛾峰期田间始见卵时结合化学药剂防治。

2. 开包后应尽快使用

性诱剂产品易挥发，需要存放在较低温度的冰箱中，一旦打开包装袋，应尽快使用。

3. 避免污染诱芯

由于信息素的高毒敏感性，安装不同种害虫的诱芯前，需要洗手，以免污染。

4. 合理安放诱捕器

诱捕器放的位置、高度，以及气流都会影响诱捕效果，如斜纹夜蛾性引诱剂，适宜的悬挂高度为 1 ~ 1.5 米，保护地使用可依实际情况适当降低，小白菜类蔬菜田应高出作物 0.3 ~ 1 米，高秸秆类蔬菜田可挂在支架上，大棚类作物可挂在棚架上。

5. 防止危害益虫

使用信息素要防止对有益昆虫的伤害，如金纹细蛾性诱芯对壁蜂有较强的诱杀作用，故果树花期不宜使用，用于测报时，观测圃及邻近的果园果树花期不宜放养壁蜂和蜜蜂。

6. 按规定时间及时更换诱芯

一般一个月左右更换一次诱芯，适时清理诱捕器中的死虫，并且不可以倒在大田周围，需要深埋，诱捕器可重复使用。

（四）植物生长调节剂

1. 选准品种适时使用

植物生长调节剂会因作物种类、生长发育时期、作用部位不同而产生不同的效应。使用时应按产品标签上的功能选准产品，并严格按标签标注的使用方法，在适宜的使用时期使用。

2. 掌握使用浓度

植物生长调节剂可不是“油多不坏菜”。要严格按标签说明浓度使用，否则会起到相反的效果，如生长素在低浓度是促进根系生长，较高浓度反而抑制生长。

3. 药液随用随配，均匀使用

有些调节剂如赤霉素，在植物体内基本不移动，如同一个果实只处理一半，会致使处理部分增大，造成畸形果。在应用时注意喷施要均匀细致。

4. 不能以药代肥

即使是促进型的调节剂，也只能在肥水充足的条件下起作用。

（五）蛋白类、寡聚糖类农药

该类农药(如氨基寡糖素、几丁聚糖、香菇多糖、低聚糖素等)为植物诱抗剂，本身对病菌无杀灭作用，但能够诱导植物自身对外来有害生物侵害产生反应，提高免疫力，产生抗病性。

1. 应在病害发生前或发生初期使用

病害已经较重时应选择治疗性杀菌剂对症防治。

2. 药液现用现配

不能长时间储存，无内吸性，注意喷雾均匀。

（六）天敌生物

目前应用较多的是赤眼蜂和平腹小蜂。提倡大面积连年放蜂，面积越大防效越好，放蜂年头越多，效果越好。使用时需注意：

1. 合理存放

拿到蜂卡后要在当日上午放出，不能久储。如果遇到极端天气，不能当天放蜂，蜂卡应分散存放于阴凉通风处，不能和化学农药混放。

2. 准确掌握放蜂时间

最好结合虫情预测预报，使放蜂时间与害虫产卵时间相吻合。

3. 与化学农药分时施用

放蜂前 5 天、放蜂后 20 天内不要使用化学农药。

（七）抗生素类农药

抗生素类农药的使用同化学农药，如阿维菌素、多杀霉素等。但多数抗生素类杀菌剂不易稳定，不能长时间储存，如井冈霉素，容易发霉变质。药液要现配现用，不能储存。某些抗生素农药如春雷霉素、井冈霉素等不能与碱性农药混用，农作物撒施石灰和草木灰前后，也不能喷施。

第三节　安全使用原则及废弃物的处置

一、安全使用与防护

农药是一种生物活性物质，绝大多数品种对人体有一定的毒性，如使用不当就可能造成中毒事故。农药中毒大体可分为两种：一种是急性中毒，即农药一次性被人体吸收的量较大，在短时间内引起急性病理反应，其对人体的危险性决定于农药有效成分进入人体的数量及人的体质；另一种是慢性中毒，即低于急性中毒剂量的农药长期被人体摄入而引起慢性病理反应的毒性，甚至会慢性毒性急性发作，还可引起癌症、畸胎、遗传性基因突变、神经系统中毒等，其对人体的危险性决定于农药有效成分在人体内蓄积的数量及人体的体质。农药制剂无论是固态、液态还是气态，一般都可以通过人的呼吸道、皮肤或口进入人体。所以，农药的安全使用和防护，应针对以上情况采取具体措施。

（一）施药人员

应选择对工作认真负责、身体健壮，并经过一定训练的成年人担任，凡年老、体弱、幼小，有患精神病、皮肤病、农药中毒病史以及其他疾病尚未恢复健康者，不建议参加农药施用工作。妇女在生理期、孕期和哺乳期应停止参加农药施用工作。

（二）施药时间

气温高是引起农药中毒的重要因素之一。据统计，7 ~ 8 月份农药中毒人数，约占农药中毒总人数的 90%。因此，盛夏施药应安排在早晚进行，避免中午高温作业，并适当延长中午休息时间，以充分恢复体力。如施药时间过长，应轮流换班，以保证每人每天实际操作时间不超过 6 小时，如连续施药 3 ~ 5 天后，应休息 1 天。

（三）防护准备

在施药前，必须检修器械，以免发生渗漏，造成农药污染，应将盛药器具先浸水 12 小时以上，并先盛清水再倒入母液，以减少器具对农药的吸附量。施药人员必须穿长袖衣、长裤、雨靴(稻田施药可穿水靴)，戴口罩、草帽、风镜、橡胶或塑料手套等，对皮肤的暴露部分应涂肥皂。如使用熏蒸剂熏蒸时，必须佩戴完好有效的防毒面具，服装以穿雨衣为宜。另外，还应准备好清水、肥皂等洗漱用具，以及常用急救药品和用具等。

（四）配药和拌种

应在露天进行，必须远离住宅、河塘、水井、畜禽场、瓜菜园和果园。一般距离应在 200 米以上，以防止污染。配药时，应穿戴好防护用具，用固定的配药桶、过滤桶和搅拌药液等工具，配药应按规定倍数加水(或土)配制，不能任意提高浓度，根据用量配药和拌种。

（五）安全操作

施药时人站在上风向，采用隔行喷药操作，如数人同时施药，应互相保持一定距离，按梯形队伍前进，或下风向施药人先行。在全部配药、施药过程中，严禁吸烟、喝水和吃东西。必须认真操作，禁止说笑打闹，绝对避免用手擦脸、擦眼睛。在操作过程中，如发现器具损坏，必须彻底冲洗干净后再修理，喷雾器喷头堵塞，严禁用嘴吹，如不慎皮肤黏附农药，应立即停止工作，转移到空气新鲜处，脱去被农药污染的衣物，用清水洗脸、洗手和漱口，如去医院，需携带农药标签。

（六）做好清理

工作结束后，应彻底清洗手、脸、漱口。及时换洗被农药污染的衣物，但如无法清洗干净，应立即销毁。施过农药的农田应放置标记，在一定时间内，人畜不可进入。剩余药液等，应妥善保管和处理，不能任意倾倒，以防污染或被误食。各种器具应及时清洗干净，杜绝中毒隐患。

二、剩余药液和废弃物的处置

一般来说生物农药具有易于降解、不易积累、用量少、污染小、对人畜毒性小、环境兼容性好等优点，但生物农药仍属于农药中的一类，对其废弃物的处置需符合农药废弃物回收与处置规定。

（一）生物农药使用过程中产生的废弃物

1. 假农药、劣质农药及过期失效的农药。

2. 农药废旧包装物，包括盛农药的瓶、桶、罐、袋；其他含农药的废弃物。

3. 被禁止生产和使用但仍有库存的农药。

（二）农药废弃物回收与处置要求

1. 广泛宣传

要充分了解废弃农药包装物的危害，不可随意乱丢乱扔，更不可以用来装食品和饮用水。

2. 及时收集

按照《农药管理条例》规定，农药经营者应当回收农药废弃物。农药废弃物应当集中存放，将收集的废弃包装物分门别类存放。废弃物存放地点应不对周围生态环境产生污染。

3. 科学安全处置

将收集到的农药废弃物进行科学处置，或送回生产企业，或送到有处理资质的机构集中进行科学、安全处置，如高温焚烧等。

（三）农药废弃物处置应当坚持的原则

1. 不能他用

除包装较大的容器，由生产企业统一回收、清理后专用外，其他农药废弃物不能回收再用。

2. 及时处置

《固体废物污染环境防治法》第五十八条规定，贮存危险废物必须采取符合国家环境保护标准的防护措施，并不得超过一年，禁止将危险废弃物混入非危险废物中贮存。农药经营单位应及时收集农药废弃物，并立即处理，避免大量废料堆积。

3. 科学安全处置

《固体废物污染环境防治法》第五十五条规定，产生危险废弃物的单位，必须按照国家有关规定处置危险废物，不能擅自倾倒、堆放。经营单位没有相应的专业知识能力时，应当委托专业机构处置。

（四）主要处置方法

1. 退回生产企业处理

对已获得农药登记，但经检验属不合格的产品，可由经营单位与生产企业协商后，退回生产企业处理。

2. 专业机构处置

将废弃物送至有相应处置资质的机构处置，如高温焚烧等。

第四节　几种常用生物农药的国家标准残留限量

一、术语和定义

（一）残留物

由于使用农药而在食品、农产品和动物饲料中出现任何特定物质，包括被认为具有毒理学意义的农药衍生物，如农药转化物、代谢物、反应产物及杂质等。

（二）最大残留限量

在食品或农产品内部或表面法定允许的农药最大浓度，以每千克食品或农产品中农药残留的毫克数表示（毫克 / 千克）。

（三）再残留限量

一些持久性的农药虽已禁用，但还长期存在环境中，从而再次在食品中形成残留，为控制这类农药残留物对食品的污染而制定其在食品中的残留限量，以每千克食品或农产品中农药残留的毫克数表示（毫克 / 千克）。

（四）每日允许摄入量

人类终生每日摄入某物质，而不产生可检测到的危害健康的估计量，以每千克体重可摄入的量表示（毫克 / 千克体重）。

二、几种常用生物农药的食品安全国家标准

（一）阿维菌素

（1）主要用途：杀虫剂。

（2）每日允许摄入量：0.001 毫克 / 千克体重。

（3）残留物：阿维菌素。

（4）最大残留限量：应符合表 1 的规定。

表 1　阿维菌素最大残留限量

食品类别	名称	最大残留限量（毫克 / 千克）
蔬菜	菜豆	0.10
	菜用大豆	0.05
	萝卜	0.01
	芜菁	0.02
	马铃薯	0.01
	茭白	0.30
水果	柑橘类水果（柑、橘、橙除外）	0.01
	柑	0.02
	橘	0.02
	橙	0.02
	苹果	0.02
	梨	0.02
	枣（鲜）	0.05
	枸杞（鲜）	0.10
	草莓	0.02
	杨梅	0.02
	瓜果类水果（西瓜除外）	0.01
	西瓜	0.02

续表

食品类别	名称	最大残留限量（毫克 / 千克）
干制水果	枸杞（干）	0.10
坚果	杏仁	0.01
	核桃	0.01
饮料类	啤酒花	0.10
调味料	干辣椒	0.20
	胡椒	0.05

（二）除虫菊素

（1）主要用途：杀虫剂。

（2）每日允许摄入量：0.04 毫克 / 千克体重。

（3）残留物：除虫菊素Ⅰ与除虫菊素Ⅱ之和。

（4）最大残留限量：应符合表 2 的规定。

表 2　除虫菊素最大残留限量

食品类别	名称	最大残留限量（毫克 / 千克）
谷物	稻谷	0.30
	小麦	0.30

续表

食品类别	名称	最大残留限量(毫克/千克)
主粮类	玉米	0.30
	高粱	0.30
	粟	0.30
	杂粮类	0.10
油料和油脂	花生仁	0.50
蔬菜	结球甘蓝	1.00
	花椰菜	1.00
	青花菜	1.00
	芥蓝	2.00
	菠菜	5.00
	普通白菜	5.00
	茼蒿	5.00
	叶用莴苣	5.00
	莜麦菜	1.00
	萝卜叶	1.00
	芜菁叶	1.00
	芹菜	1.00
	小茴香	1.00
	大白菜	1.00

续表

食品类别	名称	最大残留限量（毫克 / 千克）
蔬菜	茄果类蔬菜	0.05
	根茎类和薯芋类蔬菜（萝卜、胡萝卜、芜菁除外）	0.05
	萝卜	1.00
	胡萝卜	1.00
	芜菁	1.00
水果	柑橘类水果	0.05
干果	干制水果	0.20
	坚果	0.50
调味料	干辣椒	0.50

（三）苦参碱

（1）主要用途：杀虫剂。

（2）每日允许摄入量：0.01 毫克 / 千克体重。

（3）残留物：苦参碱。

（4）最大残留限量：应符合表 3 的规定。

表 3　苦参碱最大残留限量

食品类别	名称	最大残留限量（毫克 / 千克）
蔬菜	结球甘蓝	5.00
	黄瓜	5.00
水果	柑	1.00
	橘	1.00
	橙	1.00
	梨	5.00

（四）印楝素

（1）主要用途：杀虫剂。

（2）每日允许摄入量：0.01 毫克 / 千克体重 。

（3）残留物：印楝素。

（4）最大残留限量：应符合表 4 的规定。

表 4　印楝素最大残留限量

食品类别	名称	最大残留限量（毫克 / 千克）
蔬菜	结球甘蓝	0.10
茶类	茶叶	1.00

（五）鱼藤酮

（1）主要用途：杀虫剂。

（2）每日允许摄入量：0.0004 毫克 / 千克体重。

（3）残留物：鱼藤酮。

（4）最大残留限量：应符合表 5 的规定。

表 5　鱼藤酮最大残留限量

食品类别	名称	最大残留限量（毫克 / 千克）
蔬菜	结球甘蓝	0.50

ལེའུ་དང་པོ། སྐྱེ་དངོས་ཞིང་སྨན་གྱི་གཞི་རྩའི་ཤེས་བྱ།

ཚན་པ་དང་པོ། སྐྱེ་དངོས་ཞིང་སྨན་གྱི་སྤྱི་བཤད།

གཅིག སྐྱེ་དངོས་ཞིང་སྨན་གྱི་མཚན་ཉིད།

སྤྲ་ཡངས་པའི་ཆ་ནས་བཤད་ན་སྐྱེ་དངོས་ཞིང་སྨན་ནི་ཐད་ཀར་སྐྱེ་དངོས་ལས་བྱུང་བའི་སྐྱེ་དངོས་ཀྱི་གྲུང་གཤིས་སམ་ཡང་ན་སྐྱེ་དངོས་ཀྱི་གྲུང་གཤིས་ཆེ་བའི་དངོས་གཟུགས་ལ་བརྟེན་ནས་ཞིང་སྨན་དུ་བྱེད་པ་དང་། དེ་བཞིན་དུ་མིའི་ཐབས་ཀྱིས་འདྲེས་སྦྱོར་བྱས་པའི་རང་བྱུང་རྫས་བཟོ་དང་རང་བྱུང་དངོས་རྫས་གྲུབ་ཚུལ་གཅིག་མཚུངས་ཡིན་པའི་ཞིང་སྨན་ལ་ཟེར། སྤྲ་དོག་པའི་ཆ་ནས་བཤད་ན་སྐྱེ་དངོས་ཞིང་སྨན་ནི་ཞིང་ལས་ཀྱི་ནད་འབུ་དང་འབུ་སྲིན། རྩྭ། བྱི་བའི་གནོད་འཚེ། འབུ་ནད་ཀྱི་གནོད་སྐྱོན། འཕྲོད་བསྟེན་གྱི་གནོད་འཚེ་སོགས་གནོད་ལྡན་སྐྱེ་དངོས་ཀྱི་གྲུང་གཤིས་ཆེ་བའི་དངོས་གཟུགས་དང་ལུས་ཁམས་གྲུང་གཤིས་རང་བཞིན་ལྡན་པའི་དངོས་རྫས་འགོག་བཅོས་བྱེད་པ་དང་། ཚོང་ཟོག་ཚོང་རར་བཏོན་ནས་འཕོར་རྒྱུག་བྱེད་པའི་སྐྱེ་དངོས་ཀྱི་འབྱུང་ཁུངས་ལས་བཟོས་པའི་སྨན་རྫས་ལ་ཟེར། དེའི་ཁྲོད་དུ་སྐྱེ་དངོས་ཕྲ་རབ་ཀྱི་འབྱུང་ཁུངས་དང་།(འབུ་ཕྲ་རབ་དང་ནད་འབུ། འབུ་ཕྲ་དང་དེ་བཞིན་རིམ་ཐུབ་རྗེས་འཇུག་བྱས་པའི་འབུ་ཕྲ་སོགས) སྐྱེ་དངོས་ཀྱི་འབྱུང་ཁུངས། སྲོག་ཆགས་ཀྱི་འབྱུང་རྩ་དང་འབུ་ནད་འགོག་བཅོས་བྱེད་པའི་གཞི་རྒྱུ་འགྱུར་མའི་སྐྱེ་དངོས་ཀྱི་གནོད་པ་སོགས་ཀྱང་འདུས། མཉམ་འབྲེལ་རྒྱལ་ཚོགས་ཀྱི་ཟས་རིགས་ཞིང་ལས་རྩ་འཛུགས་ཀྱི་ཚད་གཞི་ལྟར་ན། སྐྱེ་དངོས་ཞིང་སྨན་ནི་ཕྱིར་བཏང་དུ་

རང་བྱུང་རྫས་འགྱུར་དངོས་པོའམ་གཞི་རྒྱུའི་རྒྱན་སྤྲས་སྨན་རྫས་ཡིན་པ་དང་། དེའི་ནང་དུ་གཙོ་བོར་སྐྱེ་དངོས་རྫས་འགྱུར་གྱི་ཞིང་སྨན(ཆ་འཕྲིན་སྨན་རྒྱུ་དང་སྐྱལ་རྩི། རྩི་ཤིང་དང་འབྲུ་སྨིན་སྙོམ་སྒྲིག་སྨན་རྫས)དང་སྐྱེ་དངོས་ཕྲ་རབ་ཀྱི་ཞིང་སྨན(འབྲུ་ཕྲ། འབྲུ་སྨིན། ནད་འབུ། གནོད་སྐྱེས་སྲོག་ཆགས་སམ་རྒྱུད་འཛིན་དང་རྒྱུད་འཛིན་བསྒྱུར་བཀོད་བྱས་པའི་སྐྱེ་དངོས་ཕྲ་རབ)སོགས་འདུས་སོ། །

གཉིས། སྐྱེ་དངོས་ཞིང་སྨན་གྱི་དབྱེ་བ།

ཀྲུང་གོའི་སྲོལ་རྒྱུན་གྱི་སྐྱེ་དངོས་ཞིང་སྨན་ནི་སྐྱེ་དངོས་ཕྲ་རབ་ཀྱི་ཞིང་སྨན་ཁོ་ན་ལ་གོ་བ་ཡིན། ཚན་རིག་ལག་རྩལ་མགྱོགས་མྱུར་སྒྲོས་འཕེལ་རྒྱས་སུ་སོང་བ་དང་བསྟུན་ནས། སྐྱེ་དངོས་ཞིང་སྨན་གྱི་མཚོན་དོན་དང་དབྱེ་བའི་ཞིབ་འཇུག་ལའང་དོ་སྣང་ཆེན་པོ་བྱེད་བཞིན་ཡོད་ཅིང་། ཀྲང་ཤིན་སོགས་ཀྱིས2002ལོར་མ་ལག་ལྡན་པའི་སྒོ་ནས་སྐྱེ་དངོས་ཞིང་སྨན་གྱི་གོ་དོན་དང་དབྱེ་བ། ཁྱད་ཆོས་བཅས་བརྗོད་པར་མ་ཟད། ལས་རིགས་ཁག་གིས་ཀྱང་ཁས་ལེན་བྱེད་བཞིན་ཡོད། སྐྱེ་དངོས་ཞིང་སྨན་ཞེས་པ་ནི་ནད་རིམས་དང་འབྲུ་སྨིན། རྩྭ་སོགས་གནོད་ལྡན་སྐྱེ་དངོས་ཀྱི་ལུས་གཟུགས་དང་སྐྱེ་དངོས་ཀྱི་འབྱུང་ཁུངས་ལ་སྔོན་འགོག་བྱེད་ཐུབ་པར་མ་ཟད། སྐྱེ་དངོས་ཁྲོད་དུ་བྱུང་ཞིང་། “ཞིང་སྨན”བྱེད་པའི་སྐྱེ་ཁམས་ཀྱི་གྲུང་གཤིས་རང་བཞིན་ལྡན་པའི་དངོས་པོ་སྣ་ཚོགས་ལ་ཟེར།

2017ལོའི་ཟླ11པར་ལག་བསྟར་བྱས་པའི《ཞིང་སྨན་ཐོ་འགོད་པའི་དཔྱད་གཞིའི་ བླང་བྱ》ནང་དུ། སྐྱེ་དངོས་ཞིང་སྨན་གྱི་མཚན་ཉིད་ཁ་གསལ་པོར་བརྗོད་མེད་ཅང་། འབྱུང་ཁུངས་གཞིར་བཟུང་ནས་ཞིང་སྨན་ནི་རྫས་འགྱུར་ཞིང་སྨན་དང་། སྐྱེ་དངོས་རྫས་འགྱུར་ཞིང་སྨན། སྐྱེ་དངོས་ཕྲ་རབ་ཞིང་སྨན། རྩི་ཤིང་འབྱུང་གཞིའི་ཞིང་སྨན་སོགས་སུ་དབྱེ་ཡོད། དེའི་ཁྲོད་ཀྱི་སྐྱེ་དངོས་ཕྲ་རབ་ཀྱི་ཚབ་བྱེད་དངོས་པོ(ཞིང་སྲུང་སྨན་རྫས)ཐོ་འགོད་བྱེད་དུས་ཀྱི་བླང་བྱ་ནི་རྫས་འགྱུར་ཞིང་སྨན་ལ་སོགས་པར་གཅིག་མཚུངས་ཡིན། འོན་ཀྱང་མངོན་པར་གསལ་བའི་མཚན་ཉིད་ཅིག་བརྗོད་མེད་དོ། །

དེའི་སྔོན་དུ་སྐྱེ་དངོས་ཞིང་སྨན་ལ་སྤྱིར་བཏང་དུ་རིགས3འདུས་པར་འདོད་པ་སྟེ།

སྐྱེ་དངོས་རྫས་འགྱུར་གྱི་ཞིང་སྨན་དང་། སྐྱེ་དངོས་ཕྲ་རབ་ཀྱི་ཞིང་སྨན(སྐྱེ་དངོས་ཞིང་སྨན་གྱི་དུག་སྲིན་འགོག་སྨན་ཚུད)དང་རྩི་ཤིང་གི་འབྲུང་གཞིའི་ཞིང་སྨན་སོགས་ཡིན། ཡིན་ནའང་ངེས་པར་དུ་དོ་སྣང་བྱེད་དགོས་པ་ཞིག་ནི། 2019ལོའི་ཟླ8པའི་ཞིང་ལས་དང་ཞིང་སྡེའི་སྤུའུ་ཡིས་རྒྱལ་ཡོངས་མི་དམངས་འཐུས་ཚོགས་སྐབས་བཅུ་གསུམ་པའི་གྲོས་ཚོགས་སྟེང་དུ་ལན་བཏབ་པའི་ཡིག་ཆའི་ཁྲོད་དུ་བསྟན་དོན། སྐྱེ་དངོས་ཞིང་སྨན་ནང་དུ་གཙོ་བོ་སྐྱེ་དངོས་རྫས་འགྱུར་གྱི་ཞིང་སྨན་དང་། སྐྱེ་དངོས་ཕྲ་རབ་ཞིང་སྨན་དང་རྩི་ཤིང་འབྲུང་གཞིའི་ཞིང་སྨན་སོགས་ཚུད་ཡོད་ཚུལ་གསལ་པོར་བསྟན་ཡོད། ཞིང་སྤྱོད་དུག་སྲིན་འགོག་སྨན་དེའི་ཁྲོད་དུ་ཚུད་མེད། དེ་ནས་བཟུང་ཞིང་སྤྱོད་དུག་སྲིན་འགོག་སྨན་ནི་སྐྱེ་དངོས་ཞིང་སྨན་ཁྲོད་དུ་ཕྱིར་ཕུད་པ་ཡིན།

མདོར་བསྡུས་ནས་བཤད་ན། སྐྱེ་དངོས་ཞིང་སྨན་ཁྲོད་དུ་སྐྱེ་དངོས་མ་ལག་གི་ཞིང་སྨན་དང་སྐྱེ་དངོས་རྫས་འགྱུར་གྱི་ཞིང་སྨན་རིགས་གཉིས་འདུས་ཡོད་ཅིང་། སྐྱེ་དངོས་མ་ལག་གི་ཞིང་སྨན་ཞེས་པ་ནི་ནད་དུག་དང་འབུ་སྲིན། རྩྭ་སོགས་གནོད་པ་ཡོད་པའི་སྐྱེ་དངོས་ཀྱི་ཚོང་ཟོག་གི་གྲུང་གཟུགས་སྐྱེ་དངོས་འགོག་བཅོས་བྱེད་པར་གོ དཔེར་ན། གཞི་རྒྱུ་འགྱུར་བའི་སྐྱེ་དངོས་དང་། རང་བྱུང་གནོད་ལྡན་གྱི་འབུ་སྲིན། འབུ་ཕྲ། ཕྲ་སྲིན། ནད་འབུ། ཕྲ་ཕུང་། སྲིན་འབུ། ཕྲ་ཕུང་གི་ཐུམ་འབུ་སོགས་ཀྱི་སྐྱེ་དངོས་ཡིན། སྐྱེ་དངོས་རྫས་འགྱུར་གྱི་ཞིང་སྨན་ཞེས་པ་ནི་སྐྱེ་དངོས་ཀྱི་མ་ལག་ཁྲོད་ནས་ཕྱིར་བྲལ་བ་དང་རྫས་འགྱུར་གྱི་གྲུབ་ཚུལ་ངེས་ཅན་ལྡན་པ། གནོད་པ་ལྡན་པའི་སྐྱེ་དངོས་ལ་ཚོད་འཛིན་བྱེད་ནུས་ལྡན་པའི་སྐྱེ་དངོས་ཀྱི་གྲུང་གཤིས་རང་བཞིན་ལ་གོ དངོས་རྫས་འདིའི་རིགས་གལ་ཏེ་མིའི་ཐབས་ཀྱིས་འདྲེས་སྦྱོར་བྱས་ན། ངེས་པར་དུ་མཉམ་བསྲེས་དངོས་པོའི་གྲུབ་ཚུལ་དང་རང་བྱུང་དངོས་པོའི་གྲུབ་ཚུལ་གཅིག་མཚུངས་ཡིན་དགོས། (དེའི་ནང་དུ་འདུ་བའི་དངོས་པོ་མི་འདྲ་བའི་གྲུབ་ཆའི་བསྡུར་ཚད་སྟེང་གི་ཁྱད་པར་ཡོད་ཆོག) དཔེར་ན་རྩི་ཤིང་གི་འབྲུང་གཞིའི་སྐྱུལ་རྒྱུ་དང་། འབུ་སྲིན་གྱི་ཆ་འཕྲིན་རྒྱུ་སོགས་ཡིན།

- སྐྱེ་དངོས་ཀྱི་ཞིང་སྐྱན།
  - སྐྱེ་དངོས་མ་ལག་གི་ཞིང་སྐྱན།
    - རྩི་ཤིང་མ་ལག་གི་སྐྱེ་དངོས་ཞིང་སྐྱན། གཞི་རྒྱུ་སྦྱུར་བའི་སྐྱེ་དངོས་སོགས།
    - སྲོག་ཆགས་མ་ལག་གི་སྐྱེ་དངོས་ཞིང་སྐྱན། འབུ་སྲིན། མན་སྲིན། གཞི་རྒྱུ་འགྱུར་བའི་འབུ་སྲིན་སོགས།
    - སྐྱེ་དངོས་ཕྲ་ཕུང་མ་ལག་གི་ཞིང་སྐྱན། འབུ་ཕྲ་དང་འབུ་ཕྲན། ནད་དུག ཐིག་སྲིན། ཕྲ་ཕུང་སྐྱེ་དངོས་སོགས།
  - སྐྱེ་དངོས་རྫས་འགྱུར་ཞིང་སྐྱན།
    - རྩི་ཤིང་གི་འབྱུང་ཁུངས་སྐྱེ་དངོས་རྫས་འགྱུར་གྱི་ཞིང་སྐྱན། དུག་རྒྱུའི་རྒྱུ་ཆ་དང་། སྐྱུལ་རྩི། འགོག་སྲུང་གི་རྒྱུ། རྩི་ཤིང་གི་འབྱུང་ཁུངས་ཀྱི་འབུ་ཕྲའི་སྐྱུལ་རྒྱུ་སོགས།
    - སྲོག་ཆགས་ཀྱི་འབྱུང་ཁུངས་སྐྱེ་དངོས་རྫས་འགྱུར་གྱི་ཞིང་སྐྱན། འབུ་སྲིན་གྱི་ཆ་འཕྲིན་རྒྱུ་རྩི་དང་འབུ་སྲིན་གྱི་སྐྱུལ་རྩི། དུག་རྒྱུ་སོགས།
    - སྐྱེ་དངོས་ཕྲ་རབ་ཀྱི་འབྱུང་ཁུངས་སྐྱེ་དངོས་རྫས་འགྱུར་གྱི་ཞིང་སྐྱན། དུག་རྒྱུ་རིགས་སོགས།

པར་རིས1 སྐྱེ་དངོས་ཞིང་སྐྱན་གྱི་དབྱེ་བ།

གསུམ། སྐྱེ་དངོས་ཞིང་སྐྱན་གྱི་ཁྱད་ཆོས།

(གཅིག) གདམ་གསེས་རང་བཞིན་ལེགས་པ་དང་མི་ཕྱུགས་ལ་བདེ་འཇགས་ཡིན་པ།

མིག་སྔར། ཚོང་རའི་སྟེང་དུ་གསར་སྤེལ་བྱས་ཟིན་པ་དང་ཕྱོགས་ཡོངས་ནས་དངོས་སྤྱོད་ལེགས་འགྲུབ་བྱུང་བའི་སྐྱེ་དངོས་ཞིང་སྐྱན་གྱི་ཐོན་རྫས་རྣམས་ཀྱིས་ནད་འབུར་གནོད་འཚེ་ཡོད་པ་ལས་མི་དང་ཕྱུགས་ཟོག སྐྱེ་དངོས་སྣ་ཚོགས(སྲོག་ཆགས་ཀྱི་རང་བྱུང་དགྲ་ཡ་དང་སྦྲང་མ། ཟེའུ་འབྲུ་སྡེབ་སྦྱོར་འབུ་སྲིན། ཉ། མཚོ་འབུ་སོགས་ཆུ་སྐྱེས་སྲོག་ཆགས)སོགས་ལ་གནོད་པ་མེད་ཅིང་། འབེན་ས་མ་ཡིན་པའི་སྐྱེ་དངོས་ལ་འང་གནོད་འཚེ་ཤིན་ཏུ་ཆུང་།

(གཉིས) སྐྱེ་ཁམས་ཁོར་ཡུག་ལ་གནོད་པ་ཆུང་བ།

སྐྱེ་དངོས་ཞིང་སྐྱན་གྱི་གནོད་ལྡན་སྐྱེ་དངོས་ཚོད་འཛིན་བྱེད་པའི་ནུས་པ་གཙོ་བོ་ནི།

དམིགས་བསལ་གྱི་སྐྱེ་དངོས་ཕྲ་རབ་ཁ་ཤས་སམ་ཡང་ན་སྐྱེ་དངོས་ཕྲ་རབ་ཀྱི་ཚབ་བྱེད་ཐུབ་པའི་འབྲུ་གསོད་དང་། ནད་འགོག་པ། སྐྱེ་འཚར་སྐུལ་འདེད་ཀྱི་ནུས་པ་ལྡན་པར་མ་ཟད། དེའི་གྲུང་གཤིས་རང་བཞིན་ལྡན་པའི་གྲུབ་ཆ་ཡོངས་སུ་གནས་པ་དང་འབྱུང་ཁུངས་ནི་རང་བྱུང་སྐྱེ་ཁམས་མ་ལག་ཡིན། སྐྱེ་དངོས་ཞིང་སྨན་གྱི་ཁྱད་ཆོས་གཙོ་བོ་ནི། ཉེ་འོད་དང་རྩི་ཤིང་ངམ་ས་རྒྱུའི་སྐྱེ་དངོས་ཕྲ་རབ་སྣ་ཚོགས་ཀྱིས་དབྱེ་ཕྲལ་བྱེད་སླ་བ་དང་། རང་བྱུང་གིས་ཐོན་ཞིང་རང་བྱུང་ལ་ཐིམ་པའི་རྒྱུན་ལྡན་གྱི་དངོས་པོའི་འཁོར་རྒྱུག་བྱེད་སྟངས་ཤིག་ཡིན། དེའི་ཕྱིར། སྐྱེ་དངོས་ཞིང་སྨན་གྱིས་རང་བྱུང་སྐྱེ་དངོས་ལ་བདེ་འཇགས་ཡིན་པ་དང་འབག་བཙོག་མེད་པར་ངོས་འཛིན་བྱས་ཆོག

(གསུམ) གནོད་འབུའི་རིམས་ནད་འབྱུང་བར་བསྙུ་ཁྲིད་བྱེད་ཐུབ།

སྐྱེ་དངོས་ཞིང་སྨན་ཁ་ཤས(འབྲུ་སྲིན་དང་འབྲུ་ཕྲའི་ནད་འབུ། འབྲུ་ཕྲའི་ནད་དུག ཕྲ་ཕུང་གི་ཐུམ་འབུ། འབྲུ་ཕྲའི་སྐུད་ཐིག་འབྲུ་སྲིན་སོགས)ལ། གནོད་འབུའི་ཚོགས་པའི་ཁྲོད་དུ་སྒོ་ང་བརྒྱུད་ནས་ཐད་ཀར་ནད་གཞི་མཆེད་སྤེལ་གྱི་ནུས་པ་ལྡན་ཞིང་། ཕྱི་རོལ་གྱི་ཁོར་ཡུག་ཆ་རྐྱེན་ངེས་ཅན་འོག་ཏུ་འབྲུ་ཕྲ་འཕེལ་བ་དང་། རྒྱ་བསྐྱེད་པ། དར་ཁྱབ་ཏུ་གཏོང་བ་བཅས་ཀྱི་ནུས་པ་ལྡན། ལོ་དེ་གའི་གནོད་ལྡན་སྐྱེ་དངོས་ལ་ཚོད་འཛིན་གྱི་ནུས་པ་འདོན་ཐུབ་པར་མ་ཟད། རྒྱུད་ཕྱི་མཐའ་རྗེས་ཐོན་གནོད་ལྡན་སྐྱེ་དངོས་ཁྲུ་ཚོགས་ལ་ཚོད་འཛིན་གྱི་ནུས་པ་ངེས་ཅན་ཞིག་ཐོན་ཐུབ་པ་དང་། ཕྱིར་ཕན་གྱི་ནུས་པ་འང་མངོན་གསལ་ལྡན་ནོ།།

(བཞི) རྒྱུ་ཆའི་འབྱུང་ཁུངས་རྒྱ་ཆེ་བ།

མིག་སྔར། རྒྱལ་ནང་དུ་ཐོན་སྐྱེད་ལས་སྒྲོན་བྱེད་པའི་སྐྱེ་དངོས་ཞིང་སྨན་ནི། གཙོ་བོ་རང་བྱུང་གི་བསྐྱུར་སྐྱེས་ཐོན་ཁུངས(དཔེར་ན་ཞིང་འོར་ཐོན་ཟས་ཀྱི་མ་སྙོས་ལོ་ཏོག་དང་། སྲན་མ། ཉ་ཕྱེ། གྲོ་ལྷགས་དང་ཡང་ན་རྩི་ཤིང་ཁ་ཤས)ཡིན་པ་དང་། མ་རྒྱུའི་འབྱུང་ཁུངས་ཧ་ཅང་རྒྱ་ཆེ་ལ་ཐོན་སྐྱེད་ཀྱི་མ་གནས་ཚུང་དམའ་བ་ཡིན།

(ལྔ) གནོད་འབུར་འགོག་རྒོལ་རང་བཞིན་འབྱུང་དཀའ་བ།

སྐྱེ་དངོས་ཞིང་སྨན་ལ་སྤྱིར་བཏང་དུ་ནུས་ལྡན་གྱི་གྲུབ་ཆ་མང་བས། གནོད་འབུ་

གསོད་པར་ཕན་ནུས་ཤིན་ཏུ་ཆེ་ཞིང་། བེད་སྤྱོད་བྱས་རྗེས་གནོད་འབུའི་གནོད་འཚེ་ཡང་བསྐྱར་བྱུང་བའི་གནས་ཚུལ་ལྟག་ཏུ་ཙུང་།

བཞི། རང་རྒྱལ་གྱི་སྐྱེ་དངོས་ཞིང་སྨན་གྱི་འཕེལ་རྒྱས་ཕྱིར་དྲན།

རང་རྒྱལ་གྱི་སྐྱེ་དངོས་ཞིང་སྨན་ཞིབ་འཇུག་ནི་དུས་རབས20པའི་ལོ་རབས50པ་ནས་བཟུང་སྟེ་ད་བར་དུ་ལོ་ངོ70ལྷག་གི་ལོ་རྒྱུས་ཡོད། སྐྱེ་དངོས་ཞིང་སྨན་གྱི་འཕེལ་རྒྱས་བརྒྱུད་རིམ་ལ་ཕྱི་མིག་བལྟས་ན། ཕལ་ཆེར་གཉམ་གྱི་དུས་རིམ་འགའ་རུ་དབྱེ་ཆོག་སྟེ།

(གཅིག) དུས་རབས20པའི་ལོ་རབས50པའི་དུས་མགོ་ནས་ལོ་རབས70པའི་དུས་མཇུག་བར་དུ། རྒྱལ་ཁབ་གཞན་པའི་གྲུབ་འབྲས་ལག་རྩལ་ལ་ལད་མོའི་སྒོ་ནས་བཟོ་སྐྲུན་དང་ཐད་ཀར་ནང་འདྲེན་བྱས་ཏེ། སྐྱེ་དངོས་ཞིང་སྨན་ཐད་ཀྱི་སྨན་རྫས་སྐོར་ཞིག་ཞིབ་འཇུག་ལེགས་འགྲུབ་བྱུང་བ།

རང་རྒྱལ་གྱིས1959ལོར་སུའུ་ལེན་ནས་སུའུ་ယུན་ཅིན་དབྱུག་སྲིན་འབུ་གསོད་སྨན་རྫས་ནང་འདྲེན་པ་བྱས་པ་དང་། བསྡུས་མིང་ལBtའབུ་གསོད་སྨན་རྫས་ཟེར། 1965ལོར་ཕུའུ་ཏན་ནས་རྒྱལ་ནང་གི་སུའུ་ཡུན་ཅིན་དབྱུག་སྲིན་འབུ་གསོད་སྨན་རྫས་བཟོ་གྲྭ་ཐོག་མ་བཙུགས་ཤིང་། དེའི་རྗེས་སུ་སུའུ་ཡུན་ཅིན་གྱི་དབྱུག་སྲིན་འབུ་གསོད་སྨན་རྫས་ཐོན་སྐྱེད་བྱེད་མགོ་ཚུགས་པ་དང་འདི་ལ“ཆིན་ཁྲུན་ཕྲ་སྲིན”ཟེར། དེའི་འཕྲོར་རང་རྒྱལ་གྱིས་ཐོན་སྐྱེད་བྱས་པའི་སུའུ་ཡུན་ཅིན་གྱི་འབུ་ཕྲའི་སྲིན་ཕྲ་བྱུང་བ་དང་། དེའི་མིང་ལ“7216”ཞེས་བཏགས། ཞིང་སྤྱོད་དུག་སྲིན་འགོག་སྨན་གྱི་ཐད་ནས་ཀྱང་འཇར་པན་གྱི་ཞིབ་འཇུག་འབྲས་བུ་སྟེ་ཏའོ་དབྱང་མེ་སུའུ་དང་། ཡུག་ཚོད་མེ་སུའུ། མེན་བུན་སུའུ། ཁྲིན་ལེ་མེ་སུའུ་སོགས་ལ་ཟུར་ལྟ་བྱས་ནས། མེན་བུན་སུའུ(1959) ཁྲིན་ལེ་མེ་སུའུ(1964) ཏའོ་ཁང་མེ་སུའུ(1967) ཅིན་གང་མེ་སུའུ(1973)སོགས་ཐོན་སྐྱེད་བཟོ་སྐྲུན་བྱས་པས་རང་རྒྱལ་གྱི་ཞིང་སྤྱོད་ཐོན་རྫས་གཏན་འཇགས་དང་འཕེལ་རྒྱས་སུ་འགྲོ་བར་རྨང་གཞི་བརྟན་པོ་བཏིང་བ་ཡིན། 1970ལོར་རྒྱལ་སྲིད་སྤྱི་ཁྱབ་ཁང་གིས《རྟུར་ཐག་གིས་སྐྱེ་དངོས་ཕྲ་རབ་དང་ཞིང་སྨན་ཁྱབ་གདལ་དུ་གཏོང་བ》ཞེས

པའི་ཡིག་ཆ་ཁྱབ་བསྒྲགས་བྱས་པས། སྐྱེ་དངོས་ཞིང་སྨན་གྱི་འཕེལ་རྒྱས་ལ་སྐུལ་ལྕགས་བུ་བཟང་པོ་ཞིག་བསྐྲུན། རང་རྒྱལ་དུ་ཞིབ་འཇུག་དང་བཟོ་སྐྲུན་ལེགས་གྲུབ་བྱུང་བའི་ཀོང་ཀྲོ་ལིན་མེ་སུའུ་དང་། ཅིན་གང་མེ་སུའུ། ཧའོ་ཞོད་མེ་སུའུ་སོགས་སྐྱེ་དངོས་སྨན་རྫས་གསུམ་ལ། དུས་རབས20པའི་ལོ་རབས70པའི་ལོ་མཇུག་ཏུ་རྒྱལ་ཁབ་ཚན་རིག་ཨུ་ཡོན་ལྷན་ཁང་གིས་གསར་གཏོད་བྱ་དགའ་ཨང་གསུམ་པ་ཐོབ་པ་དང་། ལྷག་པར་དུ་ཅིན་གང་མེ་སུའུ་སྲིན་གསོད་སྨན་རྫས་ཞིབ་འཇུག་བཟོ་སྐྲུན་བྱས་པས། ཞིང་སྤྱོད་དུག་སྲིན་འགོག་སྨན་དང་སྐྱེ་དངོས་ཞིང་སྨན་གྱི་འཕེལ་རྒྱས་ལ་སྐུལ་ལྕགས་བུ་གསར་བ་ཞིག་འབྱེད་པ་ཡིན།

(གཉིས) དུས་རབས20པའི་ལོ་རབས80པའི་དུས་མགོ་ནས་ལོ་རབས90པའི་དུས་དཀྱིལ་དུ། སྐྱེ་དངོས་ཞིང་སྨན་ནི་ཕྱོགས་བཅས་ཀྱི་གཏན་འཇགས་ཚད་ལྡན་གྱི་གོང་འཕེལ་དུས་རིམ་དུ་སླེབས་ཤིང་། སྦྱི་གནོད་མེད་པའི་ཞིང་སྨན་ལས་སྔོན་དངོས་རྫས་ཁྲིད་ཀྱི་གཙོ་ཤུགས་སུ་གྱུར་པ།

1984ལོར། རྒྱལ་ཁབ་ཀྱིས་ཞིང་སྨན་ཐོ་འགོད་དོ་དམ་ལམ་ལུགས་སྒྲར་གསོ་བྱས་ཏེ་ཡང་བསྐྱར་སྐྱེ་དངོས་ཀྱི་ཞིང་སྨན་ཐོ་འགོད་བྱས་པ་དང་། རིགས9ཐོ་འགོད་བྱས་ཤིང་། 1995ལོའི་ལོ་མཇུག་ཏུ་རིགས10ཐོ་འགོད་བྱས་པས། སྐྱེ་དངོས་ཞིང་སྨན་ཐོན་སྐྱེད་དང་བཀོད་སྒྲིག བེད་སྤྱོད་སོགས་ཚད་ལྡན་ཅན་དུ་གྱུར་བ་ཡིན། དངོས་སུ་ཐོ་འགོད་བྱས་པའི་རིགས་ཀྱི་ཁྲོད་དུ་ཁྲུན་ལེ་མེ་སུའུ་དང་། ཅིན་གང་མེ་སུའུ། ཀོང་ཀྲོ་ལིན་མེ་སུའུ། ཞིང་ལས་འགོག་སྨན120 ཧའོ་ཁང་མེ་སུའུ། ལིའུ་སོན་ལིང་མེ་སུའུ། མིན་བུན་སུའུ། ཁྲུ་མེ་སུའུ། སུའུ་ཡུན་ཅིན་དབྱུག་སྲིན་སོགས་ཡོད། གནས་སྐབས་སུ་ཐོ་འགོད་བྱས་པའི་རིགས་སྣའི་ཁྲོད་དུ་སྲིང་བལ་གྱི་འབུ་ཕྲའི་རིགས་ཁྱབ་ཁོངས་ཁྲོད་ཀྱི་སྲིང་བལ་གྱི་དུག་སྲིན་དང་། ཨ་བའེ་ཅིན་སུའུ། ཡུན་ཅན་སུའུ། ལིག་ཡང་མེ་སུའུ་སོགས་སྐྱེ་དངོས་ཞིང་སྨན་གསར་དུ་ཁ་སྔོན་བྱས་པས། སྐྱེ་དངོས་སྨན་རྫས་ནི་ཕྱོགས་བཅས་གཏན་འཇགས་ཀྱི་འཕེལ་རྒྱས་དུས་རིམ་ཞིག་ཏུ་སླེབས་པར་མ་ཟད། དུས་མཚུངས་སུ། རྒྱལ་ཁབ་ཀྱིས་སྐྱེ་དངོས་ཞིང་སྨན་གྱི་ཞིབ་འཇུག་བྱ་བར་མཐོང་ཆེན་བྱས་ཏེ། སྐྱེ་དངོས་ཞིང་སྨན་ལ་ཞིབ་འཇུག་དང་གསར་སྤེལ་བྱེད་པ་ནི་

རྒྱལ་ཁབ་ཀྱི“ལོ་ལྔའི་འཆར་གཞི་སྐབས་བདུན་པ”དང“ལོ་ལྔའི་འཆར་གཞི་སྐབས་བརྒྱད་པའི”འཆར་འགོད་ཞིབ་འཇུག་བྱ་གཞིའི་ཁྲོད་དུ་བཀོད་པས། དུས་ཕྱིས་ཀྱི་སྐྱེ་དངོས་ཞིང་སྨན་གྱི་སྣ་རིགས་གསར་བ་ཞིབ་འཇུག་གསར་སྤེལ་དང་ཚོང་ཟོག་ཅན་དུ་འགྱུར་བར་བྱས་རྗེས་དང་དགེ་མཚན་མི་དམན་པ་བསྐྲུན། དུས་རིམ་འདིར་དམིགས་བསལ་གྱིས་བརྗོད་དགོས་པ་ནི། 1992~1994ལོའི་བར་དུ། ཞིང་ལས་ཐོན་སྐྱེད་ཁྲོད་ཀྱི་གནོད་འབུ་གཙོ་བོའི་སྲིང་བལ་གྱི་གནོད་འབུ་ཆེ་བ་བྱུང་ཞིང་། ཨ་མེ་རི་ཁ་ནས་ནང་འདྲེན་བྱས་པའི་སུའུ་ཡུན་ཅིན་དབྱུག་སྲིན་ཁའོ་སི་ཐ་ཁྲུHD–1གཙོ་བོ་ཡིན་པའི་སུའུ་ཡུན་ཅིན་དབྱུག་སྲིན་གྱིས་གནོད་འབུའི་འགོག་བཅོས་ལ་ནུས་པ་གལ་ཆེན་འདོན་སྤེལ་བྱས། 1991ལོར་སུའུ་ཡུན་ཅིན་དབྱུག་སྲིན་གྱི་ཐོན་སྐྱེད་ཚད་གྲངས་ཏུན3500ཡིན་པ་དང་། 1994ལོའི་ཐོན་སྐྱེད་ཚད་གྲངས་ཏུན་ཁྲི3ལ་འཕེལ་རྒྱས་བྱུང་བས། སུའུ་ཡུན་ཅིན་དབྱུག་སྲིན་ནི་སྐྱེ་དངོས་ཕྲ་རབ་གསར་བའི་ཞིང་སྨན་གྱི་རིགས་གལ་ཆེན་དུ་གྱུར་པ་དང་། ཞིབ་འཇུག་གི་གྲུབ་འབྲས་ལ་རྒྱལ་ཁབ་ཀྱི་ཚན་རྩལ་ཡར་ཐོན་གྱི་བྱ་དགའ་ཨང་གཉིས་པ་ཐོབ་པ་ཡིན། དེའི་འཕྲོར་ཨ་བའེ་ཅིན་སུའུ་ཡི་རིགས་ལ་ཞིབ་འཇུག་དང་གསར་བཟོ་ལེགས་འགྲུབ་བྱུང་སྟེ། ཅིན་གང་མེ་སུའུ་ཡི་རྗེས་སུ་བསྐྲུན་པའི་ཞིང་སྲོད་དུག་སྲིན་འགོག་སྨན་སྐྱེ་དངོས་ཞིང་སྨན་གྱི་འཕེལ་རྒྱས་ཀྱི་ལམ་རྟགས་རྗེ་རིང་གཉིས་པ་སྐྲུན་པའི་དུས་སྐབས་ཡིན།

(གསུམ) 1994—2001ལོའི་བར་དུ། སྐྱེ་དངོས་ཞིང་སྨན་ནི་མགྱོགས་མྱུར་སྨོས་སྐྱོན་བྲལ་གྱི་འཕེལ་རྒྱས་དུས་རིམ་དུ་སླེབས་པ།

1994ལོར་རང་རྒྱལ་གྱིས་སྐྱེ་དངོས་ཞིང་སྨན་གྱི་ཞིབ་འཇུག་བཟོ་སྐྲུན་དང་ཁོར་ཡུག་སྲུང་སྐྱོང་བྱ་རྒྱུ་ནི《ཀྲུང་གོའི་དུས་རབས་ཉེར་གཅིག་པའི་གྲོས་རིམ》གྱི་དེབ་ཐེར་མདུན་ཤོག་དཀར་པོའི་ནང་དུ་བཞག་པ་དང་། ཞིང་ལས་པུའུ་ཡིས་ཀྱང་ཆེད་དུ་དེར་བསྟུན་ནས་ཀྲུང་གོའི་ལྗང་མདོག་ཟས་རིགས་འཕེལ་རྒྱས་སུ་གཏོང་བའི་ལྟེ་གནས་བཙུགས་ཏེ། སྲིད་གཞུང་གི་ངོས་ཐད་ནས་ལྗང་མདོག་ཞིང་ལས་འཕེལ་རྒྱས་ཚད་ལྡན་དུ་བཏང་བ་དང་། དུས་མཚུངས་སུ་ལྗང་མདོག་གི་ཟས་རིགས་ཐོན་སྐྱེད་བྱེད་པའི་ཁྲོད་

ཏུ་སྐྱེ་དངོས་ཀྱི་ཞིང་སྨན་སྤྱོད་པ་དང་ནད་རིམས་དང་གནོད་འབུ། རྩྭ་ལྷུམ་སོགས་ཀྱི་གནོད་འཚེ་འགོག་བཅོས་བྱེད་པའི་ཚད་གཞི་གཏན་འབེབས་བྱས་པས། སྐྱེ་དངོས་ཀྱི་ཞིང་སྨན་འཕེལ་རྒྱས་ཡོང་བར་སྐུལ་འདེད་བཏང་བ་ཡིན། ཚན་རིག་ཕྱུའུ་ཡིས་ད་དུང་སྐྱེ་དངོས་ཀྱི་ཞིང་སྨན་ནི་རྒྱལ་ཁབ་ཀྱི"ལྔ་དགུའི"འགག་སྙོལ་འཆར་འགོད་དང"863"འཆར་གཞིའི་ནང་དུ་བཞག་ནས་ཐོན་ལས་ཅན་གྱི་བླང་བྱ་བཀོན་ཏེ་སྐྱེ་དངོས་ཚོང་ཟོག་ཅན་གྱི་ཀོམ་སྟབས་ཐར་ལས་ཇེ་མགྱོགས་སུ་བཏང་ཞིང་། 2001ལོའི་ལོ་མཇུག་བར་དུ་ཞིབ་འཇུག་ལས་ཁུངས40ལྷག་ཙམ་དང་། ཆེད་ལས་ཞིབ་འཇུག་གསར་སྤེལ་དཔུང་ཁག་གི་མི་གྲངས600ལྷག་གྲུབ་ཅིང་། ཐོན་སྐྱེད་ཁེ་ལས200ལྷག་ཡོད། ཐོ་འགོད་བྱས་པའི་སྐྱེ་དངོས་ཞིང་སྨན་གྱི་ནུས་ལྡན་གྲུབ་ཆའི་རིགས80ཟིན་པ་དང་། རང་རྒྱལ་གྱི་ཞིང་སྨན་གྱི་ནུས་ལྡན་གྲུབ་ཆའི་རིགས་ཀྱི13.6%ཟིན། ཐོན་རྫས་ཐོ་འགོད་བྱས་པའི་གྲངས་ཀ696ཡོད་ཅིང་། ཞིང་སྨན་ཐོ་འགོད་ཐོན་རྫས་བསྡོམས་འབོར་གྱི7.3%ཟིན། ལོ་རེའི་ཐོན་སྐྱེད་བྱེད་ཚད་ཏུན་ཁྲི11ཡན་ཡིན་པ་དང་། སྤྱིའི་བསྡོམས་འབོར་གྱི11%ཟིན་ཞིང་། ལོ་རེའི་ཐོན་རྫས་ཀྱི་རིན་ཐང་བསྡོམས་འབོར་སྒོར་དུང་ཕྱུར18བར་ཟིན་པ་དང་། སྤྱིའི་ཐོན་སྐྱེད་བསྡོམས་འབོར་གྱི8%~9%ཟིན་ཡོད། བེད་སྤྱོད་གཞི་ཁྱོན་མུའུ་དུང་ཕྱུར4~5ཟིན་པ་དང་སྤྱིའི་བེད་སྤྱོད་བསྡོམས་འབོར་གྱི9%~10%ཟིན། སུའུ་ཡུན་ཅིན་དབྱུག་སྲིན་དང་ཞིང་སྤྱོད་དུག་སྲིན་འགོག་སྨན་གྱི་སྤྱི་ཡོངས་ཀྱི་ཆུ་ཚད་རྒྱལ་སྤྱིའི་སྔོན་ཐོན་ཆུ་ཚད་དུ་སླེབས་ཤིང་། སྐྱེ་དངོས་ཞིང་སྨན་འཕེལ་རྒྱས་དུས་རིམ་གལ་ཆེན་ཞིག་ཏུ་སླེབས་ཡོད། དུས་མཚུངས་སུ་རང་རྒྱལ་གྱི་ལྷད་མེད་བཟའ་བཅའ་དང་སྤྱི་གནོད་མེད་པའི་བཟའ་བཅའ་ཐོན་སྐྱེད་ཀྱི་ཐད་ལའང་བྱས་རྗེས་ཆེན་པོ་བཞག་ཡོད།

(བཞི) 2001ལོ་ནས་ད་བར་དུ། སྐྱེ་དངོས་ཞིང་སྨན་ནི་གནད་འགག་གི་ལག་རྩལ་ལྟེ་གནས་འཕེལ་རྒྱས་ཅན་དུ་གྱུར་པ།

མིག་སྔར། རྒྱལ་ནང་དུ་སྔ་གཞུག་ཏུ་སྐྱེ་དངོས་ཀྱི་ཚན་རྩལ་རྨང་གཞིའི་སྒྲིག་ཆས་ཆེན་པོ་སྐོར་ཞིག་འཛུགས་སྐྲུན་བྱས་པ་དང་། སྐྱེ་དངོས་ཞིང་སྨན་གྱི་འདེམས་སྒྲུག་ཐོན་

ཁུངས་འདེམས་པ་དང་། སྐྱུར་བསྐྱལ་བཟོ་གྲྭ། རྒྱུད་འཛིན་བཟོ་སྐྲུན། ཐོན་ལས་བཟོ་སྐྲུན་བཅས་ཀྱི་ལས་སྟོན་དང་ཐོན་རྫས་ཅན་དུ་འགྱུར་བའི་ཚོད་ལྟའི་ཞིབ་བཤེར་སོགས་ཀྱི་ཐད་ནས་རང་སྟེང་གི་མ་ལག་གྲུབ་ཡོད་ཅིང་། ལོ་རེ་བཞིན་ཞིབ་འཇུག་གསར་སྤེལ་གྱི་གོམ་སྟབས་ཇེ་མགྱོགས་སུ་སོང་ནས་ཞིབ་འཇུག་གསར་སྤེལ་གྱི་མ་ལག་རིམ་བཞིན་འཕྲུས་ཚང་དུ་གཏོང་བཞིན་ཡོད། ལག་རྩལ་ཚུ་ཚད་ཐད་ནས། རང་རྒྱལ་གྱིས་སྐྱེ་དངོས་ཞིང་སྨན་གསར་བཟོ་བྱེད་པའི་ལག་རྩལ་གཙོ་བོ་དང་ཐོན་རྫས་ཞིབ་འཇུག་དང་གསར་སྤེལ་བྱེད་པའི་ལག་རྩལ་བློ་ངོར་ཚུད་ཡོད་ཅིང་། ཞིབ་འཇུག་གསར་གཏོད་ཀྱི་ཚུ་ཚད་ཀྱང་འཛམ་གླིང་གི་ཚུ་ཚད་དང་གཅིག་འདྲར་གྱུར་ཡོད། འབུ་ཐྲ་ངོ་མ་དང་མིས་བཟོས་སྦྲང་མ་མིག་དམར་ལག་རྩལ་གྱི་བཟོ་ལས་ཅན་གྱི་ཐོན་སྐྱེད་ལག་རྩལ་དང་བེད་སྤྱོད་ལག་རྩལ། མན་འབུའི་ཚོང་རྫས་ཅན་དང་རྩི་ཤིང་གི་སྐྲུད་སྲིན་འགོག་བཅོས་སོགས་ཀྱི་ལག་རྩལ་ཡང་རྒྱལ་སྤྱིའི་སྔོན་ཐོན་གྲས་སུ་སླེབས་ཡོད། འབུ་སྲིན་རང་བཞིན་ལྡན་པའི་འབུ་ཐྲའི་ནད་རིམས་འགོག་བཅོས་ནུས་པར་རྒྱ་ཆེའི་ཞིང་ཁྲིམ་གྱིས་ཁས་ལེན་པ་དང་། འབུ་སྲིན་རང་བཞིན་ལ་བསླུ་གསོད་སྨན་རྫས་ཀྱི་འབུ་ཐྲའི་གནས་ཚུལ་ལ་ལྟ་ཞིབ་ཚད་ལེན་དང་། གནོད་ལྡན་འབུ་ཐྲ་བསླུ་གསོད་བྱེད་པ། སྦྱོར་སྡེབ་བར་ཆད། རང་བྱུང་གནོད་འབུ་ཐྲ་ཕུང་གསོད་པ། འབབ་བཅོག་ཇེ་ཉུང་དུ་གཏོང་བ་སོགས་ཀྱི་ཐད་ནས་ཁྱད་ཆོས་མངོན་གསལ་དོད་པོ་ཡོད། རང་རྒྱལ་ནས་མིག་སྔར་སྐྱེ་དངོས་ཞིང་སྨན་ཐོན་རྫས་མང་པོ་ཞིག་རྒྱ་ཁྱབ་ཏུ་བཀོལ་སྤྱོད་བྱས་ཡོད་པ་དང་། དེའི་ཁྲོད་དུ་སྐྱེ་དངོས་ཕྲ་རབ་ཀྱི་ཞིང་སྨན་བཀོལ་སྤྱོད་བྱེད་པའི་ཁྱབ་རྒྱ་ཆེས་ཆེ་བ་ནི་སུའུ་ཡུན་ཅིན་དབྱུག་སྲིན་ཡིན། ཤེལ་གཟུགས་དུག་རྫས་སྣ་ཁ140ལྷག་ཙམ་ཡོད། ལོ་རེར་འཛམ་གླིང་ཡོངས་ཀྱི་རྒྱལ་ཁབ་སོ་སོར་ཨ་སྒོར་དུང་ཕྱུར48སུའུ་ཡུན་ཅིན་གྱི་དབྱུག་སྲིན་ཐོན་རྫས་བྲིན་འཚོང་བྱེད་བཞིན་ཡོད། མིག་སྔར། བེད་སྤྱོད་ཁྱབ་རྒྱ་ཆེ་ཤོས་དང་འགོག་སྲུང་ཕན་འབྲས་བཟས་ཤོས་ཀྱི་སྐྱེ་དངོས་སྨན་རྫས་ནི་ཞིང་སྤྱོད་དུག་སྲིན་འགོག་སྨན་ཡིན་ཞིང་། དེའི་ནང་དུ་གཙོ་བོ་ཨ་ཕེ་ཐུན་སུའུ་དང་ཅིན་གང་མེ་སུའུ། ཕྲུའུ་དབྱི་ཅིན་སུའུ། ཧྲུའོ་དབྱང་མེ་སུའུ། ཞིང་འགོག120 ཀྲུང་ཧྲེང་ཅིན་སུའུ་སོགས་ཡོད། རྩི་

ཤིང་འབྱུང་ཁུངས་ཀྱི་ཞིང་སྨན་ཡང་རང་རྒྱལ་གྱི་ཞིང་ལས་ཐོན་སྐྱེད་ཐད་ནས་བཀོལ་སྤྱོད་རྒྱ་ཆེན་པོ་བྱེད་བཞིན་ཡོད་ཅིང་། དེའི་ནང་དུ་ཐོས་འགྱུར་དངོས་པོ་ནི་དཔེར་ན། སྐྱུར་བའི་རིགས་དང་སྐྱེ་དངོས་བྱུལ་ཏོག ཨན་ཐུང་། ཏིན་ཅན་གྱི་རིགས། ཨན་ཏིག་གི་སྐྱུར་གཤིས་དང་མངར་ཆ་མང་པོ་སོགས་ཚང་མར་འབུ་སྲ་གསོད་པ་དང་འབུ་སྲ་འགོག་པའི་རང་བཞིན་ལྡན། འབུ་སྲིན་གྱི་ནད་དུག་འགོག་བཅོས་བྱེད་སྟངས་ལའང་རང་རྒྱལ་དུ་ཡར་ཐོན་ཆེན་པོ་བྱུང་བ་དང་། མིག་སྔར་ས་མཐར་ཡང་འབུ་སྲིན་གྱི་ནད་དུག་ཉི་ཤུ་ལྷག་ཙམ་ཤེས་རྟོགས་བྱུང་ཡོད་པ་དང་། དེའི་ནང་དུ་ཉིང་རྟུལ་མང་འདུས་ཀྱི་ཟུར་མང་གཟུགས་ཀྱི་ནད་དུག་དང་། དབྱིབས་མང་འདུས་ཀྱི་ཟུར་མང་ནད་དུག འབྲུ་རྡོག་དབྱིབས་ཀྱི་ནད་དུག་སོགས་འདུས། འགོག་བཅོས་བྱ་ཡུལ་གཙོ་བོ་ནི་གནོད་འབུའི་རིགས་སུ་གཏོགས་པའི་ཁྲབ་གཤོག་ཅན་གྱི་འབུ་རིགས་དང་། གཤོག་ཟུང་ལྡན་པའི་འབུ་རིགས། སྐྱི་གཤོག་ཅན་གྱི་འབུ་རིགས། གཤོག་ཁྲབ་ལྡན་པའི་འབུ་རིགས་སོགས་སོ། །

རང་རྒྱལ་གྱིས2014ལོ་ནས་བཟུང་དུག་ཉུང་བ་དང་སྙིགས་རོ་ཉུང་བའི་ཞིང་སྨན་གྱི་དཔེ་སྟོན་ཁ་གསབ་ལས་དོན་ལ་སྐྱུལ་འདེད་བྱས་པ་དང་། ལོ་རེའི་ཞིང་ཆེན10ནས་དུག་ཉུང་སྐྱེ་དངོས་ལ་ཞིང་སྨན་ཁ་གསབ་བྱེད་པར་ཚོད་ལྟ་བྱས་ཤིང་། ཞིང་པ་རྣམས་ལ་དུག་ཉུང་བ་དང་སྙིགས་རོ་ཉུང་བའི་ཞིང་སྨན་སྤྱོད་པར་ཁྲིད་སྟོན་བྱས་པ་ཡིན། རྟང་ཏའི་དང་ཧྲན་ཊུང་སོགས་སུ་སྐྱེ་དངོས་ཞིང་སྨན་གྱི་ཁ་གསབ་ཚོད་ལྟའི་ལས་དོན་སྤེལ་བའི་ལག་ལེན་ཁྲོད་དུ་ར་སྤྲོད་བྱུང་བ་ལྟར་ན། ཁ་གསབ་སྲིད་ཇུས་ལག་བསྟར་བྱེད་པ་ནི་དུག་ཉུང་སྐྱེ་དངོས་ཞིང་སྨན་བེད་སྤྱོད་བྱེད་སྟངས་ཁྱབ་གདལ་དུ་གཏོང་བའི་ཐབས་ལམ་ཡག་ཤོས་ཤིག་ཡིན་པ་དང་། ཞིང་པའི་ཞིང་སྨན་ལུགས་མཐུན་གྱིས་བེད་སྤྱོད་བྱེད་པའམ་ཚད་ལྡན་དུ་གཏོང་བར་ཕན་ནུས་ཆེན་པོ་ལྡན་པས། འབྱུང་རྩ་ནས་ཞིང་སྨན་གྱི་སྙིགས་རོ་ཚོད་འཛིན་བྱས་པ་དང་། ཁོར་ཡུག་ལ་འབབ་བཙོག་བཟོ་ཚད་ཇེ་ཉུང་དུ་བཏང་བར་མ་ཟད། ཞིང་ལས་ཐོན་ཐོས་ཀྱི་ སྤུས་ཚད་ཉེན་མེད་ཡོང་བར་འགན་སྲུང་བྱས་པ་ཡིན། རྒྱུས་ལོན་བྱས་པ་ལྟར་ན། བཟའ་བཅའི་བདེ་འཇགས་དང་ཞིང་སྡེའི་ཁོར་ཡུག་བཅོས་སྐྱོང་བྱེད

པའི་འབྲེལ་ཡོད་སྣང་བྱའི་འོག་ཏུ། སྲིད་ཇུས་ཀྱིས་དུག་ཆུང་ནུས་ལྡན་དང་སྐྱེ་དངོས་ཀྱི་ཞིང་སྨན་ཁྱབ་གདལ་གཏོང་བར་རྒྱབ་སྐྱོར་བྱེད་པ་དང་། ཚོང་རའི་དགོས་མཁོ་ཇེ་ཆེར་སོང་བ་དང་བསྟུན་ནས་ལས་རིགས་སོ་སོར་མཆེད་པར་སྐུལ་འདེད་གཏོང་རྒྱུ་ཡིན་ནོ།།

༣། རང་རྒྱལ་གྱི་སྐྱེ་དངོས་ཞིང་སྨན་གྱི་ཐོན་ལས་ལ་འཕྲད་པའི་འགྲན་སློང་དང་འཕེལ་རྒྱས་ཀྱི་གཟུར་འགག

སྐྱེ་དངོས་ཞིང་སྨན་གྱི་བཀོལ་སྤྱོད་ཐད་ནས་ཁྱབ་གདལ་བྱུང་བ་དང་ཁྱབ་ཚུལ་ཡང་གཏན་འཇགས་ངང་ཇེ་མཐོར་འགྲོ་བཞིན་ཡོད་མོད། འོན་ཀྱང་སྐྱེ་དངོས་ཞིང་ལས་ཐོན་སྐྱེད་ཁྱོན་གྱི་ཞིང་སྨན་ཁྱབ་གདལ་དང་བེད་སྤྱོད་ཀྱི་གོམ་སྟབས་ཤིན་ཏུ་དལ་བ་དང་། སྐྱེ་དངོས་འབྱུང་ཁུངས་ཀྱི་ཞིང་སྨན་ཐོན་ལས་རྩིལ་པོའི་ཁྱོན་གྱི་བསྡུར་ཚད་ད་དུང་དམའ་ཞིང་། ཡོ་རོབ་དང་ཨ་མེ་རི་ཁ་གླིང་སོགས་དར་རྒྱས་ཆེ་བའི་རྒྱལ་ཁབ་རྣམས་ལ་བསྡུར་ན་མི་འདང་ས་མང་དུ་ཡོད་ཅིང་ཁྱད་པར་ཡང་ངེས་ཅན་ཞིག་ཡོད། ཉེ་བའི་ལོ་ཤས་རིང་ལ་ས་ཁུལ་ཁ་ཤས་ནས་བརྟག་དཔྱད་བྱས་པར་གཞིགས་ན། རང་རྒྱལ་གྱི་ས་ཁུལ་ཁ་ཤས་སུ་ཤིང་ཏོག་དང་སྔོ་ཚལ་སོགས་འདེབས་འཛུགས་བྱས་པའི་ལོ་ཏོག་ཐོན་རྫས་ལ་སྨན་རྫས་སྤྱོད་ཐེངས་མང་དྲགས་པ་དང་། ནད་འབུའི་གནོད་འཚེ་འགོག་བཅོས་བྱེད་པར་སྨན་རྫས་སྤྱོད་པའི་གྲངས་ཚད་ཇེ་མང་དང་ཞིང་སྨན་གྱི་ལྷག་འཕྲོའི་སྙིགས་རོ་ལྡན་པ་ལ་སོགས་པའི་གནད་དོན་མང་པོ་ཞིག་ཡོད། དེ་བཞིན་དུ་རླུང་ཁམས་ཆེན་པོ་དང་ཆུ་ཁོངས། བཟའ་བཅའ་ལ་འབབ་བསྙོག་བཟོས་པའི་དབང་གིས། བཟའ་ཆས་ཉེན་མེད་དང་ཁོར་ཡུག་སྲུང་སྐྱོབ་ཀྱི་གནད་དོན་ལ་ཕྱོགས་ཡོངས་ནས་དོ་ཁུར་བྱེད་བཞིན་ཡོད། མི་རྣམས་ཀྱིས་སྐྱེ་དངོས་ཞིང་སྨན་གྱི་ཐོན་ལས་མགྱོགས་མྱུར་སྔོས་འཕེལ་རྒྱས་སུ་གཏོང་བ་དང་སྐྱེ་དངོས་ལག་རྩལ་འགོག་བཅོས་བྱ་རྒྱུར་ཡང་འབོད་སྐུལ་གཏོང་བཞིན་ཡོད། ཡིན་ནའང་མིག་སྔར་གྱི་སྐྱེ་དངོས་ཞིང་སྨན་བེད་སྤྱོད་བྱེད་པའི་སྐབས་ཐོག་གི་གནས་ཚུལ་ལ་བལྟས་ན། སྐྱེ་དངོས་ཞིང་སྨན་གྱི་ཕན་ནུས་དམའ་བ་དང་། རྫས་འགྱུར་མ་ཡིན་པའི་ཞིང་སྨན་གྱིས་ཕན་ནུས་མཐོ་བ། ལག་རྩལ་དངོས་སྤྱོད་ཁྱོད་ཀྱི་སྣང་བྱ་མཐོ་བ་སོགས་ཀྱིས་སྐྱེ་དངོས་ཞིང་སྨན་

བཀོལ་སྤྱོད་བྱེད་པར་ཚད་བཀག་བཟོས་ཡོད་པས། སྐྱེ་དངོས་ཞིང་སྣུམ་ཐོན་ལས་གོང་དུ་སྤེལ་བའི་གཙུར་འགག་ལ་དམིགས་ནས་ཐག་གཅོད་བྱེད་དགོས་པའི་གནད་དོན་གཙོ་བོ་འགའ་ཡོད་དེ། ①སྐྱེ་དངོས་ཕྲ་རབ་ཐོན་རྫས་ཀྱི་སྦྱོར་གཞིའི་དུས་ཚོད་ཐག་གཅོད་བྱེད་པ་དང་། ཐོན་རྫས་ཀྱི་སྦྱོར་བཟོའི་བརྟན་ཆགས་རང་བཞིན་གྱི་ཞིབ་འཇུག་དང་གསར་སྤེལ་བྱེད་པར་ཤུགས་སྣོན་པ། ②རྫས་འགྱུར་གྱི་ཞིང་སྣུམ་སྤྱོད་པའམ་ཡང་ན་འདྲེས་སྦྱོར་ལག་རྩལ་དང་། རྫས་འགྱུར་འགོག་བཅོས་སོགས་ཕྱོགས་བསྡུས་སྒྲིག་སྦྱོར་ལག་རྩལ་ཇི་ཙམ་ཡང་བཏང་བ།③སྐྱེ་དངོས་ཞིང་སྣུམ་ཐོན་རྫས་དང་སྣུམ་བཅོས་རྒྱས་གཞིའི་སྒྲིག་སྦྱོར་ལག་རྩལ་མ་ལག་གི་བེད་སྤྱོད་ཐག་གཅོད་བྱེད་པ།

རང་རྒྱལ་གྱི་སྐྱེ་དངོས་ཞིང་སྣུམ་ལས་རིགས་དཔྱད་སྡེའི་སྤྱི་ཡོངས་ཀྱི་ཆུང་ཚད་ཅུང་མཐོ་ཞིང་། ཞིབ་འཇུག་གསར་སྤེལ་མ་ལག་འཐུས་སྐྱོ་ཆ་ཚང་ཡིན་མོད། འོན་ཀྱང་ཐོན་ལས་ཅན་གྱི་ཆུ་ཚད་མཐོན་པོ་མིན། མིག་སྔར། རང་རྒྱལ་གྱི་སྐྱེ་དངོས་ཞིང་སྣུམ་གྱི་དབྱེ་བ་དང་གྲངས་འབོར་གཉིས་ཀྱིས་ཀྱང་ཚོང་རའི་དགོས་མཁོ་སྐོང་དཀའ་ཞིང་། རང་རྒྱལ་གྱི་སྐྱེ་དངོས་ཞིང་སྣུམ་གྱིས་ཚོང་རའི5%~7%ཙམ་ཟིན་མེད་པ་དང་། གནོད་པ་ཆེ་བའི་སྐྱེ་དངོས་མང་པོ་ཞིག་ལ་དེ་དང་འཚམ་པའི་ཞིང་སྣུམ་དཀོན་པོ་ཡིན། དུས་མཚུངས་སུ་རང་རྒྱལ་གྱི་སྐྱེ་དངོས་ཞིང་སྣུམ་འཕེལ་རྒྱས་སུ་གཏོང་བར་ད་དུང་རྒྱལ་སྤྱིའི་འགྲན་རྩོད་དང་འགྲན་སློང་ལ་འཕྲད་ཡོད་དེ། དར་རྒྱས་ཆེ་བའི་རྒྱལ་ཁབ་རྣམས་ཀྱིས་ཕྱོགས་གཅིག་ནས་འབབ་བཙུག་ཆེ་བ་དང་ནུས་ཁུངས་ཟད་གྲོན་ཆེ་བའི་རྫས་འགྱུར་ཞིང་སྣུམ་བཟོ་ལས་རང་རྒྱལ་ལ་གནས་སྤོར་བྱེད་བཞིན་ཡོད་པ་དང་། ཕྱོགས་གཞན་ཞིག་ནས་རྒྱལ་ནང་གི་སྐྱེ་དངོས་ཀྱི་ཞིང་སྣུམ་ཞིབ་འཇུག་གསར་སྤེལ་དང་ཚོང་རར་ཞུགས་པ། ཞིང་སྣུམ་འཕྲོ་ལུས་ཀྱི་ཚད་གཞི། རྫས་འགྱུར་དང་ཞིང་སྣུམ་བེད་སྤྱོད་ཚོད་འཛིན། སྲིད་གཞུང་གི་ནོར་སྲིད་ཁ་གསབ་སོགས་ཕྱོགས་མང་པོའི་ཐད་ལ་དགེ་མཚན་ལྡན་པའི་སྲིད་ཇུས་རབ་དང་རིམ་པ་བཏོན་ནས་སྐྱེ་དངོས་ཞིང་སྣུམ་ཐོན་ལས་གོང་དུ་འཕེལ་བར་སྐུལ་འདེད་གཏོང་བཞིན་ཡོད། དུས་མཚུངས་སུ་ད་དུང་ཧུར་ཐག་གིས་རང་རྒྱལ་གྱི་མ་རྐང་དུ་ཞུགས་ཏེ། རང་རྒྱལ་

གྱི་སྐྱེ་དངོས་ཁེ་ལས་ཀྱི་ཞིང་སྐྱོན་ཉོ་སྒྲུབ་བྱེད་བཞིན་ཡོད། དེ་བས། དར་རྒྱས་ཆེ་བའི་རྒྱལ་ཁབ་ཀྱི་སྐྱེ་དངོས་ཞིང་སྐྱོན་གྱི་ཐོན་ལས་ཀྱིས་དགེ་མཚན་བདག་བཟུང་དང་གནས་བབ་ཆོད་འཛིན་བྱས་ན། རང་རྒྱལ་གྱི་ཞིང་སྐྱོན་བཟོ་ལས་འཕེལ་རྒྱས་ལ་བར་ཆད་བཟོ་བར་མ་ཟད། རང་རྒྱལ་གྱི་ཞིང་ལས་ནགས་ལས་དང་འབྲེལ་ཡོད་ཐོན་ལས་འཕེལ་རྒྱས་སུ་འགྲོ་བར་ཤུགས་རྐྱེན་ཐེབས་ངེས་ཡིན།

རང་རྒྱལ་གྱི་སྐྱེ་དངོས་ཞིང་སྐྱོན་གྱི"ཐོན་སྐྱེད་དང་སློབ་སྦྱོང་། ཞིབ་འཇུག ཁྲིན་འཚོང་། བེད་སྤྱོད"སོགས་ལས་རིམ་དང་མངའ་ཁོངས་སོ་སོ་ཁ་བྲལ་བ། ཁེ་ལས་ཆུང་ཞིང་ཐར་ཐོར་དུ་གནས་པ་དང་ཐོག་མའི་གསར་གཏོད་ཀྱི་ནུས་པ་ཆེན་པོ་མེད་པའི་གནད་དོན་ཐག་གཅོད་བྱེད་ཆེད། རྒྱལ་ནང་གི་སྐྱེ་དངོས་ཞིང་སྐྱོན་དང་སྐྱེ་དངོས་འགོག་བཅོས་ཀྱི་ཐོན་ལས་ལག་རྩལ་གསར་གཏོད་མནའ་འབྲེལ་ཚོགས་པ་ཐོག་མ2013ལོའི་ཟླ10པའི་ཚེས11ཉིན་ཚན་རྩལ་སྤྱི་ཙུ་ཡིས་ཞིབ་བཤེར་ཆོག་མཆན་གནང་བ་དང་། མནའ་འབྲེལ་ཚོགས་པ་ནི་ཀྲུང་གོའི་ཞིང་ལས་ཚན་རིག་གླིང་རྩེ་ཤིང་སྲུང་སྐྱོབ་ཞིབ་འཇུག་ཁང་གི་སྣེ་ཁྲིད་དེ་སྒྲིག་འཛུགས་བྱས་པ་དང་། སྤྱི་ལོ2014ལོའི་ཟླ3པའི་ཚེས22ཉིན་པེ་ཅིན་དུ་མནའ་འབྲེལ་ལས་འཛིན་ལྷན་ཚོགས་དབུ་བརྙེས་པའི་ཚོགས་ཆེན་འཚོགས་པར་མ་ཟད། སྒོ་བྱང་གནང་བ་ཡིན། ད་ལྟའི་བར་དུ། མནའ་འབྲེལ་ལས་འཛིན་ལྷན་ཚོགས་ཀྱི་ཚོགས་མི་ལས་ཁུངས149ཡོད་ཅིང་། སྐྱེ་དངོས་ཐོན་སྐྱེད་ཞིབ་འཇུག་གསར་སྤེལ་ལས་ཁུངས་བསྡོམས་གྲངས་ཀྱི50%ཟིན་ཡོད། བསྡོམས་རྩིས་བྱས་པ་ལྟར་ན། ལས་འཛིན་ལྷན་ཚོགས་ཀྱི་ཚོགས་མིའི་ལས་ཁུངས་ཀྱི་སྤྱིའི་ཁྲིན་འཚོང་གནས་ཚུལ་གྱིས་རྒྱལ་ནང་གི་སྐྱེ་དངོས་ཞིང་སྐྱོན་ལས་རིགས་ཀྱི་སྤྱིའི་ཐོན་རྫས་རིན་ཐང་གི60%ཡས་མས་ཟིན་ཡོད། མནའ་འབྲེལ་ཚོགས་པས་ཚན་རྩལ་གསར་གཏོད་སློབ་སྟོན་དུ་བཟུང་ནས་ལག་རྩལ་གསར་གཏོད་དང་། གྲུབ་འབྲས་གཞན་སྒྱུར། གསར་གཏོད་མ་ལག་འཐུས་ཚང་དུ་གཏོང་བ་སོགས་གཙོ་གནད་དུ་བཟུང་སྟེ་ཐོན་ལས་ལག་རྩལ་ཡར་ཐོན་ཡོང་བར་སྐུལ་སྤེལ་བྱས་ནས། ཐོན་ལས་ཀྱི་གྲུབ་ཚུལ་ལེགས་སྒྲིག་དང་ལེགས་འགྱུར་རིམ་སྤར་ལ་སྐུལ་འདེད་བྱེད་བཞིན་ཡོད། རང་རྒྱལ་གྱི་སྐྱེ་དངོས་

ཞིང་སྨན་དང་སྐྱེ་དངོས་ལག་རྩལ་ཐོན་ལས་ཀྱི་རྒྱལ་སྤྱིའི་འགྲན་རྩོད་ནུས་ཤུགས་ཇེ་ཆེ་དང་སྐྱོན་བྲལ་མགྱོགས་མྱུར་དང་འཕེལ་རྒྱས་ཡོང་བར་བྱེད་ཆེད། མནའ་འབྲེལ་ཚོགས་པས་ད་དུང་ཁོངས་མི་སྒྲིག་འཛུགས་བྱས་ཏེ་ནད་དང་འབུའི་གནོད་པ་འགོག་བཅོས་ཀྱི་ལག་རྩལ་ཚོད་ལྟ་དང་དཔེ་སྟོན་བྱེད་བཞིན་ཡོད་དེ།

(1) མནའ་འབྲེལ་ཚོགས་པའི་ཁོངས་སུ་གཏོགས་པའི་ཧྲུའུ་ཏན་གྱི་ཧྲུའུ་ཧྭ་ལྷུང་མདོག་སྐྱེ་དངོས་ལག་རྩལ་ཚད་ཡོད་ཀུང་སི་དང་། ཏུའུ་པེ་ཁང་ཤིན་སྨན་ལས་ཚད་ཡོད་ཀུང་སི། ཐྲུ་ཅན་ཡན་ཤན་སྐྱེ་དངོས་འགོག་བཅོས་ལག་རྩལ་ཚད་ཡོད་ཀུང་སི་སོགས་ཀྱིས་ཏུའུ་པེའི་ཇ་ལོ་འདེབས་འཛུགས་ཁུལ་གྱི་དབྱིན་ཧྲན་ཛོང་ནས་ཇ་ལོ་ལྷུང་མདོག་ཚོད་འཛིན་གྱི་དཔེ་སྟོན་རྣམ་གྲངས་སྤེལ་བ་དང་། དབྱིན་ཧྲན་ཛོང་གི་ཇ་ལོ་ཐོན་ཁུལ་གཙོ་བོའི་གྲམ་ཀྱི་པིན་ཆོན་གྲོང་རྡལ། དབྱང་ལིག་གྲོང་རྡལ། ཧྲོང་ཧྲན་གྲོང་རྡལ་སོགས་གཞིར་བཟུང་ནས། ཚད་གཞི་མཐོ་བའི་ཇ་ལོ་གསར་སྤེལ་དཔེ་སྟོན་ཁུལ3དང་ཡང་ན་དཔེ་སྟོན་གཞི་ཁྲོན་མུའུ1000བཙུགས་ཏེ། རྒྱ་ཁྱོན་མུའུ་ཁྲི3.75ཡན་ལ་སྐྱུལ་ཁྲིད་བྱེད་ཐུབ་པ་བྱུང་། དཔེ་སྟོན་ཁུལ་གྱི་ཇ་ལོ་འདེབས་གསོ་ར་བའི་ནད་འབུའི་སྤྱིའི་འགོག་བཅོས་ཀྱི་ཚད་གྲངས85%ཡན་ལ་སླེབས་པ་དང་། ཇ་ལོ་འདེབས་གསོ་ར་བའི་ནད་འབུའི་གནོད་འཚེ་ཞོག་ཚད2%ནང་ཚོད་འཛིན་བྱས། ལོ་རྒྱིལ་པོར་སྨན་སྤྱོད་ཚད་ཐེངས2~3ཇེ་ཉུང་དུ་ཕྱིན། སྨན་སྤྱོད་ཚད10%~20%ཇེ་ཉུང་དུ་ཕྱིན་ལ། ཆ་སྙོམས་སུ་ཞིང་སྨན་གྱི་མ་གནས་མུའུ་རེར་སྒོར13.8གྱོན་ཆུང་བྱས་ནས། ཇ་ལོའི་ཐོན་རྫས་ནི་ལྷད་མེད་ཟས་རིགས་ཀྱི་ཚད་གཞིར་སླེབས་པ་དང་། མུའུ་རེར་ཆ་སྙོམས་སུ་སྒོར1800འཕར་སྣོན་བྱུང་།

(2) ཏུའུ་པེ་ཞིང་ཆེན་སྐྱེ་དངོས་ཞིང་སྨན་བཟོ་སྐྲུན་ལག་རྩལ་ཞིབ་འཇུག་ལྟེ་གནས་དང་། ཀྲུང་གོའི་ཞིང་ལས་ཚན་རིག་ཁང་གི་སྐྱེ་དངོས་ཞིབ་འཇུག་ཁང་། ཧྲན་ཞིའི་ལྷུང་མདོག་སྐྱེ་དངོས་ཚད་ཡོད་ཀུང་སི་སོགས་ཀྱིས་ཀྲུང་ཏུའུ་པེ་ཞིང་ཆེན་གྱི་ལི་ཁྲོན་གྲོང་ཁྱེར་དུ་ས་མཐོའི་སྡོ་ཚལ་གནོད་འཚེ་འགོག་བཅོས་ཀྱི་དཔེ་སྟོན་ཁུལ་བཙུགས་ནས། དཔེ་སྟོན་རྒྱ་ཁྱོན་མུའུ1000སྟེང་དུ་ལྒུ་ཚལ་དང་ཚོད་དཀར་ཆེ་བ་སོགས་གཙོ་བྱས་པའི་སྡོ་ཚལ་

དབྱེ་བ་མང་པོ་རྫོ་འདེབས་བྱས་པ་དང་། དཔེ་སྟོན་ཁུལ་གྱི་གནོད་འཚེ་འགོག་བཅོས་ཀྱི་ཕན་འབྲས90%ལ་སླེབས་ཤིང་། ནད་གནོད་འགོག་བཅོས་ཀྱི་ཕན་འབྲས80%ལ་སླེབས་པས། ཐོན་རྫས་ཚང་མ་ལྷད་མེད་བཟའ་བཅའི་ཚད་གཞི་ དུ་སླེབས་ཡོད་དོ།།

(3) ཅང་སུའུ་ཞིང་ཆེན་ཞིང་ལས་ཚན་རིག་གླིང་གི་རྩི་ཤིང་སྲུང་སྐྱོབ་ཞིབ་འཇུག་ཁང་དང་། གྲུང་གོའི་ཞིང་ལས་ཚན་རིག་ཁང་གི་སྐྱེ་དངོས་སྲུང་སྐྱོབ་ཞིབ་འཇུག་ཁང་། ཀྲེ་ཅང་ཐུན་ལའོ་ཧྲའི་ཕྲིན་སྐྱེ་དངོས་རྫས་འགྱུར་བཟོ་ལས་ཚད་ཡོད་ཀུང་སི་སོགས་ཀྱིས་ཅང་སུའུ་ཞིང་ཆེན་སི་དབྱང་རྫོང་ཁོངས་ཀྱི་ལི་ཁའོ་གྲོང་རྡལ་དང་ལའོ་ཅི་གྲོང་རྡལ་དུ་དཔེ་སྟོན་རྣམ་གྲངས་སྤེལ་བ་དང་། དཔེ་སྟོན་རྒྱ་ཁྱོན་མུའུ་ཁྲི2ཡོད། གཙོ་བོ་འབྲུ་ཐྲའི་སྲུམ་སྲིང་དབྱུག་སྲིན་དང་། སུའུ་ཡུན་ཅིན་དབྱུག་སྲིན། གཞན་བརྟེན་སྦྲང་མ། ཅིན་ཀང་མེ་སུའུ་སོགས་སྐྱེ་དངོས་ཞིང་སྨན་བཀོལ་བ་དང་། ནད་འབུའི་གནོད་འཚེ་འགོག་བཅོས་ཀྱི་ཕན་འབྲས80%ཡན་ཟིན་ཞིང་ས་གནས་དེ་གའི་ཞིང་པས་ཁས་ལེན་ཐོབ།

༣ག རང་རྒྱལ་གྱི་སྐྱེ་དངོས་ཞིང་སྨན་ཐོན་ལས་གསར་སྐྲུན་འཕེལ་རྒྱས་ཀྱི་སྒྲིའི་བཀོད་པ།

འཛམ་གླིང་གོ་ལ་ཧྲིལ་པོའི་རྒྱུན་མཐུད་འཕེལ་རྒྱས་དང་བསྟུན་ནས། ལྗང་མདོག་ཐོན་སྐྱེད་དམ་ཡང་ན་ལྷད་མེད་བཟོ་སྐྲུན་ནི་མ་འོངས་པའི་ཐོན་ལས་འཕེལ་རྒྱས་ཀྱི་ལྡོག་ཏུ་མེད་པའི་འཕེལ་ཕྱོགས་སུ་གྱུར་ཡོད། དུས་རབས20པའི་ལོ་རབས90པའི་ནང་དུ། མིའི་རིགས་ཀྱིས་ཁོར་ཡུག་ལ་བརྟེན་པའི་བླང་བྱ་ནི་ཇེ་མཐོ་ནས་ཇེ་མཐོ་ཡིན་ལ། དུས་མཚུངས་སུ་ཞིང་སྨན་སྤྱོད་དུས་ཀྱང་ངེས་པར་དུ་དུག་དམའ་བ་དང་སྤྱི་གནོད་མེད་པའི་ཕྱོགས་སུ་འཕེལ་རྒྱས་གཏོང་དགོས་པའི་བླང་བྱ་བཏོན་ཡོད། སྐྱེ་དངོས་ཞིང་སྨན་ནི་གོང་སྨོས་ཀྱི་དགོས་མཁོ་སྐོང་ཐུབ་ལ་ཁོར་ཡུག་སྲུང་སྐྱོབ་ཀྱི་བླང་བྱ་དང་མཐུན་པའི་ལྗང་མདོག་ཞིང་སྨན་ཞིག་ཡིན་ཞིང་། རྫས་འགྱུར་ཞིང་སྨན་དང་བསྡུར་ན། གདམ་གསེས་རང་བཞིན་མཐོ་བ་དང་འབབ་བཙོག་མེད་པ། འགོག་སྨན་རང་བཞིན་ལྡན་པ། སྐྱེ་ཁམས་ཁོར་ཡུག་ལ་གནོར་བརྙག་མི་ཐེབས་པ། ཐོན་སྐྱེད་རྒྱུ་ཆ་རྒྱ་ཆེ་བ་སོགས་ཀྱི་ཁྱད་ཆོས་ལྡན་པས། བེད་

སྤྱོད་བྱེད་པར་མདུན་སྐྱོང་ཐུབ་རྒྱ་ཆེན་པོ་ཡོད། སྐྱེ་དངོས་ཞིང་སྨན་འཕེལ་རྒྱས་བཏང་ནས་གསར་སྤེལ་འཚོལ་ཞིབ་བྱ་རྒྱུ་ནི་མིག་སྔར་ཞིང་སྨན་ཚན་རིག་ཞིབ་འཇུག་བྱེད་མཁན་གྱིས་འབད་བརྩོན་བྱེད་པའི་ཁ་ཕྱོགས་ཡིན། སྐྱེ་དངོས་ཞིང་སྨན་གྱིས་སྐྱེ་དངོས་ཞིང་ལས་ཁྱབ་ཁོངས་སུ་འདེགས་སྐྱོར་ནུས་པ་གལ་ཆེན་ཐོན་བཞིན་ཡོད་པར་མ་ཟད། རིམ་བཞིན་འཐབ་ཇུས་རང་བཞིན་གྱི་གསར་དར་ཐོན་ལས་ཀྱི་ཐད་ལ་འཕེལ་རྒྱས་སུ་འགྲོ་བཞིན་ཡོད། ཚོ་སྲོག་ཚན་རིག་གི་མདུན་གྲལ་ལག་རྩལ་རྒྱུན་ཆད་མེད་པར་གོང་དུ་འཕེལ་བ་དང་བསྟུན་ནས་སྐྱེ་དངོས་ཞིང་སྨན་གོང་དུ་སྤེལ་བར་ལག་རྩལ་གྱི་ཐབས་ལམ་གསར་བ་ཞིག་འདོན་སྤྲོད་བྱས་ཡོད་དེ། ཞིབ་འཇུག་ཁྱབ་ཁོངས་གསར་བ་དང་། བཀོལ་སྤྱོད་ཐད་ཀྱི་མི་མངོན་པའི་ནུས་ཤུགས་གལ་ཆེན་ལྡན་པའི་ལག་རྩལ་གསར་བ་དང་ཐོན་རྫས་གསར་བ་སྐོར་ཞིག་ཐོན་ཡོད་དེ། མཚོན་བྱེད་རང་བཞིན་ལྡན་པའི་ཐོན་ལས་གཙོ་བོ་འགར་དཔེ་ཞིབ་བྱས་ན་གཤམ་གསལ་ལྟར་ཏེ།

(གཅིག) རིམས་འགོག་སྨན་རྫས་སོགས་གཙོ་བྱས་པའི་སྐྱེ་དངོས་གསར་བའི་ཞིང་སྨན་གྱི་དབྱེ་བ་ཀུན་ནི་ལས་རིགས་ཡོངས་ཀྱི་དོ་སྣང་བྱ་ཡུལ་དུ་གྱུར་ཡོད།

རྩེ་ཤིང་གི་རང་བྱུང་འགོག་རྐོལ་རང་བཞིན་དང་། བསླུ་ཁྲིད་མ་ལག་རང་བཞིན་ལ་འགོག་རྐོལ་རང་བཞིན་གྱི་ཞིབ་འཇུག་ལས་དོན་རྒྱུན་ཆད་མེད་པར་གཏིང་ཟབ་ཏུ་སྤེལ་བ་དང་བསྟུན་ནས། རྩེ་ཤིང་གི་རིམས་འགོག་སྨན་ཁབ་རྒྱག་པར་ཁྲིད་སྟོན་དང་སྐུལ་འདེད་ཞིབ་འཇུག་ནི་ཉེ་བའི་ལོ་ཤས་རིང་གི་ལྟེང་མདོག་སྐྱེ་ཁམས་ཞིང་སྨན་ལ་ཞིབ་འཇུག་བྱེད་པའི་ལས་དོན་ཁྲོད་ཀྱི་འཕར་གཞི་གསར་བ་ཞིག་ཏུ་གྱུར་ཡོད། ཉེ་བའི་ལོ་འགའི་རིང་ལ། རིགས་མི་འདྲ་བའི་སྤྲི་དཀར་འབྱུང་རྩ་ལས་གཞན་འགྱུར་གྱི་ནུས་པ་གསར་ཐོན་བྱུང་བ་ལས་གཞན། དེ་མིན་ད་དུང་སྐྱུལ་སློང་གི་ནུས་པ་ཐོན་པའི་དམིགས་ཚད་དང་འདུས་རྫལ་གྱི་ནང་རྐྱེན་ལ་ཞིབ་འཇུག་བྱེད་པའང་རྒྱུན་ཆད་མེད་པར་གཏིང་ཟབ་ཏུ་ཕྱིན་པར་མ་ཟད། གཙོ་བོ་གཅིག་བསྡུས་ཀྱིས་སྐྱུལ་ཁྲིད་རིམས་འགོག་སྨན་ཁབ་རྒྱག་པའི་བརྟ་རྟགས་དང་འབྲེལ་ཡོད་ལག་རྩལ་གྱི་འཕེལ་རྒྱས་སུ་སོང་བ་དང་བསྟུན་ནས། དེ་རྣམས་ཀྱིས་ཀྱང་

རྩི་ཤིང་གི་རིམས་འགོག་སྨན་རྫས་མགྱོགས་མྱུར་སྔོས་འཕེལ་རྒྱས་སུ་འགྲོ་བར་སྐུལ་འདེད་བྱེད་བཞིན་ཡོད། ནུས་པ་མང་བའི་སྐྱེ་དངོས་ཀྱི་ཐོན་རྫས་གསར་གྲུབ་ཤིག་ཡིན་པའི་ཆ་ནས། ཐོན་རྫས་ཁག་ཅིག(དཔེར་ན་སྦྲི་དཀར་སྐྱུལ་རྫས་དང་། མངར་ཆ་ཐུང་འདུས། གྲེས་འབྱེད་སྐྱུར། རྩྭ་སྐམ་སོན་ཕུང་དབྱིག་སྦྲིན་དང་ཤིང་རིགས་ཀླམ་སྦྲིན་སོགས) རྒྱལ་ནང་དོ་དམ་ལས་ཁུངས་སུ་ཐོ་འགོད་བྱས་ནས་ཁྱབ་གདལ་དུ་བཏང་བར་མ་ཟད། ཕྱོགས་སོ་སོར་མཆེད་ནས་ལས་རིགས་སོ་སོའི་ཐད་ནས་བེད་སྤྱོད་བྱེད་བཞིན་ཡོད། རིམས་འགོག་སྨན་རྫས་འདི་དག་ལ་ཐུན་མོང་གི་ཁྱད་ཆོས་མངོན་གསལ་དོད་པོ་ཞིག་ཡོད་པ་ནི་སྲོལ་རྒྱུན་གྱི་འབུ་སྲིའི་སྨན་རྫས་དང་མི་འདྲ་བར། ཐད་ཀར་ནད་གཞིའི་འབུ་སྲི་གསོད་པ་མ་ཡིན་པར་རྩི་ཤིང་རང་སྟེང་གི་སྐྱིགས་དོར་མ་ལག་གསར་བ་ལེགས་སྒྲིག་བྱས་པ་བརྒྱུད་ནས་རྩི་ཤིང་རང་གི་རིམས་འགོག་མ་ལག་དང་འཚར་ལོངས་མ་ལག་སྐུལ་སློང་བྱས་ཏེ། རྩི་ཤིང་གི་ནད་དུག་འགོག་པའི་ནུས་པ་རྒྱ་བསྐྱེད་པ་ཡིན། ཉེ་བའི་ལོ་འགའི་རིང་ལ། རྩི་ཤིང་གི་རིམས་འགོག་སྨན་རྫས་ཞིབ་འཇུག་གསར་སྤེལ་དང་བེད་སྤྱོད་བྱེད་པ་ནི་ལྗང་མདོག་སྐྱེ་དངོས་འགོག་བཅོས་བྱེད་ཐབས་སུ་སྒྱུད་དེ། རྩི་ཤིང་གི་ནད་དང་འབུའི་གནོད་འཚེ་འགོག་བཅོས་བྱེད་པའི་རྨང་གཞིའི་སྟེང་དུ་སྣར་ཡང་ཐོད་བརྒྱལ་གསར་པ་བྱུང་ཡོད། སྔོན་ཆད་ཡིན་ན་སྐྱེ་དངོས་ནད་ཐོག་པའི་སྨན་རྫས་ཀྱིས་གནོད་འཚེ་ཚོད་འཛིན་བྱེད་པའི་རྩ་དོན་བཟོས་ཡོད་ལ། མང་ཆེ་བ་ནད་འབུ་སྲི་འགོག་བྱེད་པ་ཚད་གཞིར་བཟུང་ནས་མྱུར་དུ་གསོད་རྒྱུ་དམིགས་ཡུལ་ཡིན་ཞིང་། ནད་འབུ་སྲི་རབ་དང་ཕྱི་ནས་མཆེད་པའི་སྐྱེ་དངོས་ལ་འགོག་ཀྱོལ་བྱེད་པའི་ནུས་པ་སྣང་མེད་དུ་བཞག་ཡོད། དེང་སྐབས་རྩི་ཤིང་གི་སྐྱུལ་ཁྲིད་འགོག་ནུས་རང་བཞིན་ལ་བརྟེན་ནས། རྩི་ཤིང་གི་འཚར་སྐྱེ་ཆོས་ཉིད་དང་རང་ཉིད་ལ་གནོད་པ་འབྱུང་བའི་མངོན་མེད་ཀྱི་ཚོད་འཛིན་ནུས་པར་མཐོང་ཆེན་བྱས་ནས་གཏན་འགོག་བྱེད་པའི་ཐབས་ཇུས་ལག་བསྟར་བྱས་པས། རྩི་ཤིང་རང་སྟེང་གི་ནད་འགོག་པའི་ཆུ་ཚད་ཇེ་མཐོར་བཏང་བ་དང་། རྫས་འགྱུར་ཞིང་སྨན་ལ་བརྟེན་ནས་ནད་སྔོན་འགོག་བྱེད་ཚད་ཇེ་ཐུང་དུ་བཏང་བ་ཡིན་ཞིང་། གཞི་རྩའི་ཆ་ནས་ཞིང་སྨན་བཀོལ་སྤྱོད་མང་

དྲགས་པ་ལས་ཁོར་ཡུག་དང་ཞིང་ལས་ཐོན་ཟས་ལ་འབབ་བཙོག་བཟོ་བའི་གནས་ཚུལ་ཇེ་ཉུང་དུ་བཏང་ཡོད།

(གཉིས) ས་རྒྱུའི་སྒྲིག་གཞི་སླར་གསོ་དང་ས་རྒྱུའི་མྱུ་འབྲེལ་གེགས་ཆ་ཉམས་གསོའི་ལག་རྩལ་ལ་དོ་སྣང་ཆེན་པོ་ཐོབ་པ།

ལོ་ཏོག་བདེ་ཐང་དང་འདེབས་འཛུགས་བྱེད་ན་ས་རྒྱུའི་བདེ་ཐང་ལེགས་བཅོས་བྱེད་པ་ནས་མགོ་རྩོམ་དགོས། ཟས་ལུད་སྤྱོད་ཚད་མང་དྲགས་པ་དང་ས་རྒྱུ་ཞན་པའི་རྐྱེན་གྱིས་སྐྱེ་དངོས་ཕྲ་རབ་འཁོར་ཆེན་འཚོ་གནས་བྱེད་དཀའ་བར་གྱུར་ཅིང་། རྩི་ཤིང་གི་སྐྱེ་དངོས་ཕྲ་རབ་ཀྱིས་འཚོ་རྟེན་སྐྱེལ་བར་མ་ཟད། སྐྱེ་དངོས་ཕྲ་རབ་མང་པོ་སྐྱེ་ཚུལ་དོ་མཉམ་མེད་པར་གྱུར་ནས་སྐྱེ་དངོས་ཕྲ་རབ་སྐྱེ་ཚུལ་ཤིན་ཏུ་མི་ལེགས་ཤིང་ཐ་ན་སྐྱེ་འཚར་འབྱུང་ཐབས་བྲལ་བ་ཡིན། ས་རྒྱུ་ཐག་གཅོད་བྱེད་པའི་རྩ་བའི་ཐབས་ལམ་ནི་ས་རྒྱུའི་སྐྱེ་དངོས་ཕྲ་རབ་ཀྱི་རིགས་དང་གྲངས་འབོར་ཇེ་མང་དུ་གཏོང་བ་དང་། ས་རྒྱུའི་སྐྱེ་ལྡན་ཟས་འགྱུར་གྱི་ཕྱུས་ཚད་ལེགས་པོར་སྲུང་འཛིན་བྱས་ནས་ནད་གཞིའི་སྐྱེ་དངོས་ཕྲ་རབ་མང་པོ་འབྱུང་བ་དང་ཇེ་མང་དུ་འགྲོ་བར་བཀག་འགོག་བྱས་ཏེ་རྩི་ཤིང་བདེ་ཐང་དང་འཚར་ལོངས་ཡོང་བར་འགན་སྲུང་དང་སྐྱུལ་འདེད་བྱ་རྒྱུ་དེ་ཡིན།

(གསུམ) རང་བྱུང་འཇོམས་བྱེད་འབུ་སྲིན་དང་ནུས་ཆེའི་སྐྱེ་དངོས་ཕྲ་ཕུང་གི་བསྐྱར་བཀོད་ལག་རྩལ་གྱིས་སྐྱེ་དངོས་འགོག་བཅོས་བྱེད་པའི་ཁྲོད་དུ་ནུས་པ་གལ་ཆེན་འདོན་བཞིན་ཡོད།

ཕན་ནུས་ལྡན་པའི་ཆེད་ལས་ཅན་དང་བྱེད་ནུས་མང་བའི་རང་བྱུང་འཇོམས་བྱེད་འབུ་སྲིན་དང་སྐྱེ་དངོས་ཕྲ་རབ་ཀྱི་འབུ་སྲིན་གྱི་སྔོང་རྐང་གི(འབུ་སྲིན་དང་འབུ་སྲིན་ནད་དུག་སོགས་འདུས)གསར་གཏོད་ལག་རྩལ་ནི་གཞི་རྒྱུའི་རིག་པ་དང་སྦྲི་དཀར་རིག་པ། ཚབ་བཛེ་ཚན་ཁོངས་རིག་པ་འཕེལ་རྒྱས་བྱུང་བ་དང་བསྟུན་ནས་འབྲེལ་ཡོད་ལག་རྩལ་ཡང་འཕྲུས་སྐྱོ་ཇེ་ཚང་དུ་སོང་ཡོད། འབུ་སྲིན་ཐོན་ལས་གསར་གཏོད་དང་གོང་སྤེལ་ལས་གྲྭའི་བཟོ་འགོད་ལག་བསྟར་བྱེད་པར་སྒྲིག་འཛུགས་བྱས་ནས། ཐོན་ཟས་གསར་བར་ཞིབ་འཇུག

དང་གསར་བཟོ་བྱེད་པར་ཤུགས་སྣོན་བྱས་པའི་ཁར། ཚོད་འཇལ་གདེང་འཛོག་དང་བེད་སྤྱོད་རྟེན་གཞི་འཛུགས་སྐྲུན་བྱས་ཏེ། ཐོན་རྫས་གསར་པ་ཐོན་ལས་ཅན་དུ་འགྱུར་བའི་གོམ་སྟབས་རྗེ་མགྱོགས་སུ་འགྲོ་བར་སྐུལ་འདེད་བྱས། འབུ་སྲིན་གལ་ཆེན་གྱི་གཞི་རྒྱུའི་ཐོན་ཁུངས་ཆ་འཕྲིན་དྲ་མཛོད་འཛུགས་སྐྲུན་བྱས་ནས་བདེ་འཇགས་ལ་གདེང་འཛོག་བྱེད་པའི་མ་ལག་འཕྲུས་སྒོ་ཚང་དུ་བཏང་བ་དང་། འབུ་སྲིན་བཟོ་སྐྲུན་ཅན་གྱི་ནུས་པ་རྗེ་ཆེར་བཏང་ནས་ཞིབ་འཇུག་གསར་སྤེལ་གྱི་སྒྲིག་བཀོད་འཛུགས་སྐྲུན་དང་འཕྲུས་ཚང་དུ་བཏང་། དེང་རབས་ཀྱི་ཚན་རིག་ལག་རྩལ་གཙོ་བོར་འཛིན་པ་དང་། ཁེ་ལས་ཀྱིས་གཙོ་ཁྲིད་བྱེད་པའི་འབུ་སྲིན་བཟོ་སྐྲུན་ལག་རྩལ་གསར་གཏོད་དང་བཀོལ་སྤྱོད་ཐོན་ལས་ཀྱི་རྨང་གཞི་རྗེ་བརྟན་དུ་བཏང་བར་མ་ཟད། གནད་འགག་གི་ལག་རྩལ་གསར་གཏོད་དང་སྒྲིག་ཤིང་དུ་གྱུར་པའི་ལག་རྩལ་ཁོང་དུ་ཆུད་པར་བྱས་ནས། རང་བྱུང་འཛོམས་བྱེད་འབུ་སྲིན་དང་ཕོ་རིགས་མངལ་མི་ཆགས་པའི་འཕྲོད་བསྟེན་བཟོ་སྐྲུན་གྱི་འབུ་སྲིན། སྐྱེ་དངོས་ཚུར་སྣང་རིགས་ཀྱི་འབུ་སྲིན་དང་། དེང་རབས་ཀྱི་ཚེ་སྲོག་གི་ཚན་རིག་དཔེ་དབྱིབས་རིགས་ཀྱི་སྐྱེ་དངོས་ལས་གྲྭ་སོགས་མཚོན་བྱེད་ཡིན་པའི་རྒྱལ་སྤྱིའི་ཆུ་ཚད་ལྡན་པའི་འབུ་སྲིན་རིགས་ཀྱི་ཐོན་རྫས་ཞིབ་འཇུག་དང་གསར་སྤེལ་གྱི་ལས་གྲྭ་སྐོར་ཞིག་འཛུགས་སྐྲུན་བྱས་ནས་ལས་གྲྭའི་ལག་རྩལ་གསར་སྤེལ་གྱི་སྟེགས་བུ་ཆགས་པར་སྐུལ་སྤེལ་བཏང་བ་དང་། བདེ་འཇགས་ཀྱི་ཚོད་འཇལ་དང་ལྟ་སྐུལ་མ་ལག་གྲུབ་ཡོད་པས། རང་རྒྱལ་གྱི་འབུ་ཕྲའི་ཐོན་ལས་ཀྱི་ཆུ་ཚད་རྗེ་མཐོར་གཏོང་བ་དང་། ཐོན་རྫས་ཀྱི་འཕེལ་རྒྱས་ནུས་ཤུགས་འཛམ་གླིང་གི་སྔོན་ཐོན་ཆུ་ཚད་ཀྱི་རྗེས་སྙེག་ཐུབ་པར་གྱུར་ཡོད།

(བཞི) འབུ་སྲིན་གྱི་ཆ་འཕྲིན་རྒྱུ་ཆ་དང་འབུ་སྲིན་གྱི་ཆགས་བསླུ་སྨན་རྫས་ཀྱིས་འཕེལ་རྒྱས་ལྗང་མདོག་རྩི་ཤིང་སྲུང་སྐྱོང་བྱེད་པའི་ཁྲོད་དུ་རྒྱ་ཁྱབ་ཏུ་སྤྱོད་པ།

ལག་རྩལ་གསར་པ་དང་ཐོན་རྫས་གསར་པ་རྒྱུན་ཆད་མེད་པར་ཐོན་པ་དང་བསྟུན་ནས། འབུ་སྲིན་གྱི་ཆ་འཕྲིན་རྒྱུ་ཆ་དང་འབུ་སྲིན་གྱི་ཆགས་བསླུ་སྨན་རྫས་ཀུང་རྒྱུད་ཁོངས་ཅན་དང་ལག་རྩལ་དངོས་སྤྱོད་ཅན་དུ་གྱུར་ཡོད་ལ། སྐྱེ་དངོས་འབྱུང་ཁུངས་ཀྱི་ཆ་འཕྲིན་

འདྲེས་སྦྱོར་དངོས་རྫས་ཀྱི་ཆགས་བསྐྱུ་གནོད་འབུ་ལག་རྩལ་ནི་མིག་སྔར་རྒྱལ་སྤྱིའི་ཐོག་ཏུ་ཀུན་གྱིས་ཁས་ལེན་པའི་ལྟང་མདོག་རྩི་ཤིང་སྲུང་སྐྱོང་གི་ལག་རྩལ་ཡིན་ཞིང་། ཐོན་སྐྱེད་ལག་ལེན་ཁྲོད་ནས་རྒྱ་ཁྱབ་ཏུ་བེད་སྤྱོད་དང་གོང་འཕེལ་དུ་གཏོང་བཞིན་ཡོད། གཙོ་བོར་འབུ་སྲིན་གྱི་ཆ་འཕྲིན་འདྲེས་སྦྱོར་དངོས་རྫས་སྣ་ཚོགས་སྤྱད་ནས་ལེགས་ཤོས་ཅན་གྱི་མཚན་མའི་འབུ་སྲིན་གྱི་དམིགས་ཚད་ལ་སྐྱོམ་སྒྲིག་བྱེད་པའི་རྩ་བའི་རིགས་པ་སྤྱད་དེ། མི་བཟོས་འདྲེས་སྦྱོར་བྱས་ཏེ་སྲིན་འབུ་དང་སྐྱེ་དངོས་སོགས་ཆ་འཕྲིན་འདྲེས་སྦྱོར་དངོས་རྫས་ཡོ་བྱད་བཀོལ་སྤྱོད་བྱས་ནས། ཞིང་ནང་གི་འབུ་སྲིན་གྱིས་སྡེབ་སྦྱོར་ཟུན་འཚོལ་བ་དང་སྒོ་ང་སྐྱེ་བ་སོགས་ཀྱི་རྒྱུན་ལྡན་གྱི་བྱ་སྤྱོད་བཀག་འགོག་དང་ཚོད་འཛིན་བྱས་ཏེ། དམིགས་ཚད་གནོད་འབུའི་སྲིན་གྲངས་ཇེ་ཉུང་དུ་གཏོང་བ་དང་། གནོད་འཚེའི་འབུ་སྲིན་ཚོད་འཛིན་གྱི་དམིགས་ཡུལ་གྲུབ་པ་ཡིན། ནད་འབུའི་གནོད་འཚེ་འགོག་བཅོས་བྱེད་པའི་ལག་རྩལ་གཞན་པ་དང་བསྡུར་ན། འབུ་སྲིན་གྱི་ཆགས་བསྐྱུ་སྨན་རྫས་བེད་སྤྱོད་བྱས་ན། དེར་གདམ་གསེས་ལྡན་པ་དང་ཕན་ནུས་ཆེ་བ། ཆེད་ནུས་ལྡན་པ། ཀུན་འདུས་རང་བཞིན་ལྡན་པ་སོགས་ཀྱི་ཁྱད་ཆོས་ཆེན་པོ་ལྔ་ཡོད་ཅིང་། “སྲུས་ལེགས་དང་། ཐོན་མཐོ། ཕན་ཆེ། སྐྱེ་ཁམས། བདེ་འཇགས”བཅས་ཀྱི་ཞིང་ལས་འཕེལ་རྒྱས་གཏོང་བའི་དམིགས་ཡུལ་ལའང་མཐུན་པ་ཡིན། འབུ་སྲིན་གྱི་ཆ་འཕྲིན་རྒྱུ་ཆ་བཀོལ་སྤྱོད་བྱས་ནས་ཤིང་སྡོང་གི་གནོད་སྐྱོན་སྔོན་འགོག་བྱེད་པ་ནི་མིག་སྔར་ཕན་ནུས་ལྡན་པར་བདམས་ཐུབ་པའི་སྐྱེ་དངོས་འགོག་བཅོས་བྱེད་ཐབས་ཤིག་ཡིན་ཞིང་། ཞིང་སྨན་བེད་སྤྱོད་ཀྱི་ཚད་རིམ་ཇེ་ཉུང་དུ་གཏོང་ཐུབ་པ་དང་། ཞིང་སྨན་འཕྲོ་ལུས་ཀྱི་དངོས་རྫས་ཇེ་ཉུང་དུ་བཏང་ནས། ཕྱིར་གཏོང་གི་ཚད་གཞི་ལ་ཐོན་པར་བྱེད་པ་ཡིན།

(ལྔ) ཚབ་བཟེ་ཐོན་དངོས་ཀྱི་དཔེ་ལྟོས་མཉམ་འདྲེས་ལག་རྩལ་གྱི་འཕེལ་རྒྱས་ཇེ་མགྱོགས་སུ་འགྲོ་བཞིན་ཡོད་པ།

ཚབ་བཟེ་ཐོན་རྫས(སྐྱེ་དངོས་སྲ་རབ་དང་རྩི་ཤིང་གི་འབྱུང་ཁུངས་སོགས་ཀྱང་འདུས) དང་ཕན་ནུས་དངོས་པོའི་མཉམ་བསྲེས་སྐྱེ་དངོས། ལྟང་མདོག་ལག་རྩལ་བཅས་ནི་ཉེ་

བའི་ལོ་འགའི་རིང་ལ་འཕེལ་རྒྱས་མགྱོགས་མྱུར་བྱུང་ཡོད་ཅིང་། དཔེ་ལྟོས་མཉམ་འདྲེས་སྐྱེ་དངོས་དང་ལྦྱང་མདོག་ཐོན་སྐྱེད་ལག་རྩལ་འཕེལ་རྒྱས་སུ་ཕྱིན་པས་ཚབ་བཟེ་ཐོན་རྫས་ཀྱི་གཞི་ཁྲོན་རང་བཞིན་གྱི་ཐོན་སྐྱེད་དང་ཚབ་བཟེ་ཐོན་རྫས་ཁྱབ་གདལ་དང་བེད་སྤྱོད་བྱེད་པར་སྐུལ་འདེད་གཏོང་བཞིན་ཡོད།

(དྲུག) RNAགཏོར་བརླག་གནད་འཕེལ་གནོད་འགོག་ལག་རྩལ་འཕེལ་རྒྱས་ཀྱིས་ཐོན་ལས་ཡར་ཐོན་ཅན་དུ་འགྱུར་བར་སྐུལ་འདེད་བྱེད་པ།

ལག་རྩལ་འདི་ནི་སྐྱེ་དངོས་ཀྱི་གཞི་རྒྱུའི་བྱེད་ནུས་སྣ་ཚོགས་དང་། སྲོག་ཆགས་ཀྱི་ནད་རིགས་དང་། རྩི་ཤིང་གི་གནད་འབུ་དང་ནད་འབུའི་གནོད་པ་སོགས་ཀྱི་ཞིབ་འཇུག་ཐད་ལ་ཡོངས་ཁྱབ་ཏུ་བཀོལ་ཡོད། RNAགཏོར་བརླག་གནད་འཕེལ་གནོད་འགོག་ལག་རྩལ་སྣེགས་བུ་སྤྱད་དེ་གསར་དར་ཐོན་ལས་སྐྱེད་སྲིང་བྱས་པས། ཞིང་ལས་ཀྱི་ནད་འབུའི་གནོད་པ་ལ་ཚོད་འཛིན་བྱེད་པར་སྐུལ་འདེད་རང་བཞིན་གྱི་ནུས་པ་ཆེན་པོ་ཐོན་བཞིན་ཡོད།

བདུན། རང་རྒྱལ་གྱི་སྐྱེ་དངོས་ཞིང་སྨན་གྱི་ཐོན་ལས་འཕེལ་རྒྱས།

སྐྱེ་དངོས་ཞིང་སྨན་ལས་རིགས་ལོ་ངོ་མང་པོར་བསྟུད་མར་འཕེལ་རྒྱས་དང་། རྒྱལ་ཁབ་ཀྱི་སྲིད་ཇུས་ཀྱིས་སྣེ་ཁྲིད་འོག་འཕེལ་རྒྱས་ཀྱི་དུས་རིམ་དང་དུས་སྐབས་བཟང་པོ་ཞིག་ལ་སླེབས། རྒྱལ་ཡོངས་སུ་སྐྱེ་དངོས་ཞིང་སྨན་ཐོན་སྐྱེད་བྱེད་པའི་ཁེ་ལས་མང་དུ་བྱུང་ནས། དཔེ་བ་ཕུན་སུམ་ཚོགས་པ་དང་རྒྱུ་ཕྱུས་བཟང་བའི་རྣམ་པ་གསར་བ་ཞིག་གྲུབ་ཡོད།

(གཅིག) རྒྱལ་ཁབ་ཀྱི་སྲིད་ཇུས་ཕྱོགས་སྟོན་སྟར་ལས་གསལ་བ།

མིག་སྔར་སྐྱེ་དངོས་ཞིང་སྨན་ནི་སྐྱེ་དངོས་ཐོན་ལས་ཀྱི་རྨང་གཞི་དང་གཙོ་བོ་རུ་གྱུར་ཡོད་ཅིང་། རྒྱལ་ཁབ་ཀྱི་འཐབ་ཇུས་རང་བཞིན་གྱི་གསར་དར་ཐོན་ལས་ཀྱི་རྟེན་གཞི་གལ་ཆེན་ཞིག་ཏུ་གྱུར་ཡོད།

"ལོ་ལྔའི་འཆར་གཞི་སྐབས་བཅུ་གཅིག་པའི"ཚུན་དུ། རྒྱལ་ཁབ་ཀྱིས་རྣམ་གྲངས་གལ་ཆེན20ལྷག་དང་སྐྱེ་དངོས་ཞིང་སྨན་འདི་དག་དང་འབྲེལ་བ་དམ་པོ་ཡོད་པའི་ཚན་རྩལ་

གྱི་འཆར་གཞི་བཀོད་སྒྲིག་བྱས་ཤིང་། དེའི་ནང་དུ“973”འཆར་གཞི་དང་། “863”འཆར་གཞི། རྒྱལ་ཁབ་ཀྱི་ཚན་རྩལ་འདེགས་སྐྱོར། སྤྱི་ཕན་རང་བཞིན་གྱི་ལས་རིགས(ཞིང་ལས)ཚན་རིག་ཞིབ་འཇུག་ཆེད་དམིགས་རྣམ་གྲངས་དང་། རྒྱལ་ཁབ་ཀྱི་རང་བྱུང་ཚན་རིག་ཐེབས་རྩ་ལ་སོགས་པའི་རྣམ་གྲངས་ཡོད། “973”འཆར་གཞིའི་ནང་དུ“ཞིང་ལུད་ཉུང་འཕྲིར་བཏང་ནས་ཕན་འབྲས་ཇེ་ཆེར་གཏོང་བ་དང་ཞིང་ཁའི་རྒྱུན་མཐུད་བེད་སྤྱོད་བྱ་རྒྱུའི་རྨང་གཞིའི་ཞིབ་འཇུག”དང་། “ཞིང་ལས་སྐྱེ་དངོས་ཕྲ་རབ་ཀྱི་འབུ་སྲིན་འགོག་བཅོས་ལ་ནུས་པ་ལྡན་པའི་གཞི་རྒྱུ་འཚོལ་ཞིབ་དང་འདུས་རྫལ་གྱི་རྩ་བའི་རིགས་པ”སོགས་འདུས། 863འཆར་གཞི་ནང་དུ“ཕྲ་སྲིན་དང་འབུ་ཕྲའི་རིགས་ཀྱི་སྐྱེ་དངོས་འབུ་གསོད་སྨན་རྫས་ཞིབ་འཇུག་དང་གསར་བཟོ”སོགས་འདུས་ཡོད་པ་དང་། རྒྱལ་ཁབ་ཀྱི་ཚན་རྩལ་འདེགས་སྐྱོར་གྱི་འཆར་གཞིའི་ནང་དུ“ཕན་ནུས་ལྡན་པའི་འགག་རྩའི་ལག་རྩལ”དང“གསར་བྱུང་ཚད་ནུས་ལྡན་པའི་སྨན་རྫས་བཟོ་སྐྲུན” “ནད་འབུ་ཕྲ་སྲིན་འགོག་པའི་སྨན་བཅོས་ཀྱི་ས་གནས་དང་དངོས་ལུགས་རང་བཞིན་གྱི་སྨན་ནད་འགོག་པའི་ཚན་རིག་ལག་རྩལ་གྱི་ཞིབ་འཇུག” “འབྲུ་རིགས་ཐོན་ཁུལ་གཙོ་བོ་གསུམ་གྱི་ལོ་ཏོག་གི་གལ་ཆེའི་ནད་འབུའི་གནོད་འཚེ་སྔོན་འགོག་ཚོད་འཛིན་གྱི་ལག་རྩལ་ཞིབ་འཇུག” “འབིན་སའི་གནོད་འབུའི་འགོག་རྒོལ་རང་བཞིན་གྱི་རྒྱུད་འཛིན་འཕོ་འགྱུར་ཞིབ་འཇུག” གཞན་ད་དུང་གལ་ཆེའི་ཚན་རྩལ་གྲུབ་འབྲས་འཕོ་འགྱུར་རྣམ་གྲངས“སྐྱེ་དངོས་ཞིང་སྨན་ཞུཁུ་དབྱི་སུའུ་ཐོན་སྐྱེད་ལག་རྩལ་ལེགས་སྒྱུར་དང་ཐོན་ལས་ཅན་དུ་སྒྱུར་བ”སོགས་འདུས། “ལོ་ལྔའི་འཆར་གཞི་སྐབས་བཅུ་གཅིག་པའི”ཚུན་དུ། རྒྱལ་ཁབ་རིམ་པའི་ཚན་རྩལ་གྱི་བྱ་དགའ་སྣ་ཚོགས་ཐོབ་མྱོང་བ་དང་། “ས་གནས་ཇེ་དམའ་དུ་བཏང་ནས་རྒྱུ་ཆ་བཟོ་སྐྲུན་དང་བེད་སྤྱོད”དང“ས་རྒྱུའི་བསྐྱུད་མར་རྫོ་འདེབས་ཀྱི་བཀག་རྒྱ་སེལ་བའི་སྐྱེ་དངོས་ཕྲ་རབ་ཀྱི་སྐྱེ་ལྡན་ལུད་རྫས་དང་དེའི་ལག་བཟོ”སོགས་ལ་རྒྱལ་ཁབ་ཀྱི་ལག་རྩལ་གསར་གཏོད་ཀྱི་བྱ་དགའ་ཨང་གཉིས་པ་ཐོབ་པ་དང་། “ཐོན་ཚད་མཐོ་བའི་ལོ་ཏོག་དང་ཁོར་ཡུག་སྲུང་སྐྱོང་གི་ཕྱོགས་བསྡུས་ངོ་དམ་ལག་རྩལ་མཐུན་སྦྱོར” “གནོད་འཚེ་ཚབས་ཆེན་འགོག་བཅོས་ཀྱི་དམིགས་ཚད་

མཐོ་བའི་འབྲུ་གསོད་སྨན་རྫས་དང་འབྲུ་ཕྲ་འགོག་པའི་ལག་རྩལ་ཞིབ་འཇུག་གསར་གཏོད་དང་བེད་སྤྱོད” “སྐྱེ་དངོས་ཕྲ་རབ་ཞིང་སྨན་སྐྱུར་བསྐལ་གྱི་ལག་རྩལ་གསར་བ་དང་བཟོ་ལས་གསར་བའམ་གལ་ཆེའི་ཐོན་རྫས་ཀྱི་གཞི་ཁྲིན་བེད་སྤྱོད།” “སྔོ་ཕྱོགས་ཀྱི་སྡོ་ཚལ་ཐོན་རྫས་དག་གཙང་ཅན་དུ་སྒྱུར་བའི་གནད་འགག་གི་ལག་རྩལ་གྱི་ཞིབ་འཇུག་དང་དངོས་སྤྱོད”སོགས་ལ་རྒྱལ་ཁབ་ཀྱི་ཚན་རིག་གོང་འཕེལ་ཨང་གཉིས་པའི་བྱ་དགའ་ཐོབ་པས། སྐྱེ་དངོས་ཞིང་སྨན་དང་སྐྱེ་དངོས་འགོག་བཅོས་ལག་རྩལ་ལག་བསྟར་བྱེད་པར་རྨང་གཞི་བརྟན་པོ་བཏིང་།

(གཉིས) སྐྱེ་དངོས་ཞིང་སྨན་ཁེ་ལས་ཀྱི་གཞི་ཁྲིན་ལ་འཕེལ་རྒྱས་ཆེན་པོ་བྱུང་ཞིང་། ཀྲུང་སི་ཆེ་ཆུང་རྣམས་ཏུར་ཐག་གིས་སྐྱེ་དངོས་ཞིང་སྨན་ཁེ་ལས་ཀྱི་གྲལ་དུ་ཞུགས་བཞིན་ཡོད་པ།

ཉེ་བའི་ལོ་འགའི་རིང་ལ། རང་རྒྱལ་གྱི་སྐྱེ་དངོས་ཞིང་སྨན་ཁེ་ལས་ཀྱི་སྤྱིའི་གཞི་ཁྲིན་ཇེ་ཆེར་སོང་ཡོད་པ་དང་། སྐྱེ་དངོས་ཞིང་སྨན་ལས་རིགས་ཀྱི་མ་དངུལ་རྒྱུན་ཆད་མེད་པར་རྒྱ་བསྐྱེད་པས། སྐྱེ་དངོས་ཞིང་སྨན་གསར་བ་དང་ཁེ་ལས་འཕེལ་རྒྱས་གཏོང་བར་རྨང་གཞི་ལེགས་པོ་འདོན་སྤྲོད་བྱས་ཡོད། དཔེར་ན། ཀྲུང་གོ་ཞིང་ལས་ཚན་རིག་གླིང་རྩེ་ཤིང་སྲུང་སྐྱོབ་ཞིབ་འཇུག་ཁང་གིས2014ལོའི་ཟླ་དྲུག་པར་རང་རྒྱལ་གྱི་ཐྲི་དཀར་སྐྱེ་དངོས་ཞིང་སྨན་རྫས་སྦྱོར་དངོས6%མངར་ལྷན་ཐྲི་དཀར(ཨ་ཐའི་ལིན)གསར་སྤེལ་བྱས་ཤིང་། ཐྲི་དཀར་སྐྱེ་དངོས་ཞིང་སྨན་ལག་རྩལ་གྱི་གྲུབ་འབྲས་འདི་ཉིད་ཀྱིས་འགག་སྒྲོལ་རང་བཞིན་གྱི་འཕེལ་རྒྱས་དང་ཚོང་རའི་དགའ་བསུ་ཆེན་པོ་ཐོབ། རྒྱུས་ལོན་བྱས་པར་གཞིགས་ན། 2014ལོའི་ཟླ6པའི་ཚེས10ཉིན་དངོས་སུ་ཁྲིམ་འགྲེམས་བྱས་ནས་ལོ་ཕྱེད་ཙམ་འགོར་བའི་དུས་ཡུན་ནང་དུ། 6%མངར་ལྷན་ཐྲི་དཀར(ཨ་ཐའི་ལིན)ཐོན་རྫས་ཐྲིན་ཚོང་གྲངས་ཀ་ཏུན50ལྷག་ལས་བརྒལ་བ་དང་། ཁྱབ་གདལ་དང་བེད་སྤྱོད་རྒྱ་ཁྱོན་མུའུ་ཁྲི100ལྷག་ལ་སླེབས། ཐྲིན་ཚོང་བྱེད་ཚད་སྒོར་ཁྲི1000ལྷག་ལོན། 6%མངར་ལྷན་ཐྲི་དཀར(ཨ་ཐའི་ལིན)གྱིས་ལྟ་བ་དང་ལག་རྩལ། ཐོན་རྫས་སོགས་ཕྱོགས3ནས་ཀྲུང་གོའི་རྩེ་ཤིང་སྲུང་སྐྱོང་

ཁྲབ་ཁོངས་ལ་གསོན་ཤུགས་གསར་བ་བསྣན་ཡོད།

(གསུམ) སྐྱེ་དངོས་ཞིང་སྨན་ཐོན་རྫས་ཀྱི་རྒྱུ་ཕྱུས་ལ་ལེགས་བཅོས་དང་མཐོར་འདེགས་ཆེན་པོ་བྱུང་བ།

མིག་སྔའི་བར་དུ། སྨན་རྒྱུ་རྐྱང་པ་དང་སྨན་སྦྱོར་མཉམ་བསྲེས་སྨན་རྫས་སོགས་གཙོ་བྱས་པའི་རང་རྒྱལ་གྱིས་ཐོ་འགོད་བྱས་པའི་སྐྱེ་དངོས་ཞིང་སྨན་གྱི་ནུས་ལྡན་གྲུབ་ཆ104ལ་སླེབས་པ་དང་། ཐོ་འགོད་བྱས་པའི་ཐོན་རྫས་ཀྱི་བསྡོམས་གྲངས3335ལ་སླེབས་ཡོད། ཞིང་སྨན་གྱི་དཔང་རྟགས་ཡོད་པའི་སྐྱེ་དངོས་ཕྲ་རབ་དང་རྩི་ཤིང་འབྱུང་ཁུངས་ཀྱི་ཞིང་སྨན། སྐྱེ་དངོས་ཀྱི་རྫས་འགྱུར་ཞིང་སྨན་སོགས་ཐོན་སྐྱེད་ཁེ་ལས260ལྷག་ཡོད་ཅིང་། དེའི་རྒྱལ་ཡོངས་ཀྱི་ཞིང་སྨན་ཁེ་ལས་ཀྱི10%ལྷག་ཙམ་ཟིན། སྐྱེ་དངོས་ཞིང་སྨན་ཐོན་སྐྱེད་བྱེད་ཚད་ལོ་རེའི་ཙུན་ཁྲི13ལ་ཉེ་བ་དང་། ལོ་རེའི་ཐོན་རྫས་ཀྱི་རིན་ཐང་བསྡོམས་གྲངས་སྒོར་དུང་ཕྱུར30ཟིན་ཞིང་། ཞིང་སྨན་གྱི་ཐོན་རྫས་རིན་ཐང་བསྡོམས་གྲངས་ཀྱི9%ཡས་མས་ཟིན།

ཨུའུ་ཧན་གྱི་ཨུའུ་ཏ་ཀོའུ་དང་ཨུའུ་ཧན་སློབ་ཆེན་གཉིས་ཀྱིས་མཉམ་འབྲེལ་བྱས་ཏེ་འབུ་སྲིན་ནད་དུག་གི་འབུ་གསོད་སྨན་རྫས་དང་། འབུ་སྲིན་ནད་དུག་དང་སུའུ་ཡུན་ཅིན་གྱི་དབྱུག་སྲིན་བསྐྱར་མའི་སྨན་སྦྱོར་སོགས་སྨན་རྫས་སྐོར་ཞིག་གསར་སྤེལ་བྱས། དེའི་ནང་གི་སྔོ་འབུ་རིལ་གཟུགས་ཀྱི་ནད་དུག་ནི་རྒྱལ་ནང་གི་ཐོན་རྫས་གཅིག་པུ་ཡིན་པ་དང་། འབུ་ཀྲང་ལང་གི་ནད་དུག་ནི་འཛམ་གླིང་ཡོངས་ཀྱི་ཐོན་རྫས་གཅིག་པུ་ཡིན། ཁྲ་ཁྲི་ཧྲུ་ཉིང་རྟུལ་མང་འདུས་ཀྱི་ཟུར་གཟུགས་ཀྱི་ནད་དུག སུའུ་ཡུན་ཅིན་དབྱུག་སྲིན། ཇ་ཤིང་འབུ་སྲིན་སོགས་ཀྱི་ཇ་ལོའི་གནོད་འབུ་འགོག་བཅོས་ཀྱི་ཕན་འབྲས་མངོན་གསལ་ཡིན་པ་དང་། དུས་མཚུངས་སུ་སྨན་སྦྱོད་པའི་གྲངས་ཚད་ཇེ་ཉུང་དུ་བཏང་བར་མ་ཟད། ཇ་ལོ་ལྷག་ལུས་ཀྱི་གནད་དོན་གཙོ་བོའི་རིགས་ཐག་གཅོད་བྱས་པ་དང་། ཇ་རའི་སྐྱེ་ཁམས་ཁོར་ཡུག་སླར་གསོ་བྱེད་ཐུབ་ཅིང་། ལྷག་པར་དུ་རང་བྱུང་འཛོམས་བྱེད་སླར་གསོ་དང་ནད་འབུའི་གནོད་འཚེ་གཞན་རིགས་ཚོད་འཛིན་བྱེད་ཐུབ་པས། ཇ་རའི་འཁོར་སྐྱོད་དང་འཕེལ་རྒྱས་ལ་རོགས་འདེགས་བྱས་ནས། སྐྱེ་ཁམས་ཀྱི་ཕན་འབྲས་དང་དཔལ་འབྱོར་གྱི་

ཕན་འབྲས་ཧ་ཅང་ཆེན་པོ་ཐོབ་ཡོད།

ཧྲའན་ཞིའི་ཧྲང་གུ་ཀྲི་ལུའུ་སྐྱེ་དངོས་ཚན་རིག་ཚད་ཡོད་ཀུང་སི་དང་ནུབ་བྱང་ཞིང་ནགས་ཚན་རྩལ་སློབ་ཆེན་གྱིས་གསར་གཏོད་བྱས་པའི་རྩེ་ཤིང་འབྱུང་ཁུངས་ཀྱི་འགོག་སྨན་དེ་ཉིད་རྩེ་ཤིང་མང་པོའི་ནད་དུག་འགོག་བཅོས་ལ་བཀོལ་ཆོག་པར་མ་ཟད། རང་བྱུང་དང་ནུས་མཐོ། བདེ་འཇགས་ཡིན་ལ། རྒྱུ་འབྲས་ཀྱི་ཤིག་འབུ་སོགས་འགོག་བཅོས་བྱེད་པར་ཡང་ཕན་འབྲས་ཐོན་བཞིན་ཡོད་པས། དངོས་སྤྱོད་ཀྱི་མདུན་ལྗོངས་ཤིན་ཏུ་ཡངས་པ་ཡིན།

ཀྲུང་གོའི་ཞིང་ལས་ཚན་རིག་ཁང་གི་རྩེ་ཤིང་སྲུང་སྐྱོང་ཞིབ་འཇུག་ཁང་གིས་ཞིབ་འཇུག་དང་གསར་བཟོ་བྱས་པའི་རང་རྒྱལ་གྱི་ནད་དུག་འགོག་པའི་སྐོར་གྱི་སྤྲི་དཀར་ཞིང་སྨན་ཏེ6%མངར་ལྡན་སྤྲི་དཀར་ནི་ལས་རིགས་སྟེང་དུ་སྨན་རྫས་གྲགས་ཆེན་ཞིག་ཏུ་གྱུར་ཡོད། རྩེ་ཤིང་གི་རིམས་འགོག་སྨན་རྫས་འཕེལ་རྒྱས་བྱུང་བ་ལས་མངོན་པར་མཚོན་ཐུབ་པ་ནི། ནད་འབུ་མེད་པར་བཟོ་རྒྱུ་དམིགས་ཡུལ་དུ་བྱེད་པའི་སྲོལ་རྒྱུན་རྩེ་ཤིང་སྲུང་སྐྱོབ་ཀྱི་ཐབས་ཇུས་ནི་རྩེ་ཤིང་གི་རིམས་འགོག་དང་ནད་འབུ་སྔོན་འགོག རྩེ་ཤིང་གི་བདེ་སྲུང་སོགས་ནད་འབུའི་གནོད་པ་འགོག་བཅོས་བྱེད་པའི་ཐབས་ཇུས་ལ་སྒྱུར་མགོ་ཚུགས་པ་དེ་ཡིན། རྩེ་ཤིང་གི་སྤྲི་དཀར་ཐོན་སྐྱེད་དང་སྦྱར་འཛོག་བཟོ་རྩལ་མུ་མཐུད་དུ་ལེགས་བཅོས་བྱས་པ་དང་བསྟུན་ནས། རྩེ་ཤིང་གི་རིམས་འགོག་ཁྲིད་སྟོན་ཐོན་རྫས་ཐོན་ལས་ཅན་དུ་འགྱུར་བའི་འཕེལ་རིམ་ཡང་རྗེ་མགྱོགས་སུ་སོང་ཡོད། ཀྲུང་གོའི་ཞིང་ལས་ཚན་རིག་གླིང་གི་རྩེ་ཤིང་སྲུང་སྐྱོང་ཞིབ་འཇུག་ཁང་གི་ཞིང་སྨན་བཟོ་གྲྭས་བཏོན་པའི6%མངར་ལྡན་སྤྲི་དཀར(ཨ་ཐའི་ལིན)སྨན་རྫས་ལ་འགོག་རྒོལ་བྱེད་པའི་ཞིང་སྨན་ཐོན་རྫས་ཀྱིས་རང་རྒྱལ་གྱི་སྤྲི་དཀར་སྐྱེ་དངོས་སྨན་རྫས་ལས་སྔོན་གྱི་སྟོང་ཆ་བསྐྲངས་པ་དང་། 6%མངར་ལྡན་སྤྲི་དཀར་ཧྲུའུ་ནན་ཞིང་ཆེན་ཅང་ཧྭ་ཡའོ་རིགས་རང་སྐྱོང་རྫོང་དང་ཁྲང་ཧྲ་རྫོང་དུ་ལོ་རེར་ཐེངས་གཉིས་རེར་སྦྱིན་པའི་རྒྱུ་འབྲས་ཀྱི་ནད་དུག་འགོག་པའི་ཞིང་ཁར་ཚོད་ལྟའི་ལས་དོན་སྤེལ་བ་དང་། 6%མངར་ལྡན་སྤྲི་དཀར(ཨ་ཐའི་ལིན)གྱིས་ལྷོ་ཕྱོགས་ས་ཁུལ་གྱི་རྒྱུ་འབྲས་ནག་འགྱུར་འབུམ་ནད་འགོག་རྒོལ་གྱི་ཕན་འབྲས་ནི60%~70%ཡིན། འབུ་གསོད་

སྨན་རྩས་གཞོགས་འདེགས་ཀྱིས་སྤྱོད་པའི་ཕན་འབྲས་ཐོན་ཚད་ནི90%ཡིན། ཅང་ཞི་ཞིང་ཆེན་ཀྲོ་ཏུ་ཞིང་རས་ལོ་རེར་ཐེངས་གཉིས་རེར་སྨིན་པའི་ཕྱོགས་བསྡུས་དཔེ་སྟོན་སྤེལ་བ་དང་། 6%མངར་ལྡན་སྤྲི་དཀར(ཨ་ཐའི་ལིན)ལ་ནད་འགོག་ཐོན་སྤེལ་གྱི་ནུས་པ་ཆེན་པོ་ལྡན་ཞིང་། རྒྱུ་འབྲས་ཀྱི་ཐོན་རྩས་འཕར་ཚད་ནི7%~12%ཡིན།

(བཞི) སྐྱེ་དངོས་ཞིང་སྨན་གྱི་ཕན་འབྲས་ལ་གདེང་འཇོག་བྱེད་དུས་ལུགས་མཐུན་དང་དངོས་ཡོད་དུ་གྱུར་ཡོད།

དུས་ཡུན་རིང་པོའི་ནང་དུ། སྐྱེ་དངོས་ཞིང་སྨན་གྱི་ཕན་འབྲས་ལ་གདེང་འཇོག་བྱེད་པ་ནི་དུས་རྒྱུན་དུ་རྩས་འགྱུར་ཞིང་སྨན་གྱི་ནུས་ཚད་མཐོ་བ་དང་། ཕན་འབྲས་ཐོན་ཚད་མགྱོགས་པ། ལྟ་ཞིབ་བྱེད་སྣ་བ་སོགས་ཀྱི་རྣམ་པའི་ཐོག་ནས་སྐྱེ་དངོས་ཀྱི་ཞིང་སྨན་དང་སྐྱེ་དངོས་ཀྱི་ལག་རྩལ་འགོག་བཅོས་ལ་གདེང་འཇོག་ཞིབ་བསྡུར་བྱས་ཏེ། སྐྱེ་དངོས་ཀྱི་ཞིང་སྨན་ཁྱབ་གདལ་དང་ལག་རྩལ་བེད་སྤྱོད་བྱ་རྒྱུར་འགོག་རྐྱེན་ཚབས་ཆེན་བཟོས་ཡོད། ཉེ་བའི་ལོ་འགའི་རིང་ལ། མི་རྣམས་ཀྱིས་སྐྱེ་དངོས་ཞིང་སྨན་གྱི་བདེ་འཇགས་རང་བཞིན་ལེགས་པ་དང་། སྐྱེ་དངོས་ཀྱི་རིམས་འགོག་ནུས་པ་ཇེ་མཐོར་བཏང་ནས་ནད་འབུའི་ནུས་པ་ཇེ་ཆུང་དུ་གཏོང་བའི་ཐབས་ལམ་ཁས་ལེན་བྱས་པ་བརྒྱུད་ནས། སྐྱེ་དངོས་ཞིང་སྨན་རྒྱུན་མཐུད་དང་ཚོད་འཛིན་སྲུང་སྐྱོང་དང་ཞིང་ལས་སྐྱེ་དངོས་ཀྱི་གཤིས་རྒྱུད་ཇེ་མཐོར་གཏོང་བའི་ཕྱོགས་བསྡུས་ཕན་འབྲས་ཤིན་ཏུ་བཟང་ཞིང་། སྐྱེ་དངོས་ཞིང་སྨན་གྱི་ཕན་འབྲས་ལ་གདེང་འཇོག་དང་སྐྱེ་དངོས་ཞིང་སྨན་ཁྱབ་གདལ་བཀོལ་སྤྱོད་གཏོང་བ་ནི་ལུགས་མཐུན་དང་དངོས་ཡོད་དུ་གྱུར་ཡོད་པས། སྐྱེ་དངོས་ཞིང་སྨན་ཁྱབ་གདལ་གཏོང་བ་དང་སྐྱེ་དངོས་ཀྱིས་ལག་རྩལ་བེད་སྤྱོད་བྱེད་པར་སྤྱི་ཚོགས་ཀྱི་རྨང་གཞི་ཡག་པོ་ཞིག་མགོ་འདོན་བྱས་ཡོད།

(ལྔ) ཞིང་པས་སྐྱེ་དངོས་ཞིང་སྨན་གཙོ་བོར་བྱས་པའི་ལྗང་མདོག་སྔོན་འགོག་དང་ཚོད་འཛིན་གྱི་འདུ་ཤེས་དང་ལེན་བྱེད་པ།

2014ལོར། ཞིང་ལས་ཧྲུའུ་ཡིས་རྒྱལ་ཡོངས་ཀྱི་ཞིང་ཆེན་དང་གྲོང་ཁྱེར། རང་

སྐྱོང་ལྡོངས31ནས་ཆུ་འབྲས་དང་གྲོ། མ་རྨོས་ལོ་ཏོག །སོ་ཚལ། ཤིང་ཏོག་སོགས་ལོ་ཏོག་རིགས10ལ་གཅིག་གྱུར་སྒྲོས་སྲུང་སྐྱོབ་དང་གནོད་མེད་མཉམ་འདྲེས་ཀྱི་སྒོ་ནས་ཚོད་ལྟའི་ལས་དོན་སྤེལ་ཏེ་ཕྱོགས་བསྡུས་ལག་རྩལ་གྱི་དཔེ་དབྱིབས་ཀྱང་སྐོར་ཞིག་གྲུབ་ཡོད། ས་གནས་ས་སོས་རང་རང་གི་ཡུལ་བབ་དང་བསྟུན་ནས་གྲོན་ཆུང་དངོས་སྤྱོད་དང་བཀོལ་སྤྱོད་བྱེད་བདེ་བ། བེད་སྤྱོད་རང་བཞིན་ཆེ་བ་བཅས་ཀྱི་ནད་འབུའི་ཕྱོགས་བསྡུས་བཅོས་སྐྱོང་གི་བྱེད་སྟངས་ཁྲབ་གདལ་དུ་བཏང་བས། བེད་སྤྱོད་གཞི་ཁྱོན་ཇེ་ཆེར་འགྲོ་བར་རྨང་གཞི་བཏིང་བ་ཡིན། ཚོད་ལྟའི་ལས་དོན་སྤེལ་བའི་ཉམས་མྱོང་ལྟར་ན། རྫས་འགྱུར་ཞིང་སྨན་བཀོལ་སྤྱོད་བྱེད་ཚད་ཇེ་ཉུང་དུ་ཕྱིན་པར་མ་ཟད་གནོད་འཚེ་ཡང་ཚོད་འཛིན་བྱེད་ཐུབ་པ་མཚོན་ཞིང་། དཔེ་སྟོན་ཁུལ་དུ་རྫས་འགྱུར་ཞིང་སྨན་སྤྱོད་ཚད20%~30%ཇེ་དམའ་རུ་ཕྱིན་པ་དང་། ས་ཞིང་གི་སྐྱེ་ཁམས་ཁོར་ཡུག་མངོན་གསལ་དོད་པོས་ཇེ་ལེགས་དང་རང་བྱུང་འཛོམས་བྱེད་ཀྱི་གྲངས་འབོར་མངོན་གསལ་དོད་པོས་ཇེ་མང་དུ་སོང་ཡོད།

(དྲུག) དེང་རབས་ཀྱི་གློག་རྟུལ་ཚོང་དོན་ནི་སྐྱེ་དངོས་ཀྱི་ཞིང་སྨན་སྐྱེ་དངོས་འགོག་བཅོས་ཁེ་ལས་ཁྲིད་དུ་ཞུགས་པ།

“དྲ་སྦྲེལ+”རྣམ་པ་ནི་རྒྱལ་ནང་དུ་ཐ་རྡབས་རིམ་པ་ཞིག་འཕྱུར་བ་དང་འདྲ་བར་སྐྱེ་དངོས་ཞིང་སྨན་ཁྲབ་ཁོངས་སུའང་རྡབས་ཕྲེང་འཕྱུར་བ་དང་། འདིས་ཀྱང་རྒྱལ་དམངས་རྣམས་སྐྱེ་དངོས་ཞིང་སྨན་དང་གློག་རྟུལ་ཚོང་དོན་ལ་སྤྱི་སེམས་རབ་ཏུ་འཕོལ་བར་རམ་འདེགས་བྱས། ཅང་ཞིའི་ཤིན་ལུང་སྐྱེ་དངོས་ཚན་རྩལ་མ་ཁང་ཚད་ཡོད་ཀུང་སིས་སོ་ལྡང་གི་ཐོན་རྫས་གཉེར་བ་དང་ཚོང་གཉེར་བྱེད་པའི་དྲ་སྦྲེལ་ཚོང་ར་ཁོ་ནར་ཆེད་དུ་དམིགས་པའི་དྲ་ངོས་ཤིག་བཙུགས་ནས། “སྐྱེ་དངོས་ཞིང་སྨན་འཚོལ་ན། ཞིང་ལས་དྲ་སྦྲེལ་ལ་ཞུགས”ཞེས་པའི་འབོད་ཚིག་བཏོན་པ་དང་། དྲ་ཚིགས་དེས་རིན་མི་དགོས་པར་སྟོན་འགོག་ཚོད་འཛིན་བྱེད་པའི་ཐོན་རྫས་ཚོང་གཉེར་བྱེད་མཁན་ཆེད་ལས་ཁྲབ་གདལ་གཏོང་རོགས་བྱས་ཤིང་། འཛད་སྤྱོད་པར་རིན་གོང་ཁེ་བའི་སྐྱེ་དངོས་ཞིང་སྨན་མཁོ་འདོན་བྱས་ཡོད།

ཀྱང་གོའི་ཚོང་རའི་ཐོབ་སྐལ་གྱི80%ལས་བརྒལ་བའི་ཐའོ་པའོ་དང་ཐེན་མའོ་སོགས་

ཕྱོགས་བསྡུས་གློག་རྡུལ་ཚོང་ལས་ཀྱི་སྟེགས་བུའི་སྟེང་དུ་འང་སྐྱེ་དངོས་ཞིང་སྨན་གྱི་གཟུགས་བརྙན་རིམ་བཞིན་མངོན་ཡོད་ལ། དེ་བཞིན་དུ་བེད་སྤྱོད་བྱེད་མཁན་ཤིན་ཏུ་མང་བའི་སྐད་འཕྲིན་སྟེགས་བུས་ཀྱང་སྐྱེ་དངོས་ཞིང་སྨན་གྱི་ཁྲིན་ཚོང་ལ་གདེང་འཇོག་ཏ་ཅང་ཆེན་པོ་གནང་གི་ཡོད་པས། སྐྱེ་དངོས་ཞིང་སྨན་གྱི་ཚོང་གཉེར་པའང་ཇེ་མང་དུ་འགྲོ་བཞིན་ཡོད།

(བདུན) སྐྱེ་དངོས་ཞིང་སྨན་ཁེ་ལས་ཁུར་བསྐྱོན་གྱིས་པང་གསུམ་གསར་བ་ཚད་ལྡན་ཅན་དང་ཚོང་གཉེར་དེང་རབས་ཅན་གྱི་ངོ་དམ་ཁྲིད་དུ་ཞུགས་པ།

སྲིད་གཞུང་གི་རོགས་སྐྱོར་ཆེན་པོའི་འོག་ཏུ། སྐྱེ་དངོས་ཞིང་སྨན་ཁྱབ་ཁོངས་ཀྱིས་འཛམ་གླིང་གི་འཕེལ་རྒྱས་མདུན་ལྗོངས་ཀྱི་ཚན་རིག་ལག་རྩལ་ལ་དམིགས་ཏེ། མུ་མཐུད་དུ་སྐྱེ་དངོས་ཀྱི་རིགས་གསར་བ་དང་སྣ་ཁ་གསར་བ། དམིགས་ཚད་གསར་བ་སོགས་ཀྱི་ཞིབ་འཇུག་བྱ་བར་ཤུགས་སྣོན་བྱེད་དགོས། སྐྱེ་དངོས་ཞིང་སྨན་ཁེ་ལས་རྣམས་ནི་ཁུར་བསྐྱོན་གྱིས་པང་གསུམ་གསར་བ་འཕེལ་རྒྱས་འགྲོ་བར་སྐུལ་འདེད་གཏོང་བ་དང་། ཡུང་དབྱི་ལུད་རྫས་ཀུང་སི་ནི་རང་རྒྱལ་གྱི་པང་གསུམ་གསར་བ་སྐྱེ་དངོས་ཞིང་སྨན་གྱི་ཁེ་ལས་སུ་གྱུར་ཡོད། ཁྲོམ་འགྲེམ་བྱས་པ་ནས་བཟུང་། པང་གསུམ་གསར་བའི་འཕེལ་རྒྱས་སུ་སོང་བ་དང་བསྟུན་ནས་འདིས་ཀུང་སིའི་འཕེལ་རྒྱས་ལ་རྨང་གཞི་བརྟན་པོ་ཞིག་བཏིང་ཡོད་པ་དང་། ཚོད་དཔག་གི་སྐྱེ་དངོས་ཞིང་སྨན་ཐོན་ལས་རིན་ཐང་གི་ལོ་རེའི་ཆ་སྙོམས་འཕར་ཚད20%ཡན་རྒྱུན་འཁྱོངས་བྱས་ཡོད། སྐྱེ་དངོས་ཞིང་སྨན་གྱི་སྐྱུད་སྲིན་གྱི་སྨན་རྫས་ལ་དཔེར་བཞག་ནས་བཤད་ན། མིག་སྔར་རང་རྒྱལ་གྱི་གཞི་རྒྱུ་ཅན་གྱི་སྨན་རྫས་ཐོན་སྐྱེད་རིན་ཐང་སྒོར་དུང་ཕྱུར5ཙམ་ཟིན་ཡོད་ཅིང་དེས1%ཡས་མས་ཟིན། མ་འོངས་པའི་ལོ10ནང་གི་སྐྱུད་སྲིན་གྱི་ཆ་སྙོམས་འཕར་ཚད1%~9%ཙམ་ཡིན་པས། མ་འོངས་པའི་སྐྱུད་སྲིན་སྨན་རྫས་ཀྱི་ཚོང་ར་རྒྱུན་ཆད་མེད་པར་རྒྱ་ཇེ་ཆེར་འགྲོ་ངེས་ཡིན།

རང་རྒྱལ་གྱི་སྐྱེ་དངོས་ཞིང་སྨན་གྱི་ཐོན་ལས་རིགས་གྲུབ་ཚུལ་ལེགས་སྒྲིག་དང་། སྒྲིག་འཛུགས་བྱེད་སྟངས་གསར་གཏོད། འགོག་བཅོས་ལག་རྩལ་ཡར་ཐོན་སོགས་ཀྱི་བྱེད་ཐབས་རྒྱུན་ཆད་མེད་པར་ལེགས་བཅོས་བྱུང་བ་དང་བསྟུན་ནས། སྐྱེ་དངོས་ཞིང་

སྨན་འཕེལ་རྒྱས་འབྱུང་བར་གོ་སྐབས་བཟང་པོ་ཞིག་བསྐྲུན་པར་མ་ཟད། རང་རྒྱལ་གྱི་མ་འོངས་འཕེལ་རྒྱས་ལས་དོན་ཁྲོད་ཀྱི་མི་མངོན་པའི་ནུས་ཤུགས་ལྡན་པའི་འཕེལ་རྒྱས་ལས་རིགས་ཤིག་ཏུ་འགྱུར་བཞིན་ཡོད།

ཞིང་སྨན་ཚོང་ར་རུ་སྐྱོད་པར་སྐྱུལ་འདེད་གཏོང་བའི་རྒྱུ་རྐྱེན་ཁྲོད་དུ་སོ་ཞིང་གི་རྒྱུ་ཁྱོན་ཇེ་ཆུང་དང་། མི་འབོར་ཇེ་ཉུང་། ལོ་ཏོག་ཐོན་འཕར་ཡོང་བའི་དགོས་མཁོ་སོགས་འདུས་ཡོད། ཕྱོགས་གཞན་ཞིག་ནས་ཁོར་ཡུག་གི་གནོན་ཤུགས་ཇེ་དམའ་རུ་གཏོང་བ་དང་འཛད་སྤྱོད་པའི་བདེ་འཇགས་སྐྱེ་དངོས་ཞིང་སྨན་བེད་སྤྱོད་ཀྱི་འདུ་ཤེས་ཇེ་མཐོར་གཏོང་བ་སོགས་ཀྱིས་ཀྱང་། འདྲིས་སྦྱོར་ཞིང་སྨན་གྱི་དགོས་མཁོ་ཇེ་མཐོར་འགྲོ་བར་སྐུལ་ཤུགས་བྱིན་ཡོད། དེའི་ཁར་སྐྱེ་དངོས་ཞིང་སྨན་ཐོན་སྐྱེད་ཀྱི་ཐོན་ཁུངས་ནི་བསྐྱར་བཟོ་བྱེད་ཐུབ་པའི་ཐོན་ཁུངས་ཤིག་ཡིན་པར་མ་ཟད། མཉམ་འདྲེས་བྱས་པའི་འཛིན་ཤུགས་གྲུབ་ཆའང་འདུས་མེད། སྐྱེ་ལྡན་དང་རྫས་འགྱུར་ལྷག་ལུས། ཁོར་ཡུག་ལ་གནོད་འཚེ་མེད་པ་ལ་སོགས་པའི་རྒྱུ་རྐྱེན་འདི་དག་གིས་སྐྱེ་དངོས་ཞིང་སྨན་ནི་སྲོལ་རྒྱུན་གྱི་ཞིང་སྨན་དང་བསྡུར་ན་མྱུར་དུ་འཕར་སྐྱོན་འབྱུང་དགོས་པའི་ནླང་བྱ་བཏོན་ཡོད་པས། སྐྱེ་དངོས་ཞིང་སྨན་ཐོན་ལས་ཀྱི་འཕེལ་རྒྱས་མདུན་ལྗོངས་ནི་རྒྱ་ཆེན་པོ་ཡོད་པར་ཚོད་དཔག་བྱེད་ཐུབ་བོ།།

ཚན་པ་གཉིས་པ། སྐྱེ་དངོས་ཞིང་སྨན་བཟོ་འགོད་བྱས་པའི་གནས་ཚུལ།

ཉེ་བའི་ལོ་འགའི་རིང་ལ། སྐྱེ་དངོས་ཞིང་སྨན་གྱི་གསར་གཏོད་དང་གསར་སྤེལ་བེད་སྤྱོད་ལ་སྲིད་གཞུང་ལས་ཁུངས་ཀྱིས་ཚད་མཐོན་པོའི་མཐོང་ཆེན་དང་རྒྱབ་སྐྱོར་ཤུགས་ཆེན་ཐེབ་པ་དང་། "863"འཆར་གཞི་སོགས་ཆེད་དོན་རིགས་སྐྱོར་རྣམ་གྲངས་བཙུགས་ཏེ་སྐྱེ་དངོས་ཀྱི་ཞིང་སྨན་ཐོན་ཁུངས་ཐོག་འདོན་དང་སྨན་རྫས་གསར་བ་ཁྱབ་སྤེལ། ཐོན་ལས་ཅན་གྱི་དཔེ་སྟོན་ཁྱབ་གདལ། སྐྱེ་དངོས་ཞིང་སྨན་གྱི་ཚད་གཞི་མི་འདྲ་བ་གཏན་འབེབས་བྱ་རྒྱུར་སྐུལ་འདེད་བཏང་བས། རང་རྒྱལ་གྱི་སྐྱེ་དངོས་ཞིང་སྨན་གསར་གཏོད་དང་ཁྱབ་

གདལ་གཏོང་རྒྱུར་སྐྱུལ་འདེད་བྱས་པར་མ་ཟད། གསར་བྱུང་སྐྱེ་དངོས་ཞིང་སྨན་གང་མང་མང་ཞིག་ཐོ་འགོད་བྱེད་ཐུབ་པ་བྱུང་ཡོད།

2019ལོའི་ཟླ3པའི་ཟླ་མཇུག་བར། རང་རྒྱལ་གྱིས་ཁྱོན་བསྡོམས་སྐྱེ་དངོས་ཞིང་སྨན་སྣ50ལྷག་ཐོ་འགོད་བྱས་པའི་ནང་དུ། སྐྱེ་དངོས་རྫས་འགྱུར་གྱི་ཞིང་སྨན་རིགས17ལྷག་ཙམ་ལ་ནུས་ལྡན་གྱི་གྲུབ་ཆ་ཡོད་པ་དང་། 432ཐོ་འགོད་བྱས་ཤིང་ཐོན་སྐྱེད་ཁེ་ལས218ལ་འབྲེལ་བ་ཡོད། གཙོ་བོར་དབྱི་ཞི་ལི་དང་ཁྲི་མེ་སུའུ། ཨན་ཅི་མདར་རྒྱུ། ཝེ་ཧྲིག་དབྱི་སྒྲུར། S–ཡིའུ་ཁང་སུའུ་སོགས་ཡོད། ཐོ་འགོད་བྱས་པའི་ཐོན་རྫས་ཀྱི་གྲངས་འབོར་མང་ཤོས་ནི་དབྱི་ཞི་ལི་དང་ཁྲི་མེ་སྒྲུར། ཨན་ཅི་མདར་རྒྱུ་སོགས་དབྱེ་བ་གསུམ་ཡིན་ཞིང་། སྤྱིའི་བསྡོམས་འབོར་གྱི58%ཟིན། བཟོ་གྲྭ་གཙོ་བོ་ནི་ཨན་པང་སྒྲོག་འགྱུར(དབྱི་ཞི་ལིའི་རིགས)དང་ཧྭའེ་ནན་ཀྲེན་ཡིའི་ཀྲུང་ནུང་།(ཨན་ཅི་མདར་རྒྱུའི་རིགས་གཙོ་བྱས་པ) ཆན་ཅང་ཧྥེན་ཧྭ་དང་ཅང་སུའུ་ཐུན་ཡོན། ཅང་ཞི་ཞིན་ཧྲའུ་ཐུན། སན་ཞུའུ་པའེ་ཚོའོ།(ཁྲི་མེ་སུའུ་ཡི་རིགས) ཡུན་ནན་གྱི་ཡུན་ནན་སློབ་ཆེན་གྱི(ཡུན་ཐའེ་སུའུ་ནེ་ཀྲིའི་རིགས)སོགས་ཡོད། སྐྱེ་དངོས་ཕྲ་རབ་ཀྱི་ཞིང་སྨན22དབྱེ་བར་ནུས་ལྡན་གྱི་གྲུབ་ཆ་ཡོད་ཅིང་། 468ཐོ་འགོད་བྱས་པ་དང་ཐོན་སྐྱེད་ཁེ་ལས205ལ་འབྲེལ་བ་ཡོད། གཙོ་བོར་སུའུ་ཡུན་ཅིན་དབྱུག་སྲིན་དང་རྡོ་སྐྱའི་མཚན་མེད་འཕེལ་ནུས་ཕྲ་ཕུང་གི་དབྱུག་སྲིན། ཕྲ་ཚིལ་གཤིས་རྒྱུད་ཀྱི་དབྱུག་སྲིན། མེན་ལིན་འབུའི་ཉིང་རྡུལ་མང་འདུས་ཀྱི་ཟུར་གཟུགས་ནད་དུག སྦུའུ་མེ་འབུ་ཕྲ། གསེག་ག་ཅན་གྱི་ཉིང་རྡུལ་མང་འདུས་ཀྱི་ཟུར་དབྱིབས་ཅན་གྱི་ནད་དུག་སོགས་ཡོད། ཐོ་འགོད་བྱས་པ་ཆེས་མང་བ་ནི་སུའུ་ཡུན་ཅིན་དབྱུག་སྲིན་དང་རྡོ་སྐྱའི་མཚན་མེད་འཕེལ་ནུས་ཕྲ་ཕུང་གི་དབྱུག་སྲིན། ཕྲ་ཚིལ་གཤིས་རྒྱུད་ཀྱི་དབྱུག་སྲིན་སོགས་ཡིན་ཞིང་། སྤྱིའི་བསྡོམས་འབོར་གྱི73%ཟིན། བཟོ་གྲྭ་གཙོ་བོ་ནི་ཤུའུ་ཧྭན་ཕོ་ནུའོ་དང་ཤུའུ་ཧྭན་ཁྲིའུ་ཆང་། ཧྲའུ་པེ་ཁང་ཞིན། ཅང་ཞི་ཐན་ཟླ། ཕུའུ་ཁྲིན་ལུའི་ཨན་སོགས་ཡོད། རྩི་ཤིང་འབྱུང་ཁུངས་ཡིན་པའི་ཞིང་སྨན་རིགས11ལ་ནུས་ལྡན་གྱི་གྲུབ་ཆ་ཡོད་ཅིང་། 192ཐོ་འགོད་བྱས་པ་དང་ཐོན་སྐྱེད་ཁེ་ལས124ལ་འབྲེལ་བ་ཡོད། གཙོ་བོར་རྗོ་ཐ་བུལ་ཏོག་དང་སྲད་དམར་བུལ་ཏོག་སོགས་

དབྱེ་བ་ཤིན་ཏུ་མང་། ཐོ་འགོད་བྱས་པའི་ཐོན་རྫས་ཆེས་མང་བ་ནི་སྲད་དམར་བུལ་ཏོག་དང་ཞྭ་སྒ་ཐུན། ཡུན་ཅན་སུའུ་སོགས་ཡིན་ཞིང་། སྤྱིའི་བསྡོམས་འབོར་གྱི84%ཟིན།(སྲད་དམར་བུལ་ཏོག་རིགས་ཀྱི་ཐོན་རྫས་ཀྱིས་ཕྱེད་ཀའི་ཡན་ཟིན་ཞིང57%ལ་སླེབས་ཡོད) བཟོ་གྲྭ་གནས་སའི་ཡུལ་གཙོ་བོ་ནི་ཁྲིན་ཏུའུ་ཡི་ཁྲའོ་དབྱང་གསར་བ་དང་། ཆིན་ཡོན་པའོ། ཀོང་ཏུང་ཐེན་ཡོན། སན་ཕུའུ་པའི་ཚོའོ་སོགས་ཡིན།

ཚན་པ་གསུམ་པ། སྐྱེ་དངོས་ཞིང་སྨན་གྱི་རྒྱུན་སྤྱོད་སྨན་གྱི་བཟོ་དབྱིབས།

གཅིག སྐྱེ་དངོས་ཞིང་སྨན་བཟོ་དབྱིབས་ཀྱི་རྩ་བའི་རིགས་པ།

(གཅིག) སྨན་གྱི་བཟོ་དབྱིབས་ལས་སྟོན་བྱེད་པའི་རྒྱུ་མཚན།

དུག་ནུས་ཆེ་བའི་ཞིང་སྨན་གྱི་དུག་རྫས་ཇེ་ཉུང་དུ་གཏོང་བ་དང་། སྨན་གྱི་ནུས་པ་ཇེ་ཆེར་གཏོང་བ། བཀོལ་སྤྱོད་བྱེད་ཐབས་དང་སྤྱོད་སྒོའི་ཁྱབ་རྒྱ་ཇེ་ཆེར་གཏོང་བ། ཐག་གཙོད་བྱེད་ནུས་ཇེ་ཆེར་གཏོང་བ། གཏན་འཇགས་ཀྱི་ནུས་པ་ཇེ་ཆེར་གཏོང་བ། སྐྱེ་དངོས་ཀྱི་འཇིབ་ཤུགས་ཇེ་མཐོ་དང་ཁོར་ཡུག་ལ་འབབ་བཙོག་བཟོ་བ་དང་དབྱིབས་ཆགས་ནུས་པ་ཇེ་ཆུང་དུ་གཏོང་བར་ཕན་ནུས་ལྡན་ནོ།།

(གཉིས) ཞིང་སྨན་གྱི་ཕན་ནུས་ལ་ཤུགས་རྐྱེན་ཐེབས་པའི་དངོས་ལུགས་ཀྱི་ངོ་བོ།

ཐལ་རྡུལ་ཕྲ་ཞིབ་དང་ཁ་གྲམ་རང་བཞིན། ལྷུང་ཐོར་རང་བཞིན། འགྱུར་བའི་རང་བཞིན། འགྱུར་སྤྲོར་རང་བཞིན། བཞའ་ཚན་རང་བཞིན། ནར་བཟོ་ཐུབ་པའི་རང་བཞིན། གཤེར་གཟུགས་འདྲེས་སྦྱོར་རང་བཞིན། གཡེང་འཕྱོའི་འགྱུར་ཚད་སོགས་ཡིན།

(གསུམ) སྨན་གྱི་བཟོ་དབྱིབས་གཙོ་བོ།

བཀོལ་སྤྱོད་བྱེད་བདེ་བའི་ཆེད་དུ། ཞིང་སྨན་ཚང་མ་ལས་སྟོན་བྱས་ཏེ་བཟོ་དབྱིབས་སུ་གྲུབ་དགོས་ཤིང་སྐྱེ་དངོས་ཀྱི་ཞིང་སྨན་ཡང་རང་བཞིན་གཅིག་པ་ཡིན། སྐྱེ་དངོས་ཞིང་སྨན་གྱི་བཟོ་དབྱིབས་ལ་ཕྱེ་རྡུལ་གྱི་བཟོ་དབྱིབས་དང་། བཞའ་ཚན་ཕྱེ་རྡུལ་གྱི་བཟོ་

དབྱིབས། བཞའ་ཚན་རང་བཞིན་གྱི་ཕྱེ་སྨན་བཟོ་དབྱིབས། ཐྲིལ་མ། གཡེང་འཕྲོའི་བཟོ་དབྱིབས། ཐྲིལ་མ་ཕྲ་མོའི་བཟོ་དབྱིབས། འབྲུ་རྡོག་བཟོ་དབྱིབས། བཞའ་རླན་རྒྱལ་ཐོར་བཟོ་དབྱིབས་སོགས་ཡོད།

གཉིས། སྐྱེ་དངོས་ཞིང་སྨན་གྱི་རིགས་འདེགས་སྨན་རྫས།

རིགས་འདེགས་སྨན་རྫས་ནི་ཞིང་སྨན་གྱི་མ་བཙོས་སྨན་རྫས་དང་འདྲེས་སྦྱོར་རམ་ཡང་ན་ལས་སྟོན་བྱེད་པའི་བརྒྱུད་རིམ་ཁྲོད་དུ། མ་བཙོས་སྨན་རྫས་དང་མཉམ་བསྲེས་བྱས་ན་སྨན་རྫས་ཀྱི་ལུགས་མཐུན་ངོ་བོ་ལེགས་བཙོས་བྱེད་ཐུབ་ཅིང་། སྨན་ནུས་མཐོར་འདེགས་སུ་གཏོང་བར་མ་ཟད་བེད་སྤྱོད་བྱེད་བདེ་བའི་དངོས་རྫས་ལ་གོ་བ་ཡིན། སྐྱེ་དངོས་ཞིང་སྨན་གྱི་བཟོ་དབྱིབས་སྨན་རྫས་ཤིན་ཏུ་མང་ཞིང་། རྫས་འགྱུར་ཞིང་སྨན་དང་འབྲེལ་བའི་བཟོ་དབྱིབས་སྨན་རྫས་ཐམས་ཅད་སྐྱེ་དངོས་ཀྱི་ཞིང་སྨན་ནང་དུ་ཧ་ལམ་བཀོལ་སྤྱོད་བྱེད་བཞིན་ཡོད། སྐྱེ་དངོས་ཞིང་སྨན་གྱི་རྫས་དབྱིབས་མང་ཆེ་བ་ནི་རྫས་འགྱུར་ཞིང་སྨན་ལ་ལད་མོ་བྱས་པ་ཡིན་ཞིང་། དེའི་ཁྲོད་ཀྱི་ཉུང་ཤས་ནི་སྐྱེ་དངོས་ཕྲ་རབ་ཀྱི་ཞིང་སྨན་ཁྲོད་དུ་མ་གཏོགས་མེད་པའི་དམིགས་བསལ་ཅན་ཞིག་ཡིན། རྫས་འགྱུར་ཞིང་སྨན་དང་བསྡུར་ན། སྐྱེ་དངོས་ཞིང་སྨན་གྱི་བཟོ་དབྱིབས་རྫས་སྦྱོར་ལས་སྟོན་བྱེད་དཀའ་བ་དང་། ལྷག་པར་དུ་སྐྱེ་དངོས་འཛིན་ཤུགས་ཅན་གྱི་ཕྲ་རབ་སྐྱེ་དངོས་ཞིང་སྨན་ནི་དེ་བས་དཀའ་བ་ཡིན། ཐོག་མར་སྐྱེ་དངོས་ཕྲ་རབ་ནི་ཆུར་བཞུར་མི་ཐུབ་པའི་སྐྱེ་དངོས་ཕྲ་རབ་ཀྱི་གཟུགས་སུ་གཏོགས་པ་དང་། དེའི་འབྲུ་རྡོག་གི་ཆེ་ཆུང་ནི་ལེ་སྨི0.15(འབྲུ་རྡོག་ནད་དུག)མ་ཟིན་པ་ནས་ལེ་སྨི1000ཡན་ལ(སྐྲད་པ་ཕྲ་མོའི་གནོད་འབུ)སླེབས་ཐུབ། འདི་ལྟ་བུའི་འབྲུ་རྡོག་ཅན་གྱི་མུ་ཟི་ཆུ་རང་བཞིན་གྱིས་ཐད་ཀར་ལས་སྟོན་སྨན་རྫས་ཀྱི་བཞའ་ཚན་རང་བཞིན་དང་ཁ་གྲམ་རང་བཞིན། གཡེང་འཕྲོ་རང་བཞིན་སོགས་དངོས་ལུགས་ཀྱི་ནུས་པར་གནོད་པ་ཡོད། གཉིས་ནི་སྐྱེ་དངོས་ཕྲ་ཕུང་ཡིན་པའི་ཆ་ནས། སྐྱེ་དངོས་ཕྲ་རབ་ཀྱིས་ཕྱིའི་ཁོར་ཡུག་གི་རྐྱེན་ཏེ། དཔེར་ན་དྲོད་ཚད་དང་རླན་ཚད། འོད་ཟེར་སོགས་ལ་ཚོར་བ་སྣེ་ཞིང་། སྨན་རྫས་ལས་སྟོན་ཉར་འཛོག་གི་གནས་འཇགས་རང་བཞིན་དམའ་བ་དང་། ཕན་སྦྱོར་

ནུས་པ་ཐོན་ཡུན་དལ་བ། ཞིང་ནང་གི་ཕན་ནུས་དུས་ཡུན་ཐུང་བ་བཅས་ཀྱི་དབང་གིས་རིགས་འདིགས་སྣན་རྫས་འདེམ་སྐབས་སྣན་རྫས་ལས་སྔོན་གྱི་དངོས་ལུགས་རང་བཞིན་གྱི་ནུས་པ་ལ་བསམ་གཞིགས་གཏོང་དགོས་པར་མ་ཟད། ད་དུང་དམིགས་བསལ་གྱི་རམ་འདིགས་སྣན་རྫས་འདེམ་རྒྱུར་བསམ་བློ་གཏོང་དགོས། དཔེར་ན། འོད་འགོག་སྣན་རྫས་དང་ཞི་ནུས་སྒྱུར་བྱེད་སྣན་རྫས་སོགས་ཡིན། གཞན་ཡང་སྐྱེ་དངོས་ཕྲ་རབ་ནི་སྐྱེ་དངོས་ཕྲ་རབ་ཀྱི་འཛིབ་ཤུགས་ཅན་ཡིན་པའི་ཆ་ནས། རིགས་འདིགས་སྣན་རྫས་སྣ་ཚོགས་ཀྱི་མཉམ་འདྲེས་རང་བཞིན་སྤྱིར་བཏང་དུ་རྫས་འགྱུར་ཞིང་སྣན་ལས་ཞན་ཞིང་། རིགས་འདིགས་སྣན་རྫས་ལ་ལ་ནི་གཏན་ནས་བཀོལ་སྤྱོད་བྱེད་མི་ཐུབ་པ་ཡིན། དེ་བས། རིགས་འདིགས་སྣན་རྫས་འདེམ་སྐབས་སྐྱེ་དངོས་ཕྲ་ཕུང་གི་མཉམ་འདྲེས་རང་བཞིན་ལ་དོ་སྣང་བྱེད་དགོས།

(གཅིག) ཞིང་སྤྱོད་ནུས་འཕར་སྣན་རྫས།(ནུས་ལྡན་གྲུབ་ཆ་ལྟར་དབྱེ་བ)

1. གཉེར་དངོས་སྨུམ་ཅན་གྱི་རིགས་འདིགས་སྣན་རྫས།

སྤྱིར་བཏང་དུ་འཕྲུལ་སྨུམ་མམ་ཁྲའི་ཡིའུ་སྨུམ་གྱི་རིན་གོང་ཅུང་བདེ་བ་དང་། ཡིན་ནའང་དྲོད་ཚད28℃ལས་མཐོ་བ་དང་། རླན་ཚད65%ལས་དམའ་བའི་དུས་སུ་ནུས་འཕར་རང་བཞིན་མངོན་གསལ་མིན་པར་མ་ཟད། བདེ་འཇགས་རང་བཞིན་ཡང་ཅུང་ཞན་པ་ཡིན།

2. གྱེས་རྡུལ་མ་ཡིན་པའི་རིགས་འདིགས་སྣན་རྫས།

ནར་གཤིས་རང་བཞིན་བཟང་བ། སྦོ་འགྲུལ་དང་ཤོར་བརླག་ཏུ་འགྲོ་ཚད་ཉུང་བ། མཚོན་བྱེད་རང་བཞིན་ལྡན་པའི་རྫི་ཤིང་གི་དངོས་པོའི་རིགས་ཞུ་ཐུབ་པ།(ལོ་མའི་ཟུར་གཤིས་རིམ་པ་དང་ཕྲ་ཕུང་ལྤེབས་རིས་རིགས་ཀྱི་གཤིས་རྒྱུད) འོན་ཀྱང་ནར་གཤིས་རང་བཞིན་ཅུང་ཞན།

3. གྱེས་རྡུལ་མོའི་རིགས་འདིགས་སྣན་རྫས།

སིམ་འཛུལ་རང་བཞིན་བཟང་ལ་ནར་གཤིས་རང་བཞིན་ཅུང་ཞན་པས། ཆར་ཆུས་སྦྱང་མི་ཐུང་།

4. འདྲིས་སྦྱོར་དབྱེ་འབྱེད་སྨན་རྫས།

ཕན་ནུས་ཆེ་ཞིང་སྤྱོད་སྒོ་མང་བའི་སྐྱེ་ལྡན་འདྲིས་སྦྱོར་དངོས་པོ་ཞིག་ཡིན་ལ། དེས་ཆུ་རྒྱུ་ཇེ་ལེགས་སུ་གཏོང་ཐུབ་པ་དང་། ཀལ་དང་མ྄་སོགས་ལྕགས་རིགས་གྱེས་རྫུལ་ལ་འདྲིས་སྦྱོར་ནུས་ཤུགས་དང་སྐྱིགས་རོ་སེལ་འབྱེད་ནུས་ཤུགས་ལྡན་པས། ཕན་ནུས་ལྡན་པའི་སྒོ་ནས་ཆུ་སྲ་གཟུགས་སུ་གཏོང་ཚད་ཇེ་དམའ་རུ་གཏོང་ཐུབ།

5. རྩི་ཤིང་གི་སྐྱུམ་དབྱིབས་ཅན་གྱི་རོགས་འདེགས་སྨན་རྫས།

སྨན་ཁུའི་འཕྲུར་ཚད་ཇེ་མཐོར་གཏོང་བ་དང་། ཡལ་ཚད་ཉུང་བ། ཆར་ཆུས་བཤལ་ཆོག་པ། རང་བྱུང་གི་ཐོན་རྫས་ཡིན་ལ་དུག་མེད་པས། རྩི་ཤིང་གི་སྤུད་ལེན་བེད་སྤྱོད་དང་ས་རྒྱུའི་སྐྱེ་དངོས་ཕྲ་རབ་དབྱེ་ཕྲལ་བྱེད་ཐུབ།

6. སྐྱེ་ལྡན་ཀུའེ་ཡི་རོགས་འདེགས་སྨན་རྫས།

སྐྱེ་ལྡན་ཀུའེ་ཡི་རོགས་འདེགས་སྨན་རྫས་ནི་མིག་སྔར་ཕྱིར་འཚོང་བྱེད་གྲངས་ཆེས་མང་བའི་རོགས་འདེགས་སྨན་རྫས་ཡིན་ཞིང་། དེས་ནར་གཤིས་རང་བཞིན་ཧ་ཅང་བཟང་བས་ཕན་འབྲས་ཇེ་ཆེར་གཏོང་ཐུབ། འོན་ཀྱང་ནར་གཤིས་རང་བཞིན་བཟང་དྲགས་ནའང་སྨན་སྤྱོད་ཚད་ཇེ་ཉུང་དུ་སོང་བ་དང་བསྟུན་ནས་ཞིང་སྤྱོད་སྨན་རྫས་ཀྱི་ཕན་འབྲས་ཇེ་དམའ་རུ་འགྲོ་བ་ཡིན། སྐྱིལ་འདྲེན་བྱེད་པའི་ལམ་བར་དུ་སྒྲིག་གཞིར་གཏོར་བརླག་ཐེབས་ནས་སྐྱུམ་ཐོན་རང་བཞིན་གྱི་གྱེས་རྫུལ་འབྱུང་སླ་བས་སྦུ་ཁུངས་འགགས་ནས་སྨན་རྫས་ཀྱི་གནོད་པ་བྱུང་སྟེ་ལོ་མ་མཐུག་དྲགས་པའི་སྣང་ཚུལ་འབྱུང་བ་དང་། འོད་ཟེར་གྱི་ཤུགས་རྐྱེན་འོག་ཏུ་ལོ་མ་སར་ལྷུང་བའི་གནས་ཚུལ་འབྱུང་བ་ཡིན།

7. ཏན་ཐུང་གི་རིགས།

སྐྱེ་ལྡན་བཞུ་རྫས་ཡིན་པས་སྐྱེ་ལྡན་དངོས་རྫས་ལ་རུལ་བསླད་རང་བཞིན་ངེས་ཅན་ཞིག་ཡོད་པ་དང་། ཧ་ཡང་སྲབ་མོའམPETཡིས་ཐུམ་རྒྱག་མི་རུང་། མཉམ་འདུས་རང་བཞིན་གྱི་རོགས་འདེགས་སྨན་རྫས་གྱེས་རྫུལ་མོ་དང་གྱེས་རྫུལ་མ་ཡིན་པ། འདྲིས་སྦྱོར་དབྱེ་འབྱེད་སྨན་རྫས་དང་ཟུང་འབྲེལ་རོགས་འདེགས་བྱེད་པ་ཡིན། ཐོན་རྫས་ལ་

སེམ་འཛུལ་རང་བཞིན་དང་ནར་གཤིས་རང་བཞིན་ལེགས་པོ་ལྡན་པར་མ་ཟད། ཆུ་རྒྱུད་ཀྱང་ལེགས་བཅོས་བྱེད་ཐུབ།

(གཉིས) ཞིང་སྦྱོད་ནུས་འཕར་སྨན་རྫས།(ཕན་ནུས་ལྷར་དབྱེ་བ)

1. ནར་གཤིས་རང་བཞིན་དང་འགྱུར་ཤུགས་ཇེ་ཆེར་གཏོང་བ།

སྐྱེ་ལྡན་ཀུའི་དང་གྲིས་རྩལ་མ་ཡིན་པའི་རིགས་འདིགས་སྨན་རྫས། རྩེ་ཤིང་གི་སྨུམ་ལྡན་རིགས་འདིགས་སྨན་རྫས་སོགས་རིག་གསོད་རང་བཞིན་གྱི་རྩ་ལྷུམ་གཙང་སེལ་སྨན་རྫས་དང་སྲུང་སྐྱོང་རང་བཞིན་ལྡན་པའི་དུག་སེལ་སྨན་རྫས། ལོ་མའི་སྙིང་དུ་སྨན་རྫས་འགོས་དཀའ་བའི་སྨན་རྫས་སྨུག་པ་གཏོར་ན་ཕན་འབྲས་ལེགས་པོ་ལྡན།

2. སེམ་འཛུལ་རང་བཞིན་ཇེ་མཐོར་གཏོང་བ།

གྲིས་རྩལ་མོའི་རིགས་འདིགས་སྨན་རྫས་དང་མང་འདུས་རང་བཞིན་གྱི་རིགས་འདིགས་སྨན་རྫས་སོགས་ཀྱིས་ནང་བསྟུ་རང་བཞིན་གྱི་རྩ་ལྷུམ་གཙང་སེལ་སྨན་རྫས(དཔེར་ན་ཚའོ་ཀན་ལིན)དང་། ཅེ་ཁོ་འབུ། ལོ་ཀླུམ་འབུ་མེ་ལྟེ། ལོ་འདབ་སྦྲང་འབུ་སོགས་ཀྱི་གནོད་འབུ་དང་། ཕྱུག་བཅོས་ཏུལ་ནད་དང་རྩ་བ་འགོག་བཅོས་གནོད་འཚེ་སོགས་ཀྱི་ཐད་ལ་ཕན་འབྲས་ལེགས་པོ་ཐོན་པ་ཡིན།

3. ཆུ་རྒྱུད་ལེགས་བཅོས།

ཆུ་འཇམ་པོ་དང་མང་འདུས་ཅན་གྱི་རིགས་འདིགས་སྨན་རྫས་ནི་བྱང་ཕྱོགས་དང་ལྷག་པར་དུ་རྨ་ཆུའི་འབབ་རྒྱུད་ཀྱི་སྲ་ཆུའི་ཁུལ་དུ་ཉེར་སྤྱོད་བྱེད་པ་དང་། ཕན་ནུས་ལྡན་པའི་སྒོ་ནས་སྲ་ཆུ་ཇེ་འཇམ་དུ་བཏང་སྟེ་སྨན་སྦྱོད་ཕན་ནུས་ཐོན་པར་བྱེད་ཐུབ།

4. ཞིང་སྨན་གྱི་གཤེར་གཟུགས་འདྲེས་སྦྱོར་རིགས་འདིགས་སྨན་རྫས།

ཞིང་སྨན་གྱི་གཤེར་གཟུགས་འདྲེས་སྦྱོར་རིགས་འདིགས་སྨན་རྫས་ལ་ཆི་འདུས་དབྱང་དབྱི་ཞིའི་རིགས་དང་ཕན་ཅེ་ཕེ་སི་ཡིས་དབྱང་དབྱི་ཞི་བའི་རིགས་དང་། རྩང་སོན་ཡན་རིགས། རྩང་སོན་ཚིའི་རིགས། ཞན་ཨན་གྱི་རིགས། སྐྱེ་ལྡན་ཀུའི་རིགས་སོགས་ཡོད།

(གསུམ) རྒྱུན་སྦྱོད་ཀྱི་རིགས་འདིགས་སྨན་རྫས།

1. རྒྱ་ཚ་གསབ་པ་དང་གཞི་རྗེན་བྱེད་པ།

སྨན་ཕྱེ་ལས་སྔོན་བྱེད་དུས་སྦྱོར་བཏང་དུ་རང་བཞིན་སློམས་པའི་སྐྱེ་མེད་གཏེར་རྫས་བེད་སྤྱོད་བྱེད་པ་ཡིན་ཞིང་། དཔེར་ན་རྫ་ས་དང་ཀའོ་ལིང་ས་དཀར། ཀུའི་ཚོའོ་ཡི་ས། འཇམ་འདྲེད་རྡོ་ཕྱེ་སོགས་ཡོད། སྤང་བའི་ཐབས་ཀྱི་འབྲུ་རྡོག་སྨན་རྫས་ཀྱིས་ སྣུམ་འཛིབ་རང་བཞིན་ལྡན་པའི་འཛིབ་ཤུགས་ཆེ་བའི་ས་དཀར་དང་སོབ་སོབ་བཞའ་ཚན་རང་བཞིན་གྱི་ས་བེད་སྤྱོད་བྱེད་པ་ཡིན། སྨན་རིལ་ལ་ཕྱི་ཐུམ་རྒྱག་པའི་ཐབས་ཀྱི་འབྲུ་རྡོག་སྨན་རྫས་ཀྱིས་སྣུམ་འཛིབ་རང་བཞིན་མི་ལྡན་པའི་རིལ་དབྱིབས་ཀུའི་གཤིས་བྱེ་མ་བེད་སྤྱོད་བྱེད་པ་ཡིན།

2. གཤེར་གཟུགས་འདྲེས་སྦྱོར་སྨན་རྫས།

ཕྱི་ངོས་ཀྱི་འཛིབ་ཤུགས་ཆེ་བའི་སྨན་རྫས་ཤིག་ཡིན། དངོས་པོའི་བྱེ་བྲག་ཤིན་ཏུ་ཕྲ་མོ་གང་ཞིག་གཞན་པའི་འདྲེས་སྦྱོར་བྱེད་དཀའ་བའི་གཤེར་གཟུགས་ཁྲོད་དུ་ཐོར་ནས། (དཔེར་ན་ཆུ་ནང་གི་སྣུམ་ལྷ་བུ) འདྲེས་སྦྱོར་གཤེར་གཟུགས་གྲུབ་པ་ཡིན། རྒྱུན་སྤྱོད་ཆེ་བ་ནི་འདུས་མང་དབྱང་དབྱི་ཞི་ཅི་སོགས་གྱེས་རྡུལ་མ་ཡིན་པའི་ཕྱི་ངོས་རང་བཞིན་གྱི་འཛིབ་ཤུགས་ཆེ་བའི་སྨན་རྫས་དང་ཞན་ཅི་པིན་ཧྲང་སྐྱུར་ཚྭ་སོགས་གྱེས་རྡུལ་མོའི་ཕྱི་ངོས་རང་བཞིན་གྱི་འཛིབ་ཤུགས་ཆེ་བའི་སྨན་རྫས་ཡིན། སྦྱོར་བཏང་དུ་གྱེས་རྡུལ་མེན་པ་དང་གྱེས་རྡུལ་མོའི་གཤེར་གཟུགས་འདྲེས་སྦྱོར་དངོས་པོ་སྤྱོད་པ་དང་། འདིའི་བསྡུར་ཚད་འཚམ་ཤོས་ནི་སློམ་ཚད(HLBལ་སློམ་སྙིག་བྱས་ན)གཤེར་གཟུགས་འདྲེས་སྦྱོར་གྱི་གྲུབ་འབྲས་ལེགས་ཤོས་ཐོབ་པ་ཡིན།

3. ཁ་ཐོར་སྨན་རྫས།

ཕྱི་ངོས་ཀྱི་འཛིབ་ཤུགས་ཆེ་བའི་སྨན་རྫས་ཤིག་ཡིན། འདིའི་བྱེད་ནུས་ནི་ཐལ་རྡུལ་ཁ་ཐོར་བ་སྲུང་འཛིན་བྱས་ནས་གོང་བུ་གཅིག་ཏུ་འགྲིལ་བར་སྔོན་འགོག་བྱ་རྒྱུ་དེ་ཡིན། དུས་རྒྱུན་བཀོལ་སྤྱོད་བྱེད་པ་ནི་ཞན་ཅི་པིན་ཧྲང་སྐྱུར་ཚྭ་དང་དེ་བཞིན་ཐྭ་ཆེན་འདུས་ཆགས་དངོས་རྫས་དང་། ཤུའུ་ཀྲི་སུའུ་ཧྲང་སྐྱུར་ཚྭ། ཞན་ཅི་ཧྲིན་འདུས་མང་དབྱང་དབྱི་ཞི་ཅི་ཐྭ་

ཚོན་འདུས་ཚགས་དངོས་རྫས། ལིའུ་སོན་ཚྭ་སོགས་ཡོད།

4. བཞའ་ཚན་སྨན་རྫས།

ཕྱི་ངོས་ཀྱི་འཇིབ་ཤུགས་ཆེ་བའི་སྨན་རྫས་ཤིག་ཡིན། འདིའི་ནུས་པ་ནི་གཤེར་གཟུགས་སྨན་ཁུ་ཕྱི་ངོས་སུ་མཆེད་ཚད་ཇེ་དམའ་རུ་བཏང་ནས། འབྲུ་རྡོག་ཅན་གྱི་སྨན་རྫས་མྱུར་དུ་གཤེར་ཁུར་འགྱུར་བར་མ་ཟད། སྨན་ཁུ་དེ་ཉིད་སྨན་སྦྱོད་དམིགས་ཡུལ་གྱི་ཕྱི་ངོས་སུ་རྣན་མཆེད་བྱུང་བ་དང་སྨན་རྫས་སིམ་པར་རོགས་འདེགས་བྱེད་པ་ཡིན། རྒྱུན་དུ་བཀོལ་སྤྱོད་བྱེད་པ་ནི་ཆལ་ཆིལ་འདྲེས་པའི་འདག་སྦྱི་དང་འདུས་མང་དབྱང་དབྱི་ཞི་ཅི་ཕན་ཅི་རྒྱང་ཅི་མུའུ་སོགས་ཡོད།

5. ནར་གཤིས་སྨན་རྫས།

ཕྱི་ངོས་ཀྱི་འཇིབ་ཤུགས་ཆེ་བའི་སྨན་རྫས་ཤིག་ཡིན། འདིའི་ནུས་པ་ནི་དམིགས་ཚད་ལ་སྤྱོད་པའི་ནུས་པ་སྲ་བརྟན་དང་ཆར་རླུང་འགོག་ཐོལ་བྱས་ཏེ། སྨན་གྱི་ནུས་པ་འདོན་སྤེལ་གང་ལེགས་བྱེད་པ་དང་། དྲོད་ལེན་དང་སིམ་འཛུལ་ནུས་པ་གཉིས་ལྡན་ཡིན། རྒྱུན་སྤྱོད་བྱེད་པ་ནི་གྲེས་རྟལ་མ་ཡིན་པ་དང་གྲེས་རྟལ་མོའི་ཕྱི་ངོས་ཀྱི་འཇིབ་ཤུགས་ཆེ་བའི་སྨན་རྫས་དང་། ཤིང་གཤིས་ཧོང་སོན་ཚྭ། འོ་ཞོའི་སྐྱུར་རྒྱུ་སོགས་ཡིན། གནས་ཚུལ་ཁ་ཤས་འོག་ཏུ་སྨན་ཁུའི་ནང་དུ་གཏེར་རྒྱུའི་སྣུམ་དང་རྩི་ཤིང་གི་སྣུམ་འདྲེས་ན་རང་གཤིས་ཀྱི་བྱེད་ནུས་འདོན་ཐུབ་པ་ཡིན།

6. ཞུ་སྨན།

ཞུ་སྨན་ཞེས་པ་ནི་ཞིང་སྨན་བཟོ་ལས་ཐོན་སྐྱེད་དང་ཉེར་སྤྱོད་ལག་རྩལ་ཁྲོད་དུ་བཀོལ་སྤྱོད་བྱེད་པའི་ཞུ་རྫས་དང་། གཤེར་གཟུགས་ཞུ་རྫས། སྐྱེལ་བྱེད་དངོས་པོ་བཅས་ཀྱི་སྤྱི་མིང་ཡིན། དཔེར་ན་པིན་རིགས་དང་ཁྲའི་ཡིའུ་སྣུམ། ཅ་ཁྲུན། རྫ་སྣུམ་སོགས་ལྟ་བུའོ།།

7. འཕྱར་སྤྱོར་སྨན་རྫས།

སྲ་གཟུགས་ཕྱི་ངོས་ཀྱི་ཞིང་སྨན་གྱི་འཕྱར་སྤྱོར་ནུས་པ་ཇེ་མཐོར་གཏོང་བའི་རོགས་འདེགས་སྨན་རྫས་ཤིག་ཡིན། ལོ་ཏོག་དང་ཚད་གཞིའི་སྐྱེ་དངོས་ལུས་རྟེན་སྟེང་གི་འཕྱར་

བག་གམ་ཡང་ན་འཕྱར་ཚད་ཇེ་མཐོར་གཏོང་བ་དང་། ཆར་འབབ་ཚད་ཇེ་ཉུང་དུ་སོང་བ་དང་། རླུང་དང་འཕྲུལ་ཆས་གཡོ་འགུལ་གྱིས་ཁྱོང་གུན་བཟོ་ཚད་ཇེ་ཉུང་དུ་བཏང་ནས་དེམ་བསགས་གྲངས་ཚད་ཇེ་མཐོ་དང་འགོག་བཅོས་ཀྱི་ཕན་འབྲས་ཇེ་ཆེར་གཏོང་ཐུབ་པ་དང་། སྨན་རྫས་ཀྱི་ནུས་ཡུན་ཇེ་རིང་དུ་གཏོང་ཐུབ་པ་ཡིན། དཔེར་ན། གཏེར་རྒྱུའི་སྣུམ་དང་སྐྱུར་རྩི། མང་འདུས་དབྱི་ཞི་ཁྲུན་སོགས་ཡིན།

8. གཏན་འཇགས་སྨན་རྫས།

གཏན་འཇགས་སྨན་རྫས་ནི་ཞིང་སྨན་དང་དེའི་ལས་སྣོན་ཐོན་རྫས་ཀྱི་རྫས་འགྱུར་དང་དངོས་ལུགས་ཀྱི་ནུས་པ་ཇེ་ཞན་དུ་འགྱུར་ཚད་ཇེ་དལ་དུ་གཏོང་བའི་རོགས་འདེགས་སྨན་རྫས་སྣ་ཚོགས་ཀྱི་བསྡུས་མིང་ཡིན། གཏན་འཇགས་སྨན་རྫས་ལ་བྱེད་ནུས་གཉིས་ཡོད་དེ། གཅིག་ནི་ཐོན་རྫས་ཀྱི་དངོས་ལུགས་དང་རྫས་འགྱུར་གྱི་ནུས་པ་རྒྱུན་སྲུང་བྱེད་ཚད་ཇེ་ཆེར་གཏོང་བའི་སྨན་རྫས་ཤིག་ཡིན་པ་དང་། འདིའི་ནང་དུ་ཞུན་ཆགས་ཅན་དུ་འགྱུར་བར་སྔོན་འགོག་དང་། གོང་བུ་ཆགས་པར་སྔོན་འགོག གཡེང་འཕྱོ་རོགས་འདེགས་སྨན་རྫས་སོགས་འདུས། སྤྱི་མིང་ལ་དངོས་ལུགས་ཀྱི་གཏན་འཇགས་སྨན་རྫས་སུ་འབོད། གཉིས་ནི་རྫས་འགྱུར་གཏན་འཇགས་སྨན་རྫས་ཡིན། འདིའི་ནང་དུ་དབྱེ་འབྱེད་འགོག་སྨན་དང་། དབྱང་འགྱུར་འགོག་སེལ། སྨུག་པ་དང་འོད་ཟེར་འགོག་པའི་སྨན་སོགས་ཚུད་ཡོད། འདི་དག་གི་གཙོ་བོ་ནི་ཐོན་རྫས་ཀྱི་རྫས་འགྱུར་ནུས་པ་རྒྱུན་འཁྱོངས་དང་ཇེ་མཐོར་གཏོང་བ་ཡིན། ལྷག་པར་དུ་ནུས་ལྡན་གྱི་གྲུབ་ཆ་རྣམས་དབྱེ་འབྱེད་འབྱུང་བར་གཏན་འགོག་བྱེད་པ་ཡིན། དཔེར་ན་ཏིན་ཨར་ཁྲུན1དང2–དབྱི་པིན་ཅི་ལིན་སྐྱུར་ཚོ་དངwigen D902(ཅ་ལྷེ་ཡན་དང་ཨ་ལྷེ་ཙུན་སོའི་དབྱེ་ཐྲལ་འགོག་པར་བཀོལ་བ)སོགས་ཡིན།

9. ནུས་སྣོན་སྨན་རྫས།

རང་སྙིང་ལ་སྐྱེ་དངོས་ཀྱི་འཛིན་ཤུགས་ཆེ་བའི་རང་བཞིན་མེད་པས། ཞིང་སྨན་ཁ་ཤས་དང་འདྲེས་སྦྱོར་བེད་སྤྱོད་བྱེད་དུས། ཞིང་སྨན་གྱི་དུག་ནུས་དང་སྨན་ནུས་ཇེ་ཆེ་རུ་འགྲོ་བར་རོགས་འདེབས་ཀྱི་ནུས་པ་ཐོན་ཐུབ། འབུ་གསོད་སྨན་རྫས་དང་། འབུ་སྲིན་གསོད་

བྱེད་སྨན་རྫས། རྩྭ་ལྷུམ་སེལ་སྨན། འདབ་ངོས་ཀྱི་ལུད་སྨན། སྐྱེ་དངོས་ཀྱི་སྐྱེ་འཚར་སྐྲོམ་སྒྲིག་སྨན་རྫས། གཞི་རྒྱུ་ཆུང་བའི་རིགས། སྐྱེ་དངོས་ཞིང་སྨན་སོགས་ཞིང་སྤྱོད་རྫས་འགྱུར་བཟོ་ལས་ལ་སྤྱོད་པའི་སྨུག་འགྱུར་འདྲེས་སྦྱོར་དངོས་པོའི་ཁྱོད་དུ་རྒྱ་ཆེར་སྤྱོད་པ་དང་། ལྷག་པར་དུ་ནང་སེམ་རང་བཞིན་གྱི་རིགས་འདེགས་སྨན་རྫས་དང་མཉམ་སྤྱོད་བྱེད་པར་འཚམ་པ་ཡིན། དཔེར་ན་ སྟུམ་ཚོལ་མཐོ་གསར་དང་ཨན་ཏའི་ཚོ(DA–6)སོགས་ཡོད།

10. སྨུག་རྫུལ་སེལ་བྱེད་ཀྱི་རིགས་འདེགས་སྨན་རྫས།

སྨུག་རྫུལ་སེལ་བྱེད་ཀྱི་རིགས་འདེགས་སྨན་རྫས་ནི་སྨུག་པ་སེལ་སྐབས་བཀོལ་བའི་རིགས་འདེགས་སྨན་རྫས་ཀྱི་སྤྱི་མིང་ལ་ཟེར། སྨུག་རྫུལ་སེལ་བྱེད་ཀྱི་རིགས་འདེགས་སྨན་རྫས་བེད་སྤྱོད་བྱེད་པའི་རྒྱུ་རྐྱེན་ནི། དེང་སྐབས་ཀྱི་སྨན་ཆུ་གཏོར་བའི་ལག་རྩལ་དང་ཁྱད་པར་དུ་སྨུག་རྫུལ་སྨན་རྫས་ཀྱི་ལག་རྩལ་ཁྲོད་དུ་ཞིང་སྨན་བེད་སྤྱོད་ཕན་ནུས་ཆུང་བའི་གནད་དོན་ཡོངས་ཁྱབ་ཏུ་གནས་པས་ཡིན། མི་ཞིག་གིས་ཞིང་ནང་དུ་འབུ་གསོད་སྨན་གཏོར་རྗེས་ཀྱི་སྨན་རྫས་ཁྱབ་སྟངས་ལ་དཔེ་མཚོན་ཅན་གྱི་བརྟག་དཔྱད་བྱས་རྗེས། གནོད་འཚེའི་ནད་འབུའི་སྟེང་དུ་སྨན་གཏོར་ཚད1%མ་ཟིན་པ་དང་། 99%ཡན་གྱི་ཞིང་སྨན་གྱི་ནུས་པ་ཐོན་གྱིན་མེད་པར་མ་ཟད། འབབ་བཙོག་འབྱུང་ཁུངས་ལ་གྱུར་ཡོད་ཚུལ་བསྟན་པས། འདི་ལ་མི་རྣམས་ཀྱིས་དོ་ཁུར་ཆེན་པོ་བྱེད་བཞིན་ཡོད།

གསུམ། སྐྱེ་དངོས་ཞིང་སྨན་རྒྱུན་སྤྱོད་དང་སྨན་རིགས་གསར་བ།

(གཅིག) ཕྱེ་སྨན།

ཕྱེ་སྨན་ནི་དངོས་སྤྱོད་ཕྱེ་མ་དང་འདྲེས་སྦྱོར་རང་བཞིན་གྱི་གསབ་སྤྱོད་རྒྱུ་ཆ(འཇམ་འདྲེད་རྡོ་ཕྱེ་དང་ཀུའི་ཕྱེ། གའོ་ལང་ས་དཀར་སོགས་འདུས་ཡོད)གཏན་འབེབས་ཀྱི་བསྡུར་ཚད་ལྟར་མཉམ་བསྲེས་ལས་སྟོན་བྱས་པའི་སྨན་རྫས་ཤིག་ཡིན། རང་རྒྱལ་གྱི་ཕྱེ་སྨན་གྱི་ཚད་གཞི་ནི5%ཕྱེ་སྨན་ལ་དམིགས་འབེན200ལྟར་བཙགས་འདེམ་བྱེད་པ་དང་། ཆ་སྙོམས་ཀྱི་འབྲུ་རྫོག་གི་ཚངས་ཐིག་ཕྲེ་སྨི74ཡས་མས་ཡོད། ཕྱེ་སྨན་གྱི་བཟང་ཆ་ནི་ཆུ་མི་བཀོལ་མི་དགོས་པ་དང་གཏོར་སླ་བ། ལས་བཟོའི་ཕན་འབྲས་མཐོ་བ་བཅས་ཡིན། སྐྱེ་

དངོས་ཞིང་སྨན་གྱི་དབྱིབས་གཟུགས་སྨན་རྫས་ཁྲོད་དུ། ཕྱེ་སྨན་ཞུང་བ་སྟེ་དཔེར་ན་ཕྲ་ཕུང་དཀར་རྟུལ་གྱི་ཕྱེ་སྨན་སོགས་ཡིན། ཕྱེ་སྨན་ལྷུང་གིས་བསྐྱོད་འགྲོ་བས་སྨན་རྫས་ཚུད་ཟོས་མང་བ་དང་། ཁོར་ཡུག་ལ་འབབ་བཙོག་བཟོ་སླ་བས་ཧྣོན་རྫས་དང་ཧྣད་ཤས་ཆེ་བའི་སྨན་རྫས། གཡེང་འཕྱོའི་སྨན་རྫས། ཆུ་ངོས་སུ་གཏོར་བའི་སྨན་རྫས་སོགས་ཀྱིས་དེའི་ཚབ་བྱེད་བཞིན་ཡོད།

(གཉིས) ཞུ་ཐུབ་པའི་གཤེར་ཁུ་སྨན་རྫས།

ཞུ་ཐུབ་པའི་གཤེར་ཁུ་སྨན་རྫས(དེའི་ནང་དུ་ཆུ་ཞུ་སྨན་རྫས་འདུས)ནི་སྲོལ་རྒྱུན་གྱི་སྨན་རྫས་རིགས་ཤིག་ཡིན་ཡང་། རྫས་དབྱིབས་ནང་གི་ཞིང་སྨན་གྱི་འཛིབ་ཤུགས་ཆེ་བའི་གྲུབ་ཆ་ནི་འདུས་རྟུལ་དང་གྱེས་རྟུལ་རྣམ་པའི་མཚམས་སྦྱོར་དངོས་པོའི་ཁྲོད་དུ་འདུས་ཡོད། ཚངས་ཐིག་ནི་ཕྱེ་སྨི1ལས་ཆུང་བ་དང་། ཁྱབ་འགྲེམ་གྱི་ཚད་གཞི་ཤིན་ཏུ་མཐོ་བའི་གཤེར་ཞུ་ངོ་མ་ཡིན། བཟོ་དབྱིབས་སྨན་རྫས་འདི་རིགས་ལས་སྔོན་བྱེད་བདེ་བ་དང་། སྨན་རྫས་ཀྱི་གནོད་པ་ཆུང་བ། དུག་ནུས་ཆུང་བ། ཞུ་ཁུ་སླ་བོར་སྒྱུར་བདེ་བ། བེད་སྤྱོད་བདེ་འཇགས་ཡིན་ལ་སྐྱེ་དངོས་ཀྱི་འཛིབ་ཤུགས་ཆེ་བའི་རང་བཞིན་བཟང་པོ་ལྡན་པས། དུས་དང་རྣམ་པ་ཀུན་དུ་རྒྱ་ཆེའི་འཛད་སྤྱོད་པ་རྣམས་ཀྱིས་དགའ་བསུ་ཆེན་པོ་འཐོབ་གྱིན་ཡོད། བྱེད་ཐབས་འདི་སྤྱད་ནས་ལས་སྔོན་བྱས་པའི་ཞིང་སྨན་གྱི་འཛིབ་ཤུགས་རང་བཞིན་ལྡན་པའི་གྲུབ་ཆའི་རིགས་རྣམས་ཆུའི་ནང་དུ་ཞུ་ཚད་དང་ཞུ་བའི་བརྟན་ཆགས་རང་བཞིན་ལ་ཆོད་འཛིན་ཐེབས་པ་ཡིན། མཚམས་སྦྱོར་དངོས་པོ་མ་ཡིན་པའི་ཞུ་ཐུབ་པའི་གཤེར་ཁུ་སྨན་རྫས་རྒྱལ་ནང་དུའང་ཐོ་འགོད་དང་ཐོན་སྐྱེད་བྱེད་བཞིན་ཡོད་དེ། དཔེར་ན1%སྲིད་དམར་བུལ་ཏོག་ཞུ་ཁུ་དང0.5%ལི་ལུའུ་ཁྲུན་ཞུ་ཁུ་དང་དབྱི་ཞི་ལི་ཁྲུན་འདུས་སྨན་རྫས། ཅིན་གང་མེ་སུའུ་ཆུ་ཞུ་སྨན་རྫས། རྩ་སྐྱའི་མཚན་མེད་འཕེལ་ནུས་ཕྲ་ཕུང་དབྱུག་སྲིན། ཁྲི་མེ་སུའུ་ཡི་ཆུ་ཞུ་སྨན་རྫས། ཁྲུན་ལི་མེ་སུའུ་ཆུ་ཞུ་སྨན་རྫས་སོགས་ཡོད།

(གསུམ) ཐྲིས་མ།

ཐྲིས་མ་ནི་ཞིང་སྨན་གྱི་འཛིབ་ཤུགས་ཆེ་བའི་ངོ་བོ་ལྡན་པའི་གྲུབ་ཆའི་ཞུ་ཚད་ཐན་

ཆེན་འདྲེས་སྦྱོར་དངོས་རྫས་ཀྱི་ཞུ་སྨན་ཁྲོད་དུ། ཕྱི་ངོས་རང་བཞིན་གྱི་སྨན་རྫས(གཤེར་གཟུགས་འདྲེས་སྦྱོར་སྨན་རྫས)སྤྱད་དེ་ལས་སྣོན་བྱས་ནས་གྲུབ་པའི་གཤེར་གཟུགས་ཅན་གྱི་སྨན་རྫས་ཡིན། སྨན་རྫས་འདི་རིགས་ཀྱི་སྤྱིར་བཏང་གི་ཉར་འཛོག་གི་དྲོད་ཚད་ནི−10℃~50℃ཡིན་ན་མ་མཐའ་ཡང་ལོ2~3ལ་གཏན་འཇགས་ཡིན། རྫས་འགྱུར་གྱི་གཏན་འཇགས་རང་བཞིན་དང་སྨན་བཅོས་ཕན་ནུས་ཤིན་ཏུ་ལེགས་ཤིང་། ཚད་འཛལ་བདེ་བ་དང་འཁོར་རྒྱུག་བཟང་ལ། བཟོ་སྐྲུན་ཡང་ལྷོས་བཅས་ཀྱི་སྟབས་བདེ་ཡིན། དེ་བས་འདི་ནི་ཞིང་སྨན་གྱི་རྫས་སྦྱོར་ལས་སྣོན་བྱ་བའི་ཁྲོད་ཀྱི་ཆེས་གཞི་རྩ་དང་ཅེ་བྲག་གི་རང་བཞིན་གལ་ཆེ་ཤོས་ཤིག་ཡིན་ལ། དུས་ཡུན་རིང་པོར་ཞིང་སྨན་ཚོང་རའི་སྟེང་དུ་ཚོང་གཉེར་གྱི་རིན་ཐང་ཆེན་པོ་ལྡན་པར་མ་ཟད་གོ་གནས་ཨང་དང་པོ་ཟིན་ཡོད། འོན་ཀྱང་རྒྱལ་ནང་གི་སྤྲིས་མའི་ཁྲོད་དུ་དུག་ལྡན་ཞིང་ཡལ་ནུས་ལྡན་པའི་སྐྱི་ལྡན་ཞུ་སྨན་ཡོད་པས།(དཔེར་ན་ཙྭ་སྤུན་དང་ཨར་ཙྭ་སྤུན་ལྟ་བུ་སོགས་ཡིན) འབར་སླ་བ་དང་། གས་སླ་བ། དུག་ཐོག་པའི་ཉེན་ཁ་ཡོད་ལ། སྨན་དུག་གནོད་འཚེ་དང་ཁོར་ཡུག་འབག་བཙོག ཉེན་མེད་དབོར་འདྲེན་སོགས་ཀྱི་གནད་དོན་ཡང་འབྱུང་སླ་བ་ལྟ་བུ་ཡིན། མིག་སྔར། སྨན་རྫས་འདི་རིགས་ཀྱི་འཕེལ་ཕྱོགས་གཅིག་ནི་ཏ་ཅང་ཚད་མཐོ་བའི་ཞུ་སྦྱོར་སྨན་རྫས་ཁྱད་པར་ཅན(དཔེར་ནExonགིSolves100、150、200)སོགས་སྤྱད་ནས་ཨར་ཙྭ་སྤུན་གྱི་ཡལ་ནུས་རང་བཞིན་གྱི་ཚབ་བྱེད་པ་དང་། ཡང་ན"ལྷང་མདོག་གི་ཞུ་སྨན"གྱི་མཆེད་རྒྱ་བསྐྱེད་ནས། དཔེར་ན་སྔ་མང་ཁྲུན་རིགས་ཚོལ་སྣ་དང(ལྷག་པར་དུ་ཁྲུན་རིགས་ལེན་སྐྱུར་འདྲེས་སྦྱོར་དངོས་རྫས)མེཐུ་རིགས། ཆུས་ཞུ་མི་ཐུབ་པའི་ཁྲུན་རིགས། དབྱི་ཨར་ཁྲུན་ལྷན་འདུས་ཀྱི་རིགས། རྩི་ཤིང་གི་སྣུམ་རིགས་སོགས་ཀྱིས་སྣུམ་རྒྱུའི་ཞུ་སྨན་གྱི་ཚབ་བྱས་ནས། བདེ་འཇགས་དང་ཁོར་ཡུག་ལ་གནོད་པ་མེད་པའི་སྤྲིས་མའི་ཐོན་རྫས་བཟོ་སྐྲུན་བྱེད་དགོས། ཕྱོགས་གཞན་ཞིག་ནི་གར་ཚད་དང་རྒྱུ་སྤུས་ཞན་པའི་སྤྲིས་མའི་ཐོན་རྫས་རྣམས་ལ་དམིགས་ནས། ཆུས་སྐྱི་ལྡན་ཞུ་སྦྱོར་སྨན་རྫས་མང་ཆེས་པའི་ཚབ་བྱས་ན། མ་གནས་ཇེ་དམའ་རུ་གཏོང་ཐུབ་པར་མ་ཟད། བདེ་འཇགས་ཡིན་ཞིང་ཁོར་ཡུག་ལ་འབག་བཙོག་མེད་

པའི་སྨན་རྫས་ལས་སྔོན་བྱེད་ཐུབ། དཔེར་ན། 2%~5%བྲུན་ཅི་ཀྲི་གཤེར་གཟུགས་ཞིང་སྨན་ལས་གཞན་མང་ཆེ་བ་ཆུ་འདུས་སྦྱིས་མ་རྫས་སམ་ཐོན་རྫས་སུ་བཟོ་སྐྲུན་བྱས་ནས་ཕྱིར་འཚོང་བྱས་ཚོག ད་ལྟ་རྒྱལ་ནང་དུ་ཐོ་འགོད་བྱས་པའི་ཐོན་རྫས་ཁྲོད་དུ0.3%དང0.5%དབྱིན་ལན་སུའུ་སྦྱིས་མ་དང་། 2%དང5% 4% 7.5%དབྱི་ཐུན་སྦྱིས་མ། 0.5%~5%ཨ་ཕེ་ཅུན་སུའུ་སྦྱིས་མ། 1%~5%ཙྭ་ཨན་ཅི་ཨ་ཕེ་ཅུན་སུའུ་པུན་ཙྭ་སྐྱུར་རྩྭའི་སྦྱིས་མ་སོགས་ཡོད།

(བཞི) བཞའ་ཚན་རང་བཞིན་གྱི་སྨན་ཕྱེ།

བཞའ་ཚན་རང་བཞིན་གྱི་སྨན་ཕྱེ་ནི་མ་རྒྱུའི་སྨན་རྫས་དང་འདྲེས་སྦྱོར་དཀའ་བ་རང་བཞིན་གྱི་སྔོན་རྫས་སམ་བཞའ་ཚན་སྨན་རྫས་ཚད་ངེས་ཅན་སོགས་ཀྱིས་བཟོས་པ་ཡིན། 98%ཕྱེ་མ་ནི325སྒྲུད་ནས་ཁྲོལ་ཚགས་བྱེད་པ་དང་། ཆ་སྙོམས་ཀྱི་འབྲུ་རྡོག་གི་ཚངས་ཐིག་ཕེ་སྨི4ཡས་མས་ཡིན་པ་དང་། བཞའ་ཚན་དུས་ཡུན་སྐར་མ2ལས་དམའ་ཞིང་། གཡེང་འཕྱོའི་ཚད་གཞི་ནི75%ཡན་ཡིན། འདིའི་དགེ་མཚན་ནི་ལོ་ཏོག་སྟེང་དུ་གཏོར་ན་འགྲུར་ཤུགས་བཟང་ལ་འགོག་བཅོས་ཀྱི་ཕན་འབྲས་ལེགས། སྐྱོན་ཆ་ནི་རིགས་འདིགས་སྨན་རྫས་ཀྱི་གཤིས་ནུས་མི་བཟང་བའི་སྐབས་སུ། ཆུའི་ནང་དུ་ཐོར་ནས་ཆ་སྙོམས་སྙོམ་གཡེང་འཕྱོ་བྱེད་དཀའ་བ་དང་ཆུ་གཏོར་འཚག་ཁུང་འགག་སླ་བ། ཡང་ན་སྨན་ཆུ་སྙོམས་པོར་གཏོར་མི་ཐུབ་པ་སོགས་ཀྱི་གནས་ཚུལ་འབྱུང་། བཞའ་ཚན་རང་བཞིན་གྱི་སྨན་ཕྱེ་ནི་རིམ་བཞིན་གཡེང་འཕྱོའི་སྨན་རྫས་དང་བཞའ་རྣན་ཕྱེ་ཐོར་སྨན་རྫས་སོགས་ཀྱིས་ཚབ་བྱེད་བཞིན་ཡོད། དེང་གི་དུས་འདིར། སྐྱེ་དངོས་ཞིང་སྨན་མང་ཆེ་བ་བཞའ་ཚན་རང་བཞིན་གྱི་སྨན་ཕྱེའི་རིགས་སུ་ལས་སྔོན་བྱེད་བཞིན་ཡོད་དེ། དཔེར་ན་ཨ་ཕེ་ཅུན་སུའུ་འབུ་སྲིའི་རིགས་ལྟ་བུའོ།།

(ལྔ) གཡེང་འཕྱོའི་སྨན་རྫས།

གཡེང་འཕྱོ་སྨན་རྫས་ལ་སྦྱིན་དཔྱང་སྨན་རྫས་ཀྱང་ཟེར། འདི་ནི་སྲ་གཟུགས་ཞིང་སྨན་གྱི་མ་རྒྱུའི་སྨན་རྫས་ཆུའི་ནང་དུ་གཡེང་བའམ་ཁ་ཐོར་དུ་སོང་བར་བརྟེན་ནས་བཟོས་པ་ཡིན་ལ། སྦྱིས་མ་དང་བཞའ་ཚན་རང་བཞིན་གྱི་སྨན་ཕྱེའི་ཁྱད་ཆོས་ལྡན། གཡེང་འཕྱོ་སྨན་རྫས་ཀྱི་ནུས་ལྡན་གྲུབ་ཆའི་འབྲུ་རྡོག་ཆུང་བའི་ཚངས་ཐིག་ནི་ཕེ་སྨི1~5ཡིན། ལོ་ཏོག་

གི་ཕྱི་ངོས་སུ་འབྱར་ནས་ཙུང་བརྟན་པོ་ཡིན་པ་དང་། ཆར་ཆུའི་གནོད་འཚེ་འགོག་ཅིང་སྨན་གྱི་ཕན་འབྲས་ཙུང་མཐོ་བས། གཏོར་སྐྱངས་སྣ་ཚོགས་ལ་འཚམ་པ་སྟེ། དཔེར་ན་ཤོང་ཚད་ཙུང་བའི་རླངས་གཏོར་བྱེད་པ་ལྟ་བུ་ཡིན། གཡེང་འགྱོ་སྨན་རྫས་ནི་བཞའ་ཚན་རང་བཞིན་གྱི་ཕྱི་སྨན་དང་བསྡུར་ན་དགེ་མཚན་མང་སྟེ། དཔེར་ན། ཐལ་རྡུལ་མེད་པ་དང་མཉམ་བསྲེས་བྱེད་སླ་བ། ཞུ་ཁུ་སླ་པོ་སྦྱར་དུས་ཀྱི་གཡེང་འགྱོའི་ཚད་གཞི་ལེགས་བཙོས་བྱེད་ཐུབ་པ། ཉོན་པར་སྦྱར་སླ་བ། ཐུམ་སྒྲིལ་བོངས་ཚད་ཙུང་དམའ་བ། བཀོལ་སྤྱོད་བྱེད་མཁན་དང་ཁོར་ཡུག་ལ་གནོད་པ་མེད་ཅིང་བདེ་འཇགས་ཡིན་པ། མ་གནས་ལྷོས་བཅས་ཀྱིས་ཙུང་དམའ་བ། སྐྱེ་དངོས་ཀྱི་འཛིབ་ཤུགས་ཇེ་དྲག་ཏུ་གཏོང་བ། ད་དུང་ཕྱུས་ཀ་དང་གར་ཚད་མཐོ་བའི་སྨན་རྫས་གཞན་རིགས་སུ་ལས་སྔོན་བྱས་ཆོག

(དྲུག) སྤྲིན་ཐུམ་ཆུང་ངུའི་གཡེང་འགྱོ་སྨན་རྫས།

སྤྲིན་ཐུམ་ཆུང་ངུའི་གཡེང་འགྱོ་སྨན་རྫས་ནི། མིག་སྔར་གྱི་ཞིང་སྨན་གསར་བའི་ཁྲིད་ཀྱི་ལག་རྩལ་འདུས་ཚད་ཆེས་མཐོ་བ་དང་གསར་སྤེལ་གྱི་མདུན་ལྗོངས་ཆེས་ཡངས་པའི་སྨན་རིགས་ཤིག་ཡིན། སྤྲིན་ཐུམ་ཆུང་ངུའི་ལག་རྩལ་ནི་སྐྱི་གྲུབ་རྒྱུ་ཆས་སྲ་གཟུགས་སམ་གཤེར་གཟུགས་དམ་པོར་བཏུམས་ནས་རིལ་རྡུལ་ཕྲ་མོ་བཟོ་བའི་ལག་རྩལ་ཞིག་ཡིན། ཆེ་ཆུང་ནི་སྤྱིར་བཏང་དུ་ཕྲེ་སྨི་རིམ་པའི་ཁྱབ་ཁོངས་སུ(ཕྲེ་སྨི1~400)ཡོད། ཞིང་སྨན་གྱི་སྤྲིན་ཐུམ་ཆུང་ངུའི་གཡེང་འགྱོ་སྨན་རྫས་ལ་གཤམ་གྱི་དགེ་མཚན་འགའ་ཡོད་དེ། ཁོར་ཡུག་གི་རྒྱུ་རྐྱེན(དཔེར་ན་འོད་དང་ཚ་བ། མཁའ་རླུང་། ཆར་ཆུ། ས་རྒྱུ། སྐྱེ་དངོས་ཕྲ་རབ་སོགས་ལྟ་བུ)དང་དེ་མིན་གྱི་རྫས་འགྱུར་དངོས་རྫས་སོགས་ཀྱིས་ཞིང་སྨན་དབྱེ་ཕྲལ་དང་ནུས་ཤོར་དུ་འགྲོ་བར་ཚོད་འཛིན་བྱེད་པ་དང་། སྨན་རྫས་རང་སྟེང་གི་གཏན་འཇགས་རང་བཞིན་ཇེ་མཐོར་གཏོང་བ། སྐྱེ་ཁམས་དང་ཁོར་ཡུག་སྲུང་སྐྱོང་ལ་ཕན་པ། ཕྱིར་གཏོང་ཚོད་འཛིན་གྱི་བྱེད་ནུས་ལྡན་པ། ཞིང་སྨན་བཀོལ་སྤྱོད་ཀྱི་ཚད་གྲངས་ཇེ་མཐོར་གཏོང་བ་དང་དེའི་ཕན་འབྲས་དུས་ཡུན་ཇེ་རིང་དུ་བཏང་ནས། སྨན་གཏོར་བའི་གྲངས་ཀ་དང་ནད་རིགས་འབྱུང་ཚད་ཇེ་ཉུང་དུ་གཏོང་བ། ཞིང་སྨན་གྱིས་ཁོར་ཡུག་ལ་ཐེབས་པའི་གནོན

ཤུགས་ཛེ་ལེགས་སུ་གཏོང་ཐུབ།

(བདུན) སྨུམ་ལྡན་གཡེང་འཕྱོ་སྨན་རྫས།

སྨུམ་ལྡན་གཡེང་འཕྱོ་སྨན་རྫས་ནི་སྨུམ་རིགས་མི་ཞུ་བའི་ཞིང་སྨན་སྲ་གཟུགས་ཀྱི་འཛིབ་ཤུགས་ཆེ་བའི་གྲུབ་ཆ་ཆུ་མིན་མཚམས་སྦྱོར་དངོས་པོ(སྨུམ་རིགས)ནང་དུ་འདུས་ནས། ཕྱི་རོལ་ཀྱི་འཛིབ་ཤུགས་ཆེ་བའི་སྨན་རྫས་ལ་བརྟེན་ནས་ཁ་ཐོར་དང་གཏན་འཇགས་ཀྱི་གཡེང་འཕྱོ་གཤེར་གཟུགས་ཀྱིས་བཟོས་པའི་སྨན་རྫས་ཡིན་པ་དང་། དེའི་ལས་སྔོན་དང་བཟོས་ཐོབ་བྱེད་སྟངས་ནི་གཡེང་འཕྱོ་སྨན་རྫས་དང་འདྲ་མཚུངས་ཡིན། སྨུམ་ལྡན་གཡེང་འཕྱོ་སྨན་རྫས་ནི་སྨན་ཆུ་གཏོར་བའི་ལག་རྩལ་སྣ་ཚོགས་བཀོལ་བར་འཚམ་པ་དང་།(ཆུ་མ་བླུགས་པར་ཐད་ཀར་སྨན་ཆུ་གཏོར་བ་དང་། དེའི་སྟེང་དུ་རིགས་འདིགས་སྨན་རྫས་རྒྱག་པའམ་མི་རྒྱག་པ། ཡང་ན་ཆུ་ཉུང་ཙམ་བླུགས་ཏེULVབསྲན་ནས་གཏོར་དགོས) སྨུམ་ལྡན་གཡེང་འཕྱོ་སྨན་རྫས་ལ་འབྱར་བག་རང་བཞིན་དང་ནར་གཤིས་རང་བཞིན་ལྡན་པ་དང་། ཆར་ཆུས་བཤལ་འགོག་ནུས་པ་ཆེ་བ་སོགས་ཀྱི་དགེ་མཚན་ལྡན་མོད། འོན་ཀྱང་སྨན་རྫས་འདིའི་ཡལ་སླའི་རང་བཞིན་དང་འོད་འགྱུག་གནས། འབྱར་ཚོའི་ཚད། ནུས་ལྡན་གྱི་གྲུབ་ཆའི་གཏན་འཇགས་རང་བཞིན་སོགས་ཀྱི་ཐད་ནས་བླང་བྱ་ནན་མོ་ཡོད། སྐྱེ་དངོས་ཀྱི་ཞིང་སྨན་སྨུམ་ལྡན་གཡེང་འཕྱོ་སྨན་རྫས་ནི་སྨུམ་ལ་བརྟེན་ནས་ཞུ་ཁུ་སླ་བོར་སྦྱར་བའི་སྨན་རྫས་ཡིན་པ་དང་། གྱིས་སྐྱེས་ཐུམ་ཕུང་གིས་ཐུམ་མཚན་འཕེལ་ནུས་ཕྲ་ཕུང་གི་གཡེང་གཤེར་གྱི་རྣམ་པ་ཞིག་བཟོས་ཏེ། ལྷོས་བཅས་ཀྱི་ཆྭན་ཚད་ཏ་ཅང་དམའ་བའི་ཕོར་ཡུག་ཁྲོད་དུ་ཐུམ་རྡུལ་ཕྲ་ཕུང་འབྱུང་བར་ཕན་པ་དང་། དྲོད་ཚད་མཐོ་བའི་ཕོར་ཡུག་འོག་ཏུ་ཐུམ་རྡུལ་གྱི་བཀོལ་ཡུན་ཇེ་རིང་ལ་གཏོང་ཐུབ་པར་མ་ཟད། གཞན་ད་དུང་མཚན་མེད་འཕེལ་ནུས་ཕྲ་ཕུང་གིས་ཆུ་ལམ་གཞོང་བའི་རྩ་རྒྱུའི་སྟེང་དུ་འཛིབ་འབྱར་བྱུང་ནས་དཔེར་ན་འབུ་སྲིན་གྱི་གཟུགས་ལྤིབས་དང་རྩི་ཤིང་གི་ཕྱི་རོལ་ལ་ཕན་པ་ཡིན།

(བརྒྱད) བཞའ་ཚན་ཐོར་གཟུགས་སྨན་ཕྱེ།

བཞའ་ཚན་ཐོར་གཟུགས་སྨན་ཕྱེ་ནི་ཞིང་སྨན་གྱི་ཕན་ནུས་ལྡན་པའི་གྲུབ་ཆ་དང་

རིགས་འདིགས་སྨན་རྫས་སྣ་ཚོགས། གསབ་རྒྱུ་མཉམ་བསྲེས་དང་། རྡུལ་དུ་བརླགས་པ། འབྲུ་རྡོག་བཟོ་བའི་བཟོ་རྩལ་བཅས་ལས་གྲུབ་པའི་འབྲུ་རྡོག་དབྱིབས་ཀྱི་སྨན་ཞིག་ཡིན། འདིའི་ཐོར་འཐྱེད་རང་བཞིན་དང་ཐར་ཐོར་རང་བཞིན། གཡེང་འཕྱོ་རང་བཞིན་བཅས་བཟང་ལ། ཕན་ནུས་ལྡན་པའི་གྲུབ་ཆའི་འདུས་ཚད་མཐོ་ཞིང་། འཁོར་རྒྱུག་རང་བཞིན་བཟང་བ། ཚད་འཛལ་དང་བཀོལ་སྤྱོད་སྟབས་བདེ་ཡིན་པ། ཐལ་རྡུལ་གྱི་འབག་བཙོག་མི་བཟོ་བ་དང་། རྫས་འགྱུར་དངོས་ལུགས་ཀྱི་ངོ་བོ་དང་གཟུགས་དབྱིབས་གཏན་འཇགས་ཡིན་པ། གཏུམ་སྤྲིལ་གྱི་འགྲོ་གྲོན་ཆུང་བ་བཅས་ཀྱི་ཁྱད་ཆོས་ལྡན། དེར་བརྟེན། བདེ་འཇགས་དང་ཁོར་ཡུག་སྲུང་སྐྱོང་ལ་ཕན་པའི་སྨན་རྫས་ཀྱིས་བཞའ་ཚན་རང་བཞིན་གྱི་སྨན་ཕྱེ་གཏོར་བ་དང་གཡེང་འཕྱོ་སྨན་རྫས་ཀྱི་ཚབ་བྱས་ཏེ་འཕེལ་རྒྱས་ཆེན་པོ་གཏོང་བའི་སྨན་སྣ་གསར་བར་འགྱུར་བཞིན་ཡོད། རིགས་འདིགས་སྨན་རྫས་གསར་བ་མུ་མཐུད་དུ་གསར་སྤེལ་དང་བཀོལ་སྤྱོད་བྱེད་པ། ད་དུང་ལས་སྔོན་འབྲུ་རྡོག་བཟོ་བའི་ལག་རྩལ་དང་སྒྲིག་ཆས་མུ་མཐུད་དུ་འཕྲུས་ཚང་དུ་སོང་བ་དང་བསྟུན་ནས། བཞའ་ཚན་ཐོར་གཟུགས་སྨན་ཕྱེ་ནི་རྒྱལ་ཁབ་ཕྱི་ནང་གི་ཚོང་རའི་སྟེང་དུ་ཆེས་དགའ་བསུ་ཐོབ་པའི་ཐོན་རྫས་ཀྱི་རིགས་ཤིག་ཏུ་གྱུར་ཡོད།

ཉེ་བའི་ལོ་འགར། བཞའ་ཚན་ཐོར་གཟུགས་སྨན་ཕྱེ་རང་རྒྱལ་དུའང་འཕེལ་རྒྱས་ཏ་ཅང་མགྱོགས་ཤིང་། ཐོན་རྫས་མང་པོ་ཞིག་གིས་ཆེད་ཁེ་ཐོབ་རེ་ཞུས་ཡོད། དེའི་ནང་དུ་ཨ་ཕེ་ཙུན་སུའུ་དང་ནུས་ཆེ་ལུའུ་ཆེན་ཙུས་ཀྱི་འདྲེས་སྦེབ་རིལ་བུ། ཐྲ་ཨན་ཙི་ཨ་ཕེ་ཙུན་སུའུ་ཕུན་ཐྲ་སྐྱུར་ཚྭའི་བཞའ་ཚན་ཐོར་གཟུགས་སྨན་ཕྱེ་སོགས་འདུས་སོ། །

(དགུ) ས་བོན་ཐག་གཅོད་སྨན་རྫས།

ས་བོན་ཐག་གཅོད་སྨན་རྫས་ཀྱི་ཐོན་རྫས་ལ་རིགས4ཡོད་དེ། ས་བོན་ཐག་གཅོད་སྨན་ཕྱེ་སྐམ་པོ། ས་བོན་ཐག་གཅོད་ཐོར་འཐྱེད་སྨན་ཕྱེ། ས་བོན་ཐག་གཅོད་གཤེར་ཁུ། ས་བོན་ཐག་གཅོད་གཡེང་འཕྱོ་སྨན་རྫས་སོགས་ཡིན། ས་བོན་ཐག་གཅོད་གཡེང་འཕྱོ་སྨན་རྫས་དང་གཞན་པའི་ས་བོན་ཐག་གཅོད་སྨན་རྫས་ཐོན་རྫས་བསྡུར་ན། གཉིས་ནུས་དང་

ཕན་འབྲས་ལྷག་ཏུ་བཟང་སྟེ། ཐལ་རྡུལ་མེད་པ། བཀོལ་སྤྱོད་བྱེད་མཁན་ལ་གནོད་འཚེ་མེད་པར་བདེ་འཇགས་ཡིན་པ། ཁོར་ཡུག་ལ་འབབ་བཙོག་ཆུང་བ། འདུས་ཚད་མཐོ་ཞིང་གར་ཚད་མཐོ་བའི་སྨན་རྫས་སུ་ལས་སློན་བྱས་ཆོག་པ། གསོག་ཉར་དང་ཐུམ་སྒྲིལ་གྱི་མ་གནས་གྲོན་ཆུང་བྱེད་ཐུབ་པ། སྨན་རྫས་དང་གཤེར་ཁུ་གཞི་གཅིག་ཏུ་འདྲེས་པ། ས་བོན་ཐག་གཅོད་བྱས་རྗེས་སྨན་ཁུ་ཆ་སྙོམས་སྙོས་ཁྱབ་པ། སར་ལྷུང་ཚད་ཉུང་བ། ས་བོན་ཐག་གཅོད་བྱས་རྗེས་སྐྱི་མོར་གྱུར་ཚད་ལེགས་ལ་དབུགས་རྫབ་པའི་ནུས་པ་བཟང་བ། སྨུ་གུ་སྐྱེ་འཚར་གྱི་ཚད་ཇེ་མཐོར་གཏོང་ཐུབ་པ་སོགས་ཀྱི་ཁྱད་ཆོས་ལྡན། སྨན་རྫས་ཀྱི་འབྲུ་རྡོག་གི་ཚངས་ཐིག་ནི་ས་བོན་ཐག་གཅོད་སྨན་ཕྱེ་སྐམ་པོ་དང་ས་བོན་ཐག་གཅོད་ཐོར་འཐྱེད་སྨན་ཕྱེའི་རིགས་ལས་ཞིབ་ཅིང་ཕྲ་བ་དང་སྨན་ནུས་ཀྱང་མཐོན་པོ་ཡོད། དེར་བརྟེན། ས་བོན་ཐག་གཅོད་གཡེང་འཐོ་སྨན་རྫས་ནི་རྒྱལ་ཁབ་ཕྱི་ནང་དུ་སློན་ལ་འཕེལ་རྒྱས་དང་ཐོན་སྐྱེད་བྱས་པའི་ས་བོན་ཐག་གཅོད་སྨན་རིགས་ཐོན་རྫས་ཡིན་ལ། ས་བོན་ཐག་གཅོད་གཡེང་འཐོ་སྨན་རྫས་ཀྱི་ཐོན་སྐྱེད་ལག་རྩལ་ནི་གཡེང་འཐོ་སྨན་རྫས་ཐོན་སྐྱེད་བྱེད་པའི་བཟོ་རྩལ་དང་གཅིག་མཚུངས་ཡིན། ས་བོན་ཐག་གཅོད་སྨན་རྫས་ཐད་ཀར་དུ་ས་བོན་གྱི་སྟེང་དུ་བཀོལ་བཞིན་ཡོད་པས། དེའི་ཞིང་སྨན་གྱི་འཇིབ་ཤུགས་ཆེ་བའི་གྲུབ་ཆ་ནི་ཊྲངས་གཏོར་བཀོལ་སྤྱོད་གཞི་ཁྲིན་དང་བསྡུར་ན་གྲོང་གུན་ཏ་ཅང་ཆུང་ལ། ཐག་གཅོད་རྒྱ་ཁྱོན་གྱི་གྲོང་གུན་ཐེབས་ཚད1%ལས་དམའ། དེ་བས་ས་བོན་ཐག་གཅོད་སྨན་རྫས་ཀྱི་ཞིང་སྨན་བེད་སྤྱོད་རིན་ཚད་མཐོ་བ་དང་འགོག་བཅོས་ཀྱི་ཕན་འབྲས་བཟང་ལ། བེད་སྤྱོད་བྱེད་དུས་སྟབས་བདེ་བ། ཁོར་ཡུག་འབབ་བཙོག་ཆུང་བ། འཐྲོ་ལུས་ཉུང་བ་སོགས་ཀྱི་དགེ་མཚན་ལྡན།

(བཅུ) ཆུ་འོ་འདྲེས་སྦྱོར་སྨན་རྫས།

ཆུ་འོ་འདྲེས་སྦྱོར་སྨན་རྫས་ཀྱི་མ་རྒྱུའི་ཆ་སྙོམས་གཤེར་གཟུགས་ཀྱི་ཚངས་ཐིག་ཕྱེ་སྨི2ལས་ཆུང་བ་དང་། ཕྱི་དབྱིབས་ནི་འོ་མའི་ཁ་དོག་མཚོན་ཞིང་། ཆུས་ཞུ་ཁུ་སླ་བོར་སྒྱུར་བའི་སྐབས་སུ་སྣུམ་མ་ཆུའི་ནང་དུ་ཐིགས་ནས་གྲུབ་པའི་ཕྱི་ངོས་དང་གཅིག་མཚུངས་ཡིན། སྣུམ་མ་དང་བསྡུར་ན། ཆུ་འོ་འདྲེས་སྦྱོར་སྨན་རྫས་ནི་བཟོ་སྐྲུན་དང་བེད་སྤྱོད་བྱེད་དུས

བདེ་འཇགས་ཡིན་པ། པགས་རྫས་ཀྱི་དུག་ནུས་ཆུང་བ། འབར་སླ་བའི་ཚད་གྲངས་དམའ་བ། ལྷག་པར་དུ་ཐོན་སྐྱེད་དང་ཐུམ་སྒྲིལ། གསོག་ཉར་བཅས་ཀྱི་མ་གནས་དམའ་བ། ཁོར་ཡུག་འབབ་བཙོག་བཟོ་ཚད་ཇེ་དམའ་རུ་གཏོང་ཐུབ་པ་བཅས་ཀྱི་ཁྱད་ཆོས་ལྡན། ཆུ་འོ་འདྲེས་སྦྱོར་སྨན་རྫས་ལ་ལག་རྩལ་གྱི་སྙིང་ནས་དཀའ་ཁག་ངེས་ཅན་ཞིག་ཡོད་པ་དང་། ལྷག་པར་དུ་ཕྱི་རྫས་ཀྱི་འཛིབ་ཤུགས་ཆེ་བའི་སྨན་རྫས(གཤེར་གཟུགས་འདྲེས་སྦྱོར་སྨན་རྫས) དང་བཟོ་རྩལ་འོས་འཚམ་གདམ་གསེས་བྱེད་དཀའ་བ་སོགས་ཀྱི་གནད་དོན་ཡོད། རྒྱལ་ནང་དུ་མང་ཆེ་བས་ སྤྲིས་མ་ལས་སྣོན་བྱེད་པའི་གཤེར་གཟུགས་འདྲེས་སྦྱོར་སྨན་རྫས་འདེམ་སྤྱོད་བྱེད་པ་དང་། རིགས་ཉུང་ཞིང་སྤྱོད་ཚད་མང་བས། བརྟན་བརྗིད་ཅན་གྱི་ཆུ་འོ་འདྲེས་སྦྱོར་སྨན་རྫས་བཟོ་དཀའ་བར་གྱུར་ཡོད། ཕྱི་རྒྱལ་དུ་གསར་སྤེལ་བྱས་པའི་ཆེད་སྤྱོད་གཤེར་གཟུགས་འདྲེས་སྦྱོར་སྨན་རྫས་ཀྱི་གཤིས་ནུས་བཟང་ཞིང་། གཤེར་གཟུགས་ཀྱི་རྐྱེང་ཤུགས་ཇེ་དམའ་རུ་གཏོང་ཐུབ་པ་དང་། ནུས་ཚད་ནང་འདྲེན་བྱེད་ཚད་ཇེ་ཉུང་དུ་བཏང་སྟེ། གཤེར་གཟུགས་འདྲེས་འགྱུར་བྱེད་སླ་ལ། གཤེར་གཟུགས་ཀྱི་མཐའ་འཁོར་དུ་ལྡེམ་གཤིས་ངེས་གཏན་གྱི་གཏན་འཇགས་མཚམས་སྦྱར་རྒྱུ་རྫས་ཀྱང་གྲུབ་སྟེ། གཤེར་གཟུགས་ཀྱི་ཐིགས་པ་ཕན་ཚུན་བར་དུ་བལ་དཀག་མི་འདྲེས་པར་ཁག་ཐེག་བྱེད་ཐུབ། བཀོལ་སྤྱོད་ཀྱི་གྲངས་ཚད་ཀྱང་ཉུང་དམའ་ཞིང་། སྤྱིར་བཏང་དུ3%~5%བར་དུ་དུས་ཡུན་རིང་པོར་གཏན་འཇགས་ཡིན་པའི་ཆུ་འོ་འདྲེས་སྦྱོར་སྨན་རིགས་ཐོན་རྫས་ཐོན་སྐྱེད་བྱེད་ཐུབ།

(བཅུ་གཅིག) སྲིན་སྐྱུད་སྐམ་པོ།

སྲིན་སྐྱུད་སྐམ་པོ་ཞིབ་འཇུག་གསར་བཟོ་བྱས་པ་བརྒྱུད་ནས། གཤེར་གཟུགས་བསྐྱལ་བཟོས་ཐོན་དངོས་ཀྱི་བེད་སྤྱོད་ལ་བཀོལ་སྤྱོད་ཀྱི་བར་སྟོང་གསར་བ་ཞིག་འདོན་སྤྲོད་བྱས་ཡོད་པ་དང་། འབུ་ཕྲ་ངོ་མས་འབུ་གསོད་པའི་སྨན་རྫས་ཕུན་སུམ་ཇེ་ཚོགས་སུ་བཏང་བར་མ་ཟད། འབུ་ཕྲ་ངོ་མས་འབུ་གསོད་པའི་གཤེར་གཟུགས་བསྐྱལ་བཟོས་ཐོན་དངོས་ཀྱི་བཀོལ་སྤྱོད་ལ་ཐབས་ལམ་གསར་བ་ཞིག་ཀྱང་འདོན་སྤྲོད་བྱས་ཡོད་པ་དང་། སྲིན་སྐྱུད་སྐམ་པོ་བཟོ་སྐྲུན་གྱི་འགག་རྩའི་གནད་དོན་ཐག་གཅོད་བྱས་རྗེས། སྨན་སྣ་འདི་

རིགས་ཀྱི་བེད་སྤྱོད་བྱེད་ཚད་ཇེ་མཐོར་སོང་ཡོད།

(བཅུ་གཉིས) གཡེང་བའི་སྨན་རྫས།

གཡེང་བའི་སྨན་རྫས་ནི་རྩ་ཞིང་གི་ཁོར་ཡུག་ལ་དམིགས་ནས་ཞིབ་འཇུག་བྱས་པ་ཡིན་ལ། རམ་འདེགས་རྒྱུ་ཆ་བཀོལ་ནས་རྩ་ཁར་གཡེང་དུ་འཇུག་པའམ་རྩ་འབྲས་སོགས་ལོ་ཏོག་གི་སོག་ རྐང་ལ་འགྱུར་དུ་འཇུག་པ་ཡིན།

ལེའུ་གཉིས་པ། སྐྱེ་དངོས་ཞིང་སྣན་གྱི་རིགས་ངོ་སྤྲོད་མདོར་བསྡུས།

ཆ་ཤས་དང་པོ། སྐྱེ་དངོས་ཕྲ་རབ་ཀྱི་ཞིང་སྣན།

སྐྱེ་དངོས་ཕྲ་རབ་ཀྱི་ཞིང་སྣན་ལ་ཕན་ནུས་ལྡན་པའི་གྲུབ་ཆ་རིགས30ཡོད་པ་དང་། ཐོ་འགོད་གྲངས་འབོར་མང་ཤོས་ནི་སུའུ་ཡུན་ཅིན་དབྱུག་སྲིན་དང་། རྩ་སྐྱའི་མཚན་མེད་འཕེལ་ནུས་ཕྲ་ཕུང་དབྱུག་སྲིན། ཕྲ་ཚིལ་མཚན་མེད་འཕེལ་ནུས་ཕྲ་ཕུང་དབྱུག་སྲིན་བཅས་རིགས་ཆེན་པོ་གསུམ་གྱི་ཐོན་རྫས་ཡིན།

གཅིག སུའུ་ཡུན་ཅིན་དབྱུག་སྲིན།

(གཅིག) ནུས་པའི་ཁྱད་ཆོས།

སུའུ་ཡུན་ཅིན་དབྱུག་སྲིན་ནི་སུའུ་ཡུན་ཅིན་མཚན་མེད་འཕེལ་ནུས་ཕྲ་ཕུང་དབྱུག་སྲིན་ཡིན་ཞིང་། བསྡུས་མིང་ལBtཟེར། ཕྲ་སྲིན་རིགས་ཀྱི་སྐྱེ་དངོས་ཕྲ་རབ་ཀྱི་འབུ་གསོད་སྣན་རྫས་ཀྱི་ནང་དུ། རྒྱུད་འགྱུར་མང་པོའི་གཤེར་གཟུགས་ཀྱི་མཚན་མེད་འཕེལ་ནུས་ཕྲ་ཕུང་དབྱུག་སྲིན་འདུས་ཡོད། དུག་རྒྱུའི་དུག་ཤུགས་ཞིན་ཕོ་བའི་དུག་གི་ནུས་པ་གཙོ་བོ་ཡིན། ཕྲ་སྲིན་འདི་ལས་དུག་རྒྱུ་རིགས་ཆེན་པོ་གཉིས་འབྱུང་སྟེ། དེ་ནི་ནང་གི་དུག་རྒྱུ་དང་ཕྱི་ཡི་དུག་རྒྱུ་ཡིན། གནོད་འབུས་ཟས་བཟའ་བའི་དུས་སུ་རྒྱུ་མའི་ནང་དུ་དུག་རྒྱུ་བཏང་ན། དེས་འབུ་སྲིན་གྱི་རྒྱུ་ལམ་སྐྲར་མ་ཁ་ཤས་ནང་དུ་ཐྲིད་པར་གྱུར་ནས། འབུ་སྲིན་གྱིས་ཟས་མཚམས་འཇོག་པར་མ་ཟད། དུས་ཚོད་ཐུང་ངུའི་ནང་དུ་རྒྱུ་མའི་ནང་གི་སྐྱི་མོར་གཏོར་

བཞིག་ཐེབས་ཏེ། འབུ་ཕྲ་ཡི་འཚོ་བཅུད་ཕྲ་ཕུང་ལ་གནོད་སྐྱོན་གཏོང་སླ་བ་དང་རྒྱུ་ལམ་གྱི་མཐིལ་སྐྱི་བརྗོལ་ནས་ཁྲག་གི་རྩེན་བུའི་ནང་དུ་ཞུགས་ཤིང་། མཇུག་མཐར་འབུ་སྲིན་གྱིས་ཟས་མི་ཟ་བ་དང་སྐྲིད་པ། རྒྱུ་མ་རྡོལ་བ། བཀྲེས་ལྟོགས་དང་ཁྲག་རྒྱུད་ནད་སོགས་ཀྱིས་ཤི་འགྲོ་བ་ཡིན།

(གཉིས) ཐོ་འགོད་བྱས་པའི་ལོ་ཏོག་དང་འགོག་བཅོས་བྱ་ཡུལ།

སུའུ་ཡུན་ཅིན་དབྱུག་སྲིན་གྱི་སྤྱོད་ཁོངས་ཧ་ཅང་རྒྱ་ཆེ་སྟེ། གཙོ་བོ་རྒྱ་གྲམ་མེ་ཏོག་ཚན་གྱི་སྔོ་ཚལ་དང་ཇོ་ཐ། ཆུ་འབྲས། མ་རྨོས་ལོ་ཏོག གའོ་ལིའང་། སྲན་མ། བུར་ཤིང་། སྲིང་བལ། ཛའི་སྔོང་བོ། ཀུ་ཤུ། ཤིང་ཏོག་ལི། ཁམ་བུ། ཙོ་རིལ། ཚ་ལུ་མའི་སྔོང་བོ་སོགས་སྐྱེ་དངོས་དང་ནགས་ཤིང་ཐོ་འགོད་བྱས་ཡོད། འགོག་བཅོས་བྱ་ཡུལ་གཙོ་བོ་ནི་ཁྲབ་གཤོག་གཟུགས་ཀྱི་གནོད་འབུ་འགོག་པའི་ཕྱོགས་ལ་སྤྱོད་བཞིན་ཡོད་དེ། དཔེར་ན་པད་ཁའི་འབུ་དང་ཚལ་ཁའི་འབུ་མེ་ལྕེབ། ཕྱེ་མ་ལེབ་ཆེ་བ། སྔོ་འབུ། རྩི་ཤིང་གི་ཁོག་འབུ། མ་རྨོས་ལོ་ཏོག་གི་གཟན་འབུ། འབྲས་ཀྱི་ལོ་སྒྲིལ་མྱུག་གཟན་འབུ། འབྲས་འབྲུའི་མེ་ལྕེབ། མེ་ལྕེབ་སོན་འབུ། ཐང་ཤིང་གི་གནོད་འབུ། ཇ་ཤིང་གི་ཟན་འབུ། ལོ་མའི་སྲིན་འབུ། སྲིང་བལ་གནོད་འབུ། ཚ་ལུ་མའི་ཕྱེ་ལེབ་ཁྱུང་གཟུགས་མ་སོགས་གནོད་འབུ་མང་པོའི་འབུ་ཕྲུག་ཡིན་ནོ།།

(གསུམ) མཉམ་འཛོག་བྱ་ཡུལ།

ཐོན་ཟས་འདི་ནི་གཙོ་བོ་ཁྲབ་གཤོག་ཅན་གྱི་གནོད་འབུའི་འབུ་ཆུང་འགོག་པའི་ཕྱོགས་ལ་བཀོལ་བཞིན་ཡོད་ཅིང་། གནོད་འབུ་ཡི་གསར་བྱུང་འབུ་ཕྲུག་ལ་ཕན་འབྲས་བཟང་། སུའུ་ཡུན་ཅིན་དབྱུག་སྲིན་གྱིས་དྲོད་ཚད་ཅུང་མཐོ་དུས(20℃ཡན)ད་གཟིད་ནུས་པ་གང་ལེགས་འདོན་སྤེལ་བྱེད་ཐུབ། དེ་ནས་ཟླ7~9པའི་བར་སྐབས་སུ་བཀོལ་སྤྱོད་བྱས་ན་ཕན་འབྲས་ཤིན་ཏུ་བཟང་། སྨན་གཏོར་བའི་དུས་ཡུན་ནི་ཕྱིར་བཏང་དུ་ཟས་འགྱུར་ཞིང་སྨན་སྤྱོད་པའི་ཉིན2~3སྔོན་ཡིན་ན་འཚམ། ནང་འཇུའི་སྐྱི་ལྡན་ལེན་འབུ་གསོད་སྨན་ནམ་ཡང་ན་འབུ་ཕྲ་གསོད་སྨན་དང་བསྲེས་ནས་སྤྱོད་མི་རུང་། སྨན་ཟས་ཀྱིས་ཉ་རིགས་དང་སྦྲང་མ། བྱ་རིགས་བཅས་ལ་བདེ་འཇགས་ཡིན། ཁྱིམ་གསོས་དར་འབུ་ལ་དུག་ཆེན་ཐོག

པ་དང་དར་འབུའི་གསོ་སྤེལ་ས་ཁུལ་སོགས་སུ་སྤྱོད་མི་ཉུང་།

གཉིས། ཙྪ་སྐྱའི་མཚན་མེད་འཕེལ་ནུས་སྤྲ་ཕུང་དབྱུག་སྤྲིན།

(གཅིག) ནུས་པའི་ཁྱད་ཆོས།

ཙྪ་སྐྱའི་མཚན་མེད་འཕེལ་ནུས་སྤྲ་ཕུང་དབྱུག་སྤྲིན་ནི་སྤྲ་སྤྲིན་རིགས་ཀྱི་སྐྱེ་དངོས་སྤྲ་རབ་ཀྱི་འབུ་སྤྲ་གསོད་བྱེད་ཀྱི་སྨན་རྫས་སུ་གཏོགས་པ་དང་། དུག་གཤིས་ཅུང་ཆུང་བ་ཡིན། སྨན་རྫས་ལོ་ཏོག་གི་ལོ་མའི་སྟེང་དུ་གཏོར་རྗེས། དེའི་སྨྱུག་ཐུམ་གསོན་པོས་ལོ་མའི་སྟེང་གི་འཚོ་བཅུད་དང་བཞའ་ཚན་ལ་བརྟེན་ནས་ལོ་མའི་སྟེང་དུ་སྐྱེ་འཕེལ་འབྱུང་བར་མ་ཟད། དུས་ཡུན་ཐུང་ངུའི་ནང་དུ་ལོ་མ་ཧྲིལ་པོའི་ཕྱི་ངོས་སུ་མཆེད་པ་ཡིན། དུས་མཚུངས་སུ་འབུ་སྤྲ་གསོད་ཐུབ་པའི་འཛིབ་ཤུགས་ཆེ་བའི་དངོས་རྫས་ཟགས་ཐོན་བྱས་ཏེ། ཕན་ནུས་ལྡན་པའི་སྒོ་ནས་ནད་འབུ་ཕྱིར་ཕུད་པ་དང་ཚོད་བཀག་གཙང་སེལ་བྱེད་ཐུབ། འབུ་སྤྲ་སྐྱེ་འཚར་གྱི་གོ་རིམ་ཁྲོད་དུ་བྱུང་བའི་ཙྪ་སྐྱའི་སྤྲ་ཕུང་གི་རྒྱུ་དང་འབྱར་མང་འབུ་སྤྲའི་རྒྱུ། འབུ་སྤྲ་མེ་ཙུན་རྒྱུ་སོགས་འཛིབ་ཤུགས་ཆེ་བའི་དངོས་རྫས་ཀྱིས་ནད་འབུ་སྐྱོང་རྐྱེན་དང་ནང་ཁུངས་རང་བཞིན་གྱི་འབབ་བཙོག་བཀག་འགོག་བྱེད་པར་མངོན་གསལ་གྱི་ཚོད་འཛིན་ནུས་པ་ཡོད།

(གཉིས) ཐོ་འགོད་བྱས་པའི་ལོ་ཏོག་དང་འགོག་བཅོས་བྱ་ཡུལ།

ཏོང་ཀུབ་དང་ཆུ་འབྲས། ཛོ་ཐ། སྲིད་བལ། ཞོག་ཁོག ཚ་ལུ་མ། གྲོ། འབྲི་ཏ་ས་འཛིན། ཆེ་ཙོ། གྲོ་མ། ཆུ་ཀུབ། ངང་ལག སྲུར་པན་སོགས་ལོ་ཏོག་རྣམས་ལ་ཐོ་འགོད་བྱེད་བཞིན་ཡོད། འགོག་བཅོས་བྱ་ཡུལ་གཙོ་བོ་ནི་ཏོང་ཀུབ་ཀྱི་ཕྱེ་དཀར་ནད་དང་ཏམ་ཏུལ་ནད། སད་ཏའི་ནད། ཟ་ཏུལ་ནད། ཆུ་འབྲས་ཀྱི་འཕྱོག་ནད། ཆུ་འབྲས་ཀྱི་ཚ་ནད། པགས་སྐམ་ནད། ཛོ་ཐའི་ཁྲ་ཐིག་མདོག་ནད། ངར་ནག་ནད། སྲིད་བལ་དང་ཀྲོ་མ་ཀྱུ། ཆེ་ཙོའི་སེར་པོར་འགྱུར་བའམ་རྙིད་པའི་ནད། ཞོག་ཁོག་ཕྱི་རིམས། ཚ་ལུ་མ་སྨུག་པོའི་ནད། འབྲི་ཏ་ས་འཛིན་གྱི་ཏམ་ཏུལ་ནད། དཀར་ཕྱེ་ནད། གྲོ་མ་ཡི་ཏུལ་ནད། སྐམ་ནད། ཆུ་ཀུབ་དང་ངང་ལག སྲུར་པན་གྱི་རྙིད་ནད་སོགས་ཀྱི་གནོད་པ་ཡིན་ནོ།།

(གསུམ) མཉམ་འཛོམ་བྱ་ཡུལ།

ཐོན་རྫས་འདི་འབྲུ་ཕྲ་འགོག་བཅོས་སྨན་རྫས་ལ(དཔེར་ན་ཟངས་བཟོས་སྨན་རྫས་དང་། ཞིང་སྤྱོད་ལེན་མེ་སུའུ་སོགས་དུག་རྫས་འགོག་བྱེད་སྨན་རྫས)མཉམ་དུ་བསྲེས་སྤྱོད་བྱེད་མི་རུང་ཞིང་། བུལ་གཤེར་ཞིང་སྨན་དང་བསྲེས་སྤྱོད་བྱས་མི་ཆོག སྨན་འདིས་སྦྲང་མ་དང་ཉ་རིགས་སོགས་ཆུ་སྐྱེས་སྐྱེ་དངོས་དང་། ཁྱིམ་སྲིན་སོགས་ལ་དུག་ཡོད་པས། སྨན་རྒྱག་དུས་ཉེ་འཁོར་གྱི་སྦྲང་ཚོགས་ལ་གནོད་པ་ཐེབས་པར་མཉམ་འཛོམ་བྱེད་དགོས། མེ་ཏོག་བཞད་པའི་དུས་སམ་རྩི་ཤིང་མེ་ཏོག་བཞད་པའི་དུས་སྐབས་དང་། སྲིན་ཁང་དང་སྲིན་ཤིང་ར་བའི་ཉེ་འགྲམ་དུ་བེད་སྤྱོད་བྱས་མི་ཆོག

གསུམ། བྲ་ཆོལ་མཚན་མེད་འཕེལ་ནུས་ཕྲ་ཕུང་དབྱུག་སྲིན།

(གཅིག) ནུས་པའི་ཁྱད་ཆོས།

བྲ་ཆོལ་མཚན་མེད་འཕེལ་ནུས་ཕྲ་ཕུང་དབྱུག་སྲིན་ནི་ཕྲ་སྲིན་རིགས་ཀྱི་སྐྱེ་དངོས་ཕྲ་རབ་ཀྱི་འབྲུ་ཕྲ་གསོད་སྨན་ཞིག་ཡིན་པ་དང་། དུག་གཤེར་ཆུང་བ་ཡིན། བྲ་ཆོལ་མཚན་མེད་འཕེལ་ནུས་ཕྲ་ཕུང་དབྱུག་སྲིན་གྱི་རང་སྙིང་གིSODཡི་རྩབས་བརྒྱུད་ནས་སྐྱེ་དངོས་ཀྱི་ཕྲ་ཕུང་སྐྱེ་ཕྲན་སྙོམ་སྒྲིག་བྱས་ཏེ། ཕྲ་ཕུང་གི་རྒྱུན་གཏན་གྱི་ལུས་ཁམས་སྙིང་ཚབ་གསར་བྱེད་དང་སྐྱེ་དངོས་རྫས་འགྱུར་གྱི་འབྱུང་འགྱུར་རྒྱུན་འཁྱོངས་བྱས་ནས་ནད་འབུའི་སྐྱེ་འཚར་ལ་བཀག་འགོག་དང་ལྡོག་འགོག་རང་བཞིན་ཧ་ཅང་གཏོང་བཞིན་ཡོད།

(གཉིས) ཐོ་འགོད་བྱས་པའི་ལོ་ཏོག་དང་འགོག་བཅོས་བྱ་ཡུལ།

ཀྲོ་མ་ཀྲུ་དང་ཆེ་ཙེ། ཆུ་འབྲས། བཙའ་སྐྱའི་ལོ་ཏོག་ལ་ཐོ་འགོད་བྱས་ཡོད། འགོག་བཅོས་བྱ་ཡུལ་གཙོ་བོ་ནི་ཀྲོ་མ་ཀྲུའི་རྩ་མདུད་སྲུད་འབུའི་ནད་དང་། ཆེ་ཙེའི་སྔོ་སྐམ་ནད། ཆུ་འབྲས་ཀྱི་ཆུ་འཁྱོག་ནད་དང་ཚ་ནད། ཤིང་རུལ་ནད། སྨ་སྐྱའི་ནད་སོགས་ཀྱི་གནོད་པ་ཡིན།

(གསུམ) མཉམ་འཛོམ་བྱ་ཡུལ།

སྨན་རྫས་ཉར་ཚགས་བྱེད་པའི་དྲོད་ཚད40℃ལས་མཐོ་མི་རུང་ལ། ཆེས་འཚམ་

པའི་དྲོད་ཚད་ནི4℃~20℃ཡིན་དགོས། ཡང་ནས་བསྐྱར་དུ་འཁྱགས་འདྲིས་བྱེད་པ་དང་དུས་ཡུན་རིང་པོར་འོད་ཐོག་པར་གཡོལ་དགོས། གལ་ཏེ་རྫས་འགྱུར་གྱི་འབུ་གསོད་སྨན་རྫས་ཀྱིས་ས་འོག་གི་གནོད་འབུ་གཞན་དག་གསོད་དགོས་ན། སྨན་རྫས་འདི་ཉིད་བཀོལ་སྤྱོད་མ་བྱས་པའི་སྔོན་གྱི་ཉིན15ཡི་སྔོན་ལ་རྒྱག་དགོས། སྨན་འདི་བེད་སྤྱོད་བྱས་རྗེས་དུག་ཚད་མཐོ་བའི་རྫས་འགྱུར་སྨན་རྫས་སྐྱེ་དངོས་ཀྱི་རྩ་བའམ་ས་རྒྱུའི་ནང་དུ་ལྷག་མི་རུང་། དེ་མིན་དུག་ཚད་མཐོ་བའི་སྨན་རྫས་ཀྱིས་འཛིན་ཤུགས་ཆེ་བའི་ཕྲ་སྲིན་ལ་གནོད་འཚེ་བཟོ་སྲིད་པ་ཡིན། པོ་ཨའི་ཏུའོ་གཤེར་ཁུའམ་རྗེ་ཐལ་ཝེའུ་ཧྲང་བསྲེས་སྦྱོར་སྨན་རྫས་སོགས་བུལ་གཤིས་དྲག་པོའི་སྨན་དང་བསྲེས་སྤྱོད་བྱ་མི་རུང་སྟེ། དཔེ་ཐལ་གྱི་ནུས་པ་ཤོར་བར་སྔོན་འགོག་བྱེད་དགོས། ནུས་པ་གཞན་པ་དང་ནང་རྐྱེན་མི་འདྲ་བའི་འབུ་གསོད་སྨན་རྫས་རྣམས་དང་བརྗེ་རེས་བྱས་ནས་བཀོལ་སྤྱོད་བྱས་ན། ནད་འགོག་རང་བཞིན་གྱི་དུས་ཡུན་ཇེ་རིང་དུ་གཏོང་ཐུབ།

བཞི། སྲིང་བལ་གནོད་འབུའི་ཉིང་རྩལ་མང་འདུས་ཀྱི་ཟུར་གཟུགས་ནད་དུག

(གཅིག) ནུས་པའི་ཁྱད་ཆོས།

སྲིང་བལ་གནོད་འབུའི་ཉིང་རྩལ་མང་འདུས་ཀྱི་ཟུར་གཟུགས་ནད་དུག་ནི་ནད་དུག་རིགས་ཀྱི་སྐྱེ་དངོས་ཕྲ་རབ་ཀྱི་འབུ་གསོད་སྨན་རྫས་ཤིག་ཡིན་ཞིང་། དུག་གཤིས་ཆུང་བ་ཡིན། སྲིང་བལ་གནོད་འབུའི་ཉིང་རྩལ་མང་འདུས་ཀྱི་ཟུར་གཟུགས་ནད་དུག་དང་དེར་ཕན་པའི་སྨན་རྫས་ཀྱིས་ལས་སྣོན་བྱས་ནས་གྲུབ་པ་ཡིན། སྨན་རྫས་ལོ་ཏོག་གི་སྟེང་དུ་གཏོར་ནས་སྲིང་བལ་གནོད་འབུ་ཡིས་ཟོས་རྗེས། ནད་དུག་ནི་འབུའི་ལུས་སྟེང་དུ་མཆེད་ནས་སྐྱེ་འཕེལ་འབྱུང་བ་དང་། མགྱོགས་མྱུར་སྙོམས་ཕྱོགས་སོ་སོར་ཁྱབ་སྟེ་འབུ་གཟན་གྱི་ཕུང་གྲུབ་ཁྱུར་མིད་དུ་གཏོང་ཞིང་། གནོད་འབུ་རྣམས་ཆུ་རུ་འགྱུར་ནས་ཤི་འགྲོ་བ་ཡིན། ནད་དུག་ནི་ཤི་འབུའི་ལུས་གཤེར་དང་གཅིན་སྐྱག་བརྒྱུད་ནས་ལྷུ་མཐུད་དུ་རབས་རྗེས་མའི་གནོད་འབུར་འགོ་བས། ཞིང་ནང་གི་སྲིང་བལ་གནོད་འབུའི་གནོད་འཚེ་ཡང་ཚོད་འཛིན་ཙུང་ལེགས་པོར་བྱེད་ཐུབ།

(གཉིས) ཐོ་འགོད་བྱས་པའི་ལོ་ཏོག་དང་འགོག་བཅོས་བྱ་ཡུལ།

ཤིང་བལ་ལོ་ཏོག་ལ་ཐོ་འགོད་བྱེད་པ་དང་། འགོག་བཅོས་བྱ་ཡུལ་གཙོ་བོ་ནི་ཤིང་བལ་གནོད་འབུ་ཡིན།

(གསུམ) མཉམ་འཛོམ་བྱ་ཡུལ།

ཐོན་རྫས་འདི་བུལ་གཤིས་དངོས་པོའམ་ཡང་ན་འབུ་སྲ་གསོད་བྱེད་ཀྱི་ཞིང་སྨན་དང་བསྲེས་སྤྱོད་བྱེད་མི་རུང་། དྲོད་ཚད་མཐོན་པོ་མི་ཐེག་པ་དང་། སྨུག་ཕྱིའི་འོད་ཐིག་གིས་ནུས་མེད་དུ་སྒྱུར་སླ། ཉི་འོད་འཕྲོས་ཆེ་ནུས་པ་ཤོར་འགྲོ་ལ། ཁ་དམ་པོར་སྒྲིར་ནས་ཉར་ཚགས་ལེགས་པོ་བྱེད་དགོས་ཤིང་རྫ་མདོག་གི་ཤེལ་དམ་གྱི་ནང་དུ་འཇུག་དགོས། གནོད་འབུས་ལོ་ཏོག་གི་གསར་སྐྱེས་ཀྱི་ཆ་ཤས་དང་ལོ་མའི་རྒྱབ་ངོས་སོགས་བཟའ་བར་དགའ་བས་གོང་བརྗོད་ཀྱི་གནས་ཡུལ་རྣམས་གཙོ་གནད་དུ་བཟུང་ནས་གཏོར་དགོས། ནུས་པ་གཞན་པ་དང་ནང་རྐྱེན་མི་འདྲ་བའི་འབུ་གསོད་སྨན་རྫས་རྣམས་དང་བརྗེ་རེས་བྱས་ནས་བཀོལ་སྤྱོད་བྱས་ན། ནད་འགོག་རང་བཞིན་གྱི་དུས་ཡུན་ཇེ་རིང་དུ་གཏོང་ཐུབ།

༤། ཀླུམ་ཐུམ་རུལ་སྲིན།

(གཅིག) ནུས་པའི་ཁྱད་ཆོས།

ཀླུམ་ཐུམ་རུལ་སྲིན་ནི་སྲིན་བུའི་རིགས་ཀྱི་སྐྱེ་དངོས་སྲ་རབ་ཀྱི་འབུ་གསོད་སྨན་རྫས་ཤིག་ཡིན་ཞིང་དུག་གཤིས་ཆུང་བ་ཡིན། སྨན་རྫས་ཀྱིས་འབུ་སྲིན་གྱི་གཟུགས་ལྤིབས་དང་དབུགས་ལམ་འཇུ་ལམ་སོགས་བརྟོལ་ནས་འགོ་ཁྱབ་བྱེད་པ་དང་། གནད་འབུ་ལུས་ཀྱི་ཕུང་གྲུབ་ལ་གཏོར་བརླག་བྱས་ཏེ་ཤི་རུ་འཇུག་པ་ཡིན།

(གཉིས) ཐོ་འགོད་བྱས་པའི་ལོ་ཏོག་དང་འགོག་བཅོས་བྱ་ཡུལ།

ཐོ་འགོད་བྱས་པའི་ལོ་ཏོག་ནི་ཇ་སྡོང་དང་མ་རྨོས་ལོ་ཏོག ཀོའུ་ཚལ། པད་ཚལ། ཀན་ལན། ཞོག་ཁོག བ་དམ། ཆུ་འབྲས། ཀྲོ་མ་ཀྲུ། ཤིང་བལ། ཁྲོ་སོགས་ཡིན། འགོག་བཅོས་བྱ་ཡུལ་གཙོ་བོ་ནི་ཇའི་ལོ་ལྷང་གི་འབུ་ཁྲ། མ་རྨོས་ལོ་ཏོག་གི་སྨུག་གཟན་འབུ་རིགས། མ་རྨོས་ལོ་ཏོག་གི་འབྲུ་གནོད་སྲིན་བུ། ཀོའུ་ཚལ་གྱི་སྐྱུག་འབུ། ཆ་ག་པ། མེ་ལྕེ་བྱེ་ལེབ།

སྦྱར་བ། ས་འབུ་དཀར་པོ། འབྲས་ཀྱི་ལོ་སྦྲིལ་སྦུག་འབུ། ཉིས་འགྱུར་གཟན་འབུ། འབྲས་འཕུར་ཞིག་འབུ། སྤྱང་ཚེར། ཕྱེ་གཟུགས་ཞིག་འབུ། གསེག་རིས་འབུ་མེ་ལྕེབ་དང་སྐྱེ་དངོས་གནོད་འབུ་སོགས་ཡིན།

(གསུམ) མཉམ་འཛོམ་བྱ་ཡུལ།

ཐོན་རྫས་འདིའི་ཐུམ་སྒྲིལ་ཁ་ཕྱེ་རྗེས་མགྱོགས་མྱུར་སྐོམ་བཀོལ་སྤྱོད་བྱེད་ཚར་དགོས་ཞིང་། དེ་མིན་མཚན་མེད་འཕེལ་ནུས་ཕྲ་ཕུང་གི་གསོན་ཤུགས་ལ་ཤུགས་རྐྱེན་ཐེབས་པ་ཡིན། ཐོན་རྫས་འདིས་ཁྱིམ་གྱི་དར་འབུ་ལ་དུག་བསྐྱེད་པས། སྨུག་ཁང་དང་སྲིན་ཞིང་ར་བའི་ཉེ་འགྲམ་དུ་སྤྱོད་མི་རུང་། ཐོན་རྫས་འདི་འབུ་ཕྲ་གསོད་སྨན་དང་བསྲེས་སྤྱོད་བྱ་མི་རུང་ལ། བུལ་གཤིས་ལྡན་པའི་ཞིང་སྨན་སོགས་ལའང་བསྲེས་སྤྱོད་བྱེད་མི་རུང་། གཞན་ཐོན་རྫས་འདི་ད་དུང་ཉི་འོད་འོག་ཏུ་བེད་སྤྱོད་བྱེད་མི་རུང་། ནུས་པ་གཞན་པ་དང་ནང་རྐྱེན་མི་འདྲ་བའི་འབུ་གསོད་སྨན་རྫས་རྣམས་དང་བརྗེ་རེས་བྱས་ནས་བཀོལ་སྤྱོད་བྱས་ན། ནད་འགོག་རང་བཞིན་གྱི་དུས་ཡུན་ཇེ་རིང་དུ་གཏོང་ཐུབ།

དྲུག སུའུ་ཡུན་ཅིན་དབྱུག་སྲིན།(དབྱི་སི་རལ་གྱི་རིགས་གཉིས་པ)

(གཅིག) ནུས་པའི་ཁྱད་ཆོས།

སུའུ་ཡུན་ཅིན་དབྱུག་སྲིན(དབྱི་སི་རལ་གྱི་རིགས་གཉིས་པ)ནི་ཕྲ་སྲིན་རིགས་ཀྱི་སྐྱེ་དངོས་ཕྲ་རབ་ཀྱི་དུག་སྦྲང་གསོད་བྱེད་སྨན་རྫས་སུ་གཏོགས་པ་དང་། མ་རྒྱུ་སྨན་རྫས་ཀྱི་དུག་གཤིས་ཆུང་ལ་ལས་སྟོན་བྱས་པའི་སྨན་རྫས་ཀྱི་དུག་གཤིས་ཀྱང་ཆུང་བ་ཡིན། སུའུ་ཡུན་ཅིན་དབྱུག་སྲིན(དབྱི་སི་རལ་གྱི་རིགས་གཉིས་པ)ནི་རང་བྱུང་ཁམས་ནས་བཀར་ཏེ་འདེམས་པའི་ནད་གཞིའི་སྐྱེ་དངོས་ཕྲ་རབ་ཅིག་ཡིན་ལ། དུག་སྦྲང(འབུ་ཕྲུག)གསོད་པའི་ནུས་པ་ཆེན་པོ་ཡོད། གནད་འབུ་གསོད་པའི་གྲུབ་ཆ་གཙོ་བོ་ནི་སྲིན་འདུས་གཞེར་གཟུགས་ནང་གི་དུག་རྒྱུའི་སྦྲི་དཀར་ཡིན། སྨན་རྫས་བྱེད་ནུས་ནི་དུག་སྦྲང(འབུ་ཕྲུག)གིས་ཟས་བླངས་རྗེས་ཐོན་རྫས་ཁྲོད་ཀྱི་སྲིན་འདུས་གཞེར་གཟུགས་དུག་སྦྲང(འབུ་ཕྲུག)གི་རྒྱུ་མ་ནང་གི་བུལ་གཤིས་ཁོར་ཡུག་གི་འཁྲིད་གཏོང་དང་སྦྲི་དཀར་གྱི་རྒྱུ་མའི་རྩབས་ཀྱི་འཁྲིད་ནུས་ལ་བརྟེན་ནས་

དུག་གཤིས་ཕྱིར་འདོན་པ་དང་། དེས་འབུ་ཕྲུག་སྲིད་པར་འགྱུར་བ་དང་འབུ་ཕྲུག་བཀྲེས་ལྟོགས་དང་ཁྲག་རྒྱུད་ནད་བསླངས་ནས་ཤི་རུ་འཇུག་པ་ཡིན། ཐོན་རྫས་འདི་ནི་སྐྱེ་དངོས་ཀྱི་བསླལ་བའི་ལག་རྩལ་ལ་བརྟེན་ནས་ཐོན་སྐྲུན་བྱེད་ཅིང་། མིག་སྔར་བེད་སྤྱོད་རྒྱ་ཁྱབ་ཆེ་བའི་སྐྱེ་དངོས་ཕྲ་རབ་ཀྱི་འབུ་སྲིན་གསོད་བྱེད་ཀྱི་སྨན་རྫས་ཤིག་ཡིན་པས། ནུས་ལྡན་སྒོས་དུག་སྦྲང(འབུ་ཕྲུག)གི་གནོད་འཚེ་ཚོད་འཛིན་བྱེད་ཐུབ།

(གཉིས) ཐོ་འགོད་བྱས་པའི་ལོ་ཏོག་གམ་འདེབས་ས་དང་འགོག་བཅོས་བྱ་ཡུལ།

ཁང་བའི་ཕྱི་ནང་དུ་ཐོ་འགོད་བྱས་ཡོད་ཅིང་། འགོག་བཅོས་བྱ་ཡུལ་གཙོ་བོ་ནི་དུག་སྦྲང(འབུ་ཕྲུག)ཡིན།

(གསུམ) མཉམ་འཛོག་བྱ་ཡུལ།

ཐོན་རྫས་འདིས་མི་དང་ཕྱུགས་ལ་དུག་གཤིས་ལྡན་པས། བེད་སྤྱོད་བྱེད་སྐབས་བདེ་འཇགས་འགོག་སྲུང་བྱེད་ཐབས་སྤྱད་དེ་འགོག་སྲུང་གྱོན་ཆས་དང་ལག་ཤུབས་གྱོན་དགོས་པ་དང་། སྨན་ཁུ་འཐེན་རྟུབ་བྱེད་མི་རུང་། སྨན་གཏོར་བའི་དུས་སུ་ཟ་མ་དང་ཆུ་འཐུང་མི་ཆོག ཉ་རིགས་སོགས་ཆུ་ནང་གི་སྲོག་ཆགས་དང་སྦྲང་མ། དར་འབུ་སོགས་ལའང་དུག་བསྐྱེད་པས། བེད་སྤྱོད་བྱེད་སྐབས་རྫིང་བུ་སོགས་ཀྱི་ཆུ་ཁོངས་དང་དེ་བཞིན་སྦྲང་མ་དང་དར་འབུའི་ར་བར་ཉེ་སྐྱང་བྱས་ནས་འབབ་བཙོག་བཟོ་མི་རུང་། མུག་ཁང་ནང་དང་དེའི་ཉེ་འཁྲམ་དུ་བཀོལ་སྤྱོད་བྱས་མི་ཆོག སྨན་གཏོར་རྗེས་དུས་ཐོག་ཏུ་ལྟ་བ་ཕུད་ནས་འདག་ཕྱིའི་ཆུ་ཡིས་འཁྲུད་དགོས་པར་མ་ཟད། འདག་ཆུས་ཀང་ལག་གཙང་མར་བཀྲུ་དགོས། བུལ་གཤིས་དངོས་པོ་དང་བསྲེས་སྤྱོད་བྱ་མི་རུང་བ་དང་འཐུང་ཆུའི་ཆུ་མགོ་བཙོག་པར་བཟོ་མི་རུང་། ཚོར་ཐལ་ཅན་གྱིས་བེད་སྤྱོད་བྱེད་མི་རུང་ལ། བེད་སྤྱོད་ཀྱི་བརྒྱུད་རིམ་ཁྲོད་དུ་སྨན་ལོག་བྱུང་ན་མྱུར་མོར་སྨན་བཅོས་བྱེད་དགོས།

བདུན། ཤིང་གི་ཆམ་སྲིན།

(གཅིག) ནུས་པའི་ཁྱད་ཆོས།

ཤིང་སྲིན་ནི་འབུ་ཕྲ་ཛ་མའི་རིགས་ཀྱི་སྐྱེ་དངོས་ཕྲ་རབ་ཀྱི་འབུ་ཕྲ་གསོད་བྱེད་ཀྱི་

སྨན་ཞིག་ཡིན་ལ། དུག་གཉིས་ཆུང་བ་ཡིན། ཤིང་སྲིན་གྱིས་ཆ་རྩལ་ཆུང་བའི་སྐྱེ་འགོག་རྒྱུ་དང་ཆ་རྩལ་ཆེ་བའི་འབུ་ཕྲ་འགོག་པའི་སྤྱི་དཀར་རམ་ཕུང་ལྡེབས་འབེབས་རྩབས་ལ་བརྟེན་ནས་ནད་གདོད་འབུ་སྲིན་གྱི་སྐྱེ་འཚར་དང་སྐྱེ་འཕེལ། འབབ་འགོས་ཚོད་འཛིན་བྱེད་པ་ཡིན། དེ་བཞིན་དུ་མགྱོགས་མྱུར་ངང་སྐྱེ་འཕེལ་བྱས་པར་བརྟེན་ནས་ཆུ་དང་འཚོ་བཅུད་ལེན་པ་དང་། བར་སྟོང་འཛིན་པ། གནས་དེར་བཙན་འཛུལ་བྱེད་པའི་འཚོ་བཅུད་དངོས་ཟས་ཟད་གྲོན་བྱས་ཏེ། ནད་གདོད་འབུ་སྲིན་སྐྱེ་མཚམས་དང་འགོས་མཚམས་འཛོག་པ་ཡིན། སྨན་འདི་ལ་སྲུང་སྐྱོབ་དང་གསོ་བཅོས་ཀྱི་ཕན་ནུས་ཉིས་བརྩེགས་ལྡན་ནོ།།

(གཉིས) ཐོ་འགོད་བྱས་པའི་ལོ་ཏོག་དང་འགོག་བཅོས་བྱ་ཡུལ།

ཐོ་འགོད་བྱས་པའི་ལོ་ཏོག་ནི་གྲོ་དང་ཏོང་ཀུབ། ཀྲོ་མ་ཀྲུ། འབྲི་ཏ་ས་འཛིན། སྲུར་པན། རྒུན་འབྲུམ་སོགས་ཡིན། འགོག་བཅོས་བྱ་ཡུལ་གཙོ་བོ་ནི་གྲོ་ཡི་རྗེད་ནད། ཏོང་ཀུབ་ཀྱི་སད་ཀྱི་རུལ་ནད། ཏམ་རུལ་ནད། ཀྲོ་མ་ཀྲུའི་ཏམ་རུལ་ནད། དེ་བཞིན་ལྗང་པ་རྒྱས་པའི་དུས་སུ་སྔོ་བུར་དུ་འགྱེལ་བའི་ནད། འབྲི་ཏ་ས་འཛིན་གྱི་སྐམ་ནད། སྲུར་པན་སྔོང་བོ་རུལ་བའི་ནད། རྒུན་འབྲུམ་གྱི་ཏམ་རུལ་ནད་སོགས་ཡིན།

(གསུམ) མཉམ་འཛོག་བྱ་ཡུལ།

ཐོན་ཟས་འདིའི་ཤོག་བྱང་དུ་བཀོལ་བའི་སྤྱོར་ཚད་ལྟར་སྨན་གཏོར་བ་དང་། སྨན་སྤྱོད་པའི་དུས་ཚོད་ལ་མཉམ་འཛོག་བྱས་ཏེ། དྲོད་ཚད་མཐོ་དུས་སྨན་མི་སྤྱོད་པ་དང་། བ་ཚྭའི་རང་བཞིན་གྱི་ཞིང་སྨན་སོགས་དངོས་ཟས་དང་བསྲེས་སྤྱོད་བྱེད་མི་རུང་། འབུ་ཕྲ་ངོ་མ་འགོག་པའི་སྨན་དང་མཉམ་དུ་སྤྱོད་མི་རུང་། དུས་ཚིགས་རེར་ཆེས་མང་ན་ཐེངས 2~3ལ་བཀོལ་བ་ཡིན།

བརྒྱད། གསེག་རིས་མཚན་འབུ་མེ་ལྷེབ་ཉིང་རྩལ་མང་འདུས་ཀྱི་ཟུར་གཟུགས་ནད་དུག

(གཅིག) ནུས་པའི་ཁྱད་ཆོས།

གསེག་རིས་མཚན་འབུ་མེ་ལྷེབ་ཉིང་རྩལ་མང་འདུས་ཀྱི་ཟུར་གཟུགས་ནད་དུག་ནི་

ནད་དུག་རིགས་ཀྱི་སྤྱི་དངོས་ཕྲ་རབ་ཀྱི་འབུ་གསོད་སྨན་རྫས་ཤིག་ཡིན་པ་དང་། དུག་གཤིས་ཆུང་བ་ཡིན། སྨན་རྫས་ལོ་ཏོག་གི་སྟེང་དུ་གཏོར་ནས་གསེག་རིས་མཚན་འབུ་མེ་ལྕེབ་ཀྱིས་ཟོས་རྗེས། ནད་དུག་ནི་འབུའི་ལུས་ནང་དུ་མང་པོར་འཕེལ་ནས་གནོད་འབུར་འགོས་ཏེ་ཤི་རུ་འཇུག་པ་ཡིན། ཕོ་བའི་ནད་དུག་གི་ནུས་པ་ལྡན་ལ། ནང་དུ་འཛིབ་པའམ་ཚ་ངར་གཏོང་བའི་ནུས་པ་མེད་ཅིང་། དུག་གཤིས་ཆུང་བ་ཡིན། ཕན་འབྲས་དུས་ཡུན་རིང་ངོ་།།

(གཉིས) ཐོ་འགོད་བྱས་པའི་ལོ་ཏོག་དང་འགོག་བཅོས་བྱ་ཡུལ།

ཐོ་འགོད་བྱས་པའི་ལོ་ཏོག་ནི་རྒྱ་གྲམ་མེ་ཏོག་ཚན་གྱི་སྔོ་ཚལ་དང་ཛོ་ཐ་སོགས་ཡིན། འགོག་བཅོས་བྱ་ཡུལ་གཙོ་བོ་ནི་གསེག་རིས་མཚན་མོའི་འབུ་མེ་ལྕེབ་ཡིན།

(གསུམ) མཉམ་འཛོག་བྱ་ཡུལ།

ཐོན་རྫས་འདི་སྐྱུར་གཤིས་ཆེ་བ་དང་བུལ་གཤིས་དངོས་པོ། ཟངས་བཟོས་སྨན་རྫས་དང་འབུ་ཕྲ་གསོད་བྱེད་སྨན་རྫས་ལ་བསྲེས་ནས་བཀོལ་མི་རུང་། དེ་མིན་སྨན་གྱི་ཕན་འབྲས་ཇེ་དམའ་རུ་གཏོང་བ་དང་། འབྲས་བུ་བརྗ་བསྐྱུས་མ་བྱས་པའི་སྔོན་གྱི་ཉིན་བདུན་སྔོན་ལ་སྨན་གཏོར་མཚམས་འཇོག་དགོས།

དགུ། མངར་ཚལ་མཚན་འབུ་མེ་ལྕེབ་ཉིང་རྟུལ་མང་འདུས་ཀྱི་ཟླུར་གཟུགས་ནད་དུག

(གཅིག) ནུས་པའི་ཁྱད་ཆོས།

མངར་ཚལ་མཚན་འབུ་མེ་ལྕེབ་ཉིང་རྟུལ་མང་འདུས་ཀྱི་ཟླུར་གཟུགས་ནད་དུག་ནི་ནད་དུག་རིགས་ཀྱི་སྤྱི་དངོས་ཕྲ་རབ་ཀྱི་འབུ་གསོད་སྨན་རྫས་ཤིག་ཡིན་པ་དང་། དུག་གཤིས་ཆུང་བ་དང་ཕོ་བའི་དུག་རྐྱུ་ཡིན། སྨན་རྫས་ལོ་ཏོག་གི་སྟེང་དུ་གཏོར་ནས་གནོད་འབུ་ཡིས་ཟོས་རྗེས། མངར་ཚལ་མཚན་འབུ་མེ་ལྕེབ་འབུ་ཕྲུག་གི་ཚིལ་བུའི་ཕྲ་ཕུང་དང་རྒྱུ་མའི་ཕྲ་ཕུང་གི་ནང་སྙིང་དུ་འཛུལ་ནས། ནད་དུག་ནི་འབུའི་ལུས་ནང་དུ་མང་པོར་འཕེལ་ནས་གནོད་འབུ་འགོས་ཏེ་ཤི་རུ་འཇུག་པ་ཡིན། དུས་མཚུངས་སུ། ནད་དུག་ལ་ད་དུང་གནོད་འབུའི་ཚོགས་པའི་ཁྲོད་དུ་འཕྲེད་ཕྱོགས་དང་གཞུང་ཕྱོགས་སུ་མཆེད་ནས་གནོད་འབུའི་གྲངས་འབོར་དང་གནོད་འཚེ་ཚད་འཛིན་ནུས་ལྡན་བྱེད་ཐུབ།

(གཉིས) ཐོ་འགོད་བྱས་པའི་ལོ་ཏོག་དང་འགོག་བཅོས་བྱ་ཡུལ།

ཐོ་འགོད་བྱས་པའི་ལོ་ཏོག་ནི་སྲན་ལེབ་དང་པད་ཁའི་སྲན་མ། ཀྲོ་མ་ཀྲུ། སྒུར་པན། ཆེ་ཙེ། སྲན་མ། རྒྱ་གྲམ་མེ་ཏོག་རིགས་ཀྱི་སྔོ་ཚལ་སོགས་ཡིན། འགོག་བཅོས་བྱ་ཡུལ་གཙོ་བོ་ནི་མངར་ཚལ་གྱི་མཚན་འབུ་མེ་ལྕེབ་ཡིན།

(གསུམ) མཉམ་འཛོམ་བྱ་ཡུལ།

ཐོན་རྫས་འདི་ནི་བུལ་གཤིས་དངོས་པོ་དང་བསྲེས་སྤྱོད་བྱེད་མི་རུང་ལ། ཟངས་སོགས་འབུ་སྲ་གསོད་བྱེད་ཀྱི་སྨན་རྫས་ལའང་བསྲེས་སྤྱོད་བྱེད་མི་རུང་། ཐོན་རྫས་འདིས་ཕན་ཡོད་གྲུབ་ཆ་ནི་དྲོད་ཚད་མཐོན་པོར་ཚོར་བ་རྣོན་པོ་ལྡན་པས། ཚ་བ་མཐོན་པོ་དང་རིང་དུ་བྲལ་དགོས། ནུས་པ་གཞན་པ་དང་ནང་རྒྱེན་མི་འདྲ་བའི་འབུ་གསོད་སྨན་རྫས་རྣམས་དང་བརྗེ་རེས་བྱས་ནས་བཀོལ་སྤྱོད་བྱས་ན་ལྷག་ཏུ་བཟང་།

བཅུ། བསེ་སྤུར་ལྷོག་ནག་རེངས་སྲིན།

(གཅིག) ནུས་པའི་ཁྱད་ཆོས།

བསེ་སྤུར་ལྷོག་ནག་རེངས་སྲིན་ནི་སྲིན་བུའི་རིགས་ཀྱི་སྐྱེ་དངོས་ཕྲ་རབ་ཀྱི་འབུ་གསོད་སྨན་རྫས་ཤིག་ཡིན་ཞིང་། དུག་གཤིས་ཆུང་བ་ཡིན། བསེ་སྤུར་ལྷོག་ནག་རེངས་སྲིན་གྱི་ལུས་སྟེང་དུ་འཛུལ་ནས་དེའི་ཕུང་གྲུབ་ལ་གཏོར་བཤིག་བྱས་ནས་འཆི་རུ་འཇུག་པ་ཡིན། ཡང་ན་གནོད་འབུའི་ལུས་པོའི་ངོས་བརྒྱུད་ནས་ལུས་ཀྱི་ནང་དུ་འཛུལ་ཏེ། ནད་དུག་འགོས་རྗེས་གནོད་འབུའི་འཛིབ་ཤུགས་ཇེ་ཆུང་དུ་སོང་ནས་མཐར་ཤི་འགྲོ་བ་ཡིན།

(གཉིས) ཐོ་འགོད་བྱས་པའི་ལོ་ཏོག་གམ་འདེབས་ས་དང་འགོག་བཅོས་བྱ་ཡུལ།

ཐོ་འགོད་བྱས་པའི་ལོ་ཏོག་གམ་འདེབས་ས་ནི་གྲམ་ཐང་དང་ཆུ་འབྲས། སྲན་མ། རྩྭ་ཐང་། ཛ་སྔོན་། ཀན་ལན། ཚ་ལུ་མའི་སྡོང་པོ། ཏོང་ཀུབ། ཁུའུ་ཀུབ། ཁམ་བུ། སྒོ། རྡོ་ཐ། ཀུ་ཤུའི་སྡོང་པོ། པད་ཚལ་ཆེན་པོ། ལ་ཕུག་སོགས་ཡིན། འགོག་བཅོས་བྱ་ཡུལ་ནི་གྲམ་ཐང་གི་ཆ་ག་པ་དང་ཆུ་འབྲས་ཀྱི་འཕུར་ཤིག ཆུ་འབྲས་ཀྱི་ལོ་སྒྲིལ་སྦུག་འབུ། ཨར་འགྱུར་སྲན་འབུ། ཚལ་མངར་མོའི་མཚན་འབུ། ཛ་སྔོན་གི་ཛ་ལོ། སྡོ་ཁྲ། ཤིང་སྡོན་སྡོ་འབུ། ཏོང་

ཐེ་མཚོང་འབུ། ཚ་ལུ་མ་དང་ཤིའུ་ཅེ་ཤིའུ། གྲོ(ཧོང་ཀུབ་དང་། ཁུའུ་ཀུབ། ཁམ་བུ། རྗོ་ཐ)ཤིང་གི་གནོད་འབུ། ཀུ་ཤུའི་སྔོང་བོའི་ཁོག་འབུ། ལ་ཕུག་གི་ས་འབུ་མགོ་སེར་སོགས་ཡིན།

(གསུམ) མཉམ་འཛོག་བྱ་ཡུལ།

ཐོན་རྫས་འདི་བེད་སྤྱོད་བྱེད་སྐབས་གང་ཐུབ་ཅི་ཐུབ་ཀྱིས་སྨན་རྫས་གནོད་འབུའི་ལུས་སྟེང་དུ་གཏོར་བའམ་ཡང་ན་གནོད་འབུ་དང་འཕྲད་སླ་བའི་སྐྱེ་དངོས་ཕྱི་ངོས་སུ་གཏོར་དགོས། སྨན་གཏོར་རྗེས་ཀྱི་ཆུ་ཚོད12ནང་ཚུན་དུ་ཆར་པ་བབས་ན་ཡང་བསྐྱར་སྨན་རྫས་གཏོར་དགོས། སྟེབ་སྦྱོར་བྱས་མ་ཐག་མྱུར་མོར་བཀོལ་སྤྱོད་བྱེད་དགོས་ཤིང་། བུལ་གཤིས་ཞིང་སྨན་དང་འབུ་ཕྲ་གསོད་བྱེད་ཀྱི་སྨན་རྫས་སོགས་དངོས་པོ་དང་བསྲེས་ནས་སྤྱོད་མི་རུང་།

བཅུ་གཅིག འབུ་སུ་ཧང་གི་དངུལ་རིས་མཚན་འབུ་མེ་ལྕེབ་ཉིང་རྒྱལ་མང་འདུས་ཀྱི་ཟླུར་གཟུགས་ནད་དུག

(གཅིག) ནུས་པའི་ཁྱད་ཆོས།

འབུ་སུ་ཧང་གི་དངུལ་རིས་མཚན་འབུ་མེ་ལྕེབ་ཉིང་རྒྱལ་མང་འདུས་ཀྱི་ཟླུར་གཟུགས་ནད་དུག་ནི་ནད་དུག་རིགས་ཀྱི་སྐྱེ་དངོས་ཕྲ་རབ་ཀྱི་འབུ་གསོད་སྨན་རྫས་ཤིག་ཡིན་པ་དང་དུག་གཤིས་ཆུང་བ་ཡིན། སྨན་རྫས་གཏོར་རྗེས་གནོད་འབུས་ཟ་བར་ཚོད་འཛིན་ཐེབས་པ་དང་ནད་འགོས་ཤིང་། མཇུག་མཐར་གནོད་འབུའི་ཕྲ་ཕུང་ཐོར་ཞིག་ཏུ་སོང་ནས་ལུས་གཤེར་ཤོར་ནས་ཤི་བ་ཡིན། གནོད་འབུས་སྨན་རྫས་འགོག་པར་དཀའ་བའི་ཁྱད་ཆོས་ལྡན། ནད་དུག་གི་ནད་གཞིར་རིག་པ་ཙམ་གྱིས་གསོད་ཐུབ་པའི་ནུས་པ་ཆེན་པོ་ལྡན་ཡོད་ཅིང་། དེའི་ཁ་དང་སྒོ་ང་བརྒྱུད་ནས་འགོ་ཁྱབ་བྱེད་པའི་ནུས་པ་ནི་གནོད་འབུ་ཚོགས་སྤྱིར་ཁྱབ་སྤེལ་བྱུང་ནས་འབུ་རིམས་ཆགས་པ་དང་། ནུས་པའི་ནང་རྐྱེན་ལ་དམིགས་བསལ་གྱི་ཁྱད་ཆོས་ལྡན་པས་ཕན་ནུས་ལྡན་པའི་སྒོ་ནས་གནོད་འབུའི་གྲངས་འབོར་ཚོད་འཛིན་བྱེད་ཐུབ་པ་ཡིན།

(གཉིས) ཐོ་འགོད་བྱས་པའི་ལོ་ཏོག་དང་འགོག་བཅོས་བྱ་ཡུལ།

ཐོ་འགོད་བྱས་པའི་ལོ་ཏོག་ནི་རྒྱ་གྲམ་དབྱིབས་ཀྱི་མེ་ཏོག་ཅན་གྱི་སྔོ་ཚལ་ཡིན།

འགོག་བཅོས་བྱ་ཡུལ་ནི་མངར་ཚལ་གྱི་མཚན་འབྲུ་མེ་ལྕེབ་ཡིན།

(གསུམ) མཉམ་འཛོག་བྱ་ཡུལ།

ཐོན་རྫས་འདི་སྒྱུར་གཞིས་ཆེ་བ་དང་བུལ་གཞིས་དངོས་རྫས། ཟངས་ཀྱི་བཟོས་པའི་དངོས་རྫས། འབྲུ་སྤྲ་གསོད་སྨན་སོགས་དང་བསྲེས་ནས་བཀོལ་མི་རུང་། དེ་མིན་སྨན་གྱི་ཕན་འབྲས་ཇེ་དམའ་རུ་འགྲོ་བ་ཡིན། ནུས་པ་གཞན་པ་དང་ནང་རྒྱུན་མི་འདྲ་བའི་འབྲུ་གསོད་སྨན་རྫས་རྣམས་དང་བརྗེ་རེས་བྱས་ནས་བཀོལ་སྤྱོད་བྱས་ན་ལྷག་ཏུ་བཟང་།

བརྒྱ་གཉིས། ཀན་ལན་མཚན་འབྲུ་མེ་ལྕེབ་ཉིང་རྟུལ་མང་འདུས་ཀྱི་ཟླུར་གཟུགས་ནད་དུག

(གཅིག) ནུས་པའི་ཁྱད་ཆོས།

ཀན་ལན་མཚན་འབྲུ་མེ་ལྕེབ་ཉིང་རྟུལ་མང་འདུས་ཀྱི་ཟླུར་གཟུགས་ནད་དུག་ནི་ནད་དུག་རིགས་ཀྱི་སྐྱེ་དངོས་སྤྲ་རབ་ཀྱི་འབྲུ་གསོད་སྨན་རྫས་ཤིག་ཡིན་པ་དང་། དུག་གཞིས་ཆུང་བ་ཡིན། སྨན་འདི་ལོ་ཏོག་གི་སྟེང་དུ་གཏོར་ནས་གནོད་འབྲུས་ཟོས་རྗེས། ནད་དུག་ནི་གནོད་འབྲུ་ཡི་ཁོག་ནང་དུ་འགོས་པ་དང་། ཕྲིད་སྨན་གྱིས་གནོད་འབྲུ་ཡི་དབང་རྩ་ཉམས་པར་འགྱུར་ཞིང་། ཟས་བཟའ་མཚམས་འཛོག་པ་དང་གཤེར་ཆུ་བྱུང་ནས་ཤི་རུ་འཇུག་པ་ཡིན། དུས་མཚུངས་སུ་ནད་དུག་ནི་བསྒྱུར་བཟོ་བྱས་ནས་མང་དུ་འཕེལ་བར་བྱེད་ཅིང་། འབྲུ་བསད་པའི་གཤེར་ཁུ་དང་རྟུག་སྦྱིན་གྱིས་གསར་བྱུང་གནོད་འབྲུ་ལ་མུ་མཐུད་དུ་འགོ་ཁྱབ་བྱེད་བཞིན་ཡོད་པས། གནོད་འབྲུའི་ནད་དུག་ཐོག་པའི་སྣང་ཚུལ་བྱུང་ནས། "ནད་འབྲུའི་ནད་རིམས་ཀྱིས་ནད་འབྲུ་གསོད་པ"དང་དུས་ཡུན་རིང་པོར་གནོད་འབྲུ་ཚོད་འཛིན་བྱེད་པའི་དམིགས་ཡུལ་འགྲུབ་ཏུ་འཇུག་དགོས།

(གཉིས) ཐོ་འགོད་བྱས་པའི་ལོ་ཏོག་དང་འགོག་བཅོས་བྱ་ཡུལ།

ཐོ་འགོད་བྱས་པའི་ལོ་ཏོག་ནི་ཇ་སྡོང་དང་ཀན་ལན། སྲིང་བལ། རྗོ་ཐ། མ་རྨོས་ལོ་ཏོག ཆུ་འབྲས་སོགས་ཡིན། འགོག་བཅོས་བྱ་ཡུལ་གཙོ་བོ་ནི་ཇ་སྡོང་གི་ཇ་ལོའི་སྲིན་འབུ། ཀན་ལན་ཚལ་འབུ། སྲིང་བལ་གྱི་སྲིན་འབུ། རྗོ་ཐའི་སྦོ་འབུ། མ་རྨོས་ལོ་ཏོག་གི་ཞིང་

ཁའི་ས་འབུ་མགོ་སེར། མ་རྫོས་ལོ་ཏོག་གི་མྱུག་འབུ། ཆུ་འབྲས་ཀྱི་ལོ་སྦྲིལ་འབུ་སོགས་ཡིན།

(གསུམ) མཉམ་འཛོག་བྱ་ཡུལ།

ཐོན་རྫས་འདི་སྐྱུར་གཤིས་ཆེ་བའམ་བུལ་གཤིས་དངོས་པོ་དང་བསྲེས་སྦྱོད་བྱེད་མི་རུང་། དེ་མིན་སྨན་གྱི་ཕན་འབྲས་ཇེ་དམའ་རུ་འགྲོ་བ་ཡིན། སྨན་འདིར་ནང་དུ་འཛིབ་པའི་ནུས་པ་མེད་པས། སྨན་རྫས་གཏོར་དུས་ཆ་སྙོམས་སྙོམས་ཕྱོགས་སོ་སོར་གཏོར་དགོས། གསར་སྐྱེས་ལོ་མ་དང་ལོ་མའི་རྒྱབ་ངོས་སུ་གཙོ་བོར་བཟུང་ནས་གཏོར་དགོས། དེ་ལྟར་བྱས་ན་ད་གཟོད་གནོད་འབུ་འགོག་བཅོས་བྱེད་ཐུབ།

བཅུ་གསུམ། ཆེམ་འོད་ཕུང་རྒྱང་ནར་སྲིན་རྒྱན་མའི་རིགས།

(གཅིག) ནུས་པའི་ཁྱད་ཆོས།

ཆེམ་འོད་ཕུང་རྒྱང་ནར་སྲིན་རྒྱན་མའི་རིགས་ནི་ཕྲ་སྲིན་རིགས་ཀྱི་སྐྱེ་དངོས་ཕྲ་རབ་ཀྱི་འབུ་ཕྲ་གསོད་བྱེད་ཀྱི་སྨན་རྫས་ཤིག་ཡིན་པ་དང་དུག་གཤིས་ཤིན་ཏུ་ཆུང་། ཆེམ་འོད་ཕུང་རྒྱང་ནར་སྲིན་ནི་ཀ་ལན་ཧྲི་སྲིབ་ཅན་གྱི་སྲིབ་བྱུང་དབྱུག་དབྱིབས་འབུ་ཕྲ་ཞིག་ཡིན་ལ། ཁོར་ཡུག་སོ་སོའི་མཐུན་འཕྲོད་རང་བཞིན་ཆེ་བས་ལྟུགས་ཀྱི་གཞི་རྟེན་མང་པོ་དང་དུག་སྲིན་འགོག་སྨན་སྣ་ཚོགས། གྲུང་གཤིས་དངོས་རྫས་མང་པོ་བསྐྱེད་ཐུབ་པས་ནད་གནོད་འབུ་སྲིན་གྱི་རིགས་མང་པོ་འགོག་པ་དང་། རྩི་ཤིང་གིས་འཚོ་བཅུད་སྡུད་ལེན་བྱེད་པར་རོགས་འདེགས་བྱེད་པ། རྩི་ཤིང་སྐྱེ་འཚར་ཡོང་བར་སྐུལ་འདེད་བྱེད་པ་སོགས་ཕན་ནུས་ལྡན་པ་ཡིན། དེའི་ནད་འབུ་སེལ་བའི་གྲུང་གཤིས་མཐོ་ཞིང་ནང་དུ་འཛིབ་པའི་བྱེད་ལས་ལྡན་པས། རྩི་ཤིང་གི་ལོ་མ་དང་ཕྱི་ཤུན། རྩ་བས་སྡུད་ལེན་བྱེད་པ་དང་གོང་འོག་བརྒྱུད་སྤྲོད་བྱེད་ཐུབ་ལ། རྩི་ཤིང་གི་ལུས་ཁོག་ཏུ་སྡར་ལས་ཕན་པའི་སྲིན་གསོད་ཀྱི་ནུས་པ་འདོན་ཐུབ།

(གཉིས) ཐོ་འགོད་བྱས་པའི་ལོ་ཏོག་དང་འགོག་བཅོས་བྱ་ཡུལ།

ཐོ་འགོད་བྱས་པའི་ལོ་ཏོག་ནི་གྲོ་དང་ཇོ་ཐ། ཏོང་ཀུབ། ཆུ་འབྲས། ཀྲོ་མ་ཀྲུ(ཙྲོད་ཁང་ཆེན་མོ)སོགས་ཀྱི་སྐྱེ་དངོས་ཡིན། འགོག་བཅོས་བྱ་ཡུལ་གཙོ་བོ་ནི་གྲོའི་ཡོངས་ཟད་

ནད་དང་རྗོ་ཐ། ཀྲོ་མ་ཀྲུ་ཡི་སྦོ་སྐམ་ནད། རྟོང་ཀུབ་ཀྱི་འབེན་ཐིག་ནད་དང་ཧམ་ཊུལ་ནད། ཆུ་འབྲས་ཀྱི་རིམས་ནད་སོགས་ཡིན།

(གསུམ) མཉམ་འཛོག་བྱ་ཡུལ།

ཐོན་རྫས་འདི་འབུ་སྲ་གསོད་སྨན་རྫས་གཞན་པ་དང་རྫས་འགྱུར་ཞིང་སྨན་དང་བསྲེས་སྦྱོད་བྱེད་མི་རུང་། ནུས་པ་གཞན་པ་དང་ནང་རྐྱེན་མི་འདྲ་བའི་འབུ་གསོད་སྨན་རྫས་རྣམས་དང་བརྗེ་རེས་བྱས་ནས་བཀོལ་སྤྱོད་བྱས་ན། ནད་འགོག་རང་བཞིན་གྱི་དུས་ཡུན་ཇེ་རིང་དུ་གཏོང་ཐུབ།

བཅུ་བཞི། བསེ་ཕྲུར་ལྷག་ནག་རེངས་སྲིནCQMa421

(གཅིག) ནུས་པའི་ཁྱད་ཆོས།

བསེ་ཕྲུར་ལྷག་ནག་རེངས་སྲིནCQMa421ནི་སྨར་སྲིན་རིགས་ཀྱི་སྐྱེ་དངོས་སྲ་རབ་ཀྱི་འབུ་གསོད་བྱེད་ཀྱི་སྨན་རྫས་ཤིག་ཡིན། མ་བཙོས་སྨན་རྫས་ལ་དུག་གཤིས་ཅུང་ཆུང་བ་དང་སྨན་སྦྱོར་གྱི་དུག་གཤིས་ཀྱང་ཅུང་ཆུང་བ་ཡིན། བསེ་ཕྲུར་ལྷག་ནག་རེངས་སྲིནCQMa421ནི་ཕན་ནུས་ལྡན་པའི་གྲུབ་ཆ་ནི་འབུ་གསོད་འབུ་སྲ་ལྷང་རེངས་སྲིན་ཐོར་སྐྱེས་ཐུམ་ཡིན། གནོད་འབུའི་ལུས་གཟུགས་བརྒྱུད་ནས་ལུས་པོག་ཏུ་ཁྱབ་ཅིང་། ནད་ཐོག་རྗེས་གནོད་འབུ་འཛིབ་ཤུགས་ཇེ་ཆུང་དུ་སོང་ནས་མཇུག་མཐར་ཤི་བ་ཡིན།

(གཉིས) ཐོ་འགོད་བྱས་པའི་ལོ་ཏོག་གམ་འདེབས་ས་དང་འགོག་བཅོས་བྱ་ཡུལ།

ཐོ་འགོད་བྱས་པའི་ལོ་ཏོག་གམ་འདེབས་ས་ནི་རྩྭ་ཐང་དང་ཇ་སྡོང་། ཀན་ལན། ཚ་ལུ་མའི་སྡོང་པོ། རྟོང་ཀུབ། ཁུའུ་ཀུབ། ཆུ་འབྲས། ཁམ་བུ། གྲོ། རྗོ་ཐ། སྲན་མ། ལ་ཕུག་སོགས་ཡིན། འགོག་བཅོས་བྱ་ཡུལ་གཙོ་བོ་ནི་རྩྭ་ཐང་གི་ཆ་ག་པ། ཇ་ཤིང་གི་ལྷང་ལོའི་འབུ་སྲིན། ཀན་ལན་ཚལ་གྱི་སྦོ་འབུ། ཤིང་སེར་ཁྲབ་འབུ། ཚ་ལུ་མ་སྡོང་པོའི་ཤིང་འབུ། རྟོང་ཀུབ་ཀྱི་གནོད་འབུ། ཆུ་འབྲས་ཀྱི་འཕུར་ཤིག ཆུ་འབྲས་ཀྱི་ལོ་སྒྲིལ་གཟན་འབུ། ཉིས་འགྱུར་གཟན་འབུ། ལོ་འབུ། ལོ་མའི་འབུ་འཛིང་འཛིང་། སྐར་བུ་ཤིང་གི་སྐྱེ་དངོས་གནོད་འབུ། སྐེ་མའི་གནོད་འབུ། རྗོ་ཐའི་གནོད་འབུ། ཧུའུ་སྲན་མདར་མཚན་འབུ་མེ་ལྕེབ། ལ་ཕུག་གི་ས་

འབྲུ་མགོ་སེར་སོགས་ཡིན།

(གསུམ) མཉམ་འཛོག་བྱ་ཡུལ།

ཐོན་རྫས་འདི་བེད་སྤྱོད་སྐབས་གང་ཐུབ་ཅི་ཐུབ་ཀྱིས་སྨན་རྫས་གནོད་འབྲུའི་ལུས་སྟེང་དུ་གཏོར་བའམ་ཡང་ན་གནོད་འབྲུ་དང་འཕྲད་སླ་བའི་སྐྱེ་དངོས་ཕྱི་ངོས་སུ་གཏོར་དགོས། སྨན་གཏོར་ནས་ཆུ་ཚོད12ཙམ་ལ་གལ་ཏེ་ཆར་པ་བབས་ཚེ་སྨན་རྫས་ཡང་བསྐྱར་ཐེངས་གཅིག་ལ་གཏོར་དགོས། སྨན་རྫས་སྡེབ་སྦྱོར་བྱས་མ་ཐག་དུས་ཐོག་ཏུ་བཀོལ་སྤྱོད་བྱེད་པ་དང་། བུལ་གཤིས་ཞིང་སྨན་དང་འབྲུ་ཕྲ་གསོད་བྱེད་ཀྱི་སྨན་རྫས་སོགས་དང་བསྲེས་ནས་སྤྱོད་མི་རུང་།

བཅོ་ལྔ། ཐང་ཤིང་གི་གནོད་འབྲུའི་ཉིང་རྟུལ་མང་འདུས་ཀྱི་ཟྲུར་གཟྲུགས་ནད་དུག

(གཅིག) ནུས་པའི་ཁྱད་ཆོས།

ཐང་ཤིང་གི་གནོད་འབྲུའི་ཉིང་རྟུལ་མང་འདུས་ཀྱི་ཟྲུར་གཟྲུགས་ནད་དུག་ནི་ནད་དུག་རིགས་ཀྱི་སྐྱེ་དངོས་ཕྲ་རབ་ཀྱི་འབྲུ་གསོད་བྱེད་ཀྱི་སྨན་རྫས་ཡིན་པ་དང་། དུག་གཤིས་ཆུང་བ་ཡིན། ཐང་ཤིང་གི་གནོད་འབྲུའི་ཉིང་རྟུལ་མང་འདུས་ཀྱི་ཟྲུར་གཟྲུགས་ནད་དུག་གི་མ་བཅོས་སྨན་རྫས་ཀྱི་ཕྱི་ངོས་ནི་དཀར་མདོག་ཕྱེ་གཟུགས་ཡིན། ཐང་ཤིང་གི་གནོད་འབྲུའི་ཉིང་རྟུལ་མང་འདུས་ཀྱི་ཟྲུར་གཟྲུགས་ནད་དུག་ནི་འགོས་ནད་ཕོག་ནས་ཤི་བའི་ཐང་ཤིང་གནོད་འབྲུ་ཡི་ལུས་པོའི་ནང་ནས་བཏོན་པ་ཡིན་པས་ཐང་ཤིང་གནོད་འབྲུ་འགོག་བཅོས་ཀྱི་ཕན་འབྲས་ལེགས་པོ་ཐོན་བཞིན་ཡོད། ནད་དུག་གནོད་འབྲུའི་ལུས་ཁོག་ཏུ་ཞུགས་རྗེས་མགྱོགས་མྱུར་སྨོས་རྗེ་མང་དུ་སོང་ནས། གནོད་འབྲུའི་ལུས་ཁམས་ཀྱི་བྱེད་ནུས་རྒྱུན་ལྡན་ལ་གཏོར་བརླག་བྱེད་པ་དང་གནོད་འབྲུའི་ལུས་སྟེང་དུ་འགོས་ནས་མཇུག་མཐར་ཤི་འགྲོ་བ་ཡིན། ནད་འབྲུའི་བེམ་རོ་རུལ་རྗེས་ཡང་བསྐྱར་ནད་དུག་གསར་བ་བྱུང་ནས། བདེ་ཐང་གནོད་འབྲུ་གཞན་རིགས་དང་འབྲུ་ཕྲུག་གསར་བ་འབྱུང་བ་དང་། མཇུག་མཐར་གནོད་འབྲུའི་རིགས་ཚོགས་ཀྱི་གྲངས་ཀ་དང་གནོད་འཚེ་ཐེབས་པའི་ཚོད་འཛིན་ནུས་ལྡན་བྱེད་པའི་དམིགས་ཡུལ་འགྲུབ་པ་ཡིན་ནོ།།

(གཉིས) ཐོ་འགོད་བྱས་པའི་ལོ་ཧྲག་དང་འགོག་བཅོས་བྱ་ཡུལ།

ཐོ་འགོད་བྱས་པའི་ལོ་ཧྲག་ནི་གསོམ་སྟོང་ཡིན། འགོག་བཅོས་བྱ་ཡུལ་གཙོ་བོ་ནི་ཐང་ཤིང་གི་གནོད་འབུ་ཡིན། ཐོ་འགོད་བྱས་པའི་ཐོན་རྫས་ནི་སྲུང་ཤིང་མིག་དམར་ཡིན་ཞིང་། དུག་གཤིས་ཅུང་ཆུང་བ་ཡིན། སྨན་གྱི་བཟོ་དབྱིབས་འབུ་གསོད་བྱང་བུ་ཡིན། ཕན་ནུས་ལྡན་ཡུལ་ནི་ཐང་ཤིང་མིག་དམར་དང་ཐང་ཤིང་གི་གནོད་འབུའི་ཉིང་རྟུལ་མང་འདུས་ཀྱི་ཟུར་གཟུགས་ནད་དུག་ཡིན། སྲུའུ་སྲུང་ཤིང་གི་ནད་དུག་ནི་དུག་གཤིས་ཆུང་ཞིང་སྨན་རྫས་ཀྱི་བཟོ་དབྱིབས་བཞའ་ཚན་རང་བཞིན་གྱི་སྨན་ཕྱེ་ཡིན། ཕན་ནུས་ལྡན་ཡུལ་ནི་སྲུའུ་ཡུན་ཅིན་ནར་སྲིན་དང་ཐང་ཤིང་གི་གནོད་འབུའི་ཉིང་རྟུལ་མང་འདུས་ཀྱི་ཟུར་གཟུགས་ནད་དུག་ཡིན།

(གསུམ) མཉམ་འཛོག་བྱ་ཡུལ།

ཐོན་རྫས་འདི་བུལ་གཤིས་དངོས་པོ་དང་བསྲེས་སྦྱོད་བྱ་མི་རུང་ལ། ཟངས་འདུས་འབུ་སྲ་གསོད་བྱེད་ཀྱི་སྨན་རྫས་དང་བསྲེས་སྦྱོད་བྱེད་མི་རུང་། ལས་སྟོན་བྱས་པའི་སྨན་རྫས་སྐྱེ་དངོས་གཞན་དག(དཔེར་ན་སྲུའུ་ཡུན་ཅིན་དབྱུག་སྲིན་གྱི་ལས་སྟོན་བྱས་པའི་སྨན་རྫས་སྐྱེ་དངོས)དང་བརྟེ་རེས་བྱས་ནས་བཀོལ་སྤྱོད་བྱས་ན་ལྷག་ཏུ་བཟང་།

བཅུ་དྲུག ཛའི་ལོ་མའི་འབུ་སྲིན་ཉིང་རྟུལ་མང་འདུས་ཀྱི་ཟུར་གཟུགས་ནད་དུག

(གཅིག) ནུས་པའི་ཁྱད་ཆོས།

ཛའི་ལོ་མའི་འབུ་སྲིན་ཉིང་རྟུལ་མང་འདུས་ཀྱི་ཟུར་གཟུགས་ནད་དུག་ནི་ནད་དུག་རིགས་ཀྱི་སྐྱེ་དངོས་ཕྲ་རབ་ཀྱི་འབུ་གསོད་རྫས་ཡིན་པ་དང་། དུག་གཤིས་ཆུང་བ་ཡིན། ཛའི་ལོ་མའི་འབུ་སྲིན་ཉིང་རྟུལ་མང་འདུས་ཀྱི་ཟུར་གཟུགས་ནད་དུག་ནི་དེང་རབས་ཀྱི་སྐྱེ་དངོས་ལག་རྩལ་སྤྱད་དེ། འགོས་ནད་ཕོག་ནས་ཤི་བའི་ཛའི་ལོའི་འབུ་སྲིན་གྱི་ལུས་སྟེང་ནས་བླངས་པ་ཡིན། ཐོན་རྫས་འདི་ནི་སྐྱེ་དངོས་ཀྱི་ཐོན་རྫས་ལྷད་མེད་ཅིག་ཡིན་ལ། ལས་སྟོན་བྱས་པའི་སྨན་རྫས་ཀྱིས་ཛའི་ལོ་མའི་སྲིན་འབུ་ལ་འགོག་བཅོས་ཀྱི་ཕན་འབྲས་ལེགས་པོ་ཐོན་གྱིན་ཡོད། ནད་དུག་གནོད་འབུའི་ལུས་ཁོག་ཏུ་ཞུགས་རྗེས

མགྱོགས་མྱུར་སྙོམས་ཇེ་མང་དུ་འཕེལ་ནས་གནོད་འབུའི་རྒྱུན་ལྡན་གྱི་ལུས་ཁམས་ཀྱི་བྱེད་ནུས་ལ་གཏོར་བརླག་ཐེབས་ཏེ། གནོད་འབུར་ནད་འགོས་ནས་ཤི་འགྲོ་བ་ཡིན། ནད་འབུའི་བེམ་རོ་ཉུལ་རྗེས་ཡང་བསྐྱར་ནད་དུག་གསར་བ་བྱུང་ནས། བདེ་ཐང་གནོད་འབུ་གཞན་རིགས་དང་འབུ་ཕྲུག་གསར་བ་འབྱུང་བ་དང་། མཇུག་མཐར་གནོད་འབུའི་རིགས་ཚོགས་ཀྱི་གྲངས་ཀ་དང་གནོད་འཚེ་ཐེབས་པའི་ཚོད་འཛིན་ནུས་ལྡན་བྱེད་པའི་དམིགས་ཡུལ་འགྲུབ་པ་ཡིན་ནོ། །

(གཉིས) ཐོ་འགོད་བྱས་པའི་ལོ་ཏོག་དང་འགོག་བཅོས་བྱ་ཡུལ།

ཐོ་འགོད་བྱས་པའི་ལོ་ཏོག་ནི་ཛ་སྔོང་ཡིན། འགོག་བཅོས་བྱ་ཡུལ་གཙོ་བོ་ནི་ཛའི་ལོ་མའི་སྲིན་འབུ་ཡིན། ཐོ་འགོད་བྱས་པའི་ཐོན་རྫས་ནི་ཛའི་ཉིང་སུའུ་ཡུན་དབྱུག་སྲིན་གཡེང་འཕྱོ་སྨན་རྫས་ཡིན། དུག་གཤིས་ཅུང་ཆུང་བ་དང་ཕན་ལྡན་གྲུབ་ཆ་ནི་ཛའི་ལོ་མའི་འབུ་སྲིན་ཉིང་རྟུལ་མང་འདུས་ཀྱི་ཟུར་གཟུགས་ནད་དུག་དང་སུའུ་ཡུན་ཅིན་དབྱུག་སྲིན་ཡིན།

(གསུམ) མཉམ་འཛོག་བྱ་ཡུལ།

ཉི་འོད་སྐྱུག་ཕྱིའི་འོད་ཟེར་ཐོག་མི་རུང་། འབུ་སྲ་གསོད་བྱེད་ཀྱི་སྨན་རྫས་དང་བསྲེས་ནས་སྤྱོད་མི་རུང་། བདེ་འཇགས་བར་མཚམས་ལ་ཉིན1~2བར་ཡིན་པ་དང་། དུས་ཚོགས་རེར་སྨན་རྫས་གཏོར་གྲངས་ཐེངས5ལས་མི་བརྒལ་བར་བྱེད་དགོས།

བཅུ་བདུན། ཧ་ཚི་མུའུ་འབུ་སྲ།

(གཅིག) ནུས་པའི་ཁྱད་ཆོས།

ཧ་ཚི་མུའུ་འབུ་སྲ་ནི་འབུ་སྲ་ངོ་མའི་རིགས་ཀྱི་འབུ་སྲ་གསོད་བྱེད་ཀྱི་སྨན་རྫས་ཤིག་ཡིན་པ་དང་། མ་བཅོས་སྨན་རྫས་ཀྱི་དུག་གཤིས་ཅུང་ཆུང་ཞིང་ལས་སྔོན་སྨན་རྫས་ཀྱི་དུས་གཤིས་ཀྱང་ཅུང་ཆུང་བ་ཡིན། ཧ་ཚི་མུའུ་འབུ་སྲ་ཡིས་ལོ་ཏོག་གི་རྩ་བའི་ནད་དང་ལོ་མ་དང་འབྲས་བུའི་གནོད་འབུ་འགོག་ཐུབ། བྱེད་ནུས་ཀྱི་རྣམ་པ་ཤིན་ཏུ་མང་བ་དང་དེའི་ནང་དུ་རྫས་འགྱུར་གྱི་ནུས་པ་དང་སྐྱེ་དངོས་འགོག་པའི་ནུས་པ། གཞན་བརྟེན་གྱི་ནུས་པ་བཅས་ཚུད་ཡོད། བཀོལ་སྤྱོད་བྱས་རྗེས་ཤིང་སྲིན་གྱི་སྲིན་སྐྱུད་སྲིན་འབུ་རྟེན་ཡུལ(ནད་

གཞིའི་འབྲུ་སྤྲིན)གྱིས་ཟགས་ཐོན་བྱས་པའི་གོང་བུ་གཅིག་འདུས་རྒྱུ་རྫས་བརྒྱུད་ནས་བརྟེན་ཡུལ་དུ་སྐྱེ་བཞིན་ཡོད། གོང་བུ་གཅིག་འདུས་རྒྱུ་རྫས་ནི་ཤིང་སྤྲིན་ཕྲ་ཕུང་གི་ལྡེབས་ཀྱི་འོ་རྟགས་ཕྱེད་ཙམ་གྱི་མདངར་ལྡན་ལྕག་རྒྱང་དང་འདྲིས་ཐུབ། ཤིང་སྤྲིན་ཕྲ་ཕུང་ཡང་གནས་འདི་བརྒྱུད་ནས་བརྟེན་ཡུལ་དུ་འཛུལ་ཏེ། ནད་གཞིའི་འབྲུ་སྤྲིན་ནི་ཕྲ་ཕུང་སྦྲོས་པའི་གནོན་ཤུགས་ཇེ་ཆུང་དུ་སོང་བ་བསྟུན་ནས་ཤི་འགྲོ་བ་ཡིན།

(གཉིས) ཐོ་འགོད་བྱས་པའི་ལོ་ཏོག་དང་འགོག་བཅོས་བྱ་ཡུལ།

ཐོ་འགོད་བྱས་པའི་ལོ་ཏོག་ནི་ཀྲོ་མ་ཀྲུ་དང་རྒུན་འབྲུམ། དཀར་པོ་ཚོག་ཐུབ། མེ་ཏོག་པད་མ་སོགས་ཡིན། འགོག་བཅོས་བྱ་ཡུལ་གཙོ་བོ་ནི་ཀྲོ་མ་ཀྲུ་ཡི་རྩམ་ཏུལ་ནད་དང་སྐམ་ཏུལ་ནད། འཕྲུལ་ལོག་ནད། རྒུན་འབྲུམ་གྱི་རྩམ་ཏུལ་ནད་དང་སད་ཏགས་ནད། དཀར་པོ་ཚོག་ཐུབ་ཀྱི་རྩམ་ཏུལ་ནད། སྐམ་ཏུལ་ནད། པད་ཁའི་རྩ་ཏུལ་ནད་སོགས་ཡིན།

(གསུམ) མཉམ་འཛོག་བྱ་ཡུལ།

ཐོན་རྫས་འདི་ཐུམ་ཤོག་ཆུང་ངུའི་ཁ་ཕྱེ་རྗེས་མྱུར་དུ་བཀོལ་སྤྱོད་བྱེད་དགོས། རབ་ཡིན་ན་སྨན་རྫས་གཏོར་ཐེངས་གཅིག་གིས་བཀོལ་ཚར་དགོས། སྨན་ཁུ་སྡེབ་བཟོ་བྱེད་སྐབས་ངེས་པར་དུ་སྙོམས་པོར་དཀྲུག་དགོས། བུལ་གཤེར་ཞིང་སྨན་སོགས་དང་བསྲེས་སྤྱོར་བྱེད་མི་རུང་། སྦྲང་མ་དང་ཉ་རིགས་སོགས་ཆུ་སྐྱེས་སྐྱེ་དངོས་དང་། ཁྱིམ་གསོས་དར་འབུའི་སོགས་ལ་དུག་གཤེར་ཆུང་བས། སྦྲང་ཚང་དང་ཆུ་ཁུངས། སྨུག་ཁང་བཅས་ལ་འབབ་བཙོག་མི་ཐེབས་པར་བྱེད་དགོས། སྨན་རྫས་དང་དེའི་བེད་མེད་དངོས་རྫས་ཀྱིས་ཆུ་ཁོངས་དང་ས་རྒྱུ་སོགས་ཀྱི་ཁོར་ཡུག་ལ་འབབ་བཙོག་མི་བཟོ་བར་བྱེད་དགོས།

བཅོ་བརྒྱད། པད་ཁའི་འབྲུ་སྦྱོན་རིལ་བུའི་ནད་དུག

(གཅིག) ནུས་པའི་ཁྱད་ཆོས།

པད་ཁའི་འབྲུ་སྦྱོན་རིལ་བུའི་ནད་དུག་ནི་ནད་དུག་རིགས་ཀྱི་སྐྱེ་དངོས་ཕྲ་རབ་ཀྱི་འབྲུ་གསོད་བྱེད་ཀྱི་སྨན་རྫས་ཤིག་ཡིན་པ་དང་། དུག་གཤེར་ཆུང་བ་ཡིན། པད་ཁའི་འབྲུ་སྦྱོན་རིལ་བུའི་ནད་དུག་ནི་དེང་རབས་ཀྱི་སྐྱེ་དངོས་ལག་རྩལ་སྤྱད་དེ། ནད་ཡོག་ནས་ཤི་

བའི་པད་ཁའི་འབུ་སྲའི་ལུས་པོག་ཏུ་བརྟེན་པ་ཞིག་ཡིན། ལས་སྔོན་བྱས་པའི་སྨན་རྫས་ཀྱིས་པད་ཁའི་འབུ་སྲིན་ལ་སྔོན་འགོག་གི་ནུས་པ་ལེགས་པོ་ཐོན་གྱིན་ཡོད། ནད་དུག་གནོད་འབུའི་ལུས་པོག་ཏུ་ཞུགས་རྗེས་མགྱོགས་མྱུར་སྨྲོས་ཏེ་མང་དུ་འཕེལ་ནས་གནོད་འབུའི་རྒྱུན་ལྡན་ལུས་ཁམས་ཀྱི་བྱེད་ནུས་ལ་གཏོར་བརླག་ཐེབས་ཏེ། གནོད་འབུར་ནད་འགོས་ནས་ཤི་འགྲོ་བ་ཡིན། ནད་འབུའི་བེམ་རོ་རུལ་རྗེས་ཡང་བསྐྱར་ནད་དུག་གསར་བ་བྱུང་ནས། བདེ་ཐང་གནོད་འབུ་གཞན་རིགས་དང་འབུ་ཕྲུག་གསར་བ་འབྱུང་བ་དང་། གནོད་འབུའི་དབྱེ་བ་མང་པོའི་ཁྲོད་དུ"གནོད་འབུའི་རིམས་ནད"བྱུང་ནས། མཇུག་མཐར་གནོད་འབུའི་རིགས་ཚོགས་ཀྱི་གྲངས་ཀ་དང་གནོད་འཚེ་ཐེབས་པའི་ཚོད་འཛིན་ནུས་ལྡན་བྱེད་པའི་དམིགས་ཡུལ་འགྲུབ་པ་ཡིན་ནོ།།

(གཉིས) ཐོ་འགོད་བྱས་པའི་ལོ་ཏོག་དང་འགོག་བཅོས་བྱ་ཡུལ།

ཐོ་འགོད་བྱས་པའི་ལོ་ཏོག་ནི་རྒྱ་གྲམ་དབྱིབས་ཀྱི་མེ་ཏོག་ཚན་གྱི་སྤོ་ཚལ་ཡིན་ལ། འགོག་བཅོས་བྱ་ཡུལ་གཙོ་བོ་ནི་པད་ཁའི་འབུ་སྲིན་ཡིན། ཐོ་འགོད་བྱས་པའི་ཐོན་རྫས་ནི་ཚལ་ཛོག་སུའུ་ཡུན་དབྱུག་སྲིན་གཡེང་རྫས་ཡིན། དུག་གཤིས་ཅུང་ཆུང་། ཕན་ལྡན་གྲུབ་ཆ་ནི་པད་ཁའི་འབུ་སྔོན་རིལ་བུའི་ནད་དུག་དང་སུའུ་ཡུན་ཅིན་དབྱུག་སྲིན་ཡིན།

(གསུམ) མཉམ་འཛོམ་བྱ་ཡུལ།

ཐོན་རྫས་འདིས་ཁྱིམ་གྱི་དར་སྲིན་ལ་དུག་བསྐྱེད་པ་དང་། སྲིན་ཤིང་ར་བ་དང་ཉུག་ཁང་གི་ཉེ་འགྲམ་དུ་སྤྱོད་མི་ཆོག བདེ་འཇགས་བར་གསེང་ནི་ཉིན[7]ཡིན། དུས་ཚོགས་རེར་སྨན་རྫས་གཏོར་བའི་གྲངས་ཀ་ཐེངས[3]ལས་བརྒལ་མི་རུང་།

བཅུ་དགུ། ཆུ་འབྲས་ཀྱི་ལོ་སྐྲིལ་སྨུག་གཟན་འབུ་རིགས་ཀྱི་རིལ་བུའི་ནད་དུག

(གཅིག) ནུས་པའི་ཁྱད་ཆོས།

ཆུ་འབྲས་ཀྱི་ལོ་སྐྲིལ་སྨུག་གཟན་འབུ་རིགས་ཀྱི་རིལ་བུའི་ནད་དུག་ནི་ནད་དུག་རིགས་ཀྱི་སྐྱེ་དངོས་སྲ་རབ་ཀྱི་འབུ་གསོད་བྱེད་ཀྱི་སྨན་རྫས་ཤིག་ཡིན་པ་དང་། དུག་གཤིས་ཆུང་བ་ཡིན། གནོད་འབུས་ཟས་རྗེས་ནད་དུག་ནི་འབུའི་ལུས་པོག་ཏུ་སྐྱེ་འཕེལ་བྱུང་ནས་

གནོད་འབུ་འགོས་ཏེ་འཆི་ཉ་འཇུག་པ་དང་། དུས་མཚུངས་སུ་ནད་དུག་ནི་ད་དུང་གནོད་འབུའི་ཁྲུ་ཚོགས་ཁྲོད་དུ་མཆེད་ནས་ནད་རིམས་བསྐྱེད་ཅིང་། ནུས་ལྡན་སྣོས་གནོད་འབུའི་ཁྲུ་ཚོགས་ཀྱི་གྲངས་འབོར་དང་གནོད་འཚེ་ཚོད་འཛིན་བྱེད་ཐུབ།

(གཉིས) ཐོ་འགོད་བྱས་པའི་ལོ་ཏོག་དང་འགོག་བཅོས་བྱ་ཡུལ།

ཐོ་འགོད་བྱས་པའི་ལོ་ཏོག་ནི་ཆུ་འབྲས་ཡིན། འགོག་བཅོས་བྱ་ཡུལ་གཙོ་བོ་ནི་ཆུ་འབྲས་ཀྱི་ལོ་སྙིལ་མྱུག་གཟན་འབུ་ཡིན། ཐོ་འགོད་བྱས་པའི་ཐོན་རྫས་ནི་སུའུ་ཡུན་ཆུ་འབྲས་ལོ་སྙིལ་གྱི་བཞའ་ཚན་རང་བཞིན་གྱི་སྨན་སྦྱེ་ཡིན། དུག་གཤིས་ཆུང་བ་དང་ཕན་ནུས་ལྡན་པའི་གྲུབ་ཆ་ནི་སུའུ་ཡུན་ཅིན་དབྱུག་སྲིན་དང་ཆུ་འབྲས་ཀྱི་ལོ་སྙིལ་མྱུག་གཟན་འབུ་རིགས་ཀྱི་ནད་དུག་ཡིན།

(གསུམ) མཉམ་འཛོམ་བྱ་ཡུལ།

ཐོན་རྫས་འདིར་ཉེ་འོད་སྨུག་ཕྱིའི་འོད་ཕོག་མི་རུང་། ཁྱིམ་གསོས་དར་འབུར་དུག་བསྐྱེད་པ་དང་། སྲིན་ཤིང་ར་བ་དང་མུག་ཁང་གི་ཉེ་འཁྲམ་དུ་སྤྱོད་མི་ཆོག བྱུལ་གཤིས་ཞིང་སྨན་དང་བསྲེས་སྦྱོར་བྱེད་མི་རུང་།

ཉི་ཤུ། ཕོ་ཞུང་རུལ་འབུའི་དབྱུག་སྲིན།

(གཅིག) ནུས་པའི་ཁྱད་ཆོས།

ཕོ་ཞུང་རུལ་འབུའི་དབྱུག་སྲིན་ནི་འབུ་ཕྲ་ངོ་མའི་རིགས་ཀྱི་ནད་འབུ་ཕྲ་མོའི་འབུ་ཕྲ་གསོད་བྱེད་ཀྱི་སྨན་རྫས་ཤིག་ཡིན་ལ། དུག་གཤིས་ཆུང་བ་ཡིན། ཕོ་ཞུང་རུལ་འབུའི་དབྱུག་སྲིན་ནི་སྐྱེ་དངོས་ཕྲ་རབ་ཀྱི་འབུ་ཕྲ་གསོད་བྱེད་ཀྱི་སྨན་རྫས་གསར་བ་ཞིག་ཡིན། སྐྱེ་དངོས་ཀྱི་ནད་འགོག་ནུས་ཤུགས་ཇེ་མཐོར་བཏང་སྟེ། རྩི་ཤིང་གི་སྐྱེ་འཕེལ་དང་གསོན་ཤུགས་འཕེལ་བར་སྐུལ་འདེད་དང་། རྩི་ཤིང་གི་རིམས་འགོག་ནུས་པ་དང་ནད་སློང་འབུ་ཕྲ་འགོག་པའི་ནུས་པ་ཇེ་མཐོར་གཏོང་ཐུབ།

(གཉིས) ཐོ་འགོད་བྱས་པའི་ལོ་ཏོག་དང་འགོག་བཅོས་བྱ་ཡུལ།

ཐོ་འགོད་བྱས་པའི་ལོ་ཏོག་ནི་ཀྲོ་མ་ཀྲུ་དང་ཀུ་ཤུའི་སྡོང་པོ། ཆུ་འབྲས། རྫོ་ཐ་སོགས་

ཡིན། འགོག་བཅོས་བྱ་ཡུལ་གཙོ་བོ་ནི་ཀྲོ་མ་ཀྲུ་ཡི་མཚན་འགོས་རིམས་ནད། ཀུ་ཤུའི་སྔོང་བོ་རུལ་ནད། ཆུ་འབྲས་སྐམ་ནད། རྗོ་ཐའི་སྨུག་པོའི་ནད་སོགས་ཡིན།

(གསུམ) མཉམ་འཛོམ་བྱ་ཡུལ།

ཐོན་རྫས་འདི་རྫས་འགྱུར་གྱི་འབུ་སྲ་གསོད་བྱེད་ཀྱི་སྨན་རྫས་དང་བསྲེས་ནས་བཀོལ་མི་ཆོག རྫས་འགྱུར་འབུ་སྲ་གསོད་སྨན་ཞར་གསོག་སྣོད་ཆས་དང་སྨན་ཆུ་གཏོར་ཆས་བཀོལ་སྤྱོད་རིགས་ཡིན་ན་ཐོན་རྫས་འདིའི་སྟེང་དུ་ཐད་ཀར་བཀོལ་མི་ཆོག ཆུ་དྭངས་མོས་གཙང་མར་བཀྲུས་རྗེས་ད་གཟོད་བཀོལ་སྤྱོད་བྱེད་དགོས། ཉ་རིགས་ལ་དུག་ཆུང་བསྐྱེད་པ་དང་། ཆུ་ཐོན་གསོ་སྐྱེལ་ཁུལ་ལ་བར་ཐག་བཞག་ནས་སྨན་ཆུ་གཏོར་དགོས། ཆུ་རྫིང་གི་ནང་དུ་སྨན་རྫས་གཏོར་བྱེད་ཀྱི་སྣོད་ཆས་བཀྲུ་མི་རུང་།

ཉེར་གཅིག སྲུའུ་ཡུན་ཅིན་དབྱུག་སྲིནG033A

(གཅིག) ནུས་པའི་ཁྱད་ཆོས།

སྲུའུ་ཡུན་ཅིན་དབྱུག་སྲིནG033Aནི་སྲ་སྲིན་རང་བཞིན་གྱི་སྐྱེ་དངོས་སྲ་རབ་ཀྱི་འབུ་གསོད་བྱེད་ཀྱི་སྨན་རྫས་ཤིག་ཡིན་པ་དང་། ལས་སྟོན་སྨན་རྫས་ཀྱི་དུག་གཤིས་ཆུང་བ་ཡིན། སྲུའུ་ཡུན་ཅིན་དབྱུག་སྲིནG033Aནི་རང་བྱུང་རི་སྐྱེས་སྲུའུ་ཡུན་ཅིན་དབྱུག་སྲིནG03ཡིས་གཞི་རྒྱུ་བསྐྱར་སྒྲིག་དང་བསྒྱུར་བཅོས། ལེགས་འདེམ་བཅས་བྱས་ནས་ཐོབ་པའི་སྐྱེ་དངོས་སྲ་རབ་སྲུའུ་ཡུན་ཅིན་དབྱུག་སྲིན་ལས་གྲྭའི་སྲིན་སྔོང་ཡིན་པ་དང་། བྱེད་ནུས་ནི་ཕོ་བའི་དུག་ཡིན།

(གཉིས) ཐོ་འགོད་བྱས་པའི་ལོ་ཏོག་དང་འགོག་བཅོས་བྱ་ཡུལ།

ཐོ་འགོད་བྱས་པའི་ལོ་ཏོག་ནི་ཀན་ལན་དང་ཞོག་ཁོག་ཡིན། འགོག་བཅོས་བྱ་ཡུལ་ནི་ཀན་ལན་གྱི་ཚལ་འབུ་མེ་ལྕེབ་དང་ཞོག་ཁོག་སྦུར་བ་ཡིན།

(གསུམ) མཉམ་འཛོམ་བྱ་ཡུལ།

ཐོན་རྫས་འདི་སྐྱེ་ལྡན་ལེན་འབུ་གསོད་པའམ་ཡང་ན་འབུ་སྲ་གསོད་བྱེད་ཀྱི་སྨན་རྫས་དང་བསྲེས་ནས་སྤྱོད་མི་རུང་། བཀོལ་སྤྱོད་བྱེད་དུས་ཏྲུང་རྒྱུག་ཐུབ་པའི་ས་གནས་

བདམས་ནས་བཀོལ་སྤྱོད་བྱེད་དགོས། སྐྱི་མོ་དང་མིག་ལ་འགོག་སྲུང་བྱེད་ཐབས་སྤྱད་ནས་སྐྱི་མོ་དང་མིག་ལ་མི་འཕྲད་པའམ་མི་རེག་པ་དང་། ཁ་སྣའི་ནང་དུ་རྡུབ་པའི་གནས་ཚུལ་འབྱུང་མི་རུང་། སྨན་གཏོར་བའི་སྐབས་སུ་བཟའ་བཏུང་དང་ཐ་མག་འཐེན་མི་ཆོག སྨན་བརྒྱབ་རྗེས་དུས་ལྟར་ལག་པ་བཀྲུ་བ་དང་ངོ་གདོང་བཀྲུ་དགོས་ཤིང་། ཁྱིམ་གསོས་དར་འབུ་ལ་དུག་བསྐྱེད་ཚད་མཐོ་བས། སྲིན་ཤིང་ར་བ་དང་མུག་ཁང་དུ་སྤྱོད་མི་རུང་ངོ་།།

ཉེར་གཉིས། འབྱར་འབུའི་རིལ་བུའི་ནད་དུག

(གཅིག) ནུས་པའི་ཁྱད་ཆོས།

འབྱར་འབུའི་རིལ་བུའི་ནད་དུག་ནི་ནད་དུག་རིགས་ཀྱི་སྐྱེ་དངོས་ཕྲ་རབ་ཀྱི་འབུ་གསོད་བྱེད་ཀྱི་སྨན་རྫས་ཤིག་ཡིན་ཞིང་དུག་གཤིས་ཆུང་བ་ཡིན། འབྱར་འབུའི་རིལ་བུའི་ནད་དུག་དང་སུའུ་ཡུན་ཅིན་དབྱུག་སྲིན་བསྲེས་བསྡེབས་བྱས་ན། སུའུ་ཡུན་ཅིན་དབྱུག་སྲིན་གྱི་དུག་ནུས་ཇེ་ཆེར་གཏོང་ཐུབ་ལ། ཚལ་འབུ་མེ་ལྕེབ་འགོག་པར་ཕན་ནུས་ཆེན་པོ་ཡོད།

(གཉིས) ཐོ་འགོད་བྱས་པའི་ལོ་ཏོག་དང་འགོག་བཅོས་བྱ་ཡུལ།

ཐོ་འགོད་བྱས་པའི་ལོ་ཏོག་ནི་རྒྱ་གྲམ་དབྱིབས་ཀྱི་མེ་ཏོག་ཚན་གྱི་སྔོ་ཚལ་ཡིན། འགོག་བཅོས་བྱ་ཡུལ་གཙོ་བོ་ནི་ཚལ་འབུ་མེ་ལྕེབ་ཡིན། ཐོ་འགོད་བྱས་པའི་ཐོན་རྫས་ནི་འབྱར་རྩི་སུའུ་ཡུན་འབུ་ཕྲའི་བརྟན་འགྱུར་རང་བཞིན་གྱི་སྨན་བྱེ་ཡིན། དུག་གཤིས་ཆུང་བ་དང་ནུས་ལྡན་གྱི་གྲུབ་ཆ་ནི་འབྱར་འབུའི་རིལ་བུའི་ནད་དུག་དང་སུའུ་ཡུན་ཅིན་དབྱུག་སྲིན་སོགས་ཡིན།

(གསུམ) མཉམ་འཛོམ་བྱ་ཡུལ།

ཐོན་རྫས་འདི་གནོད་འབུ་འབུ་ཕྲུག་ཡིན་པའི་དུས་སུ་སྨན་བརྒྱབ་ན་ཕན་འབྲས་བཟང་། ཉི་འོད་སྨུག་ཕྱིའི་འོད་ཕོག་མི་རུང་། སང་དར་ལ་དུག་བསྐྱེད་པས་སྲིན་ཤིང་ར་བ་དང་དར་གསོའི་ར་བའི་ཉེ་འགྲམ་དུ་བེད་སྤྱོད་གཏོང་མི་རུང་། བུལ་གཤིས་ཞིང་སྨན་དང་བསྲེས་སྦྱོར་བྱེད་མི་རུང་ངོ་།།

ཉེར་གསུམ། ཀླུམ་གཟུགས་འབུ་ཕྲའི་སྦྲུམ་རྫོག་དབྱུག་སྲིན།

(གཅིག) ནུས་པའི་ཁྱད་ཆོས།

ཀླུམ་གཟུགས་འབུ་ཕྲའི་སྦྲུམ་རྫོག་དབྱུག་སྲིན་ནི་ཕྲ་སྲིན་རིགས་ཀྱི་སྐྱེ་དངོས་ཕྲ་རབ་གཙང་སྦྲ་རང་བཞིན་གྱི་འབུ་གསོད་བྱེད་ཀྱི་སྨན་རྫས་ཤིག་ཡིན་པ་དང་། དུག་སྦྲང་འབུ་ཕྲུག་གིས་ཞིལ་ཐུམ་བསྲེས་སྦྱོར་སྨན་རྫས་ཟོས་རྗེས། ཞིལ་ཐུམ་ནི་བར་རྒྱུ་བྱུལ་གཞིས་ཁོར་ཡུག་དང་སྲི་དཀར་རྩབས་ཀྱི་བྱེད་ནུས་འོག་ཏུ་མགྱོགས་མྱུར་ངང་ཞུ་འཁྱིད་བྱས་ཏེ། དུག་རྒྱུ་རིགས་གཉིས་ཀྱི་སྲི་དཀར་ཕྱིར་འདོན་ཞིང་། དེས་དུག་སྦྲང་གི་འབུ་ཕྲུག་ལ་འགོག་བཅོས་ཀྱི་ཕན་འབྲས་ལེགས་པོ་ཐོན་པ་ཡིན།

(གཉིས) ཐོ་འགོད་བྱས་པའི་ས་གནས་དང་འགོག་བཅོས་བྱ་ཡུལ།

གཙང་སྦྲའི་འབུ་གསོད་སྨན་རྫས་ཀྱི་ཐོ་འགོད་ས་གནས་ནི་རྫིང་བུ་དང་ཆུ་རྐ། ས་འོག་གི་ཆུ་ལམ་སོགས་དུག་སྦྲང་གི་འབུ་ཕྲུག་སྐྱེ་འཕེལ་དང་བསྡུན་ནས་གཏོར་དགོས། འགོག་བཅོས་བྱ་ཡུལ་གཙོ་བོ་ནི་སྦྲང་འཁྱུར་འབུ་ཕྲན་ཡིན།

(གསུམ) མཉམ་འཛོག་བྱ་ཡུལ།

ཐོན་རྫས་འདི་ཉི་འོད་སྨུག་ཕྱིའི་འོད་ཕོག་མི་རུང་། བེད་སྤྱོད་སྐབས་བསྲེས་སྦྱོར་སྙོམས་པོ་ཡོང་བར་བྱེད་དགོས། བྱུལ་གཞིས་ཞིང་སྨན་དང་བསྲེས་སྦྱོད་བྱེད་མི་རུང་། ཐོན་རྫས་འདི་བེད་སྤྱོད་བྱེད་སྐབས་བབ་མཐུན་གྱི་བདེ་འཛགས་འགོག་སྲུང་བྱེད་ཐབས་སྤྱད་དེ་ཁ་ནང་དུ་རྡུབ་པ་དང་སྐྱི་མོར་རེག་ཐུག་འབྱུང་བར་སྔོན་འགོག་བྱེད་དགོས། བཀོལ་སྤྱོད་བྱས་རྗེས་དུས་ཐོག་ཏུ་ངོ་གདོང་དང་ལག་པ་བཀྲུ་དགོས། གཙང་པོ་དང་རྫིང་བུ་སོགས་བཞུར་འབབ་ཆུ་བོའི་ནང་དུ་ཐད་ཀར་བེད་སྤྱོད་བྱེད་མི་རུང་བ་དང་། ཆུ་རྫིང་གི་ནང་དུ་སྨན་རྫས་གཏོར་བྱེད་ཀྱི་སྣོད་ཆས་བཀྲུ་མི་རུང་།

ཉེར་བཞི། ས་རྒྱུའི་སྨུག་ཐུམ་དབྱུག་སྲིན།

(གཅིག) ནུས་པའི་ཁྱད་ཆོས།

ས་རྒྱུའི་སྨུག་ཐུམ་དབྱུག་སྲིན་ནི་ཕྲ་སྲིན་རིགས་ཀྱི་སྐྱེ་དངོས་ཕྲ་རབ་ཀྱི་འབུ་ཕྲ་གསོད་

བྱེད་ཀྱི་སྨན་རྫས་ཤིག་ཡིན་པས་སྲུང་སྐྱོབ་དང་སྨན་བཅོས་ཀྱི་ནུས་པ་ལྡན། རྙིང་ཚབ་གསར་བྱེད་ཀྱི་གོ་རིམ་ཁྲིད་དུ་འབུ་ཕྲ་འགོག་པའི་དངོས་རྫས་སྣ་ཚོགས་དང་རྫོད་ཚད་མཐོ་བའི་སྤྲི་དཀར་རྫས། དེ་མིན་སྐྱེ་འཚར་རྐྱེན་ཕྲེང་སྣ་ཚོགས་འབྱུང་ཞིང་། ནད་ཀྱི་འབྱུང་ཁུངས་ཀྱི་འབུ་ཕྲ་སྐྱེ་བར་ཚོད་འཛིན་དང་སྐྱེ་དངོས་ཕྲ་མོ་སྐྱེ་འཕེལ་ཡོང་བར་སྐྱུལ་འདེད། ཞིང་ལས་ལོ་ཏོག་གི་ནད་འགོག་ནུས་པ་ཇེ་མཐོར་གཏོང་ཐུབ།

(གཉིས) ཐོ་འགོད་བྱས་པའི་ལོ་ཏོག་དང་འགོག་བཅོས་བྱ་ཡུལ།

ཐོ་འགོད་བྱས་པའི་ལོ་ཏོག་ནི་གྲོ་དང་ཆུ་ཀུབ། ཏོང་ཀུབ་སོགས་ཡིན། འགོག་བཅོས་བྱ་ཡུལ་གཙོ་བོ་ནི་གྲོ་ཙ་ཏུལ་ནད་དང་། ཆུ་ཀུབ་རྐམ་ནད། ཏོང་ཀུབ་ཀྱི་སད་ཏགས་ནད་སོགས་ཡིན།

(གསུམ) མཉམ་འཛོག་བྱ་ཡུལ།

ཐོན་རྫས་འདི་ཕུན་སྡུན་དང་ཀའོ་དབྱང་ཏ་ཆིང་། ཀའོ་དབྱང་དབྱི་སོན་སོགས་དང་བསྲེས་སྤྱོད་བྱེད་མི་རུང་། ཐོན་རྫས་འདི་བེད་སྤྱོད་སྐབས་ཆ་སྙོམས་པོས་སྤྱོད་དགོས་པ་ལས། སྐྱུར་དྲག་པོ་དང་བུལ་གཤིས་དྲག་པོའི་ཞིང་སྨན་སོགས་དང་བསྲེས་ནས་སྤྱོད་མི་རུང་། བཟའ་བྱའི་ཤ་མོ་རིགས་ཀྱི་ནད་འབུ་འགོག་པར་སྤྱོད་མི་རུང་། ཐོན་རྫས་འདི་སྤྱོད་དུས་གལ་ཏེ་སླིགས་བསིང་བྱུང་ན་རྒྱུན་ལྡན་སྣང་ཚུལ་ཡིན་ལ། བཀོལ་སྤྱོད་བྱེད་སྐབས་སྙོམས་པོར་སྐྱུལ་ན། སྨན་གྱི་ཕན་འབྲས་ལ་ཤུགས་རྐྱེན་ཐེབས་མི་སྲིད། སྨན་ཁུ་ཡིས་ཆུའི་འབྱུང་ཁུངས་ལ་འབག་བཙོག་མི་ཐེབས་པར་བྱེད་དགོས། ནུས་པ་གཞན་པ་དང་ནང་རྐྱེན་མི་འདྲ་བའི་འབུ་གསོད་སྨན་རྫས་རྣམས་དང་བརྗེ་རེས་བྱས་ནས་བཀོལ་སྤྱོད་བྱས་ན། ནད་འགོག་རང་བཞིན་གྱི་དུས་ཡུན་ཇེ་རིང་དུ་གཏོང་ཐུབ། གཏན་འབེབས་ལྟར་འགོག་བཅོས་བྱ་ཡུལ་ལ་དམིགས་ནས་ཚད་ལྡན་ལུགས་མཐུན་སྒོས་སྨན་སྤྱོད་དགོས།

ཉེར་ལྔ། འབྱར་མང་རིགས་ཀྱི་སྨུག་ཐུམ་དབྱུག་སྲིན།

(གཅིག) ནུས་པའི་ཁྱད་ཆོས།

འབྱར་མང་རིགས་ཀྱི་སྨུག་ཐུམ་དབྱུག་སྲིན་ནི་ཕྲ་སྲིན་རིགས་ཀྱི་སྐྱེ་དངོས་ཕྲ་རབ་

ཀྱི་འབུ་སྲ་གསོད་བྱེད་ཀྱི་སྨན་རྫས་ཤིག་ཡིན། འབྱུར་མང་རིགས་ཀྱི་སྨུག་ཐུམ་དབྱུག་སྲིན་གྱིས་བསྐྱེད་པའི་འབུ་སྲ་འགོག་པའི་དངོས་པོ་དང་གནས་ཀྱིས་ནད་འགོག་རང་བཞིན་ལ་འཕྲུན་རྩོད་དང་བསླུ་ཁྲིད་བྱེད་པའི་ནུས་པ་འདོན་སྤྲངས་སྤྱད་ནས། ནད་གཞིའི་འབུ་སྲིན་གསོད་པའམ་ཚོད་འཛིན་བྱས་ན། ནད་ཀྱི་གནོད་འཚེ་འགོག་པའི་དམིགས་ཡུལ་འགྲུབ་ཐུབ་པ་ཡིན་ནོ། །

(གཉིས) ཐོ་འགོད་བྱས་པའི་ལོ་ཏོག་དང་འགོག་བཅོས་བྱ་ཡུལ།

ཐོ་འགོད་བྱས་པའི་ལོ་ཏོག་ནི་ཧོང་ཀུབ་དང་ཆུ་ཀུབ། ཀྲོ་མ་ཀྲུ། ཨ་སྦྲ། དཀར་པོ་ཚིག་ཐུབ། རྫོ་ཐ། བཅའ་སྐྱའི་ལོ་ཏོག་སོགས་ཡིན། འགོག་བཅོས་བྱ་ཡུལ་གཙོ་བོ་ནི་ཧོང་ཀུབ་ཀྱི་ར་ཁྲ་ནད་དང་། ཆུ་ཀུབ་ཀྱི་ས་ནད་དང་རྨམ་ནད། ཀྲོ་མ་ཀྲུའི་སྔོ་ནད། ཨ་སྦྲའི་སྲ་སྲིན་རང་བཞིན་གྱི་ཁྲ་ནད། དཀར་པོ་ཚིག་ཐུབ་ཀྱི་རྨམ་ནད། ཁམ་སྡོང་གི་སྒྱིན་ཆུའི་ནད། རྫོ་ཐའི་རྨམ་ནད། བཅའ་སྐྱའི་སྔོ་རྨམ་ནད་སོགས་ཡིན།

(གསུམ) མཉམ་འཛོམ་བྱ་ཡུལ།

འོས་སྦྱོར་བྱས་པའི་བེད་སྤྱོད་ཚད་གཞི་ལྟར་སྨན་གཏོར་དགོས་ཤིང་། སྨན་གཏོར་བའི་དུས་ཚོད་ལ་དོ་སྣང་བྱས་ཏེ། ཉོད་ཚད་མཐོ་བའི་སྐབས་སུ་སྨན་མི་གཏོར་བ་དང་། བུལ་གཤིས་ཞིང་སྨན་སོགས་དངོས་རྫས་དང་བསྲེས་སྤྱོད་བྱེད་མི་རུང་། དུས་ཚིགས་རེར་ལོ་ཏོག་ལ་ཆེས་མང་ན་བེད་སྤྱོད་ཐེངས2~3བྱེད་དགོས། འབུ་སྲ་གསོད་སྨན་གྱི་རྫས་འགྱུར་ཞིང་སྨན་དང་ཐད་ཀར་བསྲེས་སྦྱོར་བྱེད་མི་ཆོག་པའམ་ཡང་ན་དུས་མཉམ་དུ་བེད་སྤྱོད་བྱེད་མི་ཆོག འབུ་སྲ་གསོད་བྱེད་སྨན་རྫས་ཀྱི་སྣོད་ཆས་དང་སྨན་ཆུ་གཏོར་ཆས་བཀོལ་ན་ཆུ་དྭངས་མོས་གཙང་མར་བཀྲུས་རྗེས་བཀོལ་དགོས། ས་རྒྱུར་བརྟན་གཤེར་ཆེ་དུས། ཐོ་འགོད་བྱས་པའི་ཁྲབ་ཁོངས་ནང་གི་ཞུ་ཁུ་སླ་བོར་སྒྱུར་བའི་ལྟབ་གྲངས་ཇེ་ཉུང་དུ་བཏང་ནས། སྨན་ཁུ་རྩི་ཤིང་གི་རྩ་བར་སྦྱད་ལེན་བྱེད་པར་ཁག་ཐེག་བྱེད་དགོས། ས་རྒྱུ་སྐམ་ཤས་ཆེ་བ་དང་འདེབས་འཛུགས་འདུས་ཚད་ཆེ་བའམ་ཡང་ན་ཆུ་གཏོང་བའི་སྐབས་སུ། ཐོ་འགོད་བྱས་པའི་ཁྲབ་ཁོངས་ནང་གི་ཞུ་ཁུ་སླ་བོར་སྒྱུར་བའི་ལྟབ་གྲངས་ཇེ་མང་དུ་བཏང་

ནས་རྩི་ཤིང་གི་རྩ་བར་སིམ་པར་འགན་ལེན་བྱེད་དགོས། ཉ་རིགས་དང་སྦྲང་མ། དར་སྲིན། བྱ་རིགས་ལ་དུག་བསྐྱེད་པས། བྱ་རིགས་འདུས་པའི་གནས་ཡུལ་དུ་སྨན་རྫས་གཏོར་མི་རུང་། སྨན་གཏོར་དུས་ཉ་གསོའི་རྫིང་བུ་དང་སྲིན་བུའི་ཁང་བ། སང་ཡོན་སོགས་ལ་གཡོལ་དགོས་པར་མ་ཟད། ད་དུང་སྦྲང་རྩི་ལས་བྱུང་བའི་ལོ་ཏོག་གི་མེ་ཏོག་བཞད་པའི་དུས་སྐབས་ལ་གཡོལ་དགོས།

ཉེར་དྲུག ཐུང་བརྟན་ནར་སྲིན།

(གཅིག) ནུས་པའི་ཁྱད་ཆོས།

ཐུང་བརྟན་ནར་སྲིན་ནི་ཕྲ་སྲིན་རིགས་ཀྱི་ནད་འབུ་ཕྲ་མོའི་འབུ་གསོད་སྨན་རྫས་ཤིག་ཡིན། འབུ་གསོད་པའི་རྐྱེན་རྩ་ནི་གནོད་འབུས་ཟས་རྗེས་ཕོ་མར་རྒྱུ་བ་དང་། དམིགས་བསལ་གྱི་ཁོར་ཡུག་འོག་ཏུ་མགྱོགས་མྱུར་ངང་བརྒྱུད་སྤེལ་བྱུང་ནས་ཁྲག་གཤེར་ཕྲ་ཕུང་དང་དེའི་ཕུང་གྲུབ་ལས་ལུས་ཁམས་ཀྱི་ནད་འགྱུར་དང་སྐྱེ་དངོས་རྫས་འགྱུར་གྱི་ནད་འགྱུར་ཐོན་ནས། གནོད་འབུའི་ཟས་རིགས་མི་བཟའ་བར་རིམ་གྱིས་ཤི་བ་ཡིན།

(གཉིས) ཐོ་འགོད་བྱས་པའི་ལོ་ཏོག་དང་འགོག་བཅོས་བྱ་ཡུལ།

ཐོ་འགོད་བྱས་པའི་ལོ་ཏོག་ནི་ཛའི་སྔོན་པོ་དང་སྲིང་བལ། རྒྱ་གྲམ་གྱི་མེ་ཏོག་རིགས་ཀྱི་སྔོ་ཚལ། ཚུ་འབྲས། རྗོ་ཐ་སོགས་སྐྱེ་དངོས་རྣམས་ཡིན། འགོག་བཅོས་བྱ་ཡུལ་གཙོ་བོ་ནི་ཛའི་སྔོན་པོའི་ཛའི་ལོ་མའི་སྲིན་འབུ། སྲིང་བལ་གྱི་དྲིལ་བུའི་འབུ། རྒྱ་གྲམ་མེ་ཏོག་ཚན་གྱི་སྔོ་ཚལ་གྱི་ཚལ་འབུ་མེ་ལྕེབ། གསེག་རིས་མཚན་འབུ་མེ་ལྕེབ། ཚུ་འབྲས་ཀྱི་ལོ་སྒྲིལ་མྱུག་འབུ། རྗོ་ཐའི་སྔོ་འབུ་སོགས་ཡིན།

(གསུམ) མཉམ་འཛོམ་བྱ་ཡུལ།

ཐོན་རྫས་འདིས་སྦྲང་མ་དང་དར་འབུའི་ཉེན་ཁ་ནི་འཕྲིང་རིམ་ཡིན་པས། མེ་ཏོག་བཞད་པའི་རྩི་ཤིང་གི་མེ་ཏོག་བཞད་པའི་དུས་སུ་བཀོལ་སྤྱོད་བྱེད་མི་རུང་ལ། དར་ཁང་དང་སང་གླིང་གི་ཉེ་འགྲམ་དུ་སྤྱོད་མི་རུང་། ས་སྤྱོད་ཀྱི་མཚམས་སུ་སྨན་ཆུ་གཏོར་ན་ཕན་འབྲས་ཧེ་མཐོར་གཏོང་ཐུབ་ཅིང་། སྨན་ཆུ་ནི་གནོད་འབུས་ཟས་བཟའ་བའི་ས་གནས་སུ

གཏོར་དགོས། འབུ་ཕྲ་གསོད་བྱེད་ཀྱི་སྨན་རྫས་དང་བསྲེས་ནས་སྤྱོད་མི་རུང་། སྨན་གཏོར་སྐབས་འགོག་སྲུང་གྱོན་ཆས་གྱོན་དགོས་པ་དང་ལག་ཤུབས་དང་ཁ་རས་རྒྱག་དགོས། སྨན་གཏོར་བའི་དུས་སུ་ཟ་མ་དང་ཆུ་འཐུང་མི་རུང་། སྨན་གཏོར་རྗེས་དུས་ལྟར་ལག་པ་དང་ངོ་གདོང་བཀྲུ་དགོས། བེད་མེད་སྣོད་ཆས་རྣམས་ཟློག་སྙིགས་གཙང་བཅོས་བྱེད་སར་སྐྱེལ་ནས་གཙང་བཅོས་བྱེད་དགོས། སྦྲུམ་མ་དང་ནུ་འོ་ལྡུད་པའི་བུད་མེད་རྣམས་ཀྱིས་སྨན་རྫས་འདིའི་རིགས་ལ་རེག་མི་རུང་།

ཉེར་བདུན། གཞོགས་ཐུམ་ཐུང་སྨུག་ཐུམ་དབྱུག་སྲིནA60

(གཅིག) ནུས་པའི་ཁྱད་ཆོས།

གཞོགས་ཐུམ་སྨུག་ཐུམ་ཐུང་དབྱུག་སྲིནA60ནི་ཕྲ་སྲིན་རིགས་ཀྱི་སྐྱེ་དངོས་ཕྲ་རབ་ཀྱི་འབུ་ཕྲ་གསོད་བྱེད་ཀྱི་སྨན་རྫས་ཤིག་ཡིན། སྨན་རྫས་ལོ་ཏོག་གི་ལོ་མའི་སྟེང་དུ་གཏོར་རྗེས། རྒྱལ་ཁའི་ངང་རྩི་ཤིང་གི་རྩ་བའི་བར་དང་ཕྱི་ངོས་སམ་ལུས་ཁོག་ལ་སྤྲོས་ནས་མཐའ་འཁོར་གྱི་འབུ་ཕྲའི་ཚོགས་པའི་ཁོར་ཡུག་དང་རིགས་བསྒྱུར་ཏེ། ནད་གཞིའི་འབུ་སྲིན་དང་འཁྲུན་རྩོད་བྱས་ནས་སྐྱེ་དངོས་ཀྱི་མཐའ་འཁོར་གྱི་གནས་ཡུལ་བརྟན་ལེན་བྱེད་ཅིང་། འབུ་ཕྲར་རྟེན་ནས་འབུ་ཕྲ་མེད་པར་བཟོ་བ་དང་། འབུ་ཕྲ་བཀག་འགོག་བྱས་ནས་འབུ་ཕྲ་མེད་པར་བཟོ་བ། སྐྱེ་དངོས་ལ་བསླུ་ཁྲིད་བྱས་ནས་ནད་འགོག་རང་བཞིན་བསྐྱེད་པ་སོགས་ཀྱི་རྩ་བའི་ཐབས་ལམ་སྤྱད་ན། འགོག་བཅོས་བྱ་ཡུལ་ལ་སྔོན་འགོག་དང་གསོ་བཅོས་ཀྱི་ཕན་འབྲས་ཉིས་བརྩེགས་ལྡན་པར་མ་ཟད། དུས་མཚུངས་སུ། རྩི་ཤིང་འགོག་སྲུང་མ་ལག་གིས་ནད་གཞིའི་འབུ་སྲིན་གྱི་བཙན་འཛུལ་འགོག་པ་དང་། དེ་ནས་ནད་འབུ་ཕྱིར་ཐུད་པ་དང་ཚོད་འཛིན། འགོག་བཅོས་བཅས་ཀྱི་ནུས་པ་ཐོན་པ་ཡིན།

(གཉིས) ཐོ་འགོད་བྱས་པའི་ལོ་ཏོག་དང་འགོག་བཅོས་བྱ་ཡུལ།

ཐོ་འགོད་བྱས་པའི་ལོ་ཏོག་ནི་སྲུར་པན་ཡིན། འགོག་བཅོས་བྱ་ཡུལ་གཙོ་བོ་ནི་སྲུར་པན་རིམས་ནད་ཡིན།

(གསུམ) མཉམ་འཛོག་བྱ་ཡུལ།

ཐོན་རྫས་འདི་ནི་གཏན་འབེབས་ཀྱི་སྨན་རྫས་སྦྱོད་ཚད་དང་བྱེད་ཐབས་ལྟར་བཀོལ་སྤྱོད་བྱེད་དགོས་ཤིང་། གཞན་པའི་རྫས་འགྱུར་གྱི་འབུ་སྲ་གསོད་བྱེད་ཀྱི་སྨན་རྫས་དང་བསྲེས་ནས་སྤྱོད་མི་རུང་།

ཉེར་བརྒྱད། སྨུག་སྐྱའི་ཉི་འཆིང་མེ།

(གཅིག) ནུས་པའི་ཁྱད་ཆོས།

སྨུག་སྐྱའི་ཉི་འཆིང་མེ་ནི་འབུ་སྲ་ངོ་མའི་རིགས་ཀྱི་སྲ་སྲིན་གསོད་བྱེད་ཀྱི་སྨན་རྫས་ཤིག་ཡིན། སྨན་རྫས་ས་རྒྱུའི་ནང་དུ་སིམ་རྗེས་ཐུམ་བུར་སྲིན་སྐྲུད་མང་པོ་སྐྱེས་པ་དང་། སྲིན་སྐྲུད་ཀྱིས་ཏིན་རྫས་ཧབས་རྒྱུ་མང་པོ་ཟགས་ཐོན་བྱེད་པ་ཡིན་པས། སྐྲུད་འབུའི་སྒོང་ཤུན་གྱི་ཏིན་རྫས་མང་པོ་གཏོར་ཐུབ་ལ། སྲིན་སྐྲུད་ཀྱིས་སྒོ་ངའི་སྒོགས་ཤུན་བརྩོལ་ཐུབ་པ་དང་། སྒོ་ངའི་ནང་གི་དངོས་པོ་འཚོ་བཅུད་ལ་བརྟེན་ནས་སྐྱེ་འཕེལ་འབྱུང་བར་མ་ཟད། སྒོ་ངའི་ནང་གི་ཕྲ་ཕུང་དང་སྦྲ་དུས་ཀྱི་སྦྲུམ་བུར་གཏོར་བརླག་ཐེབས་ནས་འབུ་ཕྲུག་སྐྱེ་མི་ཐུབ་པ་ཡིན་ནོ། །

(གཉིས) ཐོ་འགོད་བྱས་པའི་ལོ་ཏོག་དང་འགོག་བཅོས་བྱ་ཡུལ།

ཐོ་འགོད་བྱས་པའི་ལོ་ཏོག་ནི་ཀྲོ་མ་ཀྲུ་དང་རྩྭ་ཐང་སོགས་ཡོད། འགོག་བཅོས་བྱ་ཡུལ་ནི་རྩ་མདུད་སྐྲུད་འབུའི་ནད་ཡིན།

(གསུམ) མཉམ་འཛོག་བྱ་ཡུལ།

ཐོན་རྫས་འདིར་ཟངས་གྱིས་རྫུལ་དང་རྩི་གྱིས་རྫུལ་འདུས་པའི་ཞིང་སྨན་དང་འབུ་སྲ་གསོད་བྱེད་ཀྱི་སྨན་རྫས་གཞན་པར་བསྲེས་ནས་བཀོལ་མི་རུང་། ནུས་པ་མི་འདྲ་བའི་མ་ལག་གཞན་པའི་སྐྲུད་སྲིན་གསོད་བྱེད་ཀྱི་སྨན་རྫས་དང་བརྗེ་རེས་བྱས་ནས་བཀོལ་སྤྱོད་བྱས་ན་ལྷག་ཏུ་བཟང་། སྤྲང་རྩའི་ལོ་ཏོག་ལ་མེ་ཏོག་བཞད་དུས་དང་སྨུག་ཁང་། སྲིན་ཤིང་ར་བའི་ཉེ་འགྲམ་བཅས་སུ་སྤྱོད་མི་རུང་།

ཉེར་དགུ། ཐུམ་མཐུག་འཁོར་དབྱིབས་སྲིན་འབུ།

(གཅིག) ནུས་པའི་ཁྱད་ཆོས།

ཐུམ་མཐུག་འཁོར་དབྱིབས་སྲིན་འབུ་ནི་འབུ་སྨ་ངོ་མའི་རིགས་ཀྱི་སྐྱུད་སྲིན་གསོད་བྱེད་ཀྱི་སྨན་རྫས་ཤིག་ཡིན། དེའི་བྱེད་ནུས་རྒྱུན་རྩ་ནི། གཅིག་ནས་མཚན་མེད་འཕེལ་ནུས་སྨ་ཕུང་ལོ་ཏོག་གི་རྩ་ལག་མཐའ་འཁོར་གྱི་ས་རྒྱུའི་ཁྲོད་དུ་སྦྱུ་གུ་འབུས་ནས། སྲིན་སྐྱུད་ཀྱི་ནུས་པ་ནི་རྩ་བའི་སྐྱུད་འབུ་ལ་ནུས་པ་ཐོན་ནས་སྐྱུད་སྲིན་ཤི་རུ་འཇུག་པ་དང་། གཉིས་ནས་མཚན་མེད་འཕེལ་ནུས་སྨ་ཕུང་ལ་བརྟེན་ནས་སྐྱུད་སྲིན་གྱི་རྩ་བའི་སྐྱུད་འབུའི་སྒོ་ང་སྐྱེས་ཏེ་འབུ་སྒོང་སློལ་མི་ཐུབ་པ་དང་རྒྱུད་འཕེལ་བཀག་འགོག་བྱེད་པ་ཡིན།

(གཉིས) ཐོ་འགོད་བྱས་པའི་ལོ་ཏོག་དང་འགོག་བཅོས་བྱ་ཡུལ།

ཐོ་འགོད་བྱས་པའི་ལོ་ཏོག་ནི་ཇོ་ཐ་ཡིན་པ་དང་། འགོག་བཅོས་བྱ་ཡུལ་ནི་སྐྱུད་སྲིན་གྱི་རྩ་བའི་སྐྱུད་འབུ་ཡིན།

(གསུམ) མཉམ་འཛོག་བྱ་ཡུལ།

ཐོན་རྫས་འདི་རྫས་འགྱུར་གྱི་འབུ་སྨ་གསོད་བྱེད་ཀྱི་སྨན་རྫས་དང་བསྲེས་སྤྱོད་བྱེད་མི་རུང་། ཐོན་རྫས་རྣམས་སྤེལ་སྦྱོར་བྱས་མ་ཐག་དུས་ཐོག་ཏུ་བཀོལ་སྤྱོད་བྱེད་དགོས། ངེས་པར་དུ་ལོ་ཏོག་གི་རྩ་བར་ལྷུག་དགོས་པ་ལས་ཆུ་བསྲེས་པ་དང་ཡང་ན་གཏོར་མི་རུང་།

སུམ་ཅུ། རྐ་འབུ།

(གཅིག) ནུས་པའི་ཁྱད་ཆོས།

རྐ་འབུ་ནི་སྲིན་བུའི་རིགས་ཀྱི་སྐྱེ་དངོས་སྨ་རབ་ཀྱི་འབུ་གསོད་བྱེད་ཀྱི་སྨན་རྫས་ཀྱི་ཁོངས་སུ་གཏོགས་པ་དང་། འདིའི་ཐུམ་རྡུལ་གྱིས་གནོད་འབུ་འགོ་ཐུབ་པར་མ་ཟད། སྲིན་འབུ་བརྟེན་ཡུལ་ནས་ཤི་རུ་འཇུག་པ་ཡིན། རྒྱུན་མཐུད་ནས་འགོས་ཐུབ་པ་དང་ཚོགས་སྤྱི་མང་པོར་ཤི་བ་དང་། ནུས་ལྡན་དུས་ཡུན་ཅུང་རིང་བ་ཡིན།

(གཉིས) ཐོ་འགོད་བྱས་པའི་ལོ་ཏོག་དང་འགོག་བཅོས་བྱ་ཡུལ།

ཐོ་འགོད་བྱས་པའི་ལོ་ཏོག་ནི་གྲོ་དང་ཧོང་ཀུབ། ཆུ་འབྲས་སོགས་ཡིན། འགོག་

བཙོས་བྱ་ཡུལ་གཙོ་བོ་ནི་གྲོ་ཡི་གནོད་འབུ་དང་ཏོང་ཀུབ་ཀྱི་ཕྱེ་དཀར་ཤིག ཆུ་འབྲས་ཀྱི་འཕྱུར་ཤིག་སོགས་ཡིན།

(གསུམ) མཉམ་འཛོག་བྱ་ཡུལ།

སྨན་ཆུ་གཏོར་དུས་ངེས་པར་དུ་སློམས་པོ་བྱས་ཏེ་ཕྱོགས་ཡོངས་ནས་གནོད་འབུ་ཡོད་སར་མཆེད་དགོས། འབུ་སྲ་གསོད་བྱེད་ཀྱི་སྨན་རྫས་དང་བསྲེས་སྤྱོད་མི་བྱེད་པར་འབུ་གསོད་སྨན་རྫས་གཞན་པ་དང་བརྗེ་རེས་བྱས་ནས་བེད་སྤྱོད་བྱེད་དགོས།

ཚན་པ་གཉིས་པ། རྩི་ཤིང་ལས་བྱུང་བའི་ཞིང་སྨན།

རྩི་ཤིང་ལས་བྱུང་བའི་ཞིང་སྨན་ལ་ཕན་ནུས་ལྡན་པའི་གྲུབ་ཆ་རིགས16ཡོད་པ་དང་། ཐོ་འགོད་གྲངས་འབོར་མང་ཤོས་ནི་སྲད་དམར་བུལ་ཏོག་དང་ཡུས་ཐེང་ཐོན། དབྱིན་ལེན་རྒྱ་སོགས་ཐོན་རྫས་རིགས་ཆེན་པོ་གསུམ་ཡིན།

གཅིག སྲད་དམར་བུལ་ཏོག

(གཅིག) ནུས་པའི་ཁྱད་ཆོས།

སྲད་དམར་བུལ་ཏོག་ནི་རྩི་ཤིང་ལས་བྱུང་བའི་འབུ་སྲིན་གསོད་བྱེད་ཀྱི་སྨན་རྫས་ཀྱི་རིགས་ཤིག་ཡིན་པ་དང་། འདི་ལ་ད་དུང་འབུ་སྲ་གསོད་པའི་ནུས་པའང་ལྡན་པ་ཡིན། དུག་གཤིས་ཉུང་ཆུང་བ་ཡིན། སྲད་དམར་བུལ་ཏོག་ནི་སྲན་མའི་ཚན་གྱི་རྩི་ཤིང་སྲད་དམར་གྱི་རྨམ་འགྱུར་རྩ་བ་དང་སྡོང་ཀང་། འབྲས་བུ་དབྱི་ཁྲུན་སོགས་བརྒྱུད་ནས་སྐྱེ་ལྡན་ཞུ་རྫས་ལས་བླངས་ཏེ་བཟོས་པ་ཞིག་ཡིན་ལ་སྐྱེ་དངོས་ཀྱི་བུལ་ཏོག་཈ུང་ཡིན། སྤྱིར་བཏང་དུ་སྲད་དམར་བུལ་ཏོག་གི་གྲུབ་ཆ་གཙོ་བོ་ནི་སྲད་དམར་བུལ་ཏོག་དང་དབྱང་འགྱུར་སྲད་དམར་བུལ་ཏོག ཚོས་སེར་འབྲས་བུལ། དབྱང་འགྱུར་ཚོས་སེར་འབྲས་བུལ་སོགས་སྐྱེ་དངོས་བུལ་ཏོག་རིགས་མང་པོ་ཡོད་ལ། དེའི་ནང་དུ་སྲད་དམར་བུལ་ཏོག་དང་དབྱང་འགྱུར་སྲད་དམར་བུལ་ཏོག་གི་འདུས་ཚད་ཆེས་མཐོ་བ་ཡིན། སྲད་དམར་

བྱུལ་ཏོག་ལ་ཕོ་བའི་དུག་དང་རིག་གསོད་ཀྱི་བྱེད་ནུས་ལྡན་པས། གནོད་འབྱུས་སྨན་ལ་རིག་ན་དབང་རྩ་སྲིད་པར་འགྱུར་བ་དང་། དེ་ནས་འབྲུ་གཟུགས་ཀྱི་ གྲི་དཀར་གོང་བུར་གྱུར་ནས་འབྲུ་གཟུགས་ཀྱི་དབུགས་ཁུང་བཀག་པས་འབྲུ་གཟུགས་རྣམས་དབུགས་ཆད་དེ་ཤི་འགྲོ་བ་ཡིན།

(གཉིས) ཐོ་འགོད་བྱས་པའི་ལོ་ཏོག་དང་འགོག་བཅོས་བྱ་ཡུལ།

ཐོ་འགོད་བྱས་པའི་ལོ་ཏོག་ནི་རྒྱ་གྲམ་གྱི་མེ་ཏོག་རིགས་ཀྱི་སྔོ་ཚལ་དང་ཀན་ལན། ཀུ་ཤུའི་སྡོང་པོ། ཞིང་འབྲས། འབྲི་ཏ་ས་འཛིན། ཇ་སྡོང་། ཇོ་ཐ། ལིའི་སྡོང་པོ། ཞོག་ཁོག རྒུན་འབྲུམ། ཚུ་འབྲས། ཏོང་ཀུབ། རྩ་དང་མེ་ཏོག ཀེའུ་ཚལ། ཙོང་སོགས་སྐྱེ་དངོས་དང་ནགས་ཤིང་མང་པོ་ཡོད། འགོག་བཅོས་བྱ་ཡུལ་གཙོ་བོ་ནི་རྒྱ་གྲམ་གྱི་མེ་ཏོག་རིགས་ཀྱི་སྔོ་ཚལ་གྱི་སྔོ་འབུ། སྐྱེ་དངོས་གནོད་འབུ། ལོ་སྙོར་པད་ཚལ་གྱི་འབུ་མེ་ལྕེབ། པད་ཁའི་སྔོ་འབུ། ཀུ་ཤུའི་སྡོང་པོའི་སྔོམ་དམར། ཞིང་སྡོང་ཨ་མེ་རི་ཁའི་འབུ་དཀར། འབྲི་ཏ་ས་འཛིན་གྱི་གནོད་འབུ། ཇ་སྡོང་གི་ཇ་ལོའི་འབུ་འཛིང་འཛིང་། ཇ་ཞིང་གི་ཟན་འབུ། སྔོམ་དམར། ཇ་ལོའི་སྲིན་འབུ། ཇོ་ཐའི་གནོད་འབུ། སྔོ་འབུ། ས་འབུ་མགོ་སེར། ལི་སྡོང་གི་ནག་ཁྲའི་ནད། ལི་སྡོང་གི་ཤིག་འབྲུམ། ཞོག་ཁོག་གི་ཕྱི་རིམས། རྒུན་འབྲུམ་གྱི་ཏམ་རྡུལ་ནད་དང་ས་ནད། ཚུ་འབྲས་ཀྱི་ཐིག་ཤར་ལོ་སྐམ་ནད། ཏོང་ཀུབ་ཀྱི་སད་རྡུལ་ནད། རྩ་དང་མེ་ཏོག་གི་སྐྱེ་དངོས་གནོད་འབུ། ཀེའུ་ཚལ་གྱི་སྐྱུག་འབུ། མངར་ཚལ་གྱི་མཚན་འབུ་མེ་ལྕེབ་སོགས་ཡིན།

(གསུམ) མཉམ་འཛོག་བྱ་ཡུལ།

གལ་ཏེ་རྫས་འགྱུར་ཞིང་སྨན་བཀོལ་སྤྱོད་ན། ཉིན5ཡི་རྗེས་སུ་ད་གཟོད་སྨན་རྫས་འདི་བཀོལ་སྤྱོད་བྱས་ཆོག དེ་མིན་སྙུར་བུལ་སློམས་པོར་གྱུར་ནས་སྨན་རྫས་ཀྱི་ནུས་པ་ཇེ་ཞན་དུ་འགྲོ་བ་ཡིན། ནུས་པ་དང་ནང་རྐྱེན་མི་འདྲ་བའི་འབུ་གསོད་སྨན་རྫས་གཞན་དག་དང་བརྗེ་རེས་ཀྱིས་བེད་སྤྱོད་བྱས་ན། འགོག་པའི་རང་བཞིན་ཕྱིར་འགྲུངས་བྱེད་ཐུབ། ཐོན་རྫས་འདི་ནི་བུལ་གཤིས་ཞིང་སྨན་སོགས་དང་བསྲེས་སྤྱོད་བྱེད་མི་རུང་།

གཉིས། ཡུས་ཐེང་ཐོན།

(གཅིག) ནུས་པའི་ཁྱད་ཆོས།

ཡུས་ཐེང་ཐོན་ནི་རྩི་ཤིང་ལས་བྱུང་བའི་འབུ་གསོད་བྱེད་ཀྱི་སྨན་རྫས་ཤིག་ཡིན་ཞིང་། དུག་གཤིས་ཆུང་བ་ཡིན། ཡུས་ཐེང་ཤུང་ནི་ཡ་གླིང་ཚ་ཁྱལ་དང་ཚ་ཁྱལ་ཕལ་བའི་ས་ཁུལ་དུ་གནས་པའི་སྲན་ཚན་གྱི་ཡུས་ཐེང་རིགས་ཀྱི་རྩི་ཤིང་གི་རྩ་བའི་ཁྲོད་དུ་གནས་ཡོད་པ་དང་། འདི་ལ་རེག་གསོད་དང་ཟ་བའི་ནད་དུག་གི་བྱེད་ནུས་ལྡན། གཙོ་བོ་འབུ་སྲིན་གྱི་འཁྱིན་རྟབ་ནུས་པར་ཤུགས་རྐྱེན་ཐེབས་ཏེ། གནོད་འབུའི་འཁྱིན་རྟབ་དབུགས་ལམ་ལ་ཚོད་འཛིན་ཐེབས་ཤིང་། མཇུག་མཐར་གནོད་འབུ་ལ་ནུས་ཚད་མགོ་སྐྱོད་བྱེད་མི་ཐུབ་པར་འགྱུར་ལ། དེ་ནས་འགུལ་སྐྱོད་དལ་ཞིང་སྲིད་པར་འགྱུར་བར་མ་ཟད་ཡུན་གྱིས་ཤི་འགྲོ་བ་ཡིན།

(གཉིས) ཐོ་འགོད་བྱས་པའི་ལོ་ཏོག་དང་འགོག་བཅོས་བྱ་ཡུལ།

ཐོ་འགོད་བྱས་པའི་ལོ་ཏོག་ནི་ཀན་ལན་དང་རྒྱ་ཁྲམ་མེ་ཏོག་ཚན་གྱི་སྡོ་ཚལ། པད་ཁ་སོགས་ཡིན། འགོག་བཅོས་བྱ་ཡུལ་གཙོ་བོ་ནི་ལོ་སྟོར་པད་ཚལ་གྱི་སྐྱེ་དངོས་གནོད་འབུ་དང་། སེར་ཐིག་མཆོང་སྦྲུར། ཚལ་ཆུང་མེ་ལྕེབ། རྒྱ་ཁྲམ་མེ་ཏོག་ཚན་གྱི་སྡོ་ཚལ་སྐྱེ་དངོས་གནོད་འབུའི་རིགས། པད་ཁའི་སྦྲང་སྐྱག་ཁྲ་ཐིག་སོགས་ཡིན།

(གསུམ) མཉམ་འཇོག་བྱ་ཡུལ།

ཐོན་རྫས་འདི་བུལ་གཤིས་དངོས་པོ་གཞན་པ་དང་བསྲེས་ནས་བཀོལ་མི་རུང་། འོད་དང་མཁའ་དབུགས། ཚ། བུལ་གཤིས་དངོས་པོ་སོགས་འཕྲད་ན་དབྱང་འགྱུར་ཇེ་མགྱོགས་སུ་བཏང་སྟེ་སྨན་ནུས་མེད་པར་འགྱུར་བ་ཡིན། ཉ་རིགས་སོགས་ཆུ་སྐྱེས་སྐྱེ་དངོས་ལ་ཚོར་བ་སྐྱེན་པོ་ཡིན། སྦྲང་མ་དང་ཁྱིམ་དར་ལ་དུག་བསྐྱེད་པས། སྨན་གཏོར་དུས་ཉེ་འཁོར་གྱི་སྦྲང་ཚོགས་ལ་ཤུགས་རྐྱེན་མི་ཐེབས་པ་དང་། མེ་ཏོག་བཞད་པའི་རྩི་ཤིང་གི་མེ་ཏོག་བཞད་པའི་དུས་ཚིགས། མུག་ཁང་། སྲིན་ཤིང་ར་བའི་ཉེ་འགྲམ་དུ་བེད་སྤྱོད་མི་ཆོག མིག་དམར་སྦྲང་མ་སོགས་འཕུར་སྐྱོད་བྱེད་པའི་ས་ཁོངས་སུ་བེད་སྤྱོད་བྱས་

མི་ཚོག ཁྲིན་ཆུ་དང་འཕྲང་ཆུའི་ཆུ་མགོ་ནས་ཀྱང་བཀོལ་སྤྱོད་བྱེད་མི་རུང་། འབྲུ་སྨུག་ཡིན་པའི་དུས་སུ་སྨན་ཆུ་གཏོར་ན་ཕན་འབྲས་ཆེན་པོ་ལྡན་པ་དང་། ནུས་པ་དང་ནང་རྐྱེན་མི་འདྲ་བའི་འབྲུ་གསོད་སྨན་རྫས་གཞན་དག་དང་བརྗེ་རེས་ཀྱིས་བེད་སྤྱོད་བྱས་ན་བཟང་།

གསུམ། དབྱིན་ལེན་རྒྱ།

(གཅིག) ནུས་པའི་ཁྱད་ཆོས།

དབྱིན་ལེན་རྒྱ་ནི་རྩི་ཤིང་གི་ཁུངས་སུ་གཏོགས་པའི་འབྲུ་གསོད་བྱེད་ཀྱི་སྨན་རྫས་ཤིག་ཡིན་ཞིང་། མ་བཅོས་སྨན་རྫས་ཀྱི་དུག་གཤིས་ཅུང་ཆུང་བ་དང་ལས་སྔོན་སྦྱོར་བཟོའི་སྨན་རྫས་ཀྱི་དུག་གཤིས་ཆུང་བ་ཡིན། དབྱིན་ལེན་རྒྱ་ནི་དབྱིན་ལེན་སྡོང་བོའི་ས་བོན་ཁྲོད་དུ་ལྷངས་པའི་རང་བྱུང་རྩི་ཤིང་གི་འབྲུ་གསོད་བྱེད་ཀྱི་སྨན་རྫས་ཤིག་ཡིན། འབྲུ་སྲིན་གྱི་ཟས་མི་ཟ་བ་དང་རེག་ནས་གསོད་པ། ཕོ་བའི་དུག་གསོད། སྔོ་ང་གཏོང་བར་དགྲོལ་རྐྱེན་བཟོ་བ། འབྲུ་སྲིན་གྱི་གཞན་འགྱུར་ལ་བར་ཆད་བཟོས་ཏེ། འབྲུ་རུ་འགྱུར་ཐབས་མེད་པར་བྱས་ན། འབྲུ་སྨུག་ཕྱིར་འབུད་དང་སྐྱེ་འཚར་ལ་ཚོད་འཛིན་བྱེད་པའི་ནུས་པ་ཡོད་པས་འབྲུ་གསོད་པའི་དམིགས་ཡུལ་འགྲུབ་པ་ཡིན་ནོ། །

(གཉིས) ཐོ་འགོད་བྱས་པའི་ལོ་ཏོག་དང་འགོག་བཅོས་བྱ་ཡུལ།

ཐོ་འགོད་བྱས་པའི་ལོ་ཏོག་དང་གནས་ཡུལ་ནི་རྩྭ་ཐང་དང་ཇའི་སྡོང་བོ། ཚ་ལུ་མའི་སྡོང་བོ། ཀའོ་ལིའང་། རྒྱ་གྲམ་མེ་ཏོག་ཚན་གྱི་སྔོ་ཚལ། རྟོ་ཐ། འདྲེ་ཚེར་མ། ཆུ་འབྲས། ཀན་ལན། ཀེའུ་ཚལ། མཛོད་ཉར་མ་བཅོས་འབྲུ་རིགས་སོགས་ཡིན། འགོག་བཅོས་བྱ་ཡུལ་གཙོ་བོ་ནི་རྩྭ་ཐང་གི་ཆ་ག་པ་དང་ཇ་སྡོང་གི་ཟན་འབུ། ཇ་ལོའི་འབུ་འཛིང་འཛིང་། ཇ་ལྗང་གི་འབུ་སྲིན། ཚ་ལུ་མའི་སྡོང་བོའི་ལོ་མའི་འབུ་སྲིན། མ་རྨོས་ལོ་ཏོག་གི་གཟན་འབུ། རྒྱ་གྲམ་མེ་ཏོག་ཚན་གྱི་སྔོ་ཚལ་གྱི་འབུ་མེ་ལྕེབ། ལྗང་ནག་འབུ་སྲིན། རྟོ་ཐའི་སྔོ་འབུ། འདྲེ་ཚེར་མའི་སྐྱེ་དངོས་གནོད་འབུ། ཆུ་འབྲས་ཀྱི་ཉིས་འགྱུར་གཟན་འབུ། ཀན་ལན་ཚལ་གྱི་འབུ་མེ་ལྕེབ། གསེག་རིས་མཚན་འབུ་མེ་ལྕེབ། ཀེའུ་ཚལ་གྱི་སྐྱག་འབུ་སོགས་ཡིན།

(གསུམ) མཉམ་འཛོག་བྱ་ཡུལ།

ཐོན་རྫས་འདི་བུལ་གཤིས་ཞིང་སྨན་དང་བུལ་གཤིས་ཞིང་ལུད། བུལ་གཤིས་ཚ་སོགས་དང་བསྲེས་སྤྱོད་བྱེད་མི་རུང་། འགོག་རྐྱལ་རང་བཞིན་མི་འབྱུང་བར་བྱེད་ཆེད། བྱེད་ནུས་དང་ནང་རྐྱེན་མི་འདྲ་བའི་འབུ་གསོད་བྱེད་ཀྱི་སྨན་རྫས་གཞན་དག་དང་བརྗེ་རེས་བྱས་ནས་བཀོལ་སྤྱོད་བྱེད་དགོས། འབུ་ཕྲུག་མ་བྱུང་བའི་སྔོན་གྱི་སྔོན་འགོག་གི་ཚུལ་དུ་བེད་སྤྱོད་བྱས་ན་སྨན་ནུས་ཙུང་དལ་མོད། འོན་ཀྱང་ཕན་འབྲས་ཐོན་པའི་དུས་ཡུན་རིང་བ་ཡིན་ནོ།།

བཞི། རྫོ་ཐའི་བུལ་རྡོག

(གཅིག) ནུས་པའི་ཁྱད་ཆོས།

རྫོ་ཐའི་བུལ་རྡོག་ནི་རྩི་ཤིང་གི་ཁོངས་སུ་གཏོགས་པའི་འབུ་གསོད་བྱེད་ཀྱི་སྨན་རྫས་ཤིག་ཡིན་པ་དང་། མ་བཅོས་སྨན་རྫས་ཀྱི་དུག་གཤིས་མཐོ་བ་དང་ལས་སློན་སྦྱོར་བཟོ་བྱས་པའི་སྨན་རྫས་ཀྱི་དུག་གཤིས་ཙུང་ཚུང་། རྫོ་ཐའི་བུལ་རྡོག་གིས་གནོད་འབུ་ལ་ཕོ་བའི་དུག་དང་རེག་གསོད། ཚ་ངར་བཅས་ཀྱི་བྱེད་ནུས་ཐོན་གྱིན་ཡོད་པར་མ་ཟད། སྣོ་ང་གསོད་པའི་བྱེད་ནུས་ཀྱང་ཐོན་བཞིན་ཡོད། དེའི་བྱེད་ནུས་རྐྱེན་རྩ་གཙོ་བོ་ནི་དབང་རྩ་སྲིད་པ་དང་རྫོ་ཐའི་བུལ་རྡོག་གི་རླངས་པས་འབུ་གཟུགས་ལུས་སྟེང་གང་ཙུང་དུ་མཆེད་ནས་དུག་གསོད་པའི་བྱེད་ནུས་ཐོན་པ་ཡིན།

(གཉིས) ཐོ་འགོད་བྱས་པའི་ལོ་ཏོག་དང་འགོག་བཅོས་བྱ་ཡུལ།

ཐོ་འགོད་བྱས་པའི་ལོ་ཏོག་སྲིང་བལ་དང་རྫོ་ཐ་ཡི་འགོག་བཅོས་བྱ་ཡུལ་གཙོ་བོ་ནི་སྐྱེ་དངོས་གནོད་འབུ་དང་སྦོ་འབུ་ཡིན། བསྲེས་སྦྱོར་སྨན་རྫས་གཙོ་བོ་ནི་ལུའུ་ཆིན་རྫོ་ཐའི་བུལ་རྡོག་ཚ་དང་འོ་མའི་སྨན་རྫས་དང་། ནུས་ལྡན་གྲུབ་ཆ་ནི་རྫོ་ཐའི་བུལ་རྡོག་དང་ལུའུ་ཆིན་ཙུས་ཀྲི་སོགས་ཡིན། ཐོ་འགོད་བྱས་པའི་ལོ་ཏོག་ཀན་ལན་གྱི་འགོག་བཅོས་བྱ་ཡུལ་གཙོ་བོ་ནི་སྐྱེ་དངོས་གནོད་འབུ་ཡིན། བསྲེས་སྦྱོར་སྨན་རྫས་ནི་རྫོ་ཐའི་བུལ་རྡོག་དང་སྲད་དམར་བུལ་རྡོག་ཡིན། ཕན་ནུས་ལྡན་པའི་གྲུབ་ཆའང་རྫོ་ཐའི་བུལ་རྡོག་དང་སྲད་དམར་

བུལ་ཏོག་ཡིན། ཐོ་འགོད་བྱས་པའི་ལོ་ཏོག་གི་གསོམ་སྟོང་དང་ནགས་ཞིང་གི་འགོག་བཅོས་བྱ་ཡུལ་གཙོ་བོ་ནི་ཐང་ཞིང་གི་གནོད་འབུ་དང་ཨ་མེ་རི་ཁའི་འབུ་མེ་ལྕེབ་སོགས་ཡིན།

(གསུམ) མཉམ་འཛོམ་བྱ་ཡུལ།

ཐོན་རྫས་འདི་བུལ་གཞིས་དངོས་པོ་དང་བསྲེས་སྤྱོད་བྱེད་མི་རུང་ལ། ཟངས་འདུས་འབུ་སྲ་གསོད་བྱེད་ཀྱི་སྨན་རྫས་དང་བསྲེས་སྤྱོད་བྱེད་མི་རུང་། ནུས་པ་དང་རྐྱེན་རྩ་མི་འདྲ་བའི་སྨན་རྫས་གཞན་དག་དང་བརྗེ་རེས་བྱས་ནས་བགོལ་སྤྱོད་བྱས་ན་ཕན་འབྲས་ལྷག་ཏུ་བཟང་། བྱ་རིགས་དང་སྦྲང་མ། ཉ་རིགས་སོགས་ཆུ་སྐྱེས་སྐྱེ་དངོས་དང་། ཁྱིམ་གསོས་དར་འབུ་ལ་དུག་བསྐྱེད་པས། སྨན་གཏོར་དུས་ཉེ་འཁོར་གྱི་སྦྲང་ཚོགས་ལ་ཤུགས་རྐྱེན་མི་ཐེབས་པར་བྱེད་དགོས། བྱ་རིགས་སྲུང་སྐྱོང་ས་ཁུལ་དང་སྦྲང་རྩའི་ལོ་ཏོག་གི་མེ་ཏོག་བཞད་པའི་དུས་སྐབས། མུག་ཁང་། སྲིན་ཞིང་ར་བའི་ཉེ་འགྲམ་བཅས་སུ་སྤྱོད་མི་ཆོག་པ་དང་། སྨན་གཏོར་དུས་ཆུ་ཐོན་གསོ་སྐྱེལ་ཁུལ་དང་། ཆུ་རྫིང་སོགས་ལ་རིང་དུ་བྲལ་དགོས། རྫིང་བུ་སོགས་ཀྱི་ཆུ་ཁོངས་སུ་སྨན་བཀྲུབ་མི་ཆོག་པ་དང་སྨན་རྫས་སྣོད་ཆས་བཀྲུ་མི་རུང་།

༢། སྐྱེར་བའི་བུལ་ཏོག

(གཅིག) ནུས་པའི་ཁྱད་ཆོས།

སྐྱེར་བའི་བུལ་ཏོག་ནི་རྩི་ཞིང་གི་རིགས་སུ་གཏོགས་པའི་འབུ་སྲ་གསོད་བྱེད་ཀྱི་སྨན་རྫས་ཤིག་ཡིན་ལ། དུག་གཞིས་ཆུང་བ་ཡིན། སྐྱེར་པའི་བུལ་ཏོག་ནི་རྩི་ཞིང་ཁྲོད་ནས་བླངས་པའི་སྐྱེ་དངོས་བུལ་གྱི་འབུ་སྲ་གསོད་བྱེད་ཀྱི་སྨན་ཞིག་ཡིན། འདི་དུས་ཡུན་ཐུང་དུའི་ནང་དུ་རྩི་ཞིང་གི་རྩ་བ་དང་ནད་གཞིའི་གནས་སུ་སིམ་ནས་ནད་གཞིའི་འབུ་སྲའི་ལུས་སྟེང་གི་ཉིང་ཚབ་གསར་བྱེད་ལ་བར་ཆད་བཟོས་ཏེ། དེའི་སྐྱེ་འཚར་དང་སྐྱེ་འཕེལ་ལ་ཚོད་འཛིན་བྱས་ན་འབུ་སྲ་གསོད་པའི་ནུས་པ་ཐོན་ཐུབ་བོ། །

(གཉིས) ཐོ་འགོད་བྱས་པའི་ལོ་ཏོག་དང་འགོག་བཅོས་བྱ་ཡུལ།

ཐོ་འགོད་བྱས་པའི་ལོ་ཏོག་ནི་ཀྲོ་མ་ཀྲུ་དང་སྨི་ཏོའུ་ཁམ་བུ། སུར་པན། ཏོང་ཀུབ།

ཁམ་སྔོང་སོགས་ཡིན། འགོག་བཅོས་བྱ་ཡུལ་གཙོ་བོ་ནི་ཀྲོ་མ་ཀྲུ་ཡི་ཏམ་ཙུལ་ནད་དང་། སྨི་ཏོའུ་ཁམ་བུ་སྔོང་བོའི་ཁྲ་ཐིག་ནད། སུར་པན་གྱི་ཏམ་ནད། ཏོང་ཀུབ་ཀྱི་ཕྱི་དཀར་ནད་དང་ར་ཁྲ་ནད། ཁམ་བུའི་མེ་ཏོག་གི་ཙུལ་ནད་སོགས་ཡིན།

(གསུམ) མཉམ་འཛོག་བྱ་ཡུལ།

ཐོན་རྫས་འདི་ནུས་པ་དང་ནང་རྐྱེན་མི་འདྲ་བའི་འབུ་སྲ་གསོད་བྱེད་ཀྱི་སྨན་རྫས་གཞན་དང་བརྗེ་རེས་བྱས་ནས་བཀོལ་སྤྱོད་བྱས་ན། ནད་འགོག་རང་བཞིན་ཇེ་རིང་དུ་གཏོང་ཐུབ། སྦྲང་མ་དང་ཆུ་སྐྱེས་སྐྱེ་དངོས་ལ་དུག་བསྐྱེད་པས། སྨན་གཏོར་དུས་ཉེ་འཁོར་གྱི་སྦྲང་ཚོགས་ལ་ཤུགས་རྐྱེན་མི་ཐེབས་པ་དང་། མེ་ཏོག་བཞད་པའི་ལོ་ཏོག་གི་མེ་ཏོག་བཞད་པའི་དུས་ཚིགས་སུ་སྤྱོད་མི་རུང་། བུལ་གཤིས་ཞིང་སྨན་སོགས་དང་བསྲེས་སྦྱོར་བྱེད་མི་རུང་། དེ་མིན་སྨན་གྱི་ཕན་འབྲས་ཇེ་དམའ་རུ་གཏོང་བ་ཡིན།

དྲུག ཁ་ཏིག་ཙན་གྱི་སྦྲ་རྒྱུ།

(གཅིག) ནུས་པའི་ཁྱད་ཆོས།

ཁ་ཏིག་ཙན་གྱི་སྦྲ་རྒྱུ་ནི་རྩི་ཤིང་ལས་བྱུང་བའི་འབུ་གསོད་བྱེད་ཀྱི་སྨན་རྫས་ཀྱི་རིགས་སུ་གཏོགས་པ་ཡིན་ཞིང་། དུག་གཤིས་ཆུང་བ་ཡིན། ཁ་ཏིག་ཙན་གྱི་སྦྲ་རྒྱུ་ལ་ཕོ་བའི་དུག་དང་རེག་གསོད། སྦྲིད་སྨན་སོགས་ཀྱི་བྱེད་ནུས་ལྡན་ལ། ཕོ་བའི་དུག་གཙོ་བོ་ཡིན། ནུས་པ་གཙོ་བོ་ནི་འབུ་སྲིན་གྱི་འཛུ་ལམ་ཞུང་གྲུབ་ཡིན་པ་དང་། དེའི་འཛུ་ལམ་མ་ལག་གི་རྒྱུན་གཏན་ནུས་པར་གཏོར་བཤིག་ཏུ་བཏང་ནས་འབུ་སྲིན་ཟ་དགའ་བ་དང་བགྲེས་ལྟོགས་ཀྱི་འཆི་བར་ཕན་པ་ཡོད།

(གཉིས) ཐོ་འགོད་བྱས་པའི་ལོ་ཏོག་དང་འགོག་བཅོས་བྱ་ཡུལ།

ཐོ་འགོད་བྱས་པའི་ལོ་ཏོག་ནི་ཇིན་ཚལ་དང་སྲན་དམར། སྨི་ཏོའུ་ཁམ་བུའི་སྔོང་བོ། ཛ་ལོ། རྒུན་འབྲུམ། ཀན་ལན། ཆུ་འབྲས། ཅིའུ་ཚལ། སུར་པན། རྒྱ་གྲམ་མེ་ཏོག་ཚན་གྱི་སྔོ་ཚལ་སོགས་སྐྱེ་དངོས་ཡིན། འགོག་བཅོས་བྱ་ཡུལ་གཙོ་བོ་ནི་ཇིན་ཚལ་དང་མངར་ཚལ་གྱི་མཆན་འབུ་མེ་ལྕེབ་དང་། སྲན་དམར་གྱི་གསེག་རིས་ཀྱི་མཆན་འབུ་མེ་ལྕེབ། སྨི་

ཧོའུ་ཁམ་བུའི་ལོ་སྒྲིལ་འབུ་མེ་ལྕེབ། ཛའི་ལོ་མའི་སྲིན་འབུ། རྒུན་འབྲུམ་ལྷང་ཡོང་། ཀན་ལན་གྱི་ལྷང་ནག་འབུ་སྲིན་དང་ཤིང་སེར་ཁྲབ་འབུ། ཚུ་འབྲས་ཀྱི་ལོ་སྒྲིལ་སྨུག་གཟན་འབུ་རིགས། ཀེའུ་ཚལ་གྱི་རྩ་བའི་སྨུག་གཟན་འབུ་རིགས། སུར་པན་མདར་ཚལ་མཚན་འབུ་མེ་ལྕེབ། རྒྱ་གྲམ་མེ་ཏོག་ཚན་གྱི་སྔོ་ཚལ་སྔོ་འབུ་སོགས་ཡིན།

(གསུམ) མཉམ་འཛོག་བྱ་ཡུལ།

ཐོན་རྫས་འདིའི་འདབ་ཆགས་བྱའི་རིགས་དང་ཉ་རིགས་སོགས་ཆུ་སྐྱེས་སྐྱེ་དངོས་ལ་དུག་བསྐྱེད་པས། སྨན་གཏོར་དུས་ཉེ་འཁོར་གྱི་འདབ་ཆགས་བྱ་རིགས་ལ་ཤུགས་རྐྱེན་ཐེབས་པར་འཛེམ་དགོས། འདབ་ཆགས་སྲུང་སྐྱོང་ཁུལ་གྱི་ཉེ་འགྲམ་དུ་བཀོལ་སྤྱོད་བྱེད་མི་ཉུང་། ནུས་པ་དང་ནང་རྐྱེན་མི་འདྲ་བའི་འབུ་གསོད་བྱེད་ཀྱི་སྨན་རྫས་གཞན་རིགས་ལ་བརྗེ་རེས་བྱས་ནས་བཀོལ་སྤྱོད་བྱས་ཏེ། ནད་འགོག་རང་བཞིན་གྱི་དུས་ཡུན་ཇེ་རིང་དུ་གཏོང་དགོས། བུལ་གཤིས་དངོས་པོ་དང་བསྲེས་སྤྱོད་བྱེད་མི་ཉུང་། སྨན་གཏོར་དུས་ཡུན་བློ་ངོར་ཆུད་དགོས་ཤིང་གང་འདོད་དུ་སྨན་སྤྱོད་ཚད་ཇེ་མང་དུ་གཏོང་མི་ཉུང་།

བདུན། སེར་རྒྱུ་ཙ་ཟར་ཆེ་བ།

(གཅིག) ནུས་པའི་ཁྱད་ཆོས།

སེར་རྒྱུ་ཙ་ཟར་ཆེ་བ་ནི་རྩི་ཤིང་ལས་བྱུང་བའི་འབུ་སྲ་གསོད་བྱེད་ཀྱི་ཁོངས་སུ་གཏོགས་པའི་སྨན་རྫས་ཤིག་ཡིན་ལ། དུག་གཤིས་ཆུང་བ་ཡིན། གྲུང་ལུགས་རྩྭ་སྨན་ནམ་རྩི་ཤིང་སེར་ནག་གི་རྩ་བ་དང་གཞུང་རྡའི་ནང་ནས་བླངས་པའི་རྩི་ཤིང་ལས་བྱུང་བའི་ཞིང་སྨན་ཞིག་ཡིན། སེར་རྒྱུ་ཙ་ཟར་ཆེ་བ་ནི་སྲུང་སྐྱོབ་རང་བཞིན་གྱི་འབུ་སྲ་གསོད་བྱེད་ཀྱི་སྨན་རྫས་ཤིག་ཡིན་ལ། འདིས་བསྣུ་ཁྲིད་ལ་བརྟེན་ནས་སྐྱེ་དངོས་ལ་སྲུང་སྐྱོབ་འགྱུར་འབྱུང་ཐོན་དུ་བཙུག་སྟེ། ནད་གཞིའི་འབུ་སྲའམ་ཐུམ་འབུའི་སྐྱེ་འཕེལ་དང་འབུ་སྲའི་སྐྱེ་འཚར། འཇིབ་བྱེད་དབང་པོ་སོགས་འབྱུང་བར་བཀག་འགོག་བྱས་ཏེ། སྐྱེ་དངོས་ལ་ནད་གཞིའི་འབུ་སྲིན་གྱི་གནོད་འཚེ་མི་ཐོག་པར་བྱས་ནས་ནད་འགོག་གི་ཕན་འབྲས་ཐོན་པ་ཡིན་ནོ།།

(གཉིས) ཐོ་འགོད་བྱས་པའི་ལོ་ཏོག་དང་འགོག་བཅོས་བྱ་ཡུལ།

ཐོ་འགོད་བྱས་པའི་ལོ་ཏོག་ནི་རྒུན་འབྲུམ་དང་ཀྲོ་མ་ཀྲུ། ཏོང་ཀུབ། གྲོ་སོགས་ཡིན། འགོག་བཅོས་བྱ་ཡུལ་གཙོ་བོ་ནི་རྒུན་འབྲུམ་གྱི་ཕྱི་དཀར་ནད། ཀྲོ་མ་ཀྲུའི་ནད་དུག་ནད། ཏོང་ཀུབ་དང་གྲོ་ཡི་ཕྱི་དཀར་ནད་སོགས་ཡིན།

(གསུམ) མཉམ་འཛོག་བྱ་ཡུལ།

ཐོན་རྫས་འདི་ནུས་པ་དང་ནང་རྐྱེན་མི་འདྲ་བའི་འབུ་སྲ་གསོད་བྱེད་ཀྱི་སྨན་རྫས་གཞན་པ་དང་བརྗེ་རེས་བྱས་ནས་བཀོལ་སྤྱོད་བྱེད་པ་དང་། བུལ་གཤིས་ཞིང་སྨན་སོགས་དང་བསྲེས་སྤྱོད་བྱེད་མི་རུང་། དེ་མིན་སྨན་གྱི་ཕན་འབྲས་ཇེ་དམའ་རུ་འགྲོ་བ་ཡིན། སྦྲང་མ་དང་ཁྱིམ་གསོ་དར་སྲིན་ལ་དུག་བསྐྱེད་པ་དང་། མེ་ཏོག་བཞད་པའི་རྩི་ཤིང་གི་མེ་ཏོག་བཞད་པའི་དུས་སྐབས་ལ་གཡོལ་དགོས། སྨན་གཏོར་དུས་ཉེ་འགྲམ་གྱི་སྦྲང་ཚོགས་ལ་ཤུགས་རྐྱེན་ཐེབས་པར་དོ་སྣང་ནན་མོར་བྱེད་དགོས་པ་དང་། སྨུག་ཁང་དང་སྲིན་ཤིང་ར་བའི་ཉེ་འགྲམ་དུ་སྤྱོད་མི་རུང་། ཉ་རིགས་སོགས་ཆུ་སྐྱེས་སྐྱེ་དངོས་ལ་དུག་བསྐྱེད་པས། ཆུ་ཐོན་གསོ་སྐྱེལ་ཁུལ་དང་བར་ཐག་རིང་དུ་བྲལ་ནས་སྨན་གཏོར་དགོས། ཆུ་རྫིང་སོགས་ཆུ་ཁོངས་སུ་སྨན་གཏོར་བྱེད་ཀྱི་ཡོ་ཆས་བཀྲུ་མི་རུང་།

བརྒྱད། འབུ་འདེད་ལུག་མིག་ཀྱུ།

(གཅིག) ནུས་པའི་ཁྱད་ཆོས།

འབུ་འདེད་ལུག་མིག་ཀྱུ་ནི་རྩི་ཤིང་ལས་བྱུང་བའི་འབུ་གསོད་བྱེད་ཀྱི་རིགས་སུ་གཏོགས་པའི་སྨན་རྫས་ཤིག་ཡིན་ཞིང་། དུག་གཤིས་ཆུང་བ་ཡིན། འབུ་འདེད་ལུག་མིག་ཀྱུ་ནི་འབུ་འདེད་ལུག་མིག་གི་མེ་ཏོག་སྐམ་པོ་ལས་བླངས་རྗེས་ཞིབ་བཟོ་བྱས་པའི་རྩི་ཤིང་ལས་བྱུང་བའི་ཞིང་སྨན་ཞིག་ཡིན། གཙོ་བོ་འབུ་གསོད་གྲུབ་གཤིས་ཀྱི་གྲུབ་ཆ་ལྡན་པའི་འབུ་འདེད་ལུག་མིག་ཀྱུIདང་འབུ་འདེད་ལུག་མིག་ཀྱུIIལས་གྲུབ་པ་དང་། དེའི་ཕྱི་ངོས་ནི་མདོག་སེར་པོའམ་སྨུག་པོར་གྱུར་པའི་ཚིལ་གཟུགས་འཇུར་ནུར་རྫས་ཡིན། འབུ་འདེད་ལུག་མིག་ཀྱུ་ནི་དཔེ་མཚོན་གྱི་དབང་རྩའི་དུག་རྫས་ཤིག་ཡིན་ལ། འདི་ནི་འབུ་གསོད་པའི་

གྲུང་གཤིས་ལྡན་པའི་དངོས་རྫས6ལས་ལྷན་དུ་གྲུབ་ཡོད་པས། འབྲུ་ སྲིན་ལ་སྨན་འགོག་རང་བཞིན་འབྱུང་དཀའ་ཞིང་། རིག་གསོད་དང་ཕོ་བའི་དུག སྲོད་གཡོལ་གྱི་བྱེད་ནུས་ལྡན་པས། མཐའ་བསྐོར་གྱི་དབང་རྩའི་མ་ལག་དང་དབང་པོ་གཞན་དག་གི་ཕུང་གྲུབ་བཅས་ལ་དུས་མཚུངས་སུ་ནུས་པ་ཐོན་ཐུབ། གནོད་འབྲུ་ལ་རྗེས་ཤུགས་ཆེ་བ་དང་འབྲུ་གསོད་པའི་ཁྱོན་རྒྱ་ཆེ་བ། བེད་སྤྱོད་ཀྱི་གར་ཚད་དམའ་བ། མི་ཕྱུགས་ལ་དུག་ཆུང་བ། སྐྱེ་དངོས་དང་ཁོར་ཡུག་ལ་བདེ་འཇགས་ཡིན་པ་བཅས་ཀྱི་ཁྱད་ཆོས་ལྡན།

(གཉིས) ཐོ་འགོད་བྱས་པའི་ལོ་ཏོག་གམ་འདེབས་ས་དང་འགོག་བཅོས་བྱ་ཡུལ།

ཐོ་འགོད་བྱས་པའི་ལོ་ཏོག་དང་གནས་ཡུལ་ནི་ཁང་བའི་ནང་དང་རྒྱ་གྲམ་མེ་ཏོག་ཚན་གྱི་སྡོ་ཚལ། ཇོ་ཐ། སྨི་ཏོའུ་ཁམ་བུ་སོགས་ཡིན། འགོག་བཅོས་བྱ་ཡུལ་གཙོ་བོ་ནི་ཁང་བའི་ནང་གི་ལྡི་བ། དུག་སྦྲང་། སྦྲང་ནག ཁྱིམ་ཚང་དང་སློབ་གྲྭ། སྨན་ཁང་། མགྲོན་ཁང་། སྒོ་རྩིས་ཚོང་ཁང་། ཟ་ཁང་། གཞུང་དོན་སྒྲུབ་ཡུལ། བཟའ་བཅའི་བཟོ་གྲྭ། གསོ་ཚགས་ར་བ་སོགས་ཁང་བའི་ནང་དུ་འགོག་བཅོས་བྱེད་དུས་སྤྱོད་དགོས། རྒྱ་གྲམ་གྱི་མེ་ཏོག་ཚན་གྱི་སྡོ་ཚལ་དང་ཇོ་ཐའི་སྐྱེ་དངོས་གནོད་འབྲུ། སྨི་ཏོའུ་ཁམ་བུའི་ལོ་འདབ་ཀྱི་སྟེང་གི་འབྲུ་འཛིང་འཛིང་སོགས་འགོག་བཅོས་བྱེད་པ་ཡིན།

(གསུམ) མཉམ་འཛོག་བྱ་ཡུལ།

ཐོན་རྫས་འདི་ནུས་པ་དང་ནང་རྐྱེན་མི་འདྲ་བའི་འབྲུ་གསོད་བྱེད་ཀྱི་སྨན་རྫས་གཞན་རིགས་དང་བརྗེ་རེས་བྱས་ནས་བཀོལ་སྤྱོད་བྱས་ན་བཟང་། བྱ་རིགས་དང་སྦྲང་མ། དར་སྲིན། ཉ་རིགས་སོགས་ཆུ་སྐྱེས་སྐྱེ་དངོས་ལ་དུག་བསྐྱེད་པས། སྨན་གཏོར་དུས་ཉེ་འཁོར་གྱི་སྦྲང་ཚོགས་ལ་ཤུགས་རྐྱེན་ཐེབས་མི་རུང་བ་དང་། ཉེ་འཁོར་གྱི་མེ་ཏོག་བཞད་པའི་སྐྱེ་དངོས་དང་། བྱ་རིགས་སྲུང་སྐྱོང་ཁུལ། སྲིན་ཁང་། སྲིན་ཤིང་ར་བའི་ཉེ་འགྲམ་སོགས་སུ་བཀོལ་སྤྱོད་བྱས་མི་ཆོག བུལ་གཤིས་ཞིང་སྨན་སོགས་དང་བསྲེས་སྦྱོར་བྱེད་མི་རུང་། མིག་ལ་ཟུག་གཟེར་ཆུང་དུ་ཡོད་པས། ཐོན་རྫས་འདི་བཀོལ་དུས་ངེས་པར་དུ་བདེ་འཇགས་འགོག་སྲུང་གི་བྱེད་ཐབས་སྤྱོད་དགོས་ཤིང་། འགོག་སྲུང་ལག་ཤུབས་དང་

ཁ་རས། མིག་སྤྱང་མིག་ཞེལ་སོགས་གྱོན་དགོས། སྨན་རྫས་ཤ་སྐྱིའི་སྟེང་དུ་འཕྱར་རེག་དང་ཁ་སྣའི་ནང་དུ་འཇིབ་རྔུབ་བྱེད་མི་རུང་།

དགུ། སྤྲུལ་གྱི་འཁོར་སྡེགས་ཀྱི་རྒྱ།

(གཅིག) ནུས་པའི་ཁྱད་ཆོས།

སྤྲུལ་གྱི་འཁོར་སྡིགས་ཀྱི་རྒྱ་ནི་རྩི་ཤིང་ལས་བྱུང་བའི་འབུ་སྲིན་གསོད་བྱེད་ཀྱི་རིགས་སུ་གཏོགས་པའི་སྨན་རྫས་ཤིག་ཡིན་ཞིང་། དུག་གཤིས་ཆུང་བ་ཡིན། སྤྲུལ་གྱི་འཁོར་སྡིགས་ཀྱི་རྒྱ་ནི་ཀྲུང་ལུགས་སྨན་རྫས་སྤྲུལ་གྱི་འཁོར་སྡིགས་ཀྱི་ཁྲིད་དུ་བླངས་པའི་འབུ་གསོད་པའི་གྲུང་གཤིས་དངོས་རྫས་ཤིག་ཡིན། འབུ་གསོད་པའི་ནང་རྐྱེན་ནི་ཕན་ནུས་ལྡན་པའི་གྲུབ་ཆ་ཡིས་གནོད་འབུའི་དབང་རྩའི་མ་ལག་ལ་ནུས་པ་ལྡན་ཞིང་། སྲིན་འབུའི་ནུས་ལྡན་མ་ཡིན་པའི་ཤ་གནད་འཁུམ་པར་གྱུར་ནས། མཇུག་མཐར་སྐམ་ནས་ཤི་འགྲོ་བ་ཡིན། འབུ་སྲིན་གསོད་པའི་ནང་རྐྱེན་ནི་ཕྲ་ཕུང་གི་ལྟེབས་ཀྱི་སྐྱེ་འཚར་ལ་ཤུགས་རྐྱེན་ཐེབས་ནས་ཕྲ་སྐྱུད་མང་པོ་ཆད་དུ་འཇུག་པ་དང་། དེ་དང་མཉམ་དུ་ནད་འབུའི་སྲིན་སྐྱུད་ཀྱི་སྐྱེ་འཚར་ལ་བཀག་འགོག་བྱེད་པ་ཡིན།

(གཉིས) ཐོ་འགོད་བྱས་པའི་ལོ་ཏོག་དང་འགོག་བཅོས་བྱ་ཡུལ།

ནད་འབུ་སེལ་བྱེད་ཀྱི་སྨན་རྫས་ཐོ་འགོད་བྱས་པའི་ལོ་ཏོག་ནི་ཧོང་ཀུབ་དང་རྒུན་འབྲུམ། འདྲེ་ཚེར་མ། ཆུ་འབྲས། འབྲི་ཏ་ས་འཛིན་དང་གྲོ། སྲན་དམར་དང་ཀྲོ་མ་ཀྲུ། རྩྭ་དང་མེ་ཏོག སྲུར་པན་སོགས་ཡིན། འགོག་བཅོས་བྱ་ཡུལ་གཙོ་བོ་ནི་ཧོང་ཀུབ་སད་ཀྱི་རུལ་ནད་དང་དཀར་ཕྱེ་ནད། རྒུན་འབྲུམ་གྱི་ཕྱེ་ནད། འདྲེ་ཚེར་མའི་དཀར་ཕྱེ་ནད། ཆུ་འབྲས་ཀྱི་གསེག་རིས་སྐམ་ནད། འབྲི་ཏ་ས་འཛིན་གྱི་ཕྱེ་དཀར་ནད། གྲོའི་ཕྱེ་དཀར་ནད། སྲན་དམར་གྱི་ཕྱེ་དཀར་ནད་སོགས་ཡིན། འབུ་གསོད་སྨན་རྫས་ཐོ་འགོད་བྱས་པའི་ལོ་ཏོག་ནི་གན་ལན་དང་མཛོད་ཉར་མ་བཅོས་འབྲུ་རིགས། རྒྱ་ཁྲམ་གྱི་མེ་ཏོག་ཚན་གྱི་སྡོ་ཚལ། ཇ་སྡོང་སོགས་ཡིན། འགོག་བཅོས་བྱ་ཡུལ་གཙོ་བོ་ནི་ལོ་སྙེར་པད་ཚལ་གྱི་སྡོ་འབུ། མཛོད་ཉར་མ་བཅོས་འབྲུ་རིགས་ཀྱི་མུག་པའི་གནོད་འབུ། འབྲས་ཤིག མ་རྨོས་ལོ་ཏོག་དང་

སྣང་ཆེན་དང་འདྲ་བའི་འབུ་སྲིན། རྒྱ་གྲམ་མེ་ཏོག་ཚན་གྱི་སྔོ་ཚལ་གྱི་སྔོ་འབུ། ཇའི་སྔོང་བོའི་ལོ་མའི་འབུ་སྲིན་སོགས་ཡིན།

(གསུམ) མཉམ་འཛོག་བྱ་ཡུལ།

ཐོན་རྫས་འདིས་ཞ་རིགས་དང་སྤྲང་མ། དར་འབུ། བྱ་རིགས་ལ་དུག་བསྐྱེད་པ་དང་། ཉེ་འཁོར་གྱི་མེ་ཏོག་བཞད་པའི་ལོ་ཏོག་གི་མེ་ཏོག་བཞད་པའི་དུས་ཚིགས་སུ་བེད་སྤྱོད་བྱེད་མི་རུང་། བཀོལ་སྤྱོད་བྱེད་པའི་དུས་སྐབས་སུ་ཉེ་འཁོར་གྱི་སྤྲང་ཚོགས་ལ་ཤུགས་རྐྱེན་ཐེབས་པར་དོ་སྣང་ཆེན་པོ་བྱེད་དགོས། སྨན་གཏོར་དུས་དར་འབུའི་གསོ་སྐྱེལ་ཁུལ་དང་ཆུ་ཐོན་གསོ་སྐྱེལ་ཁུལ་དང་ཆུ་རྫིང་སོགས་ཀྱི་ཆུའི་ཉེ་འགྲམ་དུ་སྤྱོད་མི་ཆོག་པ་དང་རིང་དུ་བྲལ་དགོས། ཆུ་རྫིང་སོགས་ཆུ་ཁོངས་སུ་སྨན་གཏོར་མི་ཆོག སྐྱུར་གཤིས་ཆེ་བ་དང་བུལ་གཤིས་དྲག་པོའི་ཞིང་སྨན་སོགས་དང་བསྲེས་སྦྱོར་བྱེད་མི་རུང་། ནུས་པ་དང་ནང་རྐྱེན་མི་འདྲ་བའི་སྨན་རྫས་གཞན་དག་དང་བརྗེ་རེས་ཀྱིས་བེད་སྤྱོད་བྱས་ནས་འགོག་ནུས་ཐོན་པའི་དུས་ཚོད་ཇེ་རིང་དུ་གཏོང་ཐུབ། གལ་ཏེ་རྫས་འགྱུར་ཞིང་སྨན་བཀོལ་སྤྱོད་ན། ཉིན5རྗེས་སུ་ད་གཟོད་ཐོན་རྫས་འདི་སྤྱོད་དགོས། དེ་མིན་སྐྱུར་བུལ་སྙོམས་པོར་གྱུར་ནས་སྨན་གྱི་ནུས་པ་ཇེ་ཞན་དུ་འགྱུར་བ་ཡིན།

བཅུ། ལི་ཡུའུ་བུལ།

(གཅིག) ནུས་པའི་ཁྱད་ཆོས།

ལི་ཡུའུ་བུལ་ནི་རྩི་ཤིང་ལས་བྱུང་བའི་འབུ་གསོད་བྱེད་ཀྱི་རིགས་སུ་གཏོགས་པའི་སྨན་རྫས་ཤིག་ཡིན་ཞིང་། དུག་གཤིས་ཆུང་བ་ཡིན། ལི་ཡུའུ་བུལ་གྱིས་གནོད་འབུ་ལ་རེག་གསོད་དང་ཟ་བའི་ནད་དུག་གི་བྱེད་ནུས་ལྡན། སྨན་རྫས་འདི་འབུ་གཟུགས་ཀྱི་ཕྱི་ཤུན་དང་ཡང་ན་འཇུ་བྱེད་མ་ལག་ཏུ་ཞུགས་པས་ལུས་པོའི་ཆ་ཤས་ལ་ཐོག་ཐུག་བཟོས་ཏེ་ལྟོག་འཁྲི་རང་བཞིན་གྱི་འབུ་ལ་སྒྲོ་བ་འཕེལ་དུ་འཇུག་པ་དང་། དེ་ནས་འབུ་གཟུགས་ཀྱི་ཚོར་བའི་དབང་རྩར་ཚོད་འཛིན་དང་བཀག་འགོག་བྱས་ནས་མཇུག་མཐར་གནོད་འབུ་ཤི་རུ་འཇུག་པ་ཡིན།

(གཉིས) ཐོ་འགོད་བྱས་པའི་ལོ་ཏོག་དང་འགོག་བཅོས་བྱ་ཡུལ།

ཐོ་འགོད་བྱས་པའི་ལོ་ཏོག་ནི་སྲིང་བལ་དང་གྲོ། འབྲི་ཏ་ས་འཛིན། ཛ་སྔོང་། ཚ་ལུ་མའི་སྔོང་བོ། སྲུར་པན། ཆེ་ཙེ། ཙོ་རིལ་གྱི་སྔོང་བོ། སླི་ཧོཙུ་ཁམ་བུ། ཀན་ལན། ཏོང་ཀུབ། རྫོ་ཐ། འདྲེ་ཆེར་མ་སོགས་ཡིན། འགོག་བཅོས་བྱ་ཡུལ་གཙོ་བོ་ནི་སྲིང་བལ་གྱི་དྲིལ་ལྷན་གནོད་འབུ་དང་སྲིང་བལ་གྱི་སྐྱི་དངོས་གནོད་འབུ། གྲོ་ཡི་སྐྱི་དངོས་གནོད་འབུ། ཛ་སྔོང་གི་ཧོང་འབུ་དང་། ཛ་ལོའི་འབུ་ཆུང་། འབྲི་ཏ་ས་འཛིན།(ཚ་ལུ་མ་དང་སྲུར་པན། ཆེ་ཙེ། ཙོ་རིལ་སྔོང་བོ། སླི་ཧོཙུ་ཁམ་བུ་སོགས) སྔོམ་དམར། ཆེ་ཙི་སྦྲང་ཆེར། ཀན་ལན་ཚལ་གྱི་སྔོ་འབུ། ཏོང་ཀུབ་ཀྱི་སྦེ་དཀར་ཤིག་ནད་དང་རྫོ་ཐའི་གནོད་འབུ། འདྲེ་ཆེར་གྱི་གནོད་འབུ་སོགས་ཡིན།

(གསུམ) མཉམ་འཛོག་བྱ་ཡུལ།

ཐོན་རྫས་འདི་ནུས་པ་དང་ནང་རྐྱེན་མི་འདྲ་བའི་འབུ་གསོད་བྱེད་ཀྱི་སྨན་རྫས་གཞན་དག་དང་བརྗེ་རེས་བྱས་ནས་བཀོལ་སྤྱོད་བྱས་ན། ནད་འགོག་རང་བཞིན་གྱི་དུས་ཡུན་ཇེ་རིང་དུ་གཏོང་ཐུབ། སྦྲང་མ་དང་ཉ་རིགས་སོགས་ཆུ་སྐྱེས་སྐྱེ་དངོས་དང་། ཁྱིམ་གསོས་དར་འབུ་ལ་དུག་བསྐྱེད་པས། སྨན་གཏོར་བའི་དུས་སུ་ཉེ་འཁོར་གྱི་སྦྲང་ཚོགས་ལ་ཤུགས་རྐྱེན་ཐེབས་མི་རུང་བ་དང་། མེ་ཏོག་བཞད་པའི་རྩི་ཤིང་གི་མེ་ཏོག་བཞད་པའི་དུས་ཚིགས། མུག་ཁང་། སྲིན་ཤིང་ར་བའི་ཉེ་འགྲམ་སོགས་སུ་བཀོལ་སྤྱོད་བྱེད་མི་རུང་། སྨན་གཏོར་དུས་སུ་ཆུ་ཐོན་གསོ་སྐྱེལ་ཁུལ་ལ་རིང་དུ་བྲལ་དགོས་ཤིང་། ཆུ་ཞིང་སོགས་ཆུ་ཁོངས་སུ་སྨན་གཏོར་མི་རུང་། རྐྱུར་གཤིས་ཆེ་བ་དང་བུལ་གཤིས་དྲག་པོའི་ཞིང་སྨན་སོགས་དང་བསྲེས་སྦྱོར་བྱེད་མི་རུང་།

བཅུ་གཅིག དབྱི་སོན་རྒྱ།

(གཅིག) ནུས་པའི་ཁྱད་ཆོས།

དབྱི་སོན་རྒྱ་ནི་རྩི་ཤིང་ལས་བྱུང་བའི་འབུ་སྲ་གསོད་བྱེད་ཀྱི་སྨན་རྫས་ཤིག་ཡིན། མ་བཅོས་སྨན་རྫས་ཀྱི་དུག་གཤིས་འབྲིང་རིམ་དང་། ལས་སྟོན་སྦྱོར་བཟོའི་སྨན་རྫས་ཀྱི་དུག་

གཞིས་ཀྱང་འཁྲིང་རིམ་ཡིན། དཔེ་སོན་རྒྱུ་ནི་སྔོག་རྒྱུའི་རིགས་མཐུན་དངོས་པོ་ཞིག་ཡིན་ལ། ཕན་འབྲས་ཆེ་ཞིང་ཁྱབ་ཁྱ་ཆེ་བའི་སྔོ་ནས་སྐྱེ་དངོས་འདྲ་བཟོ་བྱེད་པའི་འབུ་སྲ་གསོད་བྱེད་ཀྱི་སྨན་ཞིག་ཡིན། འབུ་སྲ་གསོད་ལུགས་ནི་འབུ་སྲའི་རྒྱུན་ལྡན་གྱི་རྙིང་ཚབ་གསར་བྱེད་ཚོད་འཛིན་དང་བཀག་འགོག་བྱེད་པ་ཡིན། དཔེ་སོན་རྒྱུའི་ནང་དུ་རྟེན་པའི་ནུས་པ་ཆེ་བ་དང་སིམ་ཤུགས་ཆེ་ལ། རྩི་ཤིང་གི་སྐྱེ་འཚར་ལ་སྙོམ་སྒྲིག་གི་ནུས་པ་ལྡན་པས། མྱུ་གུ་འབུས་པ་དང་མྱུ་གུ་རྒྱས་ཚད་ཇེ་མཐོར་གཏོང་བ། ཐོན་ཚད་ཇེ་མང་དུ་གཏོང་བ། རྒྱུ་སྤུས་ཇེ་ལེགས་སུ་གཏོང་བ་བཅས་ལ་ཕན་པར་མ་ཟད། འབུ་སྲ་དང་འབུ་སྲ་ཇོ་མའི་རང་བཞིན་གྱི་ནད་འབུའི་གནོད་པ་མང་པོར་འགོག་བཅོས་ཀྱི་ཕན་འབྲས་ལེགས་ཐོན་པ་ཡིན།

(གཉིས) ཐོ་འགོད་བྱས་པའི་ལོ་ཏོག་དང་འགོག་བཅོས་བྱ་ཡུལ།

ཐོ་འགོད་བྱས་པའི་ལོ་ཏོག་ནི་སྲན་ཆེན་དང་ཞོག་ཁོག ཤིང་བལ། ཀུ་ཤུའི་སྡོང་པོ་དང་ཆུ་འབྲས། པད་ཁ། ཏོང་ཀུབ་སོགས་ཡིན། འགོག་བཅོས་བྱ་ཡུལ་གཙོ་བོ་ནི་སྲན་ཆེན་གྱི་སྨུག་ཁྲའི་ནད་དང་། ཞོག་ཁོག་མངར་མོའི་ནག་ཁྲ་ནད། ཤིང་བལ་གྱི་རྙིད་སྐམ་ནད་དང་སྐམ་རུལ་ནད། སེར་སྐམ་ནད། ཀུ་ཤུའི་སྡོང་པོའི་ལོ་མའི་ཁྲ་ནད། ཁྲ་ཐིག་ནད། ཆུ་འབྲས་ཀྱི་རུལ་ནད། ཆུ་འབྲས་ཀྱི་ཚ་ནད། པད་ཁའི་སད་རྡགས་ནད། ཏོང་ཀུབ་ཀྱི་སྲ་སྲིན་རང་བཞིན་གྱི་ར་ཁྲ་ནད་དང་སད་རྨ་སྤུ་རྒྱག་པའི་ནད་སོགས་ཡིན།

(གསུམ) མཉམ་འཛོག་བྱ་ཡུལ།

ཐོན་རྫས་འདི་བུལ་གཤིས་ཞིང་སྨན་སོགས་དང་བསྲེས་སྤྱོད་བྱེད་མི་རུང་། སྨན་གཏོར་དུས་སུ་ཆུ་ཐོན་གསོ་སྐྱིལ་ཁུལ་ལ་རིང་དུ་བྲལ་དགོས། ཆུ་རྫིང་སོགས་ཀྱི་ཆུ་ཁོངས་སུ་སྨན་གཏོར་མི་རུང་། མེ་ཏོག་བཞད་པའི་རྩི་ཤིང་གི་མེ་ཏོག་བཞད་པའི་དུས་ཚིགས་སུ་སྤྱོད་མི་ཆོག་པ་དང་། མིག་སྤུ་དམར་པོ་སོགས་རང་བྱུང་ཁམས་ན་ལྷན་སྐྱེས་སུ་ཡོད་པའི་འཇོམས་བྱེད་ལྡན་པའི་ས་ཁོངས་སུ་སྤྱོད་མི་རུང་བར་མ་ཟད། སྲིན་ཤིང་ར་བ་དང་མུག་ཁང་གི་ཉེ་འགྲམ་དུ་འང་སྤྱོད་མི་ཆོག ཐོན་རྫས་ཀྱིས་མིག་ལ་གནོད་འཚེ་ལྡན་པས། ཐོན་རྫས་འདི་བེད་སྤྱོད་བྱེད་པའི་སྐབས་སུ་འགོག་སྲུང་གྱོན་ཆས་དང་། ལག་ཤུབས། མིག་སྲུང་

མིག་ཞིལ་སོགས་ཀྱིན་དགོས་པ་དང་། སྨན་ཆུས་མིག་དང་ལུས་པགས་སྐྱི་མོ། རྨ་ཁ་སོགས་ལ་རེག་མི་རུང་། སྨན་རྫས་གཏོར་བའི་སྐབས་སུ་ཟས་བཟའ་མི་རུང་བ་དང་ཆུ་འཐུང་མི་རུང་། སྨན་གཏོར་ཚར་རྗེས་ལག་པ་དང་ངོ་གདོང་གཙང་མར་བཀྲུ་དགོས། ནུས་པ་དང་ནང་རྐྱེན་དང་མི་འདྲ་བའི་འབུ་སྲ་གསོད་བྱེད་ཀྱི་སྨན་རྫས་གཞན་པ་དང་བརྗེ་རེས་ཀྱི་སྒོ་ནས་བཀོལ་སྤྱོད་བྱས་ན། དུག་འགོག་ནུས་པ་རྗེ་རིང་དུ་གཏོང་ཐུབ། དབྱི་སོན་རྒྱུས་ཐག་གཅོད་བྱས་ཟིན་པའི་ས་བོན་སྤུར་དུ་འདེབས་འཛུགས་བྱེད་དགོས་པ་དང་། ཟ་མི་རུང་བའམ་གཟན་ཆས་སུ་སྤྱོད་མི་རུང་ལ། རྩི་ཤིང་གི་ཐལ་བ་སོགས་བུལ་གཤིས་དངོས་རྫས་དང་མཉམ་དུ་བསྲེས་ནས་འདེབས་འཛུགས་བྱས་ན་སྨན་གྱི་ཕན་འབྲས་ལ་ཤུགས་རྐྱེན་ཐེབས་པ་ཡིན།

བཅུ་གཉིས། ཏིང་ཅི་ཞང་ཐུན།

(གཅིག) ནུས་པའི་ཁྱད་ཆོས།

ཏིང་ཅི་ཞང་ཐུན་ནི་རྩི་ཤིང་ལས་བྱུང་བའི་འབུ་སྲ་གསོད་བྱེད་ཀྱི་རིགས་སུ་གཏོགས་པའི་སྨན་རྫས་ཤིག་ཡིན། ནད་འབུ་སྐྱི་འཚར་གྱི་ཁོར་ཡུག་སྲ་མོ་དང་ལས་སྟོན་བྱས་པའི་དབྱི་མེ་འབུ་སྲ་ཡི་གཤེར་རྐྱེན་ཕུ་རེན་ཀམ་ཨེམ་འདོར་རྩབས་ཀྱི་གྲུང་གཤིས་ལེགས་བཅོས་བྱས་ཏེ། ནད་འབུ་ཡི་སི་ལྡན་ཁ་གྲེས་ཀྱི་གོ་རིམ་ལ་བར་ཆད་བཟོས་ནས་ནད་འབུ་ཤི་རུ་འཇུག་པ་ཡིན།

(གཉིས) ཐོ་འགོད་བྱས་པའི་ལོ་ཏོག་དང་འགོག་བཅོས་བྱ་ཡུལ།

ཐོ་འགོད་བྱས་པའི་ལོ་ཏོག་ནི་ཀྲོ་མ་ཀྲུ་དང་ཞོག་ཁོག ཀྲུན་འབྲུམ། ཤིང་པད་མ་སོགས་ཡིན། འགོག་བཅོས་བྱ་ཡུལ་གཙོ་བོ་ནི་ཀྲོ་མ་ཀྲུའི་ཧགས་སྐྱའི་ནད་དང་ནད་དུག་ནད། ཕྱི་རིམས་ནད། ཞོག་ཁོག་གི་ཕྱི་རིམས། ཀྲུན་འབྲུམ་གྱི་སད་སྐྱོན་ནད། ཤིང་པད་མའི་ཧམ་རུལ་གྱི་ནད་སོགས་ཡིན།

(གསུམ) མཉམ་འཛོག་བྱ་ཡུལ།

ཐོན་རྫས་འདི་ནུས་པ་དང་ནང་རྐྱེན་མི་འདྲ་བའི་འབུ་སྲ་གསོད་བྱེད་ཀྱི་སྨན་རྫས་

གཞན་རིགས་དང་བཛྫེ་རེས་བྱས་ནས་བཀོལ་དགོས། སྦྱར་གཤིས་ཆེ་བ་དང་བུལ་གཤིས་ཆེ་བའི་དངོས་པོ་དང་བསྲེས་སྦྱོད་བྱེད་མི་རུང་། སྨན་གཏོར་དུས་ཁོར་ཡུག་ལ་དོ་སྣང་བྱེད་དགོས་པ་སྟེ། སྦྲང་ཚོགས་དང་མེ་ཏོག་བཞད་པའི་རྩི་ཤིང་གི་མེ་ཏོག་བཞད་པའི་དུས་ཚིགས། མུག་ཁང་དང་སྲིན་ཤིང་ར་བ། ཇིང་བུ། ཆུ་ཁུངས་སོགས་ལ་གཡོལ་དགོས། བཀོལ་སྤྱོད་བྱས་ཟིན་པའི་སྣོད་ཆས་རྣམས་ཐག་གཅོད་འོས་འཚམ་བྱེད་དགོས་པ་ལས། གང་བྱུང་དུ་བསྐྱུར་བ་དང་ཡང་བསྐྱར་བཀོལ་སྤྱོད་བྱས་མི་ཆོག སྨན་ཁུ་དང་དེའི་གཤེར་ཁུས་ཆུ་ཁོངས་དང་ས་རྒྱུ་སོགས་ཀྱི་ཁོར་ཡུག་ལ་འབབ་བཙོག་བཟོས་མི་ཆོག་གོ།

བཅུ་གསུམ། ཞང་ཆིན་ཟྱུན།

(གཅིག) ནུས་པའི་ཁྱད་ཆོས།

ཞང་ཆིན་ཟྱུན་ནི་རྩི་ཤིང་ལས་བྱུང་བའི་འབུ་ཕྲ་གསོད་བྱེད་ཀྱི་རིགས་སུ་གཏོགས་པའི་སྨན་རྫས་ཤིག་ཡིན་ལ། ནུས་ལྡན་སྔོས་ནད་གཞིའི་འབུ་ཕྲའི་ཐུམ་འབུ་དང་སྲིན་སྐྱུད་ཀྱི་སྐྱེ་འཚར་བཀག་འགོག་བྱེད་ཐུབ་ཅིང་། ཕྲ་ཕུང་སྐྱེ་མོའི་སེམ་ཤུགས་མཇུགས་མྱུར་གྱིས་ཇེ་མཐོར་སོང་སྟེ་ནད་གཞིའི་ཕྲ་ཕུང་གི་སྐྱེ་མོ་ཐོར་ནས་ཕུང་པོའི་ནང་གི་དངོས་རྫས་ཕྱིར་གྱུར་ཏེ་ནད་གཞིའི་འབུ་སྲིན་གསོད་པ་ཡིན།

(གཉིས) ཐོ་འགོད་བྱས་པའི་ལོ་ཏོག་དང་འགོག་བཅོས་བྱ་ཡུལ།

ཐོ་འགོད་བྱས་པའི་ལོ་ཏོག་ནི་ཀྲོ་མ་ཀྲུ་དང་རྗེ་ཐ། ཙོ་རིལ་སྔོང་པོ། སླི་ཧོའུ་ཁམ་བུའི་སྔོང་པོ། འདྲེ་ཆེར་མ་སོགས་ཡིན། འགོག་བཅོས་བྱ་ཡུལ་གཙོ་བོ་ནི་ཀྲོ་མ་ཀྲུའི་ཏའེ་ཏགས་ནད། རྗེ་ཐའི་ཕྲེ་དཀར་ནད་དང་སྐར་དམར་ནད། ནད་དུག་གི་ནད། ཙོ་རིལ་སྔོང་བོའི་བཙའ་ནད། སླི་ཧོའུ་ཁམ་བུ་སྔོང་བོའི་རུལ་ནད། འདྲེ་ཆེར་མའི་དཀར་ཕྲེ་ནད་སོགས་ཡིན།

(གསུམ) མཉམ་འཛོམ་བྱ་ཡུལ།

ཐོན་རྫས་འདིས་བུལ་གཤིས་ཞིང་སྨན་སོགས་དང་བསྲེས་སྤྱོད་བྱེད་མི་རུང་། སྦྲང་མ་དང་ཁྱིམ་གསོ་དར་སྲིན་ལ་དུག་བསྐྱེད་པ་དང་། མེ་ཏོག་བཞད་པའི་རྩི་ཤིང་གི་མེ་ཏོག་བཞད་པའི་དུས་ཚིགས་སུ་སྤྱོད་མི་རུང་། སྨན་གཏོར་དུས་ཉེ་འཁྲམ་གྱི་སྦྲང་ཚོགས

ལ་ཤུགས་རྐྱེན་ཐེབས་པར་དོ་སྣང་ནན་མོ་བྱེད་དགོས། མུག་ཁང་དང་སྲིན་ཤིང་ར་བའི་ཉེ་འགྲམ་དུ་སྐྱོད་མི་རུང་། ཉ་རིགས་སོགས་ཆུ་སྐྱེས་སྐྱེ་དངོས་ལ་དུག་བསྐྱེད་པས། སྨན་གཏོར་དུས་ཆུ་ཐོན་གསོ་སྐྱེལ་ཁུལ་དང་བར་ཐག་རིང་དུ་བྲལ་དགོས། ཆུ་རྫིང་སོགས་ཀྱི་ཆུ་ཁོངས་ནང་དུ་སྨན་གཏོར་བྱེད་ཀྱི་ཡོ་ཆས་སོགས་བཀྲུ་མི་རུང་། ནུས་པ་དང་ནང་རྐྱེན་དང་མི་འདྲ་བའི་འབུ་སྲ་གསོད་བྱེད་ཀྱི་སྨན་རྫས་གཞན་པ་དང་བརྗེ་རེས་ཀྱི་སྒོ་ནས་བཀོལ་སྤྱོད་བྱས་ན། དུག་འགོག་ནུས་པ་ཇེ་རིང་དུ་གཏོང་ཐུབ།

བཅུ་བཞི་པ། ཨན་ཤིང་གི་སྦྱམ།

(གཅིག) ནུས་པའི་ཁྱད་ཆོས།

ཨན་ཤིང་གི་སྦྱམ་ནི་སྐྱེ་དངོས་ལས་བྱུང་བའི་འབུ་གསོད་ཀྱི་སྨན་རྫས་ཤིག་ཡིན། ཨན་ཤིང་ལོ་མ་མ་རྒྱུ་བྱས་ཏེ་དེང་རབས་ཀྱི་བཟོ་རྩལ་སྤྱད་ནས་ཕན་འབྲས་ཐོན་པའི་གྲུབ་ཆ་བླངས་ནས་སླིགས་དོར་བཅུད་ལེན་སྒོས་གྲུབ་པ་ཞིག་ཡིན།

(གཉིས) ཐོ་འགོད་བྱས་པའི་ལོ་ཏོག་དང་འགོག་བཅོས་བྱ་ཡུལ།

ཐོ་འགོད་ལོ་ཏོག་ནི་རྒྱ་གྲམ་སེ་ཏོག་ཚན་གྱི་སྡོ་ཚལ་ཡིན། འགོག་བཅོས་བྱ་ཡུལ་གཙོ་བོ་ནི་རྒྱ་གྲམ་སེ་ཏོག་ཚན་གྱི་སྡོ་ཚལ་གྱི་སྐྱེ་དངོས་གནོད་འབུ་ཡིན།

(གསུམ) མཉམ་འཛོག་བྱ་ཡུལ།

ཐོན་རྫས་འདི་པོའི་ཨར་ཏོའི་ཁུ་བ་སོགས་བུལ་གཤིས་ཞིང་སྨན་སོགས་དང་བསྲེས་སྤྱོད་བྱེད་མི་རུང་། སྨན་ཁུ་སྦྱོར་བཟོ་བྱེད་པའི་སྐབས་སུ་ངེས་པར་དུ་སློམས་པོར་དཀྲུག་དགོས། སྦྲང་མ་དང་ཉ་རིགས། འདབ་ཆགས་རིགས་སོགས་ལ་དུག་བསྐྱེད་པ་ཡིན། སྨན་གཏོར་དུས་ཉེ་འཁོར་གྱི་སྦྲང་ཚོགས་ལ་ཤུགས་རྐྱེན་ཐེབས་མི་རུང་། མུག་ཁང་དང་སྲིན་ཤིང་ར་བའི་ཉེ་འགྲམ་དུ་སྐྱོད་མི་རུང་། སྨན་གཏོར་དུས་ཆུ་ཐོན་གསོ་སྐྱེལ་ཁུལ་དང་བར་ཐག་རིང་དུ་བྲལ་དགོས། སྨན་རྫས་ཀྱིས་བཞུར་ཆུ་དང་ཆུ་རྫིང་སོགས་ཆུ་ཁོངས་སམ་ཁང་བྱིའུ་འདུ་སར་འབབ་བཙོག་བཟོ་མི་རུང་། གནམ་གཤིས་མི་བཟང་བའི་སྐབས་སུ་སྨན་གཏོར་མི་རུང་ཞིང་། བཀོལ་སྤྱོད་བྱས་ཟིན་པའི་སྣོད་ཆས་རྣམས་ཐག་གཅོད་དང་ཉར

ཚགས་གང་ལེགས་བྱས་ནས་ཡང་བསྐྱར་ཕྱོགས་གཞན་པར་བེད་སྤྱོད་བྱས་མི་ཆོག་པར་མ་ཟད་གང་འདོད་དུ་བསྐྱུར་མི་ཆོག རྒྱ་གྲམ་མེ་ཏོག་ཚན་གྱི་སྔོ་ཚོད་ཀྱི་སྟེང་དུ་བཀོལ་བའི་བདེ་འཇགས་དུས་ཡུན་ནི་ཉིན7ཡིན་ལ། དུས་ཚོགས་རེ་ལ་ཆེས་མང་ན་ཐེངས་གཉིས་ལས་བཀོལ་མི་རུང་།

བཅོ་ལྔ། རེ་ལྡུག་གི་རྒྱ།

(གཅིག) ནུས་པའི་ཁྱད་ཆོས།

རེ་ལྡུག་གི་རྒྱ་ནི་རྩི་ཤིང་ལས་བྱུང་བའི་འབུ་གསོད་བྱེད་ཀྱི་སྨན་རྫས་ཤིག་ཡིན་ཞིང་། རང་རྒྱལ་གྱི་སི་ཁྲོན་དང་ནུབ་བྱང་ས་ཁུལ་སོགས་སུ་སྐྱེས་པའི་རུའི་ཞང་ཚན་གྱི་རྩི་ཤིང་རུའི་ཞང་གི་རེ་ལྡུག་གི་རྩ་བའི་དབྱི་ཁྲུན་ཁྲོད་དུ་བརྟོན་པའི་དངོས་རྫས་ཤིག་ཡིན། འབུ་སྲིན་ལ་རེག་གསོད་དང་ཟ་བའི་དུག་གི་ནུས་པ་ལྡན། སྨན་ཁུ་ནི་ལུས་པོའི་ཕྱི་ངོས་ནས་གནོད་འབུའི་དབང་རྩའི་མ་ལག་དང་ལུས་པོའི་ཕྲ་ཕུང་གི་ནང་དུ་ཞུགས་ཏེ་ནང་རིམ་ལ་སིམ་ནས་ཕྲ་ཕུང་གི་སྙིང་ཚབ་གསར་བྱེད་ལ་གཏོར་བརླག་ཐེབས་སུ་བཅུག་ནས། ལུས་པོའི་ནུས་ཚད་བརྒྱུད་སྤྲོད་སྐྱོམས་ཤོར་དང་རྟོག་འཁྲུག་བྱུང་དུ་བཅུག་སྟེ་གནོད་འབུའི་ཤ་གནད་བྱེད་ལས་མ་ཡིན་པའི་རང་བཞིན་སྐྱུམ་པ་དང་ཐ་ན་ཟད་ནས་འཆི་བར་འགྱུར་བ་ཡིན། སྨན་ཁུ་གནོད་འབུའི་འཇུ་བྱེད་ཀྱི་མ་ལག་ཏུ་ཞུགས་ཆོ། རེ་ལྡུག་གི་རྒྱུས་ཐད་གར་རྒྱ་མའི་ངོས་ཀྱི་ཕྲ་ཕུང་གསོད་ཐུབ་པས། གནོད་འབུའི་ནུས་པ་ཉམས་པའམ་ཇེ་ཞན་དུ་གྱུར་ནས་ཤི་འགྲོ་བ་ཡིན།

(གཉིས) ཐོ་འགོད་བྱས་པའི་ལོ་ཏོག་དང་འགོག་བཅོས་བྱ་ཡུལ།

ཐོ་འགོད་ལོ་ཏོག་ནི་རྒྱ་གྲམ་མེ་ཏོག་ཚན་གྱི་སྔོ་ཚལ་ཡིན། འགོག་བཅོས་བྱ་ཡུལ་གཙོ་བོ་ནི་རྒྱ་གྲམ་མེ་ཏོག་ཚན་གྱི་སྔོ་ཚལ་གྱི་སྐྱེ་དངོས་གནོད་འབུ་ཡིན།

(གསུམ) མཉམ་འཛོམ་བྱ་ཡུལ།

ཐོན་རྫས་འདི་བུལ་གཤིས་ཞིང་སྨན་དང་བསྲེས་སྦྱོར་བྱེད་མི་རུང་བ་དང་། ས་རྒྱུའི་ཐག་གཅོད་སྨན་རྫས་སུའང་བཀོལ་སྤྱོད་བྱེད་མི་རུང་བ་ཡིན། ནན་ཏན་གྱིས་སྦྱོར་ཚད་ལྟར་

སྨན་བསྟེན་དགོས་ཤིང་། སྨན་གཏོར་བའི་དྲོད་ཚད་ནི10℃ལས་དམའ་མི་རུང་། ཆར་མ་བབས་པའི་སྔོན་དུ་སྨན་གཏོར་མི་འོས། ཞིལ་དམ་གྱི་ཁ་འབྱེད་རྗེས་ཐེངས་གཅིག་གིས་བགོལ་ཚར་དགོས། ཆུ་སྐྱེས་སྐྱེ་དངོས་ཀྱི་ཉ་རིགས་དང་དར་འབུར་དུག་བསྐྱེད་པས། ཉ་གསོའི་རྫིང་བུ་དང་། སྲིན་ཤིང་ར་བ། ཆུ་ཁུངས་བཅས་ལ་བཙོག་པས་སྲུགས་པར་གཏན་འགོག་བྱེད་དགོས། སྨན་གཏོར་དུས་ཆུ་ཐོན་གསོ་སྐྱིལ་ཁུལ་དང་ཆུ་རྫིང་སོགས་ལ་རིང་དུ་བྲལ་དགོས། ཆུ་རྫིང་སོགས་ཆུ་ཁོངས་སུ་སྨན་རྫས་ཀྱི་སྣོད་ཆས་བཀྲུ་མི་རུང་། སྨན་ཁུ་ཞུན་ཆགས་ཀྱི་གཟུགས་སུ་ཉུང་ཙམ་འགྱུར་ན་སྨན་རྫས་ཀྱི་ནུས་པར་ཤུགས་རྐྱེན་མི་ཐེབས་སོ། །

བཅུ་དྲུག སྒོག་པའི་རྒྱ།

(གཅིག) ནུས་པའི་ཁྱད་ཆོས།

སྒོག་པའི་རྒྱ་ནི་རྩི་ཤིང་ལས་བྱུང་བའི་འབུ་སྲ་གསོད་བྱེད་ཀྱི་སྨན་རྫས་ཤིག་ཡིན་ལ། འབུ་སྲ་གསོད་པ་དང་འབུ་སྲ་འགོག་བྱེད་ཀྱི་ནུས་པ་ལྡན། ཐེ་ཚའང་ཅི་འདུས་པའི་འདྲིས་འགྱུར་རྫས་ལ་འགྲན་རྩོད་རང་བཞིན་གྱི་ཚོད་འཛིན་ཐེབས་ཏེ། སྲ་སྲིན་སྐྱེ་འཚར་ལ་ངེས་པར་དུ་མགོ་བའི་ཁྱེད་ཀོན་ཨེམ་སོན་ཆ་རྡུལ་ནང་གི་ཐེ་ཚའང་ཅི་དབྱང་འགྱུར་བྱས་ཏེ་སྲི་དཀར་གྱི་གཤིས་ནུས་ཤོར་བར་བརྟེན་ནས་སྲ་སྲིན་གྱི་སྐྱེ་འཚར་དང་སྐྱེ་འཕེལ་ཚོད་འཛིན་བྱེད་པ་ཡིན།

(གཉིས) ཐོ་འགོད་བྱས་པའི་ལོ་ཏོག་དང་འགོག་བཅོས་བྱ་ཡུལ།

ཐོ་འགོད་བྱས་པའི་ལོ་ཏོག་ནི་སན་ཆེ་དང་ཁྲིན་ཞུང་། གན་ལན། ཏོང་ཀུབ་སོགས་ཡིན། འགོག་བཅོས་བྱ་ཡུལ་གཙོ་བོ་ནི་སན་ཆེའི་ནག་ཁྲའི་ནད་དང་། ཁྲིན་ཞུང་གི་རྩ་རུལ་ནད། གན་ལན་གྱི་རྩ་སྐེ་ནད། ཏོང་ཀུབ་ཀྱི་འབུ་སྲ་རང་བཞིན་གྱི་རྣ་ཁྲ་ནད་སོགས་ཡིན།

(གསུམ) མཉམ་འཛོམ་བྱ་ཡུལ།

ཐོན་རྫས་འདི་ནུས་པ་དང་ནང་རྐྱེན་མི་འདྲ་བའི་འབུ་སྲ་གསོད་བྱེད་ཀྱི་སྨན་རྫས་གཞན་པ་དང་བརྗེ་རེས་བྱས་ནས་བཀོལ་སྤྱོད་བྱས་ན་ནད་འགོག་རང་བཞིན་གྱི་དུས་ཡུན་ཇེ་རིང་དུ་གཏོང་ཐུབ། བྱ་རིགས་དང་སྦྲང་མ། ཉ་རིགས་སོགས་ཆུ་སྐྱེས་སྐྱེ་དངོས་ལ་དུག་

བསྐྱེད་པས། སྨན་གཏོར་བའི་དུས་སུ་ཉེ་འཁོར་གྱི་སྤང་ཚོགས་ལ་ཤུགས་རྐྱེན་ཐེབས་མི་རུང་། མེ་ཏོག་བཞད་པའི་ལོ་ཏོག་གི་མེ་ཏོག་བཞད་པའི་དུས་ཚིགས་དང་བྱ་རིགས་སྲུང་སྐྱོབ་ཁུལ་གྱི་ཉེ་འགྲམ་དུ་བཀོལ་སྤྱོད་བྱས་མི་ཆོག སྨན་གཏོར་དུས་ཆུ་ཐོན་གསོ་སྐྱེལ་ཁུལ་དུ་རྒྱང་ཐག་རིང་དུ་བྲལ་དགོས། ཆུ་རྫིང་སོགས་ཆུ་ཁོངས་སུ་སྨན་རྫས་ཡོ་ཆས་བཀྲུ་མི་ཆོག་པར་མ་ཟད། སྨན་གཏོར་ཡོ་བྱད་བཀྲུས་པའི་ཆུའང་རྫིང་བུ་སོགས་ཀྱི་ནང་དུ་ལྷུག་མི་རུང་།

ཚན་པ་གསུམ་པ། སྐྱེ་དངོས་རྫས་འགྱུར་གྱི་ཞིང་སྨན།

སྐྱེ་དངོས་རྫས་འགྱུར་ཞིང་སྨན་ལ་ཕན་ནུས་ལྡན་པའི་གྲུབ་ཆ་རིགས22ཡོད་པ་དང་། ཐོ་འགོད་གྲངས་འབོར་ཆེས་མང་བ་ནི་དབྱི་ཞི་ལི་དང་ཁྲི་མེ་སོན། ཨེམ་ཅི་ཞུང་རྟགས་རྒྱུ་བཅས་ཐོན་རྫས་ཀྱི་རིགས་ཆེན་པོ་གསུམ་ཡིན།

གཅིག དབྱི་ཞི་ལི།

(གཅིག) ནུས་པའི་ཁྱད་ཆོས།

དབྱི་ཞི་ལི་ནི་འབྲས་བུ་སྨིན་པར་སྐུལ་འདེད་བྱེད་པའི་རྩི་ཤིང་སྐྱེ་འཚར་སྙོམ་སྒྲིག་བྱེད་པའི་སྨན་རྫས་ཤིག་ཡིན་ཞིང་། གཙོ་བོར་དཔལ་འབྱོར་སྐྱེ་དངོས་རིགས་མང་པོའི་ཐོན་ཚད་འཕར་སྣོན་དང་འབྲས་བུ་སྨིན་པར་སྐུལ་འདེད་བྱེད་པའི་ཐད་ལ་སྤྱོད་བཞིན་ཡོད། སྐྱུར་གྱི་བར་རྫས་ཏ་ཅང་གཏན་འཇགས་ཡིན་ལ། pH4ཡན་ཡིན་ན་དབྱེ་སྒྲལ་བྱས་ཏེ་དབྱི་ཞི་ཕྱིར་འདོན་པ་ཡིན། སྤྱིར་བཏང་གི་རྩི་ཤིང་གི་ཕྲ་ཕུང་གི་གཤེར་ཁུའིpHཚད་ནི4ཡན་ཡིན། དབྱི་ཞི་ལི་ནི་རྩི་ཤིང་གི་ལོ་འདབ་དང་ཤིང་ཤུན། འབྲས་བུ། ཡང་ན་ས་བོན་སོགས་བརྒྱུད་ནས་རྩི་ཤིང་གི་གཞུང་རྐང་དུ་ཞུགས་རྗེས། བྱེད་ནུས་ཐོན་པའི་གནས་སུ་བརྒྱུད་སྒྲོད་བྱས་ཏེ། དབྱི་ཞི་ཕྱིར་འདོན་པ་དང་། ནང་ཁུངས་སྐུལ་རྩི་དབྱི་ཞིས་བཏོན་པའི་ལུས་ཁམས་ཀྱི་བྱེད་ནུས་ལྡན་པས། དཔེར་ན་འབྲས་བུ་སྨིན་པ་དང་ལོ་མ་དང་འབྲས་བུ་ལྷུང་བར་སྐུལ་འདེད་བྱེད་པ་དང་། སྡོང་པོའི་གཞུང་རྐང་ཇེ་ཐུང་དུ་འགྱུར་བ། ཕོ་མོའི་

མེ་ཏོག་གི་བསྟར་ཚད་ལ་འགྱུར་ལྡོག་འབྱུང་བ། ལོ་ཏོག་ཁ་ཤས་ཀྱི་སྟེང་དུ་ཕོ་གཤིས་མི་སྐྱེ་བར་བསྒྱུ་ཁྲིད་བྱེད་པ་སོགས་ཀྱི་ནུས་པ་ལྡན་ནོ།།

(གཉིས) ཐོ་འགོད་བྱས་པའི་ལོ་ཏོག་དང་བྱེད་ནུས་གཙོ་བོ།

ཐོ་འགོད་བྱ་ཡུལ་ནི་ཀྲོ་མ་ཀྲུར་སྨིན་སྐྱུལ་དང་སྲིང་བལ་ལ་སྨིན་སྐྱུལ་ཐོན་སྐྱུལ། ཨ་ཤྲར་སྨིན་སྐྱུལ། ཆུ་འབྲས་ལ་སྨིན་སྐྱུལ་ཐོན་སྐྱུལ། ངང་ལག་ལ་སྨིན་སྐྱུལ། འགྲིག་ཤིང་ལ་ཐོན་སྐྱུལ། རྩེ་ཐར་སྨིན་སྐྱུལ། བུར་ཤིང་གི་སྐྱེ་འཚར་ལེགས་སྒྲིག མ་རྔོས་ལོ་ཏོག་གི་སྐྱེ་འཚར་སྙོམ་སྒྲིག་སོགས་ལོ་ཏོག་ཡིན་ཞིང་། ནུས་པ་གཙོ་བོ་ནི་སྐྱེ་འཚར་སྙོམ་སྒྲིག་ཡིན་ནོ།།

(གསུམ) མཉམ་འཇོག་བྱ་ཡུལ།

ཐོན་རྫས་འདི་བཀོལ་སྤྱོད་བྱེད་དུས་གར་ཚད་མཐོ་དྲགས་ན་མི་འགྲིག མཐོ་དྲགས་ན་ལོ་མ་ཡ་མ་གཟུགས་དང་ལོ་མ་སེར་པོ། མེ་ཏོག་སར་ལྷུང་བའི་གནས་ཚུལ་སོགས་འབྱུང་སྲི། གར་ཚད་དམའ་དྲགས་ནའང་སྟོན་དཔག་གི་དམིགས་ཡུལ་འགྲུབ་མི་ཐུབ། གཏན་འབེབས་བྱས་པའི་བླང་བྱའི་གར་ཚད་ཀྱི་ཁྱབ་ཁོངས་ལྟར་སྤྱོད་དགོས། རང་བཞིན་སྙོམས་པའི་ཞུ་ཁུའི་ནང་དུ་རིམ་བཞིན་དབྱེ་ཕྲལ་བྱེད་ཐུབ་ཅིང་། སྒྲིག་སྦྱོར་བྱས་རྗེས་དུས་ཐོག་ཏུ་བཀོལ་སྤྱོད་བྱེད་དགོས་ཤིང་དུས་ཡུན་རིང་པོར་འཇོག་མི་རུང་། བུལ་གཤིས་ཞིང་སྨན་དང་བསྲེས་སྤྱོད་བྱ་མི་རུང་བ་དང་། སྐྱིགས་ཆུས་སྦྱོར་བཟོ་བྱེད་མི་རུང་ལ། ཞིང་སྨན་ལུད་རྫས་གཞན་དག་དང་བསྲེས་སྤྱོད་བྱེད་མི་རུང་། བཀོལ་སྤྱོད་བྱེད་དུས་ཀྱི་དྲོད་ཚད་ནི20~30℃ཡིན་ན་ཕན་འབྲས་ཆེས་བཟང་བ་ཡིན། 10℃ལས་དམའ་བའམ30℃ལས་མཐོ་ན། གཉིས་ཀ་ལེགས་པའི་ཕན་འབྲས་ལ་སླེབས་དཀའ། སྐྱུར་གཤིས་དྲག་པོ་ལྡན་པས་ལྤགས་རིགས་དང་སྐྱི་པགས། གོས་ཆས་སོགས་རུལ་བསླད་བྱེད་ཐུབ་ལ། ཐོན་རྫས་འདི་བེད་སྤྱོད་བྱེད་སྐབས་མིག་སྲུང་མིག་ཤེལ་དང་ཁ་རས། ལག་ཤུབས་སོགས་གྱོན་དགོས། ལས་ཀ་མཇུག་རྫོགས་རྗེས་སྨན་རྫས་གཏོར་བྱེད་ཀྱི་ཡོ་བྱད་རྣམས་གཙང་མར་བཀྲུ་དགོས། སྨན་གཏོར་བའི་དུས་སུ་ཟ་མ་བཟའ་མི་རུང་བ་དང་འཐུང་ཆུའང་འཐུང་མི་ཆོག སྨན་གཏོར་རྗེས་འབབ་བཙོག་ཐེབས་པའི་ལྭ་བ་དང་ལུས་ཕུང་གཙང་མར་བཀྲུ་

དགོས། ལོ་ཏོག་བཏབ་པའི་དུས་མཇུག་ཏུ་བེད་སྤྱོད་བྱེད་སྐབས་དུས་ཐོག་ཏུ་བཟ་བསྔུ་བྱས་ནས་སྨིན་ཐལ་མི་ཤོར་བར་བྱེད་དགོས། ཐན་སྐམ་དང་ས་རྒྱུའི་གཤེན་ཚད་མི་འདད་བ་དང་། སྟོང་རྐང་གི་ལུས་གཟུགས་ཐུང་བའི་ལོ་ཏོག་གི་སྟེང་དུ་དབྱེ་ཞི་ལི་བཀོལ་སྤྱོད་བྱེད་པར་མི་འཚམ་མོ།།

གཉིས། ཁྲི་མེ་སོན།

(གཅིག) ནུས་པའི་ཁྱད་ཆོས།

ཁྲི་མེ་སོན་ནི་རྩི་ཤིང་སྐྱེ་འཚར་གྱི་སྙོམ་སྒྲིག་བྱེད་པའི་སྨན་རྫས་ཤིག་ཡིན། མ་བཅོས་སྨན་རྫས་ཀྱི་དུག་གཤིས་ཅུང་ཆུང་བ་དང་། ལས་སྦྱོན་སྨན་རྫས་ཀྱི་དུག་གཤིས་ཆུང་བ་ཡིན། ཁྲི་མེ་སོན་ནི་རྩི་ཤིང་གི་སྟོང་རྐང་སྟེང་དུ་ཡོངས་ཁྱབ་ཏུ་གནས་པས། རྩི་ཤིང་སྐྱེ་འཚར་ལ་སྐྱུལ་འདེད་བྱེད་པའི་སྐྱུལ་རྩི་གལ་ཆེན་གྱི་གྲས་ཤིག་ཡིན། ཏའོ་ཞའོ་ཙོའོ་དང་ཨེ་ཀྲོང་སུའུ་སོགས་སྐྱེ་འཚར་ཚོད་བགག་བྱེད་པའི་འགོག་རྐྱལ་སྨན་རྫས་ཡིན། སྨན་འདིས་ཕྲ་ཕུང་ཁ་གྱེས་ནས་སྐྱེ་འཚར་དང་སྟོང་པོའི་སྐྱེ་འཚར་སྐྱུལ་འདེད་བྱེད་པ་དང་། ལོ་མ་ཇེ་ཆེར་གཏོང་བ། མཚན་རྒྱུད་འབྲས་བཟང་། འབྲས་བུ་སྐྱེ་འཕེལ། ས་བོན་ལ་སྨྱུ་གུ་འབུས་པ། མེ་ཏོག་མོ་དང་ཕོའི་བསྡུར་ཚད་ལ་འགྱུར་ལྡོག་འབྱུང་བ། མེ་ཏོག་བཞད་པའི་དུས་ཚོད་ལ་ཤུགས་རྐྱེན་ཐེབས་པ། མེ་ཏོག་དང་འབྲས་བུ་ལྷུང་ཚད་ཇེ་ཉུང་དུ་གཏོང་བ་སོགས་ཀྱི་ཕན་ནུས་ལྡན། ཐོན་རྫས་འདི་རྩི་ཤིང་གིས་སྐྱིད་ལེན་བྱས་རྗེས། ནང་ཁུངས་ཁྲི་མེ་སུའུ་དང་འདྲ་བའི་ལུས་ཁམས་ཀྱི་བྱེད་ནུས་ལྡན། ཁྲི་མེ་སུའུ་ནི་གཙོ་བོ་ལོ་མ་དང་ཡལ་ག་གསར་བ། མེ་ཏོག ས་བོན་དང་འབྲས་བུ་སོགས་བརྒྱུད་ནས་སྟོང་པོའི་གཞུང་རྐང་དུ་སིམ་པ་དང་། དེ་ནས་སྐྱེ་འཚར་ལེགས་པོའི་གནས་ཡུལ་དུ་མཆེད་ནས་ནུས་པ་ཐོན་བཞིན་ཡོད་དོ།།

(གཉིས) ཐོ་འགོད་བྱས་པའི་ལོ་ཏོག་དང་བྱེད་ནུས་གཙོ་བོ།

ཐོ་འགོད་བྱ་ཡུལ་ནི་པོ་ཚལ་གྱི་ལོ་འདབ་ཇེ་ལྦིད་དུ་གཏོང་བ། ཤིང་ཏོག་པོ་ལུའོ་ཡི་འབྲས་བུ་ཇེ་ཆེ་དང་ཇེ་ལྗི། ཚ་ལུ་མ་སྟོང་བོའི་འབྲས་བུ་ཇེ་ཆེ་དང་ཇེ་ལྗི། མེ་ཏོག་སྤྲ་མོ་ནས་བཞད་པ། ཞོག་ཁོག་གི་སྨྱུ་གུ་མཉམ་དུ་ཐོན་པ་དང་ཐོན་ཚད་འཕར་སྣོན་བྱེད་པ། རྒྱུན་

འབྲུམ་གྱི་ཐོན་ཚད་འཕར་སྐྱོན་བྱེད་པ། ཆིན་ཚལ་གྱི་ལྡིད་ཚད་ཇེ་མཐོར་གཏོང་བ། གྲོ་མའི་སྦུ་གུ་འབུས་ཚད་ཇེ་མང་དུ་གཏོང་བ། ཆུ་འབྲས་ས་བོན་འབྲུ་རྡོག་སྟོང་གི་ལྡིད་ཚད་ཇེ་མཐོར་གཏོང་ཞིང་། ནུས་པ་གཙོ་བོ་ནི་སྐྱེ་འཚར་སྐྱོམ་སྒྲིག་ཡིན་ནོ།།

(གསུམ) མཉམ་འཛོག་བྱ་ཡུལ།

ཁྲི་མེ་སོན་བུལ་གཤིས་དང་འཕྲད་དུས་དབྱེ་ཐྲལ་ཡོ་སྐྱུར་དང་རང་བཞིན་སྐྱོམས་པོའི་ཞུ་ཁུ་ཙུང་བརྟན་པོ་ཡིན། བེད་སྤྱོད་བྱེད་སྐབས་རབ་ཡིན་ན་དུས་ཐོག་ཏུ་སྤྱོད་དགོས། ཨན་ཆུ་དང་ཧྲི་ཝེའུ་མཉམ་བསྲེས་སྨན་རྫས། ལྷད་མེད་བུལ་ཏོག་སོགས་དང་བསྲེས་སྤྱོད་བྱེད་མི་རུང་། ཞུ་ཁུ་སྦྱོར་བཟོ་བྱེད་དུས་དགོས་མཁོ་ལྟར་ཚད་གཞི་ངེས་གཏན་བྱེད་དགོས། སྨན་ཆུའི་ཞུ་ཁུ་སྦེབ་བཟོ་བྱས་རྗེས་ཞུ་ཁུ་དུས་ཡུན་རིང་པོར་ཉར་ཚགས་བྱེད་མི་རུང་། དེ་མིན་གྲུང་གཤིས་མེད་པར་གྱུར་ནས་ཕན་འབྲས་ལ་ཤུགས་རྐྱེན་ཐེབས་པ་ཡིན། མིག་དང་སྐྲི་པགས་པ་ལ་ཟུག་གཟེར་གྱི་ནུས་པ་ལྡན། ཞུ་ཁུ་སྦྱོར་བཟོ་བྱེད་སྐབས་བུལ་གཤིས་དངོས་རྫས་དང་འདྲེས་པར་བཀག་འགོག་བྱེད་དགོས།

གསུམ། ཨེམ་ཊང་ཧྲུང་ཏྭགས་རྒྱུ།

(གཅིག) ནུས་པའི་ཁྱད་ཆོས།

ཨེམ་ཊང་ཧྲུང་ཏྭགས་རྒྱུ་ནི D–ཨེམ་ཊང་ཀྲུན་འབྲུམ་ཏྭགས་སྤྱིད་དེ β –1དང4ཏྭགས་ཀུན་ཅན་འབྲེལ་མཐུད་ཀྱི་ཏྭགས་རིགས་འདུས། རྩི་ཤིང་གི་འགོག་གཤིས་བསྐྱུ་ཁྲིད་བྱེད་རྫས་དང་། མ་བཅོས་སྨན་རྫས་ཀྱི་དུག་གཤིས་ཆུང་བ་དང་ལས་སྣོན་སྨན་རྫས་ཀྱི་དུག་གཤིས་ཙུང་ཆུང་བ་ཡིན། ཨེམ་ཊང་ཧྲུང་ཏྭགས་རྒྱུ་ཡིས་ནད་འབུ་ཁ་ཤས་ཀྱི་སྐྱེ་འཚར་ལ་ཚོད་འཛིན་བྱེད་པའི་ནུས་པ་ཐོན་པ་དང་། སྨར་སྲིན་གྱི་མཚན་མེད་འཕེལ་ནུས་ཕྲ་ཕུང་འབུས་པར་ཤུགས་རྐྱེན་ཐེབས་པར་མ་ཟད། ཕྲ་སྐྱུད་ཀྱི་དབྱིབས་གཟུགས་གཞན་འགྱུར་འབྱུང་བ་དང་མཚན་མེད་འཕེལ་ནུས་ཕྲ་ཕུང་ནང་ཁུལ་གྱི་སྐྱེ་དངོས་རྫས་འགྱུར་ལ་འགྱུར་ལྡོག་འབྱུང་བར་སྐུལ་འདེད་བྱེད་ཅིང་། སྐྱེ་དངོས་ནང་རིམ་གྱི་རྒྱུད་རྒྱུ་སྐྱུལ་སྤེལ་བྱས་ཏེ། ནད་འགོག་ནུས་པ་ལྡན་པའི་ཅི་ཏིན་རྩབས་དང་ཀྲུན་འབྲུམ་འདུས་ཏྭགས་

རྩབས། རྒྱ་སྲུང་རྒྱPRསྒྲི་དཀར་སོགས་འབྱུང་བར་མ་ཟད། ཕྲ་ཕུང་སྐྲིན་འགྱུར་གྱི་བྱེད་ནུས་ལྡན་པས། གནོད་འཚེ་ཐེབས་པའི་སྟོང་པོ་སླར་གསོ་དང་རྩ་བར་སྐྱེ་སྟོབས་རྒྱས་པར་སྐུལ་འདེད། ལོ་ཏོག་གི་ལྗོག་འགོག་རང་བཞིན་ཇེ་དྲག་ཏུ་གཏོང་བ། རྩི་ཤིང་གི་སྐྱེ་འཚར་ལ་སྐུལ་འདེད་བྱེད་པར་ཕན་ནུས་ལྡན།

(གཉིས) ཐོ་འགོད་བྱས་པའི་ལོ་ཏོག་དང་འགོག་བཅོས་བྱ་ཡུལ།

ཐོ་འགོད་བྱས་པའི་ལོ་ཏོག་ནི་ཀྲོ་མ་ཀྲུ་དང་ཇོ་ཐ། ཚ་ཀུབ། རྒུན་འབྲུམ། ཤུར་པན། སྒྲིང་བལ་སོགས་ཡིན། ཀྲོ་མ་ཀྲུའི་ནད་དུག་དང་ཕྱི་རིམས། ཇོ་ཐའི་ནད་དུག་ནད། ཚ་ཀུབ་ཀྱི་སྐམ་འཆིའི་ནད། རྩ་མདུད་སྲུད་འབུ། རྒུན་འབྲུམ་གྱི་སད་ཏམ་ནད། ཤུར་པན་གྱི་ནད་དུག་ནད། སྒྲིང་བལ་སྐམ་གྱུར་ནད་སོགས་ཡིན།

(གསུམ) མཉམ་འཛོག་བྱ་ཡུལ།

ཐོན་རྫས་འདི་ནི་ས་སྟོད་ཀྱི་དུས་སམ་གནམ་ངོ་འཐིབས་པའི་དུས་སུ་བེད་སྤྱོད་བྱས་ན་འཚམ་པ་དང་། བུལ་གཤིས་ཆེ་བའི་ཞིང་སྨན་སོགས་དང་བསྲེས་སྤྱོད་བྱེད་མི་རུང་། སྲང་མ་དང་ཁྲིམ་གསོས་སྲིན་འབུ། ཆུ་སྐྱེས་སྐྱེ་དངོས་སོགས་ཚོར་བ་རྣོ་བའི་ས་ཁོངས་སུ་བཀོལ་སྤྱོད་བྱེད་པར་གཡོལ་དགོས། ནུས་པ་དང་ནང་རྐྱེན་མི་འདྲ་བའི་འབུ་ཕྲ་གསོད་བྱེད་ཀྱི་སྨན་རྫས་གཞན་རིགས་དང་བརྗེ་རེས་སྣོས་བཀོལ་སྤྱོད་བྱས་ན། ནད་འགོག་རང་བཞིན་གྱི་དུས་ཡུན་ཇེ་རིང་དུ་གཏོང་ཐུབ། ཨེམ་ཆུང་ཅུང་དྭགས་རྒྱུ་ནི་རང་བྱུང་འདུས་འདྲེས་ཀྱི་སྐྱེ་དངོས་འབུ་ཕྲ་གསོད་བྱེད་ཀྱི་སྨན་རྫས་གསར་བ་ཞིག་ཡིན་པས། ཉམ་འགོག་དང་འཁྲུག་འགོག ཉེ་ཟེར་འགོག་པ་བཅས་ལ་དོ་སྣང་བྱེད་དགོས།

བཞི། 24–པིའོ་ཡུན་ཐའི་སུའུ་ནང་ཞག

(གཅིག) ནུས་པའི་ཁྱད་ཆོས།

24–པིའོ་ཡུན་ཐའི་སུའུ་ནང་ཞག་ནི་རྩི་ཤིང་སྐྱེ་འཚར་སྙོམ་སྒྲིག་བྱེད་པའི་སྨན་རྫས་ཤིག་ཡིན་པ་དང་། མ་བཅོས་སྨན་རྫས་ཀྱི་དུག་གཤིས་ཅུང་ཆུང་ཞིང་ལས་སྣོན་སྤྱོར་བཟོའི་དུག་གཤིས་ཆུང་བ་ཡིན། རྩི་ཤིང་གི་ཕྲ་ཕུང་གྱིས་བྲལ་སྙོམ་སྒྲིག་དང་སྐྱེ་སྲིད་གི་ནུས་པ་

ལྡན། ལོ་ལྟང་རྒྱུའི་འདུས་ཚད་ཇེ་མཐོར་གཏོང་བ་དང་འོད་སྒྱུར་བྱེད་ལས་ཇེ་དྲག་ཏུ་གཏོང་བ། ཕུང་གྲུབ་ཐོར་འགྱུར་བདག་སྐྱོང་སྐྱོམ་སྒྲིག་བྱེད་པ། རྩ་ལག་རྒྱས་པར་སྐུལ་འདེད་བྱེད་པ། རྩི་ཤིང་གིས་ལུད་རྫས་སྤུད་ལེན་བྱེད་པར་སྐུལ་འདེད་བྱེད་པ། རྩི་ཤིང་གི་སྐྱེ་འཚར་ཇེ་ལེགས་སུ་འགྲོ་བར་ཕན་པར་མ་ཟད། ལོ་ཏོག་གི་ནད་འགོག་དང་ཐན་འགོག ཚ་འགོག ཞོད་འཛགས། གྲང་བཟོད་སོགས་ལྡོག་འགོག་ནུས་པ་མཐོར་འདེགས་སུ་གཏོང་བ། སྐྱེ་འཕེལ་སྐྱེ་འཚར་ལ་སྐུལ་འདེད་བྱས་ནས། ཤིང་ཏོག་རིགས་ཀྱི་འབྲས་བུ་ཐོགས་ཚད་མཐོར་འདེགས་དང་འབྲས་ཇོག་གི་ལྗིད་ཚད་ཇེ་མཐོར་གཏོང་བ། སྤུས་ཀ་ལེགས་བཅོས་བྱེད་པ་བཅས་ལ་ཕན་ནུས་ལྡན་ནོ། །

(གཉིས) ཐོ་འགོད་བྱས་པའི་ལོ་ཏོག་དང་བྱེད་ནུས་གཙོ་བོ།

ཐོ་འགོད་བྱས་པའི་ལོ་ཏོག་ནི་ལི་ཀྲིའི་སྡོང་བོ་དང་རྒྱ་འབྲས། གྲོ། འབྲི་ཏ་ས་འཛིན་གྱི་རིགས། ཏོང་ཀུབ། ཚ་ལུ་མའི་སྡོང་བོ། ཀུ་ཤུའི་སྡོང་བོ། མ་རྨོས་ལོ་ཏོག་སོགས་ཡིན། བྱེད་ལས་གཙོ་བོ་ནི་སྐྱེ་སྲིང་སྐྱོམ་སྒྲིག་དང་། རྩི་ཤིང་གི་ཕྲ་ཕུང་གྱེས་བྲལ་དང་ཇེ་རིང་དུ་གཏོང་བའི་ཕན་ནུས་ཉིས་བརྩེགས་ལྡན་པས། རྩི་ཤིང་གི་རྩ་ལག་རྒྱས་པར་སྐུལ་འདེད་གཏོང་ཐུབ་པ་དང་། འོད་སྒྱུར་ནུས་པ་ཇེ་ཆེར་གཏོང་ཐུབ་ལ། ལོ་ཏོག་གི་ལོ་མའི་ལྟང་རྒྱུ་འདུས་ཚད་ཇེ་བཟང་དུ་གཏོང་ཐུབ་པར་མ་ཟད། སྐྱེ་དངོས་ཀྱི་རྙིང་ཚབ་གསར་བྱེད་དང་ལུད་རྫས་སྤུད་ལེན་ནུས་ལྡན་བྱེད་པར་སྐུལ་འདེད་བྱས་ཏེ། ལོ་ཏོག་སྐྱེ་འཚར་ལ་སྐུལ་འདེད་བྱས་ནས་ཐོན་འབབ་ལེགས་པའི་ཕན་འབྲས་ཐོན་པ་ཡིན་ནོ། །

(གསུམ) མཉམ་འཛོག་བྱ་ཡུལ།

ཐོན་རྫས་འདི་བུལ་གཤིས་ཞིང་སྨན་སོགས་དངོས་པོ་དང་བསྲེས་སྦྱོད་བྱེད་མི་རུང་སྟེ། བྱེད་ནུས་དང་ནང་རྐྱེན་མི་འདྲ་བའི་རྩི་ཤིང་སྐྱེ་འཚར་སྐྱོམ་སྒྲིག་སྨན་རྫས་གཞན་རིགས་དང་བརྗེ་རེས་བྱས་ནས་བཀོལ་སྤྱོད་བྱས་ན། ནད་འགོག་རང་བཞིན་གྱི་དུས་ཡུན་ཇེ་རིང་དུ་གཏོང་ཐུབ། ཁྲིམ་གསོས་དར་འབུ་དང་སྨྲང་མར་དུག་བསྐྱེད་པས། སྨན་གཏོར་དུས་སྲིན་ཤིང་ར་བ་དང་རིང་དུ་བྲལ་དགོས་ཤིང་། མེ་ཏོག་བཞད་པའི་རྩི་ཤིང་གི་མེ་ཏོག

བཞད་པའི་དུས་ཚིགས་སུ་སྤྱོད་མི་རུང་། ཉེ་འཁོར་གྱི་སྣང་ཚོགས་ལ་ཤུགས་རྐྱེན་ཐེབས་མི་རུང་བ་དང་། ཆུ་རྫིང་སོགས་ཀྱི་ཆུ་ཁོངས་སུ་སྨན་གཏོར་བྱེད་ཀྱི་སྨན་རྫས་སྣོད་ཆས་བཀྲུ་མི་ཆོག མིག་ལ་དུག་ཕོག་སླ་བས་བེད་སྤྱོད་བྱེད་སྐབས་ངེས་པར་དུ་དོར་མ་རིང་བ་དང་ཞྭ་མོ། ཁ་རས། མིག་སྲུང་མིག་ཤེལ། ལག་ཤུབས། ལྷམ་སོགས་གྱོན་དགོས། སྨན་གཏོར་བའི་དུས་སུ་ཟ་མ་བཟའ་མི་རུང་བ་དང་ཆུ་འཐུང་མི་རུང་། སྨན་གཏོར་རྗེས་དུས་ལྟར་ལག་པ་དང་གདོང་འཁྲུད་དགོས།

༡༧། ཁྲི་མེ་སོནA4+A7

(གཅིག) ནུས་པའི་ཁྱད་ཆོས།

ཁྲི་མེ་སོནA4+A7ནི་རྩི་ཤིང་གི་སྐྱེ་འཚར་སྙོམ་སྒྲིག་བྱེད་པའི་སྨན་རྫས་ཤིག་ཡིན། མ་བཅོས་སྨན་རྫས་དང་ལས་སྣོན་སྦྱོར་བཟོའི་སྨན་རྫས་ཀྱི་དུས་གཤིས་ཆུང་བ་ཡིན། འདི་ནི་རྩི་ཤིང་གི་སྐྱེ་འཚར་ལ་སྐུལ་འདེད་བྱེད་པའི་སྐུལ་རྩི་གལ་ཆེན་གྱི་གྲས་ཤིག་ཀྱང་ཡིན། ཕྲ་ཕུང་དང་སྡོང་པོ་རྒྱས་པར་སྐུལ་འདེད་དང་། ལོ་མ་རྒྱ་སྐྱེད། རྐྱང་སྐྱེས་འབྲས་བུ། འབྲས་བུ་སྐྱེ་འཕེལ། ས་བོན་སྨུ་གུ་འབུས་པ། ཕོ་མོའི་མེ་ཏོག་གི་བསྡུར་ཚད་བསྒྱུར་བ་སོགས་ཀྱི་ཕན་ནུས་ལྡན་ཞིང་། མེ་ཏོག་བཞད་པའི་དུས་ཚོད་ལ་ཤུགས་རྐྱེན་ཐེབས་པ་དང་། མེ་ཏོག་དང་འབྲས་བུ་ལྷུང་ཚད་ཇེ་ཉུང་དུ་གཏོང་བ། འབྲས་བུའི་སྐྱེ་འཚར་དང་ཡར་བསྐྱེད་ཆེ་བ། ཐོན་རྫས་འཕར་སྣོན་ཡོང་བར་ཕན་ནུས་ལྡན།

(གཉིས) ཐོ་འགོད་བྱས་པའི་ལོ་ཏོག་དང་བྱེད་ནུས་གཙོ་བོ།

ཐོ་འགོད་བྱས་པའི་ལོ་ཏོག་ནི་ཀུ་ཤུའི་སྡོང་པོ་དང་། ལི་སྡོང་སོགས་འབྲས་ཤིང་ཡིན། བྱེད་ནུས་གཙོ་བོ་ནི་སྐྱེ་འཚར་སྙོམ་སྒྲིག་དང་། ཕྲ་ཕུང་སྐྱེ་འཚར་ལ་སྐུལ་འདེད། འབྲས་བུའི་དབྱིབས་ཀྱི་བསྡུར་གྲངས་མཐོར་འདེགས། གས་འབྲས་ཇེ་ཉུང་དུ་གཏོང་བ། སྤུ་སྐྱིན་ལ་སྐུལ་འདེད། ཕྱི་ངོས་ཀྱི་སྤུས་ཚད་ཇེ་ལེགས་སུ་གཏོང་བ། འབྲས་བུ་ཆེ་གྲས་ཀྱི་བསྡུར་ཚད་ཇེ་མཐོར་གཏོང་བ་བཅས་ཡིན།

(གསུམ) མཉམ་འཛོག་བྱ་ཡུལ།

གཏན་འཁེལ་བྱས་པའི་ཚད་ལྡན་དུས་ཡུན་ལྟར་སྨན་བསྐེན་དགོས། སྐྱོད་ཡུན་ཐུ་དྲགས་ན་འབྲས་བུས་སྲིག་པར་འགྱུར་བ་དང་། བགོལ་སྐྱོད་བྱེད་སྐབས་ངེས་པར་དུ་ཚད་དང་མཐུན་པའི་སྒོ་ནས་བགོལ་སྐྱོད་བྱེད་དགོས་པ་ལས་ཚད་ལས་བརྒལ་མི་རུང་། དྲོད་ཚད30℃ཡན་གྱི་དྲོད་ཚད་མཐོ་བའི་གནམ་གཤིས་ལ་འཕྲད་སྐབས། འཚིག་རྨས་ཤིང་འབྲས་སྔོང་བོར་སྨན་གནོད་འབྱུང་སྲིད་པས། ངེས་པར་དུ་དྲོད་ཚད་མཐོན་པོ་ལ་གཡོལ་ནས་སྐྱོད་དགོས། ལུད་གསོ་དོ་དམ་དང་ཀལ་མཐོ་སོགས་ཚད་ཅུང་མ་རྒྱུ་བེད་སྐྱོད་བྱེད་པར་དོ་སྣང་བྱས་ཏེ། འབྲས་ཤིང་སྟོབས་ལྡན་དང་འབྲས་བུའི་རྒྱུ་ཕྱུས་མཐོར་འདེགས་གཏོང་བ་ཡིན། ཟས་བྱུག་པའམ་ཡང་ན་ཤིང་འབྲས་སར་ལྷུང་ན་ཤིང་འབྲས་ངོས་སུ་འབྲས་བཙའ་དང་ཡང་ན་སྨུག་ཐིགས་འབྱུང་བ་ཡིན་པས་སྨན་ཟས་ཤིང་འབྲས་ཀྱི་ཕྱི་ངོས་ལ་རེག་ཐུག་འབྱུང་མི་རུང་།

དྲུག ཡུན་ཐའི་རྒྱུའི་ནང་ཞག

(གཅིག) ནུས་པའི་ཁྱད་ཆོས།

ཡུན་ཐའི་རྒྱུ་ནང་ཞག་ནི་སྐྱེ་དངོས་ཀྱི་གྲུང་གཤིས་ཅུང་མཐོ་བ་དང་སྐྱོད་ཚད་ཅུང་བ། སྐྱོད་སྒོ་རྒྱ་ཆེ་བའི་སྐྱེ་དངོས་སྐྱེ་འཚར་སྐྱོམ་སྒྲིག་བྱེད་སྤྱད་ཀྱི་སྨན་རྫས་ཤིག་ཡིན། འདིའི་ཕན་ལྡན་རང་བཞིན་གྱི་གྲུབ་ཆ་ནི་རང་བྱུང་གི་ཐན་ཡུན་རྒྱུའི་ནང་ཆོལ་ཡིན་པས། རྩི་ཤིང་རང་སྐྱེང་གི་གསོན་ཤུགས་རྒྱས་སུ་འཇུག་པ་དང་། ལོ་ལྗང་གི་འོད་སྦྱོར་བྱེད་ལས་ཇེ་ཆེར་གཏོང་བ། རྩི་ཤིང་གི་རྩ་བ་དང་སྨྱུ་གུ། མེ་ཏོག འབྲས་བུ་སོགས་སྐྱེ་འཚར་འབྱུང་བར་སྐུལ་འདེད་བྱེད་པར་མ་ཟད། ནད་འགོག་ནུས་པ་དང་ཐན་པ་ཐེག་ཐུབ་པ། གྲང་དར་ཐེག་ཐུབ་པ་སོགས་ཀྱི་ལྡོག་འགོག་ནུས་པ་མངོན་གསལ་དོད་པོས་ཇེ་ཆེར་གཏོང་ཐུབ། ཞིང་སྨན་གྱི་སྨན་གནོད་བྱུང་བའི་སྣང་ཚུལ་སླར་གསོ་དང་ཇེ་ཆུང་དུ་གཏོང་ཐུབ་པ་ཡིན། དེའི་འཕྲོར་ད་དུང་རྩི་ཤིང་དོ་མཉམ་དང་སྦྲེས་སུ་བཙུག་ནས་ཐོན་ཚད་མངོན་གསལ་གྱིས་ཇེ་མཐོར་གཏོང་བ་དང་སྤུས་ཚད་ཇེ་ལེགས་སུ་གཏོང་ཐུབ་བོ།།

(གཉིས) ཐོ་འགོད་བྱས་པའི་ལོ་ཏོག་དང་བྱེད་ནུས་གཙོ་བོ།

ཐོ་འགོད་བྱས་པའི་ལོ་ཏོག་ནི་སྲན་ཆེན་དང་ཆུ་འབྲས། ཀྲོ། ཚ་ལུ་མའི་སྡོང་བོ། ཀུ་ཤུའི་སྡོང་བོ། སྒྲིང་བལ། པད་ཚལ། མ་རྔོས་ལོ་ཏོག སྲུར་པན། ཏོང་ཀུབ་སོགས་ཡིན། བྱེད་ནུས་གཙོ་བོ་ནི་སྐྱེ་འཚར་སློམ་སྒྲིག་དང་ཐོན་འཕར་ཡོང་བ་བྱས་ནས། རྩི་ཤིང་གི་ཕྲ་ཕུང་གྲེས་བྲལ་དང་ཇེ་རིང་དུ་གཏོང་བའི་ནུས་པ་ཉིས་བརྩེགས་ལ་སྐྱུལ་འདེད་དང་། རྩ་ལག་རྒྱས་པར་སྐྱུལ་འདེད། འོད་སྦྱོར་ནུས་པར་ཤུགས་སྣོན། ལོ་ཏོག་གི་ལོ་ལྟང་རྒྱུ་འདུས་ཚད་དང་ཐོན་འཕར་གྱི་ཕན་འབྲས་ཇེ་མཐོར་གཏོང་བ་བཅས་ཡིན།

(གསུམ) མཉམ་འཛོག་བྱ་ཡུལ།

དྲོད་ཚད10~30℃ཡིན་དུས་གཏོར་ན་ཕན་འབྲས་ཤིན་ཏུ་བཟང་། གལ་ཏེ་སྨན་གཏོར་རྗེས་ཆུ་ཚོད4ནང་དུ་ཆར་བར་བབས་པའི་གནམ་གཤིས་དང་འཕྲད་ན་ཡང་བསྐྱར་སྨན་རྫས་ཐེངས་གཅིག་ལ་གཏོར་དགོས། སྨན་རྫས་གཏོར་དུས་མེ་ཏོག་གི་ཟུལ་ཐོར་བའི་དུས་སྐབས་ལ་གཡོལ་དགོས། བུལ་གཤིས་ཞིང་སྨན་དང་ལུད་རྫས་སོགས་དངོས་པོ་དང་བསྲེས་སྦྱོད་བྱེད་མི་ཉུང་། ལོ་ཏོག་སོ་སོའི་སྐྱེ་འཚར་དུས་འཁོར་གྱི་སྨན་གཏོར་སྟངས་ལྟར་སྨན་གཏོར་དགོས་པ་ལས། གང་འདོད་ལྟར་སྨན་གཏོར་བའི་གར་ཚད་དང་གཏོར་གྲངས་ཇེ་མང་དུ་གཏོང་མི་ཉུང་།

བདུན། པེན་ཨེམ་ཅི་ཕུ་རེན།

(གཅིག) ནུས་པའི་ཁྱད་ཆོས།

པེན་ཨེམ་ཅི་ཕུ་རེན་ནི་རྩི་ཤིང་སྐྱེ་འཚར་གྱི་སློམ་སྒྲིག་བྱེད་སྤྱོད་ཀྱི་སྨན་རྫས་ཤིག་ཡིན་ལ། མ་བཅོས་སྨན་རྫས་ནི་དུག་གཤིས་ཆུང་ཞིང་། ལས་སྣོན་བྱས་པའི་སྨན་རྫས་ཀྱི་དུག་གཤིས་ཉུང་ཆུང་བ་ཡིན། འདིས་ཕྲ་ཕུང་གྲེས་བྲལ་ལ་སྐྱུལ་འདེད་དང་སྡོང་པོས་འོད་སྦྱོར་ནུས་པར་སྐྱུལ་འདེད། རྣམ་འགྱུར་དུས་ཡུན་འགོར་འགྱངས། འབྲས་བུ་སྨིན་པའི་གྲངས་ཚད་མཐོར་འདེགས། གས་ཐོར་ལ་སྔོན་འགོག་བྱེད་ཐུབ་པར་མ་ཟད། ཉིང་མེད་འབྲས་བུ་ཆགས་པ་དང་རྒྱ་སྐྱུས་ལེགས་བཅོས། ཚོང་ཟོག་རིན་ཐང་མཐོར་འདེགས་

སུ་གཏོང་བའི་བྱེད་ནུས་ཀྱང་ལྡན་ནོ།།

(གཉིས) ཐོ་འགོད་བྱས་པའི་ལོ་ཏོག་དང་བྱེད་ནུས་གཙོ་བོ།

ཐོ་འགོད་བྱས་པའི་ལོ་ཏོག་ནི་ཚ་ལུ་མ་དང་ཙོ་རིལ་སྔོན་པོ། ཤིང་འབྲས་དབྱང་མེ་སྔོན་པོ། པད་ཚལ། ཆིན་ཚལ་སོགས་ཀྱི་སྐྱེ་དངོས་རྣམས་ཡིན། བྱེད་ནུས་གཙོ་བོ་ནི་སྐྱེ་འཚར་སྐྱོམ་སྒྲིག་དང་ཐོན་འཕར་ཡོང་བར་བྱེད་པ། གྲུང་གཤིས་མཐོ་བའི་ཕྲ་ཕུང་གྱིས་བྲལ་གྱི་རྒྱུ་རྫས་ཤིག་ཡིན་ཞིང་། གྲུང་གཤིས་མཐོ་བས་ལོ་མའི་ལྷང་རྒྱུ་ཇེ་མང་དུ་གཏོང་ཐུབ་པ་ཡིན། འོད་འདྲེས་ལས་ཀྱོད་ཇེ་མཐོར་གཏོང་ཐུབ་པ་དང་། སྔོན་རྐང་གི་ཕྲ་ཕུང་གྱིས་བྲལ་དང་ཁ་ཐོར་དུ་འགྲོ་བར་སླུལ་འདེད་གཏོང་ཞིང་། མེ་ཏོག་དང་སྨྱུ་གུ་ཁ་ཐོར་དུ་འགྲོ་བར་སླུལ་འདེད་གཏོང་བ། སྐྱེ་འཕེལ་དང་སྐྱེ་འཚར་ལ་ཤུགས་སྣོན་བྱེད་པ། སྔོན་རྐང་གི་སྐྱེ་འཚར་ལ་ཤུགས་སྣོན་བྱེད་པ། ལུས་ཁམས་ཀྱི་འབྲས་བུ་ཐོར་བར་སྔོན་འགོག་བྱེད་པ། འབྲས་བུ་རྒྱས་སྤོས། འབྲས་བུའི་ཐོན་ཚད་ཇེ་མཐོར་གཏོང་བ་བཅས་ཀྱི་ཕན་ནུས་ལྡན་ནོ།།

(གསུམ) མཉམ་འཛོག་བྱ་ཡུལ།

སྨན་རྫས་འདིར་སྐྱུར་གཤིས་ལྡན་པས་ལྷུགས་རིགས་དང་ཀྲོན་ཆས་སོགས་ལ་ཏུལ་བསླད་འབྱུང་སླ་བ་ཡིན། བེད་སྤྱོད་བྱེད་པའི་སྐབས་སུ་ལྷ་བ་རིང་པོ་དང་ལག་ཤུབས། མིག་སྲུང་མིག་ཤེལ་སོགས་གྱོན་དགོས། སྨན་གཏོར་བའི་དུས་སུ་ཟས་བཟའ་མི་ཉུང་བ་དང་ཆུ་འཐུང་མི་ཉུང་ལ་ཐ་མག་ཀྱང་འཐེན་མི་ཉུང་། སྨན་གཏོར་ཚར་རྗེས་དུས་ལྟར་ལག་པ་དང་ངོ་གདོང་བཀྲུ་དགོས། ཉ་རིགས་ལ་དུག་བསྐྱེད་པས་སྨན་གཏོར་དུས་ཆུ་ཐོན་གསོ་སྐྱེལ་ཁུལ་དང་རིང་དུ་བྲལ་དགོས་པ་ལས། ཆུ་ཛིང་སོགས་ཀྱི་ཆུ་ཁོངས་ནས་སྨན་གཏོར་བྱེད་ཀྱི་སྨན་རྫས་ཀྱི་སྣོད་ཆས་བཀྲུས་མི་ཆོག སྦྲང་མ་ལའང་དུག་བསྐྱེད་པས་ཉེ་འཁོར་གྱི་སྦྲང་ཚོགས་ལ་ཤུགས་རྐྱེན་མི་ཐེབས་པར་བྱེད་པ་དང་། མེ་ཏོག་བཞད་པའི་ལོ་ཏོག་གི་མེ་ཏོག་བཞད་པའི་དུས་ཚིགས་སུ་སྤྱོད་མི་ཉུང་། འདབ་ཆགས་ལ་དུག་བསྐྱེད་ཚད་ཅུང་མཐོ་བས་འདབ་ཆགས་ཀྱི་ཟན་འཚོལ་ཁུལ་དུ་སྤྱོད་པར་གཟབ་དགོས། མ་རྨོས་ལོ་ཏོག་དང་ཏོང་ཀུབ། ཀྲོ་མ་

ཀྱི་བཅས་ལ་ཆོར་བ་སྙིན་པོ་ཡིན་པས། སྨན་གཏོར་དུས་སྨན་ཁུ་གཞན་པའི་ལོ་ཏོག་གི་སྟེང་དུ་ཐོར་བར་མཉམ་འཛོག་བྱས་ནས་སྨན་གྱི་གནོད་སྐྱོན་མི་ཡོང་བར་བྱེད་དགོས། གནམ་ངོ་འཕྱིབས་པའམ་གནམ་ངོ་དྭངས་དུས་ཀྱི་ཞོགས་པ་དང་དགོང་མོར་གཏོར་དགོས་ཤིང་། སྨན་གཏོར་རྗེས་ཆུ་ཚོད6ནང་དུ་ཆར་བབས་པའི་གནམ་གཤིས་དང་འཕྲད་དུས་ཡང་བསྐྱར་ཐེངས་གཅིག་ལ་གཏོར་དགོས། དྲོད་ཚད་མཐོ་ཞིང་ཐན་པ་ཆེ་བའི་དུས་སུ་སྤྱོད་དུས་ཆུ་འོས་འཚམ་སྣོན་ཇེ་མང་དུ་གཏོང་དགོས། བྱུལ་གཤིས་ཞིང་སྨན་སོགས་དངོས་རྫས་དང་བསྲེས་སྤྱོད་བྱེད་མི་རུང་སྟེ། བྱེད་ནུས་དང་ནང་རྐྱེན་མི་འདྲ་བའི་རྩི་ཤིང་སྐྱེ་འཚར་སྙོམ་སྒྲིག་བྱེད་པའི་སྨན་རྫས་གཞན་པ་དང་བརྗེ་རེས་སྣོས་བེད་སྤྱོད་བྱས་ན། ནད་འགོག་པའི་རང་བཞིན་ཇེ་རིང་དུ་གཏོང་ཐུབ།

བརྒྱད། ཆའང་སེན་གཤེར་རྫེན་ཕུ་རེན།

(གཅིག) ནུས་པའི་ཁྱད་ཆོས།

ཆའང་སེན་རྫེན་ཕུ་རེན་ནི་རྩི་ཤིང་སྐྱེ་འཚར་གྱི་སྙོམ་སྒྲིག་བྱེད་སྤྱད་ཀྱི་སྨན་རྫས་ཤིག་ཡིན་པ་དང་། མ་བཅོས་སྨན་རྫས་ཀྱི་དུག་གཤིས་ཅུང་ཆུང་བ་དང་ལས་སྣོན་སྦྱོར་བཟོ་སྨན་རྫས་ཀྱིས་ལོ་ལྟང་འདུས་རྒྱུ་ཆགས་པར་སྐུལ་འདེད་བྱེད་ཐུབ་པར་མ་ཟད། སྐྱེ་དངོས་ཀྱི་འོད་སྦྱོར་བྱེད་ལས་ཇེ་ཆེར་གཏོང་ཐུབ་ཅིང་། དེར་བརྟེན་ནས་ལོ་ཏོག་གི་སྤུས་ཚད་ལེགས་བཅོས་དང་སྤྲི་དཀར་འདུས་ཚད་མཐོར་འདེགས་གཏོང་ཐུབ་ལ། རྩི་ཤིང་གི་ཐོན་ཚད་དང་ནད་འགོག་ནུས་པའང་མཐོར་འདེགས་སུ་གཏོང་ཐུབ།

(གཉིས) ཐོ་འགོད་བྱས་པའི་ལོ་ཏོག་དང་བྱེད་ནུས་གཙོ་བོ།

ཐོ་འགོད་བྱས་པའི་ལོ་ཏོག་ནི་སྲན་ཆེན་དང་བུར་ཤིང་ཆུ་འབྲས། མ་རྙིས་ལོ་ཏོག་སོགས་ཡིན། བྱེད་ནུས་གཙོ་བོ་ནི་སྐྱེ་འཚར་སྙོམ་སྒྲིག་དང་རྩི་ཤིང་གི་ཕྲ་ཕུང་གྲེས་བྲལ་ཡོང་བར་སྐུལ་འདེད། ལོ་ལྟང་འདུས་རྒྱུ་ཆགས་པར་སྐུལ་འདེད། རྩི་ཤིང་གི་སྙིང་ཚབ་གསར་བྱེད་དང་སྤྲི་དཀར་རྫས་ཀྱི་མཉམ་སྦྱོར་ཇེ་མགྱོགས་སུ་གཏོང་བ། སྐྱེ་ལྡན་ཕུང་པོ་མགྱོགས་མྱུར་དང་འཕར་སྣོན་འབྱུང་བ། ལོ་ཏོག་སྨ་སྨིན་ཐོན་ལེགས་ཡོང་བར་སྐུལ་འདེད། རྩི་ཤིང་

གི་ནད་འགོག་ནུས་ཤུགས་མཐོར་འདེགས་སུ་གཏོང་བ་སོགས་ཡིན།

(གསུམ) མཉམ་འཇོག་བྱ་ཡུལ།

ཐོན་རྫས་འདི་ནི་བུལ་གཤིས་ཞིང་སྨན་སོགས་དང་བསྲེས་སྦྱོར་བྱེད་མི་རུང་། སྨན་རྫས་གཏོར་དུས་གནམ་ངོ་དྭངས་དུས་ཀྱི་ཞོགས་པ་དང་དགོང་མོར་གཏོར་དགོས་ཤིང་། གལ་ཏེ་གཏོར་རྗེས་ཀྱི་ཉིན་དང་པོར་ཆར་བབས་པའི་གནམ་གཤིས་དང་འཕྲད་ན། དུས་ཐོག་ཏུ་ཡང་བསྐྱར་ཐེངས་གཅིག་ལ་གཏོར་དགོས།

ད༢། ཁྲི་མེ་སོན A3

(གཅིག) ནུས་པའི་ཁྱད་ཆོས།

ཁྲི་མེ་སོན A3ནི་རྩི་ཤིང་གི་སྐྱེ་འཚར་སྙོམ་སྒྲིག་བྱེད་སྤྱད་ཀྱི་སྨན་རྫས་ཤིག་ཡིན། སྨན་རྫས་ནི་ལོ་མ་དང་ཡལ་ག་གསར་བ། མེ་ཏོག ས་བོན་དང་འབྲས་བུ་བཅས་བརྒྱུད་ནས་སྡོང་རྐང་ཁྲོད་དུ་སིམ་པ་དང་། དེའི་འཁྲོར་སྐྱེ་འཕེལ་ལེགས་པའི་གནས་ཡུལ་ལ་སིམ་ནས་ནུས་པ་ཐོན་བཞིན་ཡོད། སྡོང་བོ་དང་ལོ་མ་དང་འབྲས་བུ་དོ་མཉམ་ངང་སྐྱེ་འཚར་ཡོང་བར་སྐུལ་འདེད་གཏོང་ཐུབ་པ་དང་། ཕོ་མོའི་བསྡུར་ཚད་ལ་འགྱུར་ལྡོག་འབྱུང་ཐུབ་པ། མེ་ཏོག་དང་སྨིན་འབྲས་སར་ལྷུང་ཚད་ཇེ་ཉུང་དུ་གཏོང་ཐུབ་པ། སྨན་རྫས་ཀྱི་ཕན་ནུས་དུས་ཡུན་ཇེ་རིང་དུ་གཏོང་ཐུབ།

(གཉིས) ཐོ་འགོད་བྱས་པའི་ལོ་ཏོག་དང་བྱེད་ནུས་གཙོ་བོ།

ཐོ་འགོད་བྱས་པའི་ལོ་ཏོག་ནི་པའོ་ཚལ་དང་ཆེན་ཚལ། ཀུན་འབྲུམ། རྒྱ་འབྲས། ལི་སྡོང་། ཚ་ལུ་མ་སོགས་ཡིན། བྱེད་ནུས་གཙོ་བོ་ནི་སྐྱེ་འཚར་སྙོམ་སྒྲིག་དང་ལོ་ཏོག་གི་ལྡིང་ཚད་འཕར་བ། ཐོན་འཕར་ཡོང་བར་བྱས་ན་དེའི་སྤུས་ཚད་དང་ཐོན་ཚད་ཇེ་མཐོར་གཏོང་ཐུབ།

(གསུམ) མཉམ་འཇོག་བྱ་ཡུལ།

ཐོན་རྫས་འདི་བུལ་གཤིས་ཞིང་སྨན་དང་ལུད་རྫས་སོགས་དངོས་པོར་བསྲེས་སྦྱོར་བྱེད་པར་གཡོལ་དགོས། བེད་སྤྱོད་བྱེད་སྐབས་སྨན་རྫས་སྤེལ་སྦྱོར་བྱས་མ་ཐག་དུས་ཐོག་ཏུ

བཀོལ་སྤྱོད་བྱེད་དགོས། རྫོད་ཚད་དམའ་བའམ་སྐམ་སར་ཉར་ཚགས་བྱེད་དགོས། བེད་སྤྱོད་གཏོང་ཚད་དང་དུས་ཚོད་ཚོད་འཛིན་ཡག་པོ་བྱས་ནས་གཏན་འབེབས་ལྟར་སྨན་རྫས་བེད་སྤྱོད་བྱེད་དགོས།

བརྩུ། སེན་རྨེན་ཕུ་རེན།

(གཅིག) ནུས་པའི་ཁྱད་ཆོས།

སེན་རྨེན་ཕུ་རེན་ནི་རྩི་ཤིང་སྐྱེ་འཚར་གྱི་སྙོམ་སྒྲིག་བྱེད་སྤྱད་ཀྱི་སྨན་རྫས་ཤིག་ཡིན་ལ། སྨན་རྫས་རྩི་ཤིང་གི་ནང་རིམ་དུ་སིམ་རྗེས་ན་ཕྲ་ཕུང་གྱིས་སུ་འགྲོ་བར་སྐུལ་འདེད་བྱེད་པ་དང་། ལོ་ལྡང་འདུས་རྒྱུ་ཆགས་པར་སྐུལ་འདེད་བྱས་ནས། ཉིང་ཚབ་གསར་བྱེད་དང་སྤྲི་དཀར་འདུས་རྫས་ཀྱི་མཉམ་སྦྱོར་ཇེ་མགྱོགས་སུ་བཏང་སྟེ། སྐྱེ་ལྡན་ཕུང་པོ་མྱུར་དུ་འཕེལ་བར་བྱེད་པ་དང་། ལོ་ཏོག་སྨྲ་སྨིན་ཐོན་ལེགས་ཡོང་བར་སྐུལ་འདེད་བྱེད་པར་མ་ཟད། རྩི་ཤིང་གི་ནད་འགོག་ནུས་པ་མཐོར་འདེགས་བྱེད་དོ།།

(གཉིས) ཐོ་འགོད་བྱས་པའི་ལོ་ཏོག་དང་བྱེད་ནུས་གཙོ་བོ།

ཐོ་འགོད་བྱས་པའི་ལོ་ཏོག་ནི་རྒྱན་འབྲུམ་དང་ཚ་ལུ་མའི་སྡོང་པོ། ཀྲེ་མ་ཀྲུ། ཆུ་འབྲས། གྲོ་དང་མ་རྨོས་ལོ་ཏོག སྲན་མ། གན་ལན། ཛ་ལོ་སོགས་ཀྱི་ལོ་ཏོག་རྣམས་ཡིན། བྱེད་ནུས་གཙོ་བོ་ནི་སྐྱེ་འཚར་སྙོམ་སྒྲིག་དང་ཐོན་འཕར་ཡོང་བར་བྱས་ནས་རྩི་ཤིང་གི་ཕྲ་ཕུང་གྱིས་བྲལ་དུ་གཏོང་བ་དང་། ལོ་ལྡང་འདུས་རྒྱུ་ཆགས་པར་སྐུལ་འདེད། རྩི་ཤིང་གི་འོད་སྦྱོར་བྱེད་ལས་ཤུགས་ཆེར་གཏོང་བ་བཅས་བྱེད་ཐུབ་ཅིང་། དེའི་སྐྱེ་འཚར་ལ་སྐུལ་འདེད་དང་། སྨྲ་མོ་ནས་སྨིན་པ། མེ་ཏོག་དང་འབྲས་བུ་སར་མི་ལྷུང་བ། ཐོན་ཚད་འཕར་སྟོན། སྲུས་ཚད་ཇེ་ལེགས་སུ་གཏོང་བ་སོགས་ཀྱི་ཕན་ནུས་ལྡན་ནོ།།

(གསུམ) མཉམ་འཛོག་བྱ་ཡུལ།

ཐོན་རྫས་འདི་འོས་སྦྱོར་བྱས་པའི་ཚད་གཞི་དང་དུས་སྐབས་ལྟར་ཡང་དག་སྒོས་བཀོལ་དགོས། ཞོགས་པ་དང་ཡང་ན་ས་སྲོད་ཀྱི་དུས་སུ་སྨན་གཏོར་དགོས་པ་དང་། ཉི་འོད་ཐོག་ཚད་མཐོ་བའམ་ཆར་བ་བབས་པའི་དུས་སྐབས་སུ་སྨན་གཏོར་མི་རུང་། བུལ་

གཉིས་ཞིང་སྨན་དང་བསྲེས་ནས་སྤྱོད་མི་རུང་། བསིལ་བའི་གནས་དང་སྐམ་སར་ཉར་ཚགས་བྱེད་དགོས། གལ་ཏེ་སྙིགས་རོ་ཞུང་ཙམ་བྱུང་ན་དེ་ནི་རྒྱུན་ལྡན་གྱི་སྣང་ཚུལ་དུ་གཏོགས་པས། སྤྲུལ་ནས་སྙོམས་པོ་ཡོང་བར་བྱས་རྗེས་བཀོལ་སྤྱོད་བྱས་ན་ཤུགས་རྐྱེན་ཅི་ཡང་མི་ཐེབས་པ་ཡིན། སྨན་ཁུ་སེབ་སྦྱོར་བྱེད་སྐབས་ཐོག་མར་ཆུ་ཞུང་ཙམ་བླུགས་ནས་བསྲེས་སྦྱོར་བྱས་རྗེས་ཆུ་འདང་ཚད་ཀྱིས་དཀྲུགས་རྗེས་གཏོར་དགོས།

བཅུ་གཅིག 22དང23 24–ཕིའོ་ཡུན་ཐའི་སུའུ་ནང་ཞག

(གཅིག) ནུས་པའི་ཁྱད་ཆོས།

22དང23 24–ཕིའོ་ཡུན་ཐའི་སུའུ་ནང་ཞག་ལ་རྩི་ཤིང་གི་ཕྲ་ཕུང་གྱིས་བྲལ་དང་རིང་དུ་བསྐྱེད་པའི་ཕན་ནུས་ཉིས་བརྩེགས་ལྡན་པས། ལོ་ཏོག་གི་རྩ་ལག་རྒྱས་པར་སྐུལ་འདེད་དང་འོད་སྦྱོར་ནུས་པར་ཤུགས་སྣོན་བྱེད་པའི་ཕན་ནུས་ལྡན། ལོ་ཏོག་གི་ལོ་ལྗང་རྒྱུ་འདུས་ཚད་མཐོར་འདེགས་དང་། ལོ་ཏོག་གི་སྙིང་ཚབ་གསར་བྱེད་དང་ལུད་རྫས་སྡུད་ལེན་བྱེད་པར་སྐུལ་འདེད། སྐྱེ་འཚར་མི་ལེགས་པའི་ལོ་ཏོག་རྣམས་ལེགས་པོར་སྐྱེ་ཐུབ་པར་རམ་འདེགས་བྱས་ཏེ། ལོ་ཏོག་གི་སྐྱེ་འཚར་ལ་སྐུལ་འདེད་དང་ཐོན་འབབ་ལེགས་པོ་ཡོན་པར་ཕན་ནུས་ཆེན་པོ་ལྡན་ནོ།།

(གཉིས) ཐོ་འགོད་བྱས་པའི་ལོ་ཏོག་དང་བྱེད་ནུས་གཙོ་བོ།

ཐོ་འགོད་བྱས་པའི་ལོ་ཏོག་ནི་གྲོ་དང་ཆུ་འབྲས། མ་རྨོས་ལོ་ཏོག རྒུན་འབྲུམ། ངང་ལག ཀོའོ་ཕིག་མེ་ཏོག སྲན་མ། ཏོང་ཀུབ། ཀྲོ་མ་ཀྲུ། པད་ཚལ། ཚ་ལུ་མའི་སྡོང་པོ། ལི་ཀྲིའི་སྡོང་པོ། བ་དམ། སྲིང་བལ། རྗོ་ཐ་སོགས་ཀྱི་ལོ་ཏོག་རྣམས་ཡིན། བྱེད་ནུས་གཙོ་བོ་ནི་སྐྱེ་འཚར་སྙོམ་སྒྲིག་དང་ཐོན་འཕར་ཡོང་རྒྱུ་དེ་ཡིན། གར་ཚད་དམའ་བའི་ཁོར་ཡུག་འོག་ཏུ་སྐྱེ་དངོས་རྩི་ཤིང་གི་འཚོ་བཅུད་ལུས་གཟུགས་ཀྱི་སྐྱེ་འཚར་མངོན་སུམ་སྐྱོས་ཞེ་ལེགས་སུ་གཏོང་ཐུབ།

(གསུམ) མཉམ་འཛོག་བྱ་ཡུལ།

ཐོན་རྫས་འདི་ནི་སྐྱུར་གཤིས་ཆེ་བ་དང་བུལ་གཤིས་ཆེ་བའི་དངོས་པོ་དང་བསྲེས་

སྤྱོད་བྱེད་མི་རུང་། སྦྲང་མ་དང་ཉ་རིགས་སོགས་ཆུ་སྐྱེས་སྐྱེ་དངོས་དང་ཁྱིམ་གསོས་སྲིན་འབུ་ལ་དུག་བསྐྱེད་པས། སྨན་གཏོར་བའི་སྐབས་སུ་ཉེ་འཁོར་གྱི་སྦྲང་ཚོགས་ལ་ཤུགས་རྐྱེན་ཐེབས་མི་རུང་བ་དང་། མེ་ཏོག་བཞད་པའི་རྩི་ཤིང་གི་མེ་ཏོག་བཞད་པའི་དུས་ཚིགས་ལ་གཡོལ་དགོས། སྲིན་ཁང་སང་གླིང་གི་ཉེ་འགྲམ་དུ་སྤྱོད་མི་རུང་། སྨན་རྫས་སྡེབ་སྦྱོར་བྱས་རྗེས་དུས་ཐོག་ཏུ་བཀོལ་སྤྱོད་བྱེད་དགོས།

བཅུ་གཉིས། 28–ཕིའོ་ཡུན་ཐའེ་སུའུ་ནང་ཞག

(གཅིག) ནུས་པའི་ཁྱད་ཆོས།

28-ཕིའོ་ཀའོ་ཡུན་ཐའེ་སུའུ་ནང་ཞག་ནི་གསར་དུ་བྱུང་བའི་རྩི་ཤིང་སྐྱེ་འཚར་སྙོམ་སྒྲིག་བྱེད་སྤྱོད་ཀྱི་སྨན་རྫས་ཤིག་ཡིན་ལ། འདི་ལ་རྩི་ཤིང་གི་ཕྲ་ཕུང་གྱེས་བྲལ་དང་རིང་དུ་བསྐྱེད་པའི་ནུས་པ་ཉིས་བརྩེགས་ལྡན་པས། ལོ་ཏོག་གི་རྩ་ལག་རྒྱས་པར་སྐུལ་འདེད་དང་འོད་སྦྱོར་ནུས་པར་ཤུགས་སྣོན་བྱེད་པའི་ཕན་ནུས་ལྡན་ལ། ལོ་ཏོག་གི་ལོ་ལྗང་རྒྱུ་འདུས་ཚད་མཐོར་འདེགས་དང་། ལོ་ཏོག་གི་སྙིང་ཚབ་གསར་བྱེད་དང་ལུད་རྫས་སྤུད་ལེན་བྱེད་པར་སྐུལ་འདེད། སྐྱེ་འཚར་མི་ལེགས་པའི་ལོ་ཏོག་རྣམས་ལེགས་པོར་སྐྱེ་ཐུབ་པར་རམ་འདེགས་བྱེད་པའི་ཕན་ནུས་ལྡན་ནོ།།

(གཉིས) ཐོ་འགོད་བྱས་པའི་ལོ་ཏོག་དང་བྱེད་ནུས་གཙོ་བོ།

ཐོ་འགོད་བྱས་པའི་ལོ་ཏོག་ནི་པད་ཚལ་དང་སྲན་མ། ཀྲོ་མ་ཀྲུ། ཏོང་ཀུབ། ལི་ཀྲིའི་སྡོང་པོ། ཚ་ལུ་མ་སྡོང་པོ། ཀུ་ཤུའི་སྡོང་པོ། སྲིང་བལ། གྲོ། མ་རྨོས་ལོ་ཏོག ཛོ་ཐ། བུར་ཤིང་། པད་ཁ། ལོ་མའི་ཚལ་རིགས་ཀྱི་སྔོ་ཚལ་སོགས་ཡིན། བྱེད་ནུས་གཙོ་བོ་ནི་སྐྱེ་འཚར་སྙོམ་སྒྲིག་བྱེད་པ་དང་། གར་ཚད་དམའ་བའི་ཁོར་ཡུག་འོག་ཏུ་སྐྱེ་དངོས་རྩི་ཤིང་གི་འཚོ་བཅུད་ལུས་གཟུགས་ཀྱི་སྐྱེ་འཚར་མངོན་སུམ་སྙོམས་ཇེ་ལེགས་སུ་གཏོང་ཐུབ།

(གསུམ) མཉམ་འཛོག་བྱ་ཡུལ།

ཐོན་རྫས་འདི་བེད་སྤྱོད་སྐབས་འགོག་སྲུང་གྱོན་ཆས་དང་ལག་ཤུབས་གྱོན་དགོས་ཤིང་སྨན་ཁུ་འཕྱིན་རྦབ་བྱེད་མི་རུང་། སྨན་གཏོར་བའི་དུས་སུ་ཟ་མ་དང་ཆུ་འཐུང་མི་

རུང་། སྨན་གཏོར་ཚར་རྗེས་དུས་ལྟར་ལག་པ་དང་ངོ་གདོང་འཁྲུད་དགོས། འོས་སྦྱོར་བྱེད་པའི་དུས་དང་སྦྱོར་ཚད་ལྟར་བཀོལ་སྤྱོད་བྱེད་པ་དང་ཆབས་ཅིག་ཚ་ལུད་དོ་དམ་ལ་ཤུགས་སྣོན་བྱེད་དགོས། བེད་མེད་ཟྭོག་རོ་རྣམས་ཐག་གཅོད་ལེགས་པར་བྱེད་དགོས་པ་ལས། གང་བྱུང་དུ་བསྐྱུར་ནས་བཞག་མི་ཆོག་ལ་བེད་སྤྱོད་ཀྱང་བྱས་མི་ཆོག

བཅུ་གསུམ། ཕིན་ཤན་ཡུན་ཐའི་སུའུ་ནང་ཞག

(གཅིག) ནུས་པའི་ཁྱད་ཆོས།

ཕིན་ཤན་ཡུན་ཐའི་སུའུ་ནང་ཞག་ནི་རྩི་ཤིང་གི་སྐྱེ་འཚར་སྙོམ་སྒྲིག་བྱེད་སྤྱད་ཀྱི་སྨན་རྫས་ཤིག་ཡིན་པས། རྩི་ཤིང་སའོ་སོན་གསུམ་གྱི་འཕོར་སྐྱོད་ལ་སྐྱུལ་འདེད་དང་། ཕྱི་དཀར་གྱི་འདྲིས་གྲུབ་ནུས་པ་ཇེ་ཆེར་གཏོང་བ། ཕྲ་ཕུང་གྱིས་བྲལ་དང་ཇེ་ཆེར་གཏོང་བར་སྐུལ་འདེད། རྩི་ཤིང་གི་སྐྱེ་འཚར་ཇེ་མགྱོགས་སུ་གཏོང་བ་དང་ཐོན་འཕར་ཡོང་བར་ཕན་ནུས་ལྡན་ནོ།།

(གཉིས) ཐོ་འགོད་བྱས་པའི་ལོ་ཏོག་དང་བྱེད་ནུས་གཙོ་བོ།

ཐོ་འགོད་བྱས་པའི་ལོ་ཏོག་ནི་རྒྱུན་འབྲུམ་དང་། ཧོང་ཀུབ། སུར་པན། ཚ་ལུ་མའི་སྡོང་པོ། ཤིང་འབྲས་མང་ཀུའོ། བ་དམ། སྲིང་བལ། ཆུ་འབྲས། གྲོ། ཇོ་ཐ་སོགས་ཀྱི་སྐྱེ་དངོས་རྣམས་ཡིན། བྱེད་ནུས་གཙོ་བོ་ནི་སྐྱེ་འཚར་སྙོམ་སྒྲིག་དང་ཐོན་འཕར་ཡོང་བར་བྱེད་པ་སྟེ། གཅིག་ནི་ཕྲ་ཕུང་གྱིས་བྲལ་དང་སྐྱེ་སྲིང་ལ་སྐུལ་འདེད་གཏོང་བ། གཉིས་ནི་མེ་ཏོག་གི་རྟུལ་ལ་ཟེའུ་འབྲུ་ལེན་དུ་འཇུག་པར་ཕན་པ། གསུམ་ནི་ལོ་ལྗང་རྒྱུའི་འདུས་ཚད་ཇེ་མཐོར་གཏོང་བ། བཞི་ནི་ལོ་ཏོག་གི་ལྗོག་འགོག་ནུས་པ་ཇེ་ཆེར་གཏོང་བའོ།།

(གསུམ) མཉམ་འཛོག་བྱ་ཡུལ།

བཀོལ་སྤྱོད་བྱས་ཟིན་པའི་སྣོད་ཆས་རྣམས་ཐག་གཅོད་ཡག་པོ་བྱེད་དགོས་པ་ལས་གང་འདོད་དུ་སྤྱོད་མི་རུང་ལ་གང་བྱུང་དུ་བསྐྱུར་མི་ཆོག བཀོལ་སྤྱོད་བྱེད་པའི་སྐབས་སུ་འགོག་སྲུང་མགོ་ཆས་གྱོན་དགོས། གསོག་ཉར་དང་སྣོད་ཆས་ལས་སྣོན་བྱེད་དུས་ཁ་དམ་པོར་བཀག་དགོས་ཤིང་། བདེ་འཇགས་ཐོན་སྐྱེད་ལ་དོ་སྣང་བྱས་ནས་མེ་དང་འཕྲད་

པར་འཛོམ་དགོས་བྱེད་དགོས། བཀོལ་སྤྱོད་བྱས་སྒྲོང་བའི་སྣོད་ཆས་རྣམས་སྐྱི་ལྡན་ཞུ་རྫས་ཀྱིས་གཙང་མར་བཀྲུ་དགོས་ཤིང་། སྣོད་ཆས་སྟོང་བ་རྣམས་ས་གནས་སྲིད་གཞུང་གིས་ཚོག་མཚན་བཀོད་པའི་བྱེད་ཐབས་ལྟར་མེད་པར་བཟོ་དགོས། ཆུ་ཁུངས་ལ་འབབ་བཙོག་མི་བཟོ་བ་དང་། ཆུ་རྫིང་སོགས་ཀྱི་ཆུ་ཁོངས་སུ་སྨན་གཏོར་བྱེད་ཀྱི་སྣོད་ཆས་བཀྲུ་མི་ཆོག ཐུམ་སྒྲིལ་ཁ་ཕྱེ་དུས་གཟབ་གཟབ་བྱས་ཏེ་ཆད་ལུས་དང་ཐུག་འཕྲད་མི་ཡོང་བར་བྱེད་དགོས་ཤིང་། ལས་སྣོན་ས་ཁོངས་སུ་ཉེན་མེད་ཐོན་སྐྱེད་དང་མེ་ཐོན། ཟགས་ཤོར་སྔོན་འགོག་བཅས་ལ་དོ་སྣང་བྱེད་དགོས། སྦྲུམ་མ་དང་ནུ་འོ་ལྡུད་པའི་བུད་མེད་ལ་ཐུག་འཕྲད་བྱེད་མི་རུང་།

བཅུ་བཞི། 14–ཆའང་ཅི་ཡུན་ཐའི་སུའུ་ཙན་ཁྲུན།

(གཅིག) ནུས་པའི་ཁྱད་ཆོས།

14–ཆའང་ཅི་ཡུན་ཐའི་སུའུ་ཙན་ཁྲུན་ནི་ཙན་ཁྲུན་རིགས་ཀྱི་རྩི་ཤིང་སྐྱེ་འཚར་སྐྱོམ་སྒྲིག་བྱེད་སྤྱོད་ཀྱི་སྨན་རྫས་སུ་གཏོགས་པ་དང་། རྩི་ཤིང་གི་ཕྲ་ཕུང་གྲེས་བྲལ་དང་ཇེ་རིང་དུ་བསྐྱེད་པའི་ཕན་ནུས་ཉིས་བརྩེགས་ལྡན་པས། ལོ་ཏོག་གི་རྩ་ལག་རྒྱས་པར་སྐུལ་འདེད་དང་འོད་སྦྱོར་ནུས་པར་ཤུགས་སྣོན། ལོ་ཏོག་གི་ལོ་ལྡང་རྒྱུ་འདུས་ཚད་ལ་མཐོར་འདེགས། སྐྱེ་དངོས་ཀྱི་རྙིང་ཚབ་གསར་བྱེད་དང་ཞིང་ལུད་སྤྱད་ལེན་བྱེད་པར་སྐུལ་འདེད་བཅས་བྱེད་ཐུབ། སྐྱེ་འཚར་མི་བཟང་བའི་ལོ་ཏོག་གི་སྐྱེ་འཚར་ཇེ་ལེགས་སུ་འགྲོ་བར་རམ་འདེགས་བྱས་ནས་ལོ་ཏོག་སྐྱེ་འཚར་དང་ཐོན་འབབ་ཇེ་ལེགས་སུ་འགྲོ་བར་སྐུལ་འདེད་བྱེད་པ་ཡིན།

(གཉིས) ཐོ་འགོད་བྱས་པའི་ལོ་ཏོག་དང་བྱེད་ནུས་གཙོ་བོ།

ཐོ་འགོད་བྱས་པའི་ལོ་ཏོག་ནི་ཏོང་ཀུབ་དང་པད་ཚལ། ཀུན་འབྲུམ། ཚ་ལུ་མའི་སྡོང་བོ། གྲོ། ཆུ་འབྲས་སོགས་ཡིན། བྱེད་ནུས་གཙོ་བོ་ནི་སྐྱེ་འཚར་སྐྱོམ་སྒྲིག་དང་ཐོན་འཕར་ཡོང་རྒྱུ་དེ་ཡིན། རྩི་ཤིང་གི་སྐྱེ་འཚར་ལ་སྐུལ་འདེད་བྱེད་ཐུབ་པ་དང་། འོད་སྦྱོར་ནུས་པར་ཤུགས་སྣོན་བྱེད་ཐུབ་ལ། ལོ་ཏོག་གི་ལོ་ལྡང་རྒྱུ་རྫས་ཀྱི་འདུས་ཚད་དང་འབྲས་

བུ་ཐོགས་ཚད། འབྲས་བུ་ཆགས་ཚད། ཐོན་འབབ་འཕར་བ། སྤུས་ཚད་ཇེ་ལེགས་སུ་འགྲོ་བ་སོགས་ལ་ཕན་ནུས་ལྡན།

(གསུམ) མཉམ་འཛོག་བྱ་ཡུལ།

ཐོན་རྫས་འདི་བེད་སྤྱོད་གཏོང་སྐབས་སྐྱི་པགས་དང་མིག་གི་འགོག་སྲུང་བྱེད་ཐབས་ལེགས་པོར་སྤྱོད་དགོས། སྨན་རྫས་ཕེབ་སྦྱོར་དང་སྨན་གཏོར་དུས་འགོག་སྲུང་གྱོན་ཆས་གྱོན་དགོས་པ་དང་འགོག་སྲུང་ལག་ཤུབས་སོགས་འགོག་སྲུང་མགོ་ཆས་གྱོན་དགོས། ལས་སྒྲུབ་བྱེད་པའི་སྐབས་སུ་ཐ་མག་འཐེན་པ་དང་ཟས་བཟའ་བ། ཆུ་འཐུང་བ་སོགས་བྱས་མི་ཆོག ལས་སྒྲུབ་བྱས་ཚར་རྗེས་ལག་ཟུང་གཙང་མར་བཀྲུ་བ་དང་ལུས་པོ་འཁྲུ་བྱས་ཏེ་ལྭ་བ་བརྗེ་སོར་བྱེད་དགོས། ཐོན་རྫས་འདི་བུལ་གཤིས་ཞིང་སྨན་དང་རིགས་འདྲེས་སྨན་རྫས་ལ་བསྲེས་སྤྱོད་བྱེད་མི་རུང་། སྣོད་ཆས་གཙང་མར་བཀྲུས་པའི་ཆུ་སྙིགས་དེ་ཆུ་བོ་དང་རྫིང་བུ་སོགས་ཀྱི་ནང་དུ་ལྡུག་མི་རུང་ལ། གད་སྙིགས་སུ་འགྱུར་བའི་གཏུམ་སྒྲིལ་སྣོད་བའང་ཐག་གཅོད་ལེགས་པོ་བྱེད་དགོས་པ་ལས་གང་འདོད་དུ་བསྐྱུར་མི་རུང་ལ་ཕྱོགས་གཞན་ལ་སྤྱོད་མི་རུང་། ཐོན་རྫས་འདིས་ཁྱིམ་གསོ་དར་འབུ་ལ་དུག་བསྐྱེད་པས་སྲུག་ཁང་དང་སྲིན་ཤིང་ར་བའི་ཉེ་འགྲམ་དུ་སྤྱོད་མི་ཆོག སྨན་གཏོར་བའི་དུས་སུ་ཁྱིམ་གྱི་དར་འབུའི་གསོ་སྐྱེལ་ཁུལ་ལ་རྒྱང་ཐག་རིང་དུ་བྲལ་དགོས། སྦྲུམ་མ་དང་ནུ་མ་སྣུན་པའི་བུད་མེད་ལ་ཐུག་འཕྲད་འབྱུང་མི་རུང་ངོ་།།

བཅོ་ལྔ། ཡོན་ཏོལ་དབྱི་སོན།

(གཅིག) ནུས་པའི་ཁྱད་ཆོས།

ཡོན་ཏོལ་དབྱི་སོན་ནི་རྩི་ཤིང་སྐྱེ་འཚར་གྱི་སྙོམ་སྒྲིག་བྱེད་སྤྱད་ཀྱི་སྨན་རྫས་ཤིག་ཡིན་ལ། འདིའི་རྐྱེན་རྩའི་ནུས་པ་ནི་ཕྲ་ཕུང་གྲེས་བྲལ་དང་ཇེ་རིང་དུ་སྲིང་བ། རྒྱ་བསྐྱེད་པ་སོགས་ལ་སྐུལ་འདེད་བྱས་ཏེ། ཕུང་གྲུབ་ཁ་གྲེས་སུ་འཛུག་པ་དངRNAམཉམ་སྦྱོར་བྱེད་པར་སྐུལ་ནས་ཕྲ་ཕུང་སྐྱི་མོར་སེམ་ཚད་ཇེ་མཐོར་བཏང་སྟེ། ཕྲ་ཕུང་གི་ཕྱི་ཤུན་ཞི་ལྷོད་དུ་གཏོང་བ་དང་གདོད་སྐྱེས་རྫས་ཀྱི་འཕོར་སྐྱོད་ཇེ་མགྱོགས་སུ་གཏོང་བ་ཡིན།

(གཉིས) ཐོ་འགོད་བྱས་པའི་ལོ་རྟག་དང་བྱེད་ནུས་གཙོ་བོ།

ཐོ་འགོད་བྱས་པའི་ལོ་རྟག་ནི་ཀྲོ་མ་ཀྲུ་ཡིན། བྱེད་ནུས་གཙོ་བོ་ནི་སྐྱེ་འཚར་སྨོམ་སྒྲིག་བྱ་རྒྱུ་དེ་ཡིན་ཞིང་། སྐྱེ་དངོས་ཀྱི་འཚོ་བཅུད་དང་སྐྱེ་འཕེལ་སྐྱེ་འཚར་ལ་སྐུལ་འདེད་བྱས་ཏེ་སྨོམ་སྒྲིག་ནུས་ལྡན་བྱས་ནས་ཐོན་འབབ་མཐོ་བ་དང་། ཕྲུས་ཀ་དག་པ། ལྟོག་འགོག(ཐན་འགོག་དང་གྲང་འགོག ནད་དང་འབུའི་གནོད་འཚེ་ཇེ་ཡང་དུ་གཏོང་བ)བཅས་ཀྱི་ཕན་འབྲས་ཐོན་དགོས་ཤིང་། ཀྲོ་མ་ཀྲུའི་སྡོང་བོ་དང་ལོ་མའི་སྟེང་དུ་གཏོར་ནས་སྤྱོད་དགོས། བསྲེས་སྦྱོར་སྨན་རྫས་ཁྲི་ཡོན་དབྱི་ཡུན་ཐེ་བཞའ་ཚན་རང་བཞིན་གྱི་སྨན་ཕྱེའི་ཐོ་འགོད་བྱ་ཡུལ་གཙོ་བོ་ནི་ཇ་དང་ཏོང་ཀུབ། ཀུ་ཤུའི་སྡོང་བོ་དང་ཆུ་འབྲས། གྲོ། ཛོ་ཐ་སོགས་ཀྱི་སྐྱེ་དངོས་རྣམས་ཡིན། བསྲེས་སྦྱོར་སྨན་རྫས་ཀྱི་ནང་དུ་རྩི་ཤིང་གི་ནང་ཁུངས་སྐུལ་རྩི་དང་ཏོང་ཐུང་གི་རིགས། ཨན་ཅི་སྐྱུར་སོགས་རྩི་ཤིང་གི་གྲུང་གཤིས་དངོས་རྫས་མང་པོ་འདུས་ཡོད། རྩ་བ་ཚུགས་པ་དང་སྨྱུ་གུ་འབུས་པ། གྲུང་འགྱུར་གྱི་ཕྲ་ཕུང་འབྱུང་བར་སྐུལ་འདེད་ཀྱི་ནུས་པ་ལྡན་ནོ།།

(གསུམ) མཉམ་འཛོག་བྱ་ཡུལ།

སྨན་གཏོར་དུས་ངེས་པར་དུ་འགོག་སྲུང་གྱོན་ཆས་གྱོན་དགོས་པ་དང་། མིག་སྲུང་མིག་ཤེལ་དང་ལག་ཤུབས་སོགས་སྲུང་སྐྱོབ་རང་བཞིན་གྱི་གྱོན་ཆས་གྱོན་དགོས། སྨན་གཏོར་དུས་ཟས་བཟའ་མི་རུང་བ་དང་། ཐ་མག་འཐེན་པ། ཆུ་འཐུང་བ་སོགས་བྱེད་མི་རུང་། སྨན་གཏོར་རྗེས་ལག་པ་དང་ངོ་གདོང་གཙང་མར་བཀྲུ་དགོས། སྣོད་ཆས་གཙང་མར་བཀྲུས་པའི་ཆུ་སྙིགས་ཆུ་བོ་དང་རྫིང་བུ་སོགས་ཀྱི་ཆུ་ཁུངས་སུ་ལྷུག་མི་རུང་། གད་སྙིགས་རྣམས་ཐག་གཅོད་ལེགས་པར་བྱེད་དགོས་པ་ལས། གང་བྱུང་དུ་བསྐྱུར་ནས་གང་སར་བཞག་མི་ཆོག བཀོལ་སྤྱོད་བྱས་ཟིན་པའི་སྣོད་ཆས་རྣམས་ཀྱང་ཐག་གཅོད་ལེགས་པར་བྱེད་དགོས་པ་ལས། གང་བྱུང་དུ་བསྐྱུར་ནས་གང་སར་བཞག་མི་ཆོག སྦྲུམ་མ་དང་ནུ་མ་སྣུན་དུས་ཀྱི་བུད་མེད་ཀྱིས་ཐོན་རྫས་འདིར་རེག་མི་རུང་བར་མ་ཟད། ཞིང་སྨན་གཏུམ་སྒྲིལ་གྱི་སྙིགས་རོ་དུས་ཐོག་ཏུ་ཞིང་སྨན་གཉེར་སྐྱོང་བྱེད་མཁན་ལ་ཕྱིར་སྤྲོད་དགོས།

བཅུ་དྲུག ཆེས་ཕྲ་བའི་སྦྲེལ་ཕྲེང་ཀོ་ཁྲུམ་གྲུང་སྐྲུལ་སྲི་དཀར།

(གཅིག) ནུས་པའི་ཁྱད་ཆོས།

ཆེས་ཕྲ་བའི་སྦྲེལ་ཕྲེང་ཀོ་ཁྲུམ་གྲུང་སྐྲུལ་སྲི་དཀར་ནི་གསར་བཟོའི་རིགས་ཀྱི་རྩི་ཤིང་གི་རིམས་ཐར་སྲི་དཀར་སྐྱེ་དངོས་ཞིང་སྨན་གྱི་འབུ་གསོད་བྱེད་ཀྱི་སྨན་རྫས་ཤིག་ཡིན་ལ། ཆེས་ཕྲ་བའི་སྦྲེལ་ཕྲེང་ཀོ་ཁྲུམ་གྲུང་སྐྲུལ་སྲི་དཀར་དང་ཨེམ་ཅི་ཙུང་རྟགས་རྒྱུ་རྫས་ཚན་རིག་དང་མཐུན་པར་བསྡེབས་ནས། ཕྱོགས་ཡོངས་ནས་སྨན་རྫས་ཀྱི་མི་མངོན་པའི་ནུས་པ་སྐྲུལ་སྤེལ་དང་། ལོ་ཏོག་གི་འགོག་ནུས་ཇེ་ཆེར་གཏོང་བ་ཡིན། རྩི་ཤིང་གི་ནད་འགོག་ནུས་པ་མཐོར་འདེགས་བྱས་ནས་རྩི་ཤིང་སྐྱེས་པར་སྐྲུལ་འདེད་བྱེད་པ་དང་། སྐྱེ་དངོས་ཀྱི་འབུ་ཕྲ་དང་། འབུ་ཕྲའི་ནད་འབུ། ནད་དུག་སོགས་འགོག་བཅོས་བྱེད་ཐུབ་པ་ཡིན།

(གཉིས) ཐོ་འགོད་བྱས་པའི་ལོ་ཏོག་དང་འགོག་བཅོས་བྱ་ཡུལ།

ཐོ་འགོད་བྱས་པའི་ལོ་ཏོག་ནི་པད་ཁ་དང་ཀྲོ་མ་ཀྲུ། ཆུ་ཀུབ། ཆུ་འབྲས། རྗོ་ཐའི་སྐྱེ་དངོས་སོགས་ཡིན། འགོག་བཅོས་བྱ་ཡུལ་གཙོ་བོ་ནི་པད་ཚལ་གྱི་མཉེན་ཏུལ་ནད་དང་ཀྲོ་མ་ཀྲུའི་ནད་དུག་ནད། ཆུ་ཀུབ་ཀྱི་སྐམ་ཉེད་ནད། ཆུ་འབྲས་ཀྱི་ནད་དུག་ནད། རྗོ་ཐའི་ནད་དུག་ནད་སོགས་ཡིན།

(གསུམ) མཉམ་འཇོག་བྱ་ཡུལ།

ཐོན་རྫས་འདི་བུལ་གཤིས་ཞིང་སྨན་སོགས་དང་བསྲེས་སྤྱོད་བྱེད་མི་རུང་། དེ་མིན་སྨན་གྱི་ཕན་འབྲས་ཇེ་དམའ་རུ་གཏོང་བ་ཡིན། ཐོན་རྫས་འདི་བེད་སྤྱོད་སྐབས་འགོག་སྲུང་གྱོན་ཆས་དང་ལག་ཤུབས་གྱོན་ནས་སྨན་ཁུ་འཕྲིན་རྡུབ་བྱེད་མི་རུང་། སྨན་གཏོར་བའི་དུས་སུ་ཟ་མ་བཟའ་མི་རུང་བ་དང་ཆུ་འཐུང་མི་རུང་། སྨན་གཏོར་ཚར་རྗེས་དུས་ཐོག་ཏུ་ལག་པ་དང་ངོ་གདོང་གཙང་མར་བཀྲུ་དགོས། ཆུ་རྫིང་སོགས་ཀྱི་ཆུ་ཁོངས་སུ་སྨན་རྫས་གཏོར་བྱེད་ཀྱི་སྣོད་ཆས་བཀྲུ་མི་ཆོག སྦྲུམ་མ་དང་ནུ་མ་སྣུན་པའི་བུད་མེད་ཀྱིས་ཐོན་རྫས་འདིར་རེག་མི་རུང་། ཁ་འབྱེད་ཟིན་པའམ་བཀོལ་སྤྱོད་བྱས་ཟིན་པའི་ཁྲུམ་སྦྲིལ་དངོས་པོ་འོས་འཚམ་གྱིས་ཐག་གཅོད་བྱེད་དགོས་པ་ལས་གང་འདོད་དུ་བསྐྱུར་མི་རུང་།

བཀག་སྒྲོད་བྱེད་པའི་བརྒྱུད་རིམ་ཁྲོད་དུ་མི་ལེགས་པའམ་མི་བདེ་བའི་སྣང་ཚུལ་བྱུང་ན་དུས་ལྟར་སྨན་བཅོས་བྱེད་དགོས།

བཅུ་བདུན། S–འབྲིད་འགོག་རྒྱ།

(གཅིག) ནུས་པའི་ཁྱད་ཆོས།

S–འབྲིད་འགོག་རྒྱ་ནི་རྩི་ཤིང་གི་སྐྱེ་འཚར་སྐྱོམ་སྒྲིག་བྱེད་པའི་སྨན་རྫས་ཤིག་ཡིན་ལ། མིང་གཞན་ལ“རང་བྱུང་བྲུལ་སྒྱུར”ཟེར། རྩི་ཤིང་གི་ལྗོག་འགོག་གཞི་རྒྱུ་མང་པོ་མཚོན་པར་བསྐྱུ་ཁྲིད་དང་གྲུང་སྐྱུལ་བྱེད་ཐུབ་ཅིང་། རྩི་ཤིང་གི་སྐྱེ་འཚར་མི་ལེགས་པའི་ཁོར་ཡུག་འགོག་པའི་ནུས་པ་ཇེ་བཟང་དུ་གཏོང་ཐུབ། དཔེར་ན་རྩི་ཤིང་གི་ཐན་འགོག་རང་བཞིན་དང་གྲང་འགོག་རང་བཞིན། ནད་འགོག་རང་བཞིན། ཚྭ་ཐེག་རང་བཞིན་སོགས་འཕྲིད་སྐྱུལ་བྱས་ནས་ཐོན་འཕར་ཡོང་བའི་དམིགས་ཡུལ་འགྲུབ་པར་བྱེད་དགོས།

(གཉིས) ཐོ་འགོད་བྱས་པའི་ལོ་ཏོག་དང་བྱེད་ནུས་གཙོ་བོ།

ཐོ་འགོད་བྱས་པའི་ལོ་ཏོག་ནི་ཐུན་འབྲུམ་དང་ཀྲོ་མ་ཀྲུ། ཆུ་འབྲས་སོགས་ཡིན། བྱེད་ནུས་གཙོ་བོ་ནི་སྐྱེ་འཚར་ལ་སྐྱོམ་སྒྲིག་དང་ཚོས་མདོག་སྟོན་པར་སྐུལ་འདེད་བྱེད་པ། རྩི་ཤིང་གི་ལྗོག་འགོག་གཞི་རྒྱུ་མང་པོ་མཚོན་པར་བསྐྱུ་ཁྲིད་དང་གྲུང་སྐྱུལ་བྱེད་ཐུབ་ཅིང་། ནུས་ལྡན་སྒོས་རྩི་ཤིང་གི་གྲང་འགོག་དང་ཐན་འགོག ཚྭ་བུལ་སྟོན་འགོག སྐམ་ཤས་ཆེ་བའི་ཚ་རླུང་འགོག་པ་སོགས་ཀྱི་གནས་བབ་ངན་པ་འགོག་པའི་ནུས་པ་ཇེ་ཆེར་བཏང་ནས། ལོ་ཏོག་གི་ཐོན་ཚད་ཇེ་མཐོར་གཏོང་དགོས།

(གསུམ) མཉམ་འཛོག་བྱ་ཡུལ།

བུལ་གཤིས་ཞིང་སྨན་དང་བསྲེས་སྦྱོད་བྱ་མི་རུང་ཞིང་། བུལ་གཤིས་ཆུ་ཡིས(pHནི 7ལས་ཆེ་བ)ཞུ་ཁུ་སླ་བོར་སྒྱུར་བའི་ཐོན་རྫས་བཟོ་མི་རུང་། སྨན་ཆུ་གཏོར་བའི་ཡོ་བྱད་སྦྱོད་ནས་སྨན་ཆུ་གཏོར་དགོས་པ་དང་། སྨན་ཆུ་གཏོར་བྱེད་ཀྱི་ཁ་ཆུང་དགོས་ཤིང་སྙོམས་པོར་གཏོར་དགོས། སྨན་ཆུ་གཏོར་བའི་དུས་ཚོད་ནི་རླུང་མེད་པའི་ཞོགས་པའམ་ཡང་ན་ས་སྲོད་ཀྱི་དུས་ཡིན་དགོས། ཉི་མའི་འོད་ཟེར་ལ་གཡོལ་ནས་ཉར་ཚགས་བྱེད་རྒྱུར་དོ་སྣང་

བྱེད་དགོས་པ་དང་། ཐུམ་སྒྲིལ་འབྱེད་རྗེས་ཐེངས་གཅིག་ལ་བེད་སྤྱོད་བྱས་ཚར་དགོས།

བཅོ་བརྒྱད། མངར་ཆེའི་ཤ་མོ།

(གཅིག) ནུས་པའི་ཁྱད་ཆོས།

མངར་ཆེའི་ཤ་མོ་ནི་རྩི་ཤིང་གི་འབྲིད་འགོག་སྨན་རྫས་སུ་གཏོགས་ལ་སྔོན་འགོག་རིགས་ཀྱི་ནད་དུག་འགོག་པའི་སྨན་རྫས་ཤིག་ཡིན། ནད་དུག་ལ་ཚོད་འཛིན་བྱེད་པའི་ནུས་པ་ཐོན་པའི་གྲུབ་ཆ་གཙོ་བོ་ནི་བཟའ་བྱའི་ཤ་མོའི་སྙིང་ཚབ་གསར་བྱེད་ལས་བྱུང་བའི་སྤྲི་དཀར་མང་རྟགས་ཡིན་ལ། β –D(1→3)རྒྱུན་འབྲུམ་མངར་རྒྱུ་གཙོ་བོར་བཟུང་ནས། ཤིང་རྟགས་དང་བདུད་རྩི་ག་ར་ཁུང་ཙམ་ཡོད་པས་ནད་དུག་འགོག་པའི་ནུས་པ་ལྡན། དེ་དང་མཉམ་དུ། ཐོན་རྫས་འདིར་ཨན་ཅི་སོན་རིགས་མང་པོ་འདུས་པས། ནད་དུག་སྔོན་འགོག་དང་འགོག་རྐྱལ་བྱེད་ཐུབ།

(གཉིས) ཐོ་འགོད་བྱས་པའི་ལོ་རྟོག་དང་འགོག་བཅོས་བྱ་ཡུལ།

ཐོ་འགོད་བྱས་པའི་ལོ་རྟོག་ནི་རྗེ་ཐ་དང་ཀྲོ་མ་ཀྲུ། སུར་པན། ཚུ་ཀུབ། ཚུ་འབྲས་སོགས་ཡིན། འགོག་བཅོས་བྱ་ཡུལ་ནི་རྗེ་ཐའི་ནད་དང་། ཀྲོ་མ་ཀྲུའི་ནད། སུར་པན་གྱི་ནད། ཚུ་ཀུབ་ཀྱི་ནད། ཚུ་འབྲས་ཀྱི་གསིག་རིས་ལོ་མ་སྐམ་ནད་སོགས་ཀྱི་ནད་དུག་ཡིན།

(གསུམ) མཉམ་འཛོག་བྱ་ཡུལ།

སྐྱུར་གཤིས་དང་བུལ་གཤིས་སམ་ཡང་ན་དངོས་པོ་གཞན་པར་བསྲེས་སྦྱོར་བྱེད་མི་རུང་། སྡེབ་བཟོ་བྱེད་སྐབས་ངེས་པར་དུ་ཆུ་གཙང་མ་བཀོལ་དགོས་ལ། སྡེབ་སྦྱོར་བྱས་མ་ཐག་དུས་ཐོག་ཏུ་བཀོལ་སྤྱོད་བྱེད་དགོས། སྡེབ་བཟོ་བྱས་པའི་སྨན་རྫས་ལ་གསོག་ཉར་བྱས་མི་ཆོག གལ་ཏེ་དུས་ཚོད24ཡི་ནང་དུ་ཆར་པ་བབས་ན་དུས་ལྟར་ཡང་བསྐྱར་ཐེངས་གཅིག་ལ་གཏོར་དགོས། ཚ་རྐྱེན་དང་བྱེད་ནུས་གཞན་པ་མི་འདྲ་བའི་འབུ་སྲ་གསོད་བྱེད་ཀྱི་སྨན་རྫས་གཞན་རིགས་ལ་བརྗེ་རེས་བྱས་ནས་བཀོལ་སྤྱོད་བྱས་ན་ནད་འགོག་རང་བཞིན་ཇེ་རིང་དུ་གཏོང་ཐུབ།

བཅུ་དགུ། ཙི་ཏིན་འདུས་རྟགས།

(གཅིག) ནུས་པའི་ཁྱད་ཆོས།

ཙི་ཏུན་འདུས་རྟགས་ནི་རྒྱ་མཚོའི་སྐྱེ་དངོས་ཀྱི་སྐོགས་ཤུན་ཁྲོད་ནས་བླངས་པའི་ནད་འགོག་ནུས་པ་ལྡན་པའི་རྩི་ཤིང་གི་འཕྲིད་འགོག་སྨན་རྫས་ཤིག་ཡིན། ནད་གཞིའི་འབུ་སྲིན་གྱི་ཕྲ་ཕུང་སྐྱི་མོའི་གྲུབ་ཚུལ་དང་བྱེད་ལས་བསྒྱུར་བཅོས་བྱས་པ་བརྒྱུད་ནས། སྐྱེ་སྲིད་ལ་ཚོད་འཛིན་བྱས་ཏེ། ལོ་ཏོག་གི་ནད་རིམས་སྔོན་འགོག་དང་ནད་འབུའི་འགོག་རྒོལ་ནུས་པ་ཇེ་མཐོར་གཏོང་དགོས།

(གཉིས) ཐོ་འགོད་བྱས་པའི་ལོ་ཏོག་དང་འགོག་བཅོས་བྱ་ཡུལ།

ཐོ་འགོད་བྱས་པའི་ལོ་ཏོག་ནི་ཏོང་ཀུབ་དང་ཀྲོ་མ་ཀྲུ། ཆུ་འབྲས། རྗོ་ཐའི་རིགས་ཀྱི་སྐྱེ་དངོས་རྣམས་ཡིན། འགོག་བཅོས་བྱ་ཡུལ་གཙོ་བོ་ནི་ཏོང་ཀུབ་ཀྱི་ཕྱི་དཀར་ནད་དང་སད་ཏགས་ནད། ཀྲོ་མ་ཀྲུ་ཡི་ཕྱི་རིམས་དང་ནད་དུག་ནད། ཆུ་འབྲས་ཀྱི་ནད་འབུ་དང་ནག་རིལ་འཁུམ་ནད། རྗོ་ཐའི་ནད་དུག་གི་ནད་སོགས་ཡིན།

(གསུམ) མཉམ་འཛོག་བྱ་ཡུལ།

ཚ་ཆེན་དང་བྱེད་ནུས་མི་འདྲ་བའི་འབུ་ཕྲ་གསོད་བྱེད་ཀྱི་སྨན་རྫས་གཞན་དག་དང་བརྗེ་རེས་བྱས་ནས་བཀོལ་དགོས། བུལ་གཤེར་ཞིང་སྨན་སོགས་དང་བསྲེས་སྦྱོར་བྱེད་མི་རུང་། ཁྱིམ་གསོ་དར་འབུར་དུག་བསྐྱེད་པས་མུག་ཁང་དང་སྲིན་ཤིང་ར་བའི་ཉེ་འགྲམ་དུ་སྤྱོད་མི་ཆོག

ཉི་ཤུ། ཀྱུན་འབྲུམ་འདུས་འདྲེས་སེན་རྟགས།

(གཅིག) ནུས་པའི་ཁྱད་ཆོས།

ཀྱུན་འབྲུམ་འདུས་འདྲེས་སེན་རྟགས་ནི་རྩི་ཤིང་གི་འགོག་གཤེར་བསླུ་ཁྲིད་ཀྱི་སྨན་རྫས་གསར་བ་ཞིག་ཡིན། རྩི་ཤིང་ཕྱི་ངོས་ཀྱི་ལུས་གཟུགས་དང་བཟ་རྟགས་ཚ་རྡུལ་བརྒྱུད་སྒྲོད་བྱས་ནས་རྩི་ཤིང་གི་ནད་གཞིའི་འཕེལ་ཡོད་སྤྲི་དཀར་དང་། རྩི་ཤིང་སྲུང་སྐྱོང་རྒྱུ་རྫས་སོགས་འཕེལ་ཡོད་ཀྱི་ནད་འགོག་དངོས་རྫས་འབྱུང་བ་དང་དེའི་ཞོར་ཐོན་བརྗེ་ཚབ་དངོས་

རྫས་གསོག་འཛོག་སློམ་སྒྲིག་བྱས་ཏེ། ནད་དུག་གི་ནད་འཛུལ་བ་དང་རྒྱ་བསྐྱེད་པར་སྔོན་འགོག་བྱེད་ཅིང་། རྩི་ཤིང་གི་སྟེང་དུ་སྦྱོར་བའི་ནུས་པ་ཐོན་པ་ཡིན། དེ་དང་མཉམ་དུ་རྒྱུན་འབྲུམ་འདུས་འདྲེས་སེན་རྟགས་ལ་ད་དུང་རྩི་ཤིང་ཕྲ་ཕུང་གི་ནུས་པ་འཕར་སྐྱེད་དང་སྐྱེ་འཚར་ལ་སྐུལ་འདེད་བྱེད་པའི་བྱེད་ནུས་ལྡན་པས། ནད་ཡོག་པའི་གཞུང་རྟ་ཡི་ནད་འགོག་ནུས་པ་མཐོར་འདེགས་བྱེད་ཐུབ།

(གཉིས) ཐོ་འགོད་བྱས་པའི་ལོ་ཏོག་དང་འགོག་བཅོས་བྱ་ཡུལ།

ཐོ་འགོད་བྱས་པའི་ལོ་ཏོག་ནི་ཀྲོ་མ་ཀྲུ་ཡིན་ལ། འགོག་བཅོས་བྱ་ཡུལ་གཙོ་བོ་ནི་ཀྲོ་མ་ཀྲུའི་ནད་དུག་གི་ནད་ཡིན།

(གསུམ) མཉམ་འཛོག་བྱ་ཡུལ།

ཐོན་རྫས་འདི་ནུས་པ་དང་ནང་རྐྱེན་མི་འདྲ་བའི་འབུ་ཕྲ་གསོད་བྱེད་ཀྱི་སྨན་རྫས་གཞན་རིགས་དང་བརྗེ་རེས་སྒྲོས་བཀོལ་སྤྱོད་བྱས་ན། ནད་འགོག་དུས་ཡུན་ཇེ་རིང་དུ་གཏོང་ཐུབ། སྲང་མ་དང་ཉ་རིགས་སོགས་ཆུ་སྐྱེས་སྐྱེ་དངོས། ཁྱིམ་གསོ་སྲིན་འབུ་སོགས་ལ་དུག་བསྐྱེད་པས། སྨན་གཏོར་བའི་སྐབས་སུ་ཉེ་འཁོར་གྱི་སྲང་ཚོགས་ལ་ཤུགས་རྐྱེན་མི་ཐེབས་པ་དང་། མེ་ཏོག་བཞད་པའི་རྩི་ཤིང་གི་མེ་ཏོག་བཞད་པའི་དུས་ཚིགས་ལ་གཡོལ་དགོས། སྲིན་ཁང་དང་སྲིན་ཤིང་ར་བའི་ཉེ་འགྲམ་དུ་སྤྱོད་མི་ཆོག མིག་དམར་སྲང་མ་སོགས་རང་བྱུང་ཁམས་ན་ལྷན་སྐྱེས་སུ་ཡོད་པའི་འཛོམས་བྱེད་འཕུར་བའི་ས་ཁུལ་དུ་སྤྱོད་མི་ཆོག བུལ་གཤིས་ཆེ་བའམ་སྐྱུར་གཤིས་ཆེ་བའི་ཞིང་སྨན་སོགས་དངོས་རྫས་དང་བསྲེས་ནས་སྤྱོད་མི་རུང་།

ཉེར་གཅིག ཞུང་འདུས་རྟགས་རྒྱ།

(གཅིག) ནུས་པའི་ཁྱད་ཆོས།

ཞུང་འདུས་རྟགས་རྒྱ་ནི་ཚ་ཁུལ་གྱི་རྩི་ཤིང་སྟེང་དུ་བརྟོན་ཞིང་སྐྱེ་དངོས་ལས་བྱུང་བའི་ཞིང་སྨན་ཞིག་ཡིན་ལ། སྐྱེ་དངོས་ཀྱི་འགོག་གཤིས་བསླུ་ཁྲིད་བྱེད་པའི་སྨན་རྫས་གསར་བ་ཞིག་ཀྱང་ཡིན། རྩི་ཤིང་ཕྱི་ངོས་ཀྱི་ལུས་གཟུགས་དང་བརྡ་རྟགས་ཆ་རྟུལ་བརྒྱུད་སྦྱོད་

བྱས་ནས་རྩི་ཤིང་གི་ནད་གཞིའི་འབྲེལ་ཡོད་སྲི་དཀར་དང་། རྩི་ཤིང་སྲུང་སྐྱོང་རྒྱུ་རྫས་སོགས་འབྲེལ་ཡོད་ཀྱི་ནད་འགོག་དངོས་རྫས་འབྱུང་བ་དང་དེའི་ཞོར་ཐོན་བཟོ་ཚབ་དངོས་རྫས་གསོག་འཇོག་སྒྲིམ་སྒྲིག་བྱས་ཏེ། ནད་དུག་གི་ནད་འཛུལ་བ་དང་རྒྱ་བསྐྱེད་པར་སྔོན་འགོག་བྱེད་ཅིང་། རྩི་ཤིང་གི་སྙིང་དུ་སྲོར་བའི་ནུས་པ་ཐོན་པ་ཡིན། དེ་དང་མཉམ་དུ་ཉུང་འདུས་ཧྲུགས་རྒྱུ་ལ་ད་དུང་རྩི་ཤིང་ཕྲ་ཕུང་གི་ནུས་པ་འཕར་སྐྱེད་དང་སྐྱེ་འཚར་ལ་སྐུལ་འདེད་བྱེད་པའི་བྱེད་ནུས་ལྡན་པས། ནད་ཐོག་པའི་གཞུང་རྐ་ཡི་ནད་འགོག་ནུས་པ་མཐོར་འདེགས་བྱེད་ཐུབ།

(གཉིས) ཐོ་འགོད་བྱས་པའི་ལོ་ཏོག་དང་འགོག་བཅོས་བྱ་ཡུལ།

ཐོ་འགོད་བྱས་པའི་ལོ་ཏོག་ནི་ཆུ་ཀུབ་དང་ཀྲོ་མ་ཀྲུ། ན་ལེ་ཤམ། ཆུ་འབྲས། གྲོ། མ་རྨོས་ལོ་ཏོག་སོགས་ཡིན། འགོག་བཅོས་བྱ་ཡུལ་གཙོ་བོ་ནི་ཆུ་ཀུབ་ཀྱི་ནད་དུག་ནད་དང་འབུ་ཕྲ་རང་བཞིན་གྱི་ར་ཁྲའི་ནད། ཀྲོ་མ་ཀྲུའི་ནད་དུག་ནད། ན་ལེ་ཤམ་གྱི་ནད་དུག་ནད། ཆུ་འབྲས་ཀྱི་གསིག་རིས་སྐམ་ནད། ཆུ་འབྲས་ཀྱི་ཡམས་ནད། གྲོ་ཡི་སྐེ་དམར་བཙའ་ནད། མ་རྨོས་ལོ་ཏོག་གི་རྩུབ་འབུམ་ནད་སོགས་ཡིན།

(གསུམ) མཉམ་འཇོག་བྱ་ཡུལ།

ཐོན་རྫས་འདི་ནུས་པ་དང་ནང་རྐྱེན་མི་འདྲ་བའི་འབུ་ཕྲ་གསོད་བྱེད་ཀྱི་སྨན་རྫས་གཞན་རིགས་དང་བརྗེ་རེས་སྣོས་བཀོལ་སྤྱོད་བྱས་ན། ནད་འགོག་དུས་ཡུན་ཇེ་རིང་དུ་གཏོང་ཐུབ། སྲང་མ་དང་ཉ་རིགས་སོགས་ཆུ་སྐྱེས་སྐྱེ་དངོས། ཁྱིམ་གསོ་སྲིན་འབུ་སོགས་ལ་དུག་བསྐྱེད་པས། སྨན་གཏོར་བའི་སྐབས་སུ་ཉེ་འཁོར་གྱི་སྲང་ཚོགས་ལ་ཤུགས་རྐྱེན་མི་ཐེབས་པ་དང་། མེ་ཏོག་བཞད་པའི་རྩི་ཤིང་གི་མེ་ཏོག་བཞད་པའི་དུས་ཚིགས་ལ་གཡོལ་དགོས། སྲིན་ཁང་དང་སྲིན་ཤིང་ར་བའི་ཉེ་འགྲམ་དུ་སྤྱོད་མི་ཆོག ཆུ་རྫིང་སོགས་ཀྱི་ཆུ་ཁོངས་སུ་སྨན་རྫས་གཏོར་བྱེད་ཀྱི་སྣོད་ཆས་བཀྲུ་མི་ཆོག ཐོན་རྫས་འདིས་བུལ་གཤིས་སམ་སྐྱུར་གཤིས་ཆེ་བའི་ཞིང་སྨན་སོགས་དང་བསྲེས་སྤྱོར་བྱེད་མི་རུང་། དེ་མིན་སྨན་གྱི་ཕན་འབྲས་ཇེ་དམའ་རུ་འགྲོ་བ་ཡིན།

ལེར་གཉིས། ཚོར་བཅལ་སྤྲི་དཀར།

(གཅིག) ནུས་པའི་ཁྱད་ཆོས།

ཚོར་བཅལ་སྤྲི་དཀར་རིལ་གཟུགས་ནི་ལོ་ཏོག་སྐྱེ་འཚར་ལ་སྐྱུལ་འདེད་དང་སྐྱེ་དངོས་ཀྱི་ནད་འགོག་ནུས་པ་མཐོར་འདེགས། སྐྱེ་དངོས་ཀྱི་ཐོན་ཚད་འཕར་སྣོན་བྱེད་པ་བཅས་ཀྱི་རང་བྱུང་སྤྲི་དཀར་གྱི་སྡེབ་སྦྱོར་སྨན་རྫས་ཤིག་ཡིན། ནད་གཞིའི་འབུ་སྲིན་སྐྱེ་དངོས་རྩི་ཤིང་གི་སྟེང་དུ་འཛུལ་བའམ་སེམ་སྐབས། ཚོར་བཅལ་སྤྲི་དཀར་གྱིས་སྐྱེ་དངོས་ལ་འགོག་ནུས་ཐེབས་སུ་བཙུག་ནས། སྐྱེ་དངོས་ཀྱི་སྐྱེ་འཚར་ལ་སྐྱུལ་འདེད་བྱས་ཏེ་ཐོན་ཚད་འཕར་སྣོན་དང་ཐོན་སྐྱེད་སྒྲིམ་སྒྲིག ནད་འགོག་ནུས་པ་མཐོར་འདེགས་བཅས་ཀྱི་དམིགས་ཡུལ་འགྲུབ་པར་བྱེད་དགོས།

(གཉིས) ཐོ་འགོད་བྱས་པའི་ལོ་ཏོག་དང་བྱེད་ནུས་གཙོ་བོ།

ཐོ་འགོད་བྱས་པའི་ལོ་ཏོག་ནི་ཀྲོ་མ་ཀྲུ་དང་སྲུར་པན། ཆུ་འབྲས། རྗོ་ཐ་སོགས་ཀྱི་སྐྱེ་དངོས་རྣམས་ཡིན། བྱེད་ནུས་གཙོ་བོ་ནི་ནད་འགོག་ནུས་པ་དང་སྐྱེ་འཚར་སྒྲིམ་སྒྲིག་དང་ཐོན་འཕར་ཡོང་རྒྱུ་དེའོ། །

(གསུམ) མཉམ་འཛོག་བྱ་ཡུལ།

ཚོར་བཅལ་སྤྲི་དཀར་ནི་ཁེལ་རླུང་ལ་ཚོར་བ་སྐྱེན་པོ་ཡིན་པས་རང་འབབ་ཆུ་གསར་བ་བཀོལ་མི་རུང་། pHནི5ལས་ཆུང་བའི་སྐྱུར་དྲག་པོ་དངpHནི10ལས་ཆེ་བའི་བུལ་དྲག་པོ། དབྱང་འགྱུར་བྱེད་རྫས་དྲག་པོ། གྱེས་རྡུལ་རྣམ་པའི་ལུད་སོགས་དངོས་རྫས་རྣམས་ལ་བསྲེས་སྦྱོད་བྱེད་མི་རུང་། བཀག་སྡོམ་འགྲོལ་ནས་ཆུ་ཚོད24ནང་དུ་བེད་སྤྱོད་བྱེད་དགོས་ཤིང་། ཆུར་བསྲེས་རྗེས་ཆུ་ཚོད4ནང་བེད་སྤྱོད་གཏོང་དགོས། གཏོར་ནས་སྐར་མ30འགོར་རྗེས་ཆར་བ་བབས་ཀྱང་ཡང་བསྐྱར་གཏོར་མི་དགོས། བེད་སྤྱོད་བྱེད་པའི་དུས་ཡུན་ནི་རྒྱུན་ལྡན་གྱི་འབུ་གསོད་བྱེད་དང་འབུ་ཕྲ་གསོད་བྱེད་ཀྱི་སྨན་རྫས་དང་ཟུང་འབྲེལ་སྦྲོས་བེད་སྤྱོད་བྱས་ན་ཕན་འབྲས་ལྷག་ཏུ་བཟང་། སྨུག་ཕྱིའི་འོད་དྲག་པོའི་དུས་སུ་སྨན་རྫས་གཏོར་མི་རུང་།

ལེའུ་གསུམ་པ། སྐྱེ་དངོས་ཞིང་སྨན་གྱི་ཚན་རིག་དང་མཐུན་པའི་བེད་སྤྱོད།

ཚན་པ་དང་པོ། སྐྱེ་དངོས་ཞིང་སྨན་འདེམས་ཉོ་དང་དཔྱེ་འབྱེད་ངོས་འཛིན།

གཅིག ལུགས་མཐུན་གྱིས་སྐྱེ་དངོས་ཞིང་སྨན་འདེམས་པའི་རྩ་དོན།

ཞིང་སྨན་བེད་སྤྱོད་ཀྱི་ཕན་འབྲས་ལ་ཁོར་ཡུག་གི་ཆ་རྐྱེན་དང་འགོག་བཅོས་བྱ་ཡུལ། དེ་བཞིན་ཞིང་སྨན་གྱི་ངོ་བོ་སོགས་རྒྱུ་རྐྱེན་མང་པོས་ཤུགས་རྐྱེན་ཐེབས་བཞིན་ཡོད་པས། ཚན་རིག་དང་མཐུན་པའི་སྒོ་ནས་སྐྱེ་དངོས་ཞིང་སྨན་བེད་སྤྱོད་ལུགས་མཐུན་བྱས་ཏེ་བེད་སྤྱོད་ཕན་འབྲས་ཆེ་ཏུ་བཏང་ནས་བདེ་འཇགས་དང་གྲོན་ཆུང་། ཁུས་ལྡན་བཅས་ཀྱི་དམིགས་ཡུལ་འགྲུབ་དགོས་ན་ངེས་པར་དུ་གཤམ་གསལ་གྱི་རྩ་དོན་བརྩི་སྲུང་ཞུ་དགོས།

(གཅིག) རང་ས་གནས་ཀྱི་ཞིང་ལས་སྐྱེ་དངོས་ཐོན་སྐྱེད་ཀྱི་ཁྱད་ཆོས་ལ་རྒྱུས་མངའ་ཡོད་དགོས།

ཞིང་ལས་སྐྱེ་དངོས་ལ་རང་ཉིད་ཀྱི་རྒྱུད་འཛིན་ཐད་ཀྱི་ཁྱད་ཆོས་ཡོད་པར་མ་ཟད། འཚོ་བའི་ཁོར་ཡུག་གིས་ཀྱང་དེ་མཚུངས་ཀྱི་ཤུགས་རྐྱེན་ཐེབས་བཞིན་ཡོད། དེར་བརྟེན། ཞིང་ལས་སྐྱེ་དངོས་ཐོན་སྐྱེད་ལ་ས་ཁོངས་རང་བཞིན་དང་དུས་ཚིགས་རང་བཞིན། འཁོར་ཡུན་རང་བཞིན། རྒྱུན་མཐུད་རང་བཞིན་བཅས་ཀྱི་ཁྱད་ཆོས་ལྡན། རང་རྒྱལ་གྱི་མངའ་ཁོངས་རྒྱ་ཆེ་ཞིང་། ས་གཞི་དང་ས་དབྱིབས། གནམ་གཤིས། ས་རྒྱུ། ཆུ་

ཐེད་སོགས་རང་བྱུང་ཆ་རྐྱེན་ལ་ཁྱད་པར་ཆེན་པོ་ཡོད་ཅིང་། སྤྱི་ཚོགས་དཔལ་འབྱོར་དང་ཐོན་སྐྱེད་ཆ་རྐྱེན། ལག་རྩལ་ཆུ་ཚད་སོགས་ལའང་ཁྱད་པར་ཆེན་པོ་ཡོད་པས། ལོ་ཏོག་སྐྱེ་དངོས་ཐོན་སྐྱེད་ཀྱི་ཡུལ་ཁམས་རང་བཞིན་ཡང་གྲུབ་ཡོད་པ་ཡིན།

ནད་གཞིའི་འབུ་སྲ་དང་གནོད་འབུ་སོགས་གནོད་ལྡན་སྐྱེ་དངོས་ནི་ཞིང་ལས་སྐྱེ་དངོས་དང་མཉམ་དུ་འཕེལ་འགྱུར་བྱེད་བཞིན་ཡོད་ཅིང་། ས་ཁོངས་མི་འདྲ་བ་དང་དུས་ཚིགས་མི་འདྲ་བ། སྐྱེ་དངོས་ཀྱི་དབྱེ་བ་མི་འདྲ་བ། སྐྱེ་འཚར་དུས་ཡུན་མི་འདྲ་བའི་དབང་གིས། གནོད་ལྡན་སྐྱེ་དངོས་སོ་སོའི་ཁྱད་ཆོས་ཀྱང་མི་འདྲ་བ་ཡིན། གནོད་ལྡན་སྐྱེ་དངོས་སྔོན་འགོག་དང་ཚོད་འཛིན་བྱེད་པར་སྤྱོད་པའི་ཞིང་སྨན་ལ་མཚོན་ནའང་། སོ་སོའི་ཁྱད་ཆོས་ལ་གཞིགས་ནས་ཚན་རིག་དང་མཐུན་པའི་སྒོ་ནས་ལུགས་མཐུན་གྱིས་འདེམ་སྤྱོད་བྱེད་དགོས། སྡེབ་སྦྱོར་སྨན་རྫས་གཅིག་གམ་ཡང་ན་ཐབ་གཅོད་ཐུས་གཞི་གཅིག་གིས"གནོད་སྐྱོན་ཡོད་ཚད་ཐབ་གཅོད"གཏན་ནས་བྱེད་མི་ཐུབ།

(གཉིས) ནད་འབུའི་གནོད་འཚེ་བརྟག་དཔྱད་དང་གསལ་འབྱེད་ཡང་དག་བྱེད་དགོས།

ནད་འབུའི་གནོད་འཚེ་འགོག་པར་ཕན་དགོས་ན། ཐོག་མར་རྩི་ཤིང་སྲུང་སྐྱོང་གི་རྨང་གཞིའི་ཤེས་བྱ་ཁོང་དུ་ཆུད་པར་བྱས་ཏེ། ནད་འབུའི་གནོད་འཚེ་དང་གནོད་འབུ་གསལ་འབྱེད། རྣམ་ལུགས་དབྱེ་འབྱེད་སོགས་ཡང་དག་བྱེད་དགོས། གལ་ཏེ་གནོད་འཚེ་རང་བཞིན་གྱི་ནད་འབུའི་གནོད་པ་ཡིན་ན། སྔ་མོ་ནས་ནད་ཀྱི་འབྱུང་རྩ་ནི་ཅི་ཞིག་ཡིན་པ་གསལ་པོར་ཤེས་དགོས། ཞིང་ལས་ཀྱི་གནོད་འབུ་ནི་གཙོ་བོ་ཕྱོགས་བདུན་དུ་འདུས་ཡོད་པ་སྟེ། གཤོག་པ་དྲང་མོའི་འབུ་རིགས་དང་གཤོག་ཕྱེད་དྲང་མོའི་འབུ་རིགས། ཁྲབ་གཤོག་ཅན་གྱི་འབུ་རིགས། གཤོག་ཁྲབ་ལྡན་པའི་འབུ་རིགས། གཤོག་ཟུང་ཅན་གྱི་འབུ་རིགས། གཤོག་སྐྱི་ཅན་གྱི་འབུ་རིགས། གཤོག་སྤྲབ་ཅན་གྱི་འབུ་རིགས། སྤྱང་ཚེར་འབུ་རིགས་བཅས་ཡིན། ཞིང་ཁར་གནོད་སྐྱོན་ཚབས་ཆེ་བའི་གནོད་འབུ་མཐོང་ཚེ། མ་མཐར་ཡང་འབྲེལ་ཡོད་ཀྱི་རྒྱུན་ཤེས་བློ་ངོར་ངེས་དགོས་ཤིང་། གནོད་འཚེ་འབྱུང་བའི་ཆོས་ཉིད་

ལ་གཞིགས་ནས་གནོད་འབུ་གསོད་བྱེད་ཀྱི་སྨན་རྫས་བེད་སྤྱོད་བྱེད་པའི་ཐབས་ཇུས་གཏན་འབེབས་བྱེད་དགོས།

ནད་གཞིའི་འབུ་སྲིན་དང་གནོད་འབུའི་དབྱེ་བ་མི་འདྲ་བས་འབྱུང་གཞིའི་ཆོས་ཉིད་ཀྱང་མི་འདྲ་ལ། སྨན་རྫས་རིགས་གཅིག་གི་འགོག་བཅོས་བྱ་ཡུལ་སོ་སོའི་སྨན་གྱི་ཕན་འབྲས་ཀྱང་མི་འདྲ། འགོག་བཅོས་བྱ་ཡུལ་རིགས་གཅིག་གི་སྨན་རྫས་སོ་སོར་མངོན་པའི་ནད་འགོག་ནུས་ཤུགས་ཀྱང་དེ་མཚུངས་སུ་མི་འདྲ་བ་ཡིན། གཞན་ཡང་གནོད་ལྡན་སྐྱེ་དངོས་རིགས་གཅིག་གི་སྐྱེ་འཚར་དུས་རིམ་མི་འདྲ་བའི་དབང་གིས་སྨན་གྱི་འགོག་ཤུགས་ལའང་ཁྱད་པར་མངོན་གསལ་ཡོད། དཔེར་ན་འབུ་སྲིན་དང་མན་འབུ་ཡི་སྒོ་ང་ནི་དེའི་འབུ་ཕྲུག་གི་དུས་རིམ་ལ་བསྡུར་ན་སྨན་བཟོད་རང་བཞིན་མངོན་གསལ་གྱིས་ཆེ་བ་ཡིན། དེར་བརྟེན། ཞིང་སྨན་འདེམ་པའི་སྐབས་སུ། ངེས་པར་དུ་འགོག་བཅོས་འབེན་རྟགས་ཀྱི་དབྱེ་བ་དང་འཚར་སྐྱེ་དུས་རིམ་གསལ་པོ་བྱས་ཏེ། "ནད་བསྟུན་སྨན་སྤྲོད"བྱེད་དགོས།

(གསུམ) སྐྱེ་དངོས་ཞིང་སྨན་གྱི་བྱེད་ནུས་འདོན་སྤྲོད་ཐོན་སྐྱེད་དགོས།

ཞིང་སྨན་གྱིས་ནད་གཞིའི་འབུ་སྲིན་དང་གནོད་འབུ་སོགས་གནོད་ལྡན་སྐྱེ་དངོས་སྔོན་འགོག་དང་ཚོད་འཛིན་བྱེད་པའི་ཐབས་ལམ་ལ་ཞིང་སྨན་གྱི་བྱེད་ནུས་བྱེད་ཐབས་ཟེར་བ་དང་། ཞིང་སྨན་གྱི་བྱེད་ནུས་ཆ་ཚང་བའི་སྒོ་ནས་ཐོན་དུ་ཆུད་པར་བྱས་ན། ཚན་རིག་དང་མཐུན་པའི་སྒོ་ནས་ཞིང་སྨན་སྤྱོད་པ་དང་། ཞིང་སྨན་གྱི་ནད་འགོག་དང་འབུ་གསོད་པའི་ནུས་པ་འདོན་སྤེལ་གང་ལེགས་བྱེད་པར་ཕན་པ་ཡོད།

འབུ་གསོད་བྱེད་ཀྱི་སྨན་རྫས་ཁྱད་རྒྱུན་དུ་བཀོལ་བའི་ཐབས་ལམ་ནི་རེག་གསོད་དང་ཕོ་བའི་དུག ནང་དུ་འཇིབ་པ། ཚ་དད་ཕོག་པ། ཟས་མི་ཟ་བ། འཛོམ་བྱར་གཡོལ་བ། འཚར་སྐྱེ་སློམ་སྒྲིག་བྱེད་པ་སོགས་ཡིན། རེག་གསོད་ཀྱི་ནུས་པ་ནི་མིག་སྔར་བཀོལ་བའི་འབུ་གསོད་རྫས་ཀྱི་ནུས་པའི་ཐབས་ལམ་ཆེས་གཙོ་བོ་ཡིན་པ་དང་། དེས་སྐལ་ཚིགས་མེད་པའི་གནོད་འབུ་སྣ་ཚོགས་གསོད་ཐུབ། ཕོ་བའི་དུག་གི་བྱེད་ནུས་ནི་སྦྱིར་བཏང་དུ་ལྡད་ཚུལ་གྱི་སྐལ་ཚིགས་མེད་པའི་གནོད་འབུ་འགོག་ཐུབ་པ་མ་གཏོགས། དཔེར་ན་ཁྲབ་

གཞོག་ཅན་གྱི་འབུ་ཆུང་དང་གཞོག་སྒྲབ་ཅན་གྱི་འབུ་ཆེན། གཞོག་དྲང་ཅན་གྱི་འབུ་སོགས་ཡིན། སྐྱེ་དངོས་ཕྲ་རབ་ཀྱི་འབུ་གསོད་བྱེད་ཀྱི་སྨན་རྫས་དཔེར་ན་སུའུ་ཡུན་ཅིན་དབྱུག་སྦྲིན་གྱིས་གནོད་འབུ་གསོད་སྐབས་གཙོ་བོ་ཕོ་བའི་དུག་ནུས་ཡིན། དེའི་ནུས་པའི་ནང་རྐྱེན་ནི་གནོད་འབུ་ཟས་རྗེས་འབུ་ཕྲ་ཡི་དུག་རྒྱུའི་ནུས་པ་ཡོད་པས། དུས་ཡུན་ཐུང་ངུའི་ནང་དུ་ཟས་ཟ་མཚམས་འཛོག་པ་དང་། འབུ་ཕྲའི་སྦྲུམ་སྣོད་གནོད་འབུའི་ལུས་སྟེང་དུ་སྐྱེ་འཕེལ་བྱུང་ནས་མཇུག་མཐར་གནོད་འབུ་ཤི་རུ་འཇུག་པ་ཡིན། སྐྱེ་དངོས་གནོད་འབུ་སོགས་སྐལ་ཚོགས་མེད་པའི་གནོད་འབུ་ལ་ནང་འཛེབ་ནུས་པ་ལྡན་པའི་སྨན་རྫས་ཀྱིས་འགོག་བཅོས་བྱེད་དགོས། མིག་སྔར་བེད་སྤྱོད་པའི་འབུ་གསོད་བྱེད་ཀྱི་སྨན་རྫས་མང་ཆེ་བར་རྒྱུན་དུ་ནུས་པ་རིགས་གཉིས་ཡན་ཡོད། འགོག་བཅོས་བྱ་ཡུལ་གཙོ་བོར་གཞིགས་ནས་འཚམ་ཤོས་ཀྱི་སྨན་རྫས་འདེམ་དགོས། དཔེར་ན་ཨ་ཕེ་ཛུན་སུའུ་ནི་དུག་སྦྲིན་འགོག་སྨན་གྱི་འབུ་གསོད་བྱེད་ཀྱི་སྨན་རྫས་ཤིག་ཡིན་ཞིང་། གཙོ་བོར་ཕོ་བའི་དུག་དང་རེག་གསོད་ཀྱི་ནུས་པ་ལྡན་པས། འབུ་སྦྲིན་གྱི་དབུགས་ཁུང་དང་སྡེར་མོ་བརྒྱུད་ནས་ལུས་ཀྱི་ནང་དུ་ཞུགས་ཚོག དུས་མཚུངས་སུ་པགས་རིམ་གྱི་མཐུད་ཁྲིད་ནུས་པ་ལེགས་པོ་ལྡན་པ་དང་། དབང་རྩའི་མ་ལག་བརྒྱུད་ནས་གནོད་འབུའི་ཚེ་སྲོག་ལ་གནོད་པ་ཡིན། བ་རྩྭའི་འབུ་གསོད་པ་ནི་གཙོ་བོ་རེག་གསོད་དང་ཕོ་བའི་དུག་ནུས་ལྡན། གནོད་འབུ་སྨན་རྫས་ལ་རེག་ན་དབང་རྩའི་ལྟེ་བར་སྒྲིབ་པ་དང་། དེ་ནས་འགུལ་སྐྱོད་ཇེ་དལ་དུ་སོང་ནས་རིམ་བཞིན་ཤི་འགྲོ་བ་ཡིན། སྲད་དམར་བུལ་གཤིས་འབུ་གསོད་སྨན་རྫས་ལ་གཙོ་བོ་རེག་གསོད་དང་ཕོ་བའི་དུག་ནུས་ལྡན། གནོད་འབུ་སྨན་རྫས་ལ་རེག་ན་དབང་རྩའི་ལྟེ་བར་སྒྲིབ་པ་དང་། དེ་ནས་འབུའི་ལུས་ཀྱི་སྤྲི་དཀར་དཀག་པར་བྱས་ཏེ་གནོད་འབུའི་དབུགས་ཁུང་འགོག་པ་དང་མཇུག་མཐར་གནོད་འབུ་དབུགས་ཆད་དེ་ཤི་རུ་འཇུག་པ་ཡིན། སྐྱེ་དངོས་སྣ་ཚོགས་སྟེང་གི་འབྲུར་འབུ་དང་སྔོ་འབུ། གནོད་འབུ། དམར་འབུ། ལྦང་ལོའི་འབུ་འཛིང་འཛིང་། དཀར་ཤིག་བཅས་ལ་འགོག་བཅོས་ཀྱི་ཕན་འབྲས་ཚུང་བཟང་པོ་ཡོད་དོ།།

འབུ་ཕྲ་གསོད་སྨན་གྱི་ནུས་པའི་བྱེད་སྟངས་ལ་སྲུང་སྐྱོབ་ནུས་པ་དང་། གསོ་བཅོས་

ནུས་པ། འཁྲིད་ཁྲིད་ནད་འགོག་ནུས་པ་བཅས་ཡོད། རྩ་ཤིང་ལ་ནད་ཕོག་པའི་སྔོན་ལ་སྲུང་སྐྱོབ་ནུས་པ་ལྡན་པའི་སྨན་རྫས་བཀོལ་ནས་ནད་འབུ་རྩ་མེད་དུ་གཏོང་བའམ་ཡང་ན་ནད་གཞིའི་འབུ་ཕྲ་དང་རྩ་ཤིང་གི་དངོས་པོའི་བར་དུ་སྨན་རྫས་ཀྱི་འགོག་ཡོལ་ཞིག་བཙུགས་ནས། ནད་འབུ་ནང་དུ་མི་འཛུལ་བར་བྱས་ཏེ་རྩ་ཤིང་ལ་སྲུང་སྐྱོབ་ཐོབ་ཏུ་འཇུག་དགོས། འབུ་ཕྲ་གསོད་སྨན་འདི་རིགས་ཀྱིས་ནད་གཞིའི་དངོས་པོ་གསོད་པ་དང་ཚོད་འཛིན་བྱེད་པའི་ནུས་པ་ནི་རྩ་ཤིང་གི་ཕྱི་ངོས་ཙམ་ལ་ཚོད་འཛིན་ཐེབས་པ་ལས། བཙན་འཛུལ་ནང་སིམ་བྱས་ཟིན་པའི་ནད་གཞིའི་དངོས་པོ་ལ་ནུས་པ་མེད། དཔེར་ན། ཏ་ཚི་མུའུ་འབུ་ཕྲ་མེ་ཙུན་ནི་སྤུ་མེ་ཙུན་ཁྲོད་དུ་བེད་སྤྱོད་པའི་འབུ་ཕྲའི་རྒྱུད་ཅིག་ཡིན་ཞིང་། དེའི་ཕན་ནུས་གཙོ་བོ་ནི་ཏ་ཚི་མུའུ་ཙུནT–22སྟོང་ཁང་གི་རིགས་ཡིན། རྩ་ཤིང་གི་རྩ་བའི་མཐའ་བསྐོར་དང་ལོ་མའི་མཐའ་བསྐོར་བརྒྱུད་ནས་མགྱོགས་མྱུར་ངང་སྐྱེ་འཚར་འབྱུང་བར་མ་ཟད། རྩ་ཤིང་གི་ཕྱི་ངོས་བཙན་བཟུང་བྱས་པའི་གནས་ཡུལ་ལ་སྲུང་སྐྱོབ་ཀྱི་ཁེབས་གཅོད་ཅིག་གྲུབ་སྟེ། ནད་གཞིའི་འབུ་ཕྲ་ནི་རྩ་ཤིང་གི་རྩ་ལག་དང་ལོ་འདབ་ཀྱི་ཕྱི་ངོས་ལ་རེག་པར་བཀག་འགོག་བྱེད་པ་དང་། དེར་བརྟེན་ནས་རྩ་ཤིང་གི་རྩ་བ་དང་ལོ་མའི་གནས་ལ་སྲུང་སྐྱོབ་བྱས་ཏེ་གོང་གི་ནད་གཞིའི་འབུ་སྲིན་འགོས་པར་བཀག་འགོག་བྱེད་པར་མ་ཟད། སྟོང་བོ་བདེ་ཐང་དང་འཚར་ལོངས་འབྱུང་བར་ཁག་ཐེག་བྱེད་པ་དང་། དུས་མཚུངས་སུ་སྤྱིར་བཏང་གི་ཤིང་སྲིན་གྱི་གཞན་བརྟེན་དང་དུག་སྲིན་འགོག་སྨན་ནུས་པའང་ལྡན་པ་ཡིན། གསོ་བཅོས་ཀྱི་བྱེད་ནུས་ནི་རྩ་ཤིང་ལ་ནད་ཚོར་བྱུང་བ་དང་ནད་བྱུང་བའི་རྗེས་སུ། རྩ་ཤིང་ལ་འབུ་ཕྲ་གསོད་བྱེད་ཀྱི་སྨན་གྱིས་ནད་འབུ་དང་གནས་བདག་གི་གཞན་བརྟེན་འབྲེལ་བ་མེད་པར་བཟོ་བའམ་ནད་འབུའི་འཕེལ་རྒྱས་ལ་བཀག་འགོག་བྱས་ཏེ། རྩ་ཤིང་གི་བདེ་ཐང་སླར་གསོ་བྱེད་པ་ཡིན། སྤྱིར་བཏང་དུ་འབུ་ཕྲ་གསོད་བྱེད་ཀྱི་སྨན་རྫས་འདི་རིགས་ལ་འདེམ་བསལ་རང་བཞིན་ཆེ་བར་མ་ཟད། ཕན་ནུས་ལྡན་པའི་དུས་ཡུན་ཙུང་རིང་བ་ཡིན། ནད་གཞིའི་འབུ་ཕྲ་བཙན་འཛུལ་མ་བྱས་སྔོན་ལ་བཀོལ་སྤྱོད་བྱས་ཚོག་ཅིང་རྫས་འགྱུར་སྲུང་སྐྱོང་གི་ནུས་པ་ཐོན་པ་དང་། ནད་གཞིའི་འབུ་ཕྲ

བཙན་འཛུལ་བྱས་རྗེས་སམ་ཡང་ན་ནད་བྱུང་བའི་རྗེས་སུ་བཀོལ་སྤྱོད་བྱས་ནའང་རྫས་འགྱུར་གསོ་བཅོས་ཀྱི་ནུས་པ་འདོན་སྤེལ་བྱེད་ཐུབ། དཔེར་ན་ཆེམ་འོད་གཟུགས་རྒྱང་ནར་སྲིན་ལ་མཚོན་ན་ཐོག་མར་སྐྱེ་དངོས་ཀྱི་རྩ་བའི་མཐའ་བསྐོར་དང་རྩ་བའི་ཕྱི་ངོས་སུ་རྩ་སྤྲས་ཐུབ་པ་དང་། དེ་འཕྲོར་ལྷགས་ཟ་རྒྱུ་དང་དུག་སྲིན་འགོག་སྨན་ལ་བརྟེན་ནས་ནུས་པ་ཐོན་བཞིན་ཡོད། གཙོ་བོ་ལྷགས་ཀྱི་གྲིས་རྩལ་ལ་འགྲན་རྩོད་བྱས་ནས། ལྷགས་མེད་རྒྱུ་དྲ་འདྲིས་ལྷགས་ཀྱི་གྲིས་རྩལ་ཐོན་པ་དང་། ནད་འབུའི་འཚོ་བཅུད་ཇེ་ཉུང་དུ་བཏང་ནས་ནད་གཞིའི་འབུ་སྲིན་མང་པོ་སྐྱེས་པར་ཤུགས་རྐྱེན་ཐེབས་ཀྱི་ཡོད་པ་དང་རྩི་ཤིང་གི་གནོད་འཚེ་ཇེ་ཉུང་དུ་གཏོང་བར་མ་ཟད། དེ་མིན་ད་དུང་དུག་སྲིན་འགོག་རྒྱུ་མང་པོ་ཐོན་གྱི་ཡོད། འདི་རྣམས་ཀྱིས་ནད་གཞིའི་འབུ་སྲིན་ལ་གསོད་རྨས་ཀྱི་ནུས་པ་ཅུང་ཆེན་པོ་ལྡན། བསླུ་ཁྲིད་ནད་འགོག་གི་ནུས་པ་ལ་རིམས་ཐར་བྱེད་ནུས་ཀྱང་ཟེར། འདིའི་རིགས་ཀྱི་འབུ་ཕྲ་གསོད་སྨན་མང་ཆེ་བས་འཕེན་རྟགས་སྐྱེ་དངོས་ལ་ཐད་ཀར་དུག་གསོད་ཀྱི་བྱེད་ནུས་མེད་པས། ངེས་པར་དུ་རྩི་ཤིང་ལ་ནད་ཐོག་པའི་སྔོན་ལ་བཀོལ་དགོས་ལ། འདིར་བཙན་འཛུལ་བྱས་ཟིན་པའི་ནད་གཞིའི་འབུ་ཕྲ་ལ་ནུས་པ་མེད་དོ།།

གཉིས། སྐྱེ་དངོས་ཞིང་སྨན་གྱི་བདེན་རྫུན་དབྱེ་འབྱེད་ངོས་འཛིན།

(གཅིག) ཐོན་རྫས་ཐུམ་སྒྲིལ་བྱེད་པའི་ཚད་གཞི།

རྩི་ཤིང་གི་འབྱུང་ཁུངས་དང་གཏེར་ཁའི་འབྱུང་ཁུངས། སྐྱེ་དངོས་ཕྲ་རབ། ཕྲི་དཀར་རིགས། ཉུང་འདྲིས་ཏྭགས་རིགས་སོགས་ཀྱི་སྐྱེ་དངོས་ཞིང་སྨན་ལ་མཚོན་ན། ཕྱིར་བཏང་དུ་བེད་སྤྱོད་ཁྱབ་ཁོངས་ཆེ་བ་དང་ཐུམ་སྒྲིལ་གྱི་གཞི་ཁྲོན་ཆེན་པོ་སྤྱོད་དགོས། ཐུམ་སྒྲིལ་གྱི་ཚད་གཞི་ནི་ཧའོ་ཧྲེན50ནང་ཚུན་ཡིན་རིགས་སྨན་རྫས་རྫུན་མ་ཡིན་ཤས་ཆེ། རྩི་ཤིང་སྐྱེ་འཚར་སྙོམ་སྒྲིག་སྨན་རྫས(དཔེར་ན་ཡུན་ཐའེ་སུའུ་ནང་ཞག་དང་ཡོན་ཧོལ་དཔྱི་སོན་སོགས་ལྟ་བུ)དང་ཕོ་མོ་བསླུ་ཁྲིད་སྨན་རྫས་ཀྱི་སྤྱོད་ཚད་ཉུང་ཞིང་ཐུམ་རྒྱག་ཚད་གཞི་ཧའོ་ཧྲེན100(ཧའོ་ཁེ)ཡན་ཡིན་ཚེ་སྨན་རྫས་རྫུན་མ་ཡིན་ཤས་ཆེའོ།།

(གཉིས) ཐོན་ཟས་ཀྱི་བཟོ་དབྱིབས།

སྐྱེ་དངོས་ཞིང་སྨན་མང་པོ་ཞིག་ལ་རང་ཉིད་ཀྱི་ཁྱད་ཆོས་ལྡན་པས། གཏན་འཇགས་ཀྱི་སྨན་འགའ་མ་གཏོགས་བཟོ་མི་ཐུབ། དཔེར་ན། སུའུ་ཡུན་ཅིན་དབྱུག་སྲིན་ཐོན་ཟས་ལྟ་བུར་མཚོན་ན་བཞའ་ཚན་རང་བཞིན་གྱི་སྨན་ཕྱེ་དང་དཔྱང་གཡེང་སྨན་ཟས། ཆུ་ཐོར་བའི་སྨན་དབྱིབས་སོགས་དབྱེ་བ་དུ་མ་ལས་མེད། སྲི་དཀར་རིགས་ཉུང་དུ་འདུས་པའི་མངར་ཆ་རིགས་སོགས་ནི་གཙོ་བོ་ཆུ་ཐོར་སྨན་ཟས་ཀྱི་ཐོན་ཟས་ཡིན། མ་ཉོས་པའི་སྔོན་ལ། ཐོག་མར་ཤོག་བྱང་གི་སྟེང་དུ་བཀོད་པའི་རྟགས་ལ་ལྟ་དགོས། ཁུག་མའི་ནང་དུ་བཙུག་ཡོད་པའི་ཞིང་སྨན་ལ་ལག་པས་རེག་ནས་ཐོན་ཟས་ཀྱི་ཕྱི་ངོས་ལ་ཞིབ་ཏུ་བརྟག་དགོས། དགོས་ངེས་ཀྱི་སྐབས་སུ་ཐོན་ཟས་ཆུའི་ནང་དུ་བསྲེས་ནས་སླ་བཟོ་བྱས་རྗེས་ཀྱི་རྣམ་པར་ལྟ་ཞིབ་བྱེད་དགོས། གལ་ཏེ་ཆུ་ཐོར་ཐོན་ཟས་ཆུ་ལ་བསྲེས་རྗེས་གཤེར་གཟུགས་དཀར་པོ་ཏུ་གྱུར་ན། དེ་ཉིད་ཞིང་སྨན་རྫུན་མ་ཡིན་སྲིད།

(གསུམ) ཐོན་ཟས་བཀོལ་སྤྱོད་ཀྱི་ཁྱབ་ཁོངས།

ནད་དུག་གི་རིགས་དང་བསྐྱུ་ཁྲིད་ཀྱི་སྨན་ཟས་སོགས་སྐྱེ་དངོས་ཞིང་སྨན་གྱིས་སྤྱིར་བཏང་དུ་གནོད་འབུ་རིགས་གཅིག་ལ་མ་གཏོགས་ནུས་པ་ཐོན་དཀའ་བས། གལ་ཏེ་ཞིང་སྨན་འདི་རིགས་ལ་སྤྱོད་སྒོ་མང་པོ་ཡོད་ན་ཐོན་ཟས་རྫུན་མ་ཡོད་ཀྱང་སྲིད།

(བཞི) ཐོན་ཟས་ཀྱི་སྟེང་དུ་བེད་སྤྱོད་ཚད་གཞི་འགོད་པ།

རྒྱ་ཞིང་གི་འབྱུང་ཁུངས་དང་གཏེར་ཟས་ཀྱི་འབྱུང་ཁུངས། འདུས་ཉུང་མངར་ཆའི་རིགས་སོགས་སྐྱེ་དངོས་ཀྱི་ཞིང་སྨན་སྤྱོད་ཚད་ཉུང་ཆེ་བ་དང་། སྤྱིར་བཏང་དུ་ཞུ་ཁུ་སླ་བོར་སྦྱར་བའི་ལྡབ་གྲངས500མན་ཡིན། གལ་ཏེ་ཐོན་ཟས་ཀྱི་སྟེང་དུ་མུའུ་རེར་སྤྱོད་ཚད་ཏའོ་ཧྲིན(ཏའོ་ཁེ)བཅུའི་ཡན་དང་ཡང་ན་སླ་བཟོའི་ལྡབ་གྲངས1000ཡན་ཡིན་ན་ཐོན་ཟས་རྫུན་མ་ཡིན་སྲིད།

(ལྔ) ཐོན་ཟས་ཀྱི་སྨན་ནུས་གསལ་བཤད།

སྐྱེ་དངོས་ཀྱི་འབྱུང་ཁུངས་དང་གཏེར་ཟས་ཀྱི་འབྱུང་ཁུངས། སྐྱེ་དངོས་ཕྲ་རབ་ཀྱི་

རིགས། སྲི་དཀར་གྱི་རིགས། ཞུང་འདུས་མངར་ཆའི་རིགས་སོགས་སྐྱེ་དངོས་ཞིང་སྨན་གྱི་ཕན་འབྲས་ཅུང་དལ་བས། གལ་ཏེ་རྟགས་བྱུང་གི་སྟེང་དུ་བྱེད་ནུས་མྱུར་ཞིང་ཕན་འབྲས་མྱུར་ཚུལ་བརྗོད་ཡོད་ན། ཐོན་རྫས་རྫུན་མ་ཡིན་ཤས་ཆེའོ།།

(དྲུག) ཐོན་རྫས་ཀྱི་གོ་ཆོད་པའི་དུས་ཡུན།

སྐྱེ་དངོས་ཕྲ་རབ་ཞིང་སྨན་གྱི་ཕན་ལྡན་གྲུབ་ཆ་ནི་གྲུང་གཤིས་སྐྱེ་དངོས་ཡིན་པ་དང་གསོག་ཉར་བྱེད་མི་ཐུབ་ཅིང་། སྤྱུས་ཉར་དུས་ཡུན་ནི་སྤྱིར་བཏང་དུ་ལོ་ཕྱེད་ནས་ལོ་གཅིག་བར་ཡིན། གལ་ཏེ་ཐོན་རྫས་འདིའི་རིགས་ཀྱི་གོ་ཆོད་པའི་དུས་ཡུན་ནི་ལོ་གཉིས་ཡིན་ན། ཐོན་རྫས་ཕལ་ཆེར་རྫུན་མ་ཡིན་སྲིད།

(བདུན) རིན་གོང་བསྡུར་བ།

ཞིང་སྨན་གྱི་རིན་གོང་སྐྱེ་དངོས་ཞིང་སྨན་གྱི་རིན་གོང་ལས་མངོན་གསལ་དོད་པོས་མཐོ་ན་ཁྲིམས་འགལ་སློས་ཞིང་སྨན་གཞན་རིགས་བསྲེས་ཡོད་སྲིད། ཞིང་སྨན་གྱི་རིན་གོང་རིགས་གཅིག་པའི་སྐྱེ་དངོས་ཞིང་སྨན་ལས་མངོན་གསལ་དོད་པོས་དམའ་ན་རྒྱུ་འཕྲི་སླ་བཅོས་བྱས་སྲིད་པས་ཐོན་རྫས་འདིའི་རིགས་ཉོ་མི་རུང་།

ཚན་པ་གཉིས་པ། སྐྱེ་དངོས་ཞིང་སྨན་གྱི་བདེ་འཇགས་བེད་སྤྱོད།

གཅིག སྐྱེ་དངོས་ཞིང་སྨན་ཡང་དག་པར་སྤྱོད་དགོས།

སྐྱེ་དངོས་ཞིང་སྨན་གྱི་ཁོངས་སུ་སྐྱེ་དངོས་ཕྲ་རབ་ཀྱི་ཞིང་སྨན་དང་སྐྱེ་དངོས་རྩི་ཤིང་ལས་བྱུང་བའི་ཞིང་སྨན། སྐྱེ་དངོས་རྫས་འགྱུར་ཞིང་སྨན་སོགས་ཚུད་ཡོད། སྤྱིར་བཏང་དུ་བཤད་ན། སྐྱེ་དངོས་ཞིང་སྨན་ལ་གདམ་གསེས་རང་བཞིན་མཐོ་བ་དང་དབྱེ་འབྱེད་བྱེད་སླ་བ། གསོག་འཇོག་བྱེད་དཀའ་བ། སྤྱོད་ཚད་ཉུང་བ། འབབ་བཅོག་ཆུང་བ། མི་ཕྱུགས་ལ་དུག་གཤིས་ཆུང་བ། ཁོར་ཡུག་གི་འཆམ་མཐུན་རང་བཞིན་བཟང་བ། ནད་འབུའི་འགོག་རྒོལ་འབྱུང་མི་ཐུབ་པ་སོགས་ཀྱི་དགེ་མཚན་ལྡན། མིག་སྔར་སྤྱི་གནོད་མེད་པའི་

ཐོན་སྐྱེད་ལག་རྩལ་ཁྱབ་གདལ་དང་ལྷང་མདོག་ཟས་རིགས་གསར་སྤེལ་བེད་སྤྱོད་བྱས་པ་དང་བསྟུན་ནས། དུག་ཤེད་ཆེ་བ་དང་འཕྲོ་ལུས་མང་བའི་རྫས་འགྱུར་ཞིང་སྨན་སྤྱད་མི་ཆོག་པས། ཕྱི་གནོད་མེད་པའི་སྐྱེ་དངོས་ཞིང་སྨན་སྤྱོད་རྒྱ་ཇེ་ཆེར་སོང་ཡོད་ཅིང་། དེ་བས། སྐྱེ་དངོས་ཞིང་སྨན་ཁྱབ་གདལ་དང་སྐྱེ་དངོས་ཞིང་སྨན་གྱི་བེད་སྤྱོད་ལག་རྩལ་ཡང་དག་པར་ཁོང་དུ་ཆུད་པར་བྱས་ཏེ། ཐོན་སྐྱེད་ལག་ལེན་ཁྲོད་དུ་གཤམ་གྱི་ཕྱོགས་འགར་དོ་སྣང་བྱེད་དགོས་ཏེ།

(གཅིག) སྐྱེ་དངོས་ཞིང་སྨན་གྱི་སྐྱེ་དངོས་ཁྱད་ཆོས་ལ་རྒྱུས་ལོན་ཡོད་དགོས་པ།

སྐྱེ་དངོས་ཞིང་སྨན་གྱི་སྐྱེ་དངོས་ཁྱད་ཆོས་ཞེས་པ་ནི་སྨན་གྱི་བེད་སྤྱོད་ཁྱབ་ཁོངས་དང་བྱེད་ནུས་ཐོན་ཐབས། ཕན་ནུས་ནོན་པའི་གྲུབ་ཆ། ནུས་པའི་འབྱུང་རྩ་སོགས་ལ་གོ་བ་ཡིན། དཔེར་ན་ཕན་ཡོད་ཀྱི་གྲུབ་ཆ་སུའུ་ཡུན་ཅིན་དབྱུག་སྲིན་ལ་མཚོན་ན། སྤྱོད་གོ་ཆོད་པའི་ཁྱབ་ཁོངས་ནི་ཁྲབ་གཤོག་རིགས་ཀྱི་འབུ་ཕྲུག་ཡིན། བྱེད་ནུས་ཐབས་ལམ་ནི་ཕོ་བའི་དུག་གསོད་ཡིན། བྱེད་ནུས་ནང་རྐྱེན་ནི་ཤ་ཟིན་པའི་འབུ་སྲིན་གྱིས་ད་དུང་ཞིང་སྨན་ལ་རེག་མ་མྱོང་བའི་གནོད་འབུ་གཞན་དག་ལའང་འགོ་རུ་འཇུག་ཐུབ། སྐྱེ་དངོས་སྨན་རྫས་ཀྱི་ཐུན་མོང་གི་ཁྱད་ཆོས་ནི་དུག་ཤེད་ཆུང་བ་དང་འཕྲོ་ལུས་མེད་པ། ནུས་པ་དལ་བ། ཕན་འབྲས་ཐོན་པའི་དུས་ཡུན་རིང་བ་སོགས་ཡིན་པ་དང་། སྤེལ་སྦྱོར་བྱས་པའི་བསྡུར་ཚད་དང་བེད་སྤྱོད་བྱེད་ཚད་ཚང་མ་རྫས་འགྱུར་སྨན་གྱི་ཞིབ་ཚད་ལས་དམའ་བ་དང་། སྨན་རྫས་ཀྱི་གྲངས་ཚད་ཉུང་མང་ཆེ་རྩེ་ཤིང་ལ་སྨན་གྱི་གནོད་སྐྱོན་མི་འབྱུང་བར་མ་ཟད། མི་ཕྱུགས་ལའང་བདེ་འཇགས་ཡིན་པ་དང་ཁོར་ཡུག་ལའང་འབག་བཙོག་མི་བཟོ་བ་ཡིན།

སྐྱེ་དངོས་ཞིང་སྨན་དངོས་སུ་བེད་སྤྱོད་བྱེད་སྐབས། མི་མང་པོ་ཞིག་གིས་སྐྱེ་དངོས་ཀྱི་འབུ་གསོད་སྨན་རྫས་ཀྱིས་གནོད་འབུ་ཡོད་ཚད་གསོད་ཐུབ་པར་འཁྲུལ་འདུག་པས། སྨན་རྫས་གདམ་གསེས་མི་བྱེད་པར་གང་རུང་ཉོས་ནས་བེད་སྤྱོད་བྱེད་བཞིན་ཡོད། འདི་ལྟར་བྱས་ན་དགོས་ངེས་ཀྱི་ཕན་འབྲས་མི་ལོན་པར་མ་ཟད། དེ་ལས་ལྡོག་སྟེ་ཐོན་སྐྱེད་ཀྱི་མ་གནས་ཇེ་མཐོར་བཏང་སྟེ་འགོག་བཅོས་ཀྱི་དཀའ་ཁག་ཇེ་ཆེར་གཏོང་བ་

དང་། ད་དུང་འགོག་བཅོས་ཀྱི་གོ་སྐབས་ཀྱང་འཚོར་ངེས་ཡིན། དོན་དངོས་སུ་སྐྱེ་དངོས་ཀྱི་འབུ་གསོད་སྨན་རྫས་ཀྱི་གཅིག་སྤྱོད་རང་བཞིན་ཧ་ཅང་ཆེ་བ་དང་། གསོད་བྱའི་འབུ་གྲངས་ཀྱང་ཤིན་ཏུ་ཉུང་བ་ཡིན། དེ་བས་གནོད་འབུ་སོ་སོའི་ཁྱད་ཆོས་ལ་དམིགས་ནས་དམིགས་གཏད་ཡོད་པའི་སྒོ་ནས་སྐྱེ་དངོས་ཞིང་སྨན་གྱི་རིགས་འོས་འཚམ་སྒྲོས་འདེམ་སྤྱོད་བྱེད་དགོས། སྐྱེ་དངོས་ཞིང་སྨན་བེད་སྤྱོད་བྱེད་སྐབས་འགོག་བཅོས་བྱ་ཡུལ་དང་གནམ་གཤིས་ཆ་རྐྱེན། བེད་སྤྱོད་བྱེད་པའི་དུས་སྐབས་བཅས་ལ་གཞིགས་ནས། ཡང་དག་པའི་སྒོ་ནས་སྨན་ཐུམ་འོས་འཚམ་འདེམ་དགོས། དཔེར་ན་སྨན་ཕྱེ་ནི་མཁའ་དབུགས་གཡེང་ཤུགས་དང་རླུང་ཤུགས་ཁྱབ་ཁོངས་ཉུང་ཆེ་བར་བརྟེན་ནས་གནོད་འབུ་གསོད་པར་རོགས་འདེགས་བྱེད་དགོས། ཕྱིན་ཐུམ་སྨན་རྫས་ལ་འགོག་ནུས་ཉུང་ཆེན་པོ་ལྡན་པར་མ་ཟད། ད་དུང་དེའི་ནང་གི་ནད་ཀྱི་འབྱུང་རྩར་ཁོར་ཡུག་གི་རྐྱེན་ཆའི་ཤུགས་རྐྱེན་མི་ཐེབས་པར་སྲུང་སྐྱོབ་བྱེད་ཐུབ་ཅིང་། རྡད་ཁང་ཆེན་པོའི་ནང་དུ་གཏོར་ནས་བེད་སྤྱོད་བྱས་ཆོག

(གཉིས) ཚན་རིག་དང་མཐུན་པའི་སྐྱེ་དངོས་སྨན་རྫས་བསྲེས་སྦྱོར་བྱེད་དགོས།

ཚན་རིག་དང་མཐུན་པའི་སྒོ་ནས་སྐྱེ་དངོས་སྨན་རྫས་བསྲེས་སྦྱོར་བྱས་ན་འགོག་བཅོས་ཕན་འབྲས་ཇེ་མཐོར་གཏོང་ཐུབ། བསྲེས་སྦྱོར་བྱེད་དུས་གསལ་བཤད་ཡི་གེ་ཞིབ་ཏུ་ཀློག་དགོས་ལ། བསྲེས་སྦྱོར་བྱས་པའི་སྨན་རྫས་དུས་ཐོག་ཏུ་བེད་སྤྱོད་བྱེད་པ་དང་། བསྲེས་སྦྱོར་བྱས་ཟིན་པའི་ཞིང་སྨན་ཐེངས་གཅིག་ལ་སྤྱོད་ཚར་དགོས། དཔེར་ན་འདམ་རུལ་སྲིན་ལྷ་བུར་མཚོན་ན། བསྲེས་སྦྱོར་བྱས་ཟིན་པའི་ཞིང་སྨན་དུས་ཚོད་གཉིས་ཀྱི་ནང་དུ་གཏོར་ཚར་དགོས། དེ་མིན་ཐུམ་རྡུལ་ཕྲ་མོ་ནས་སྐྱེས་པ་དང་ནུས་པ་མེད་པར་འགྱུར་འགྲོ། སྐྱེ་དངོས་ཀྱི་འབུ་གསོད་སྨན་རྫས་ནི་རྫས་འགྱུར་འབུ་གསོད་སྨན་རྫས་མང་ཆེ་བ་དང་བསྲེས་སྤེལ་བྱས་ཆོག་སྟེ། རྫས་འགྱུར་འབུ་གསོད་སྨན་རྫས་མང་ཆེ་བ་རྫས་འགྱུར་སྐྱུར་གཤིས་དང་ལུས་ཁམས་རང་བཞིན་སྙོམས་པོ་ཡིན་ཞིང་། ཕྲ་སྲིན་དང་འབུ་ཕྲ་གསོད་འགོག་ནུས་པ་དང་སྙོམས་སྦྱོར་ནུས་པ་མེད་པས་མཉམ་བསྲེས་གང་ལེགས་བྱས་ཆོག འོན་ཀྱང་མཉམ་འཛོག་དགོས་པ་ཞིག་ལ། སྐྱེ་དངོས་ཞིང་སྨན་ནི་འབུ་ཕྲ་གསོད་སྨན་དང་

བསྲེས་སྦྱོད་བྱ་མི་རུང་སྟེ། རྒྱུ་མཚན་ནི་སྐྱི་དངོས་ཞིང་སྨན་མང་ཆེ་བ་འབྱུ་སྲའི་རིགས་ཡིན་ལ། འབྱུ་སྲ་གསོད་སྨན་དང་འདྲེས་རྗེས་དེའི་གྲུབ་ཆ་གཙོ་བོའང་འབྱུ་སྲས་བསད་པས། ཞིང་སྨན་གྱི་ནུས་པ་ཡང་མེད་པར་གྱུར་འགྲོ། སྐྱི་དངོས་ཞིང་སྨན་ད་དུང་བུལ་གཤིས་ཞིང་སྨན་དང་བསྲེས་སྦྱོད་བྱེད་མི་རུང་། རྒྱུ་མཚན་ནི་སྐྱི་དངོས་ཞིང་སྨན་ཁྲོད་ཀྱི་སྐྱི་དངོས་སྲ་རབ་མང་ཆེ་བ་སྐྱུར་གཤིས་ཁོར་ཡུག་གི་ཆ་རྐྱེན་འོག་ཏུ་འཚོ་སྡོད་བྱས་ཡོད་པས། བུལ་གཤིས་ཞིང་སྨན་དང་བསྲེས་སྦྱོད་བྱས་ན་སྐྱི་དངོས་སྲ་རབ་འདི་དག་གི་འཚོ་གནས་ཁོར་ཡུག་ལ་གནོད་བསྐྱག་ཐེབས་ཏེ། འབྱུ་སྲའི་རིགས་ཀྱི་གྲངས་གཤིས་ཉོར་བ་དང་ཞིང་སྨན་གྱི་ནུས་པའང་ཉོར་འགྲོ་བ་ཡིན།

(གསུམ) ཚན་རིག་དང་མཐུན་པའི་སྨན་སྦྱོད་དྲོད་ཚད་ཁོང་དུ་ཆུད་དགོས།

སྐྱི་དངོས་ཞིང་སྨན་གྱི་གྲུང་གཤིས་གྲུབ་ཆ་ནི་གཙོ་བོ་སྤྲི་དཀར་བདར་གཟུགས་དང་ཚེ་སྲོག་ཡོད་པའི་སྨུག་ཐུམ་གྱིས་གྲུབ་པ་ཡིན་པས། དྲོད་ཚད་ཀྱི་ཤྭང་བྱ་རུང་མཐོ་བ་ཡིན། དེར་བརྟེན། སྐྱི་དངོས་ཞིང་སྨན་བེད་སྤྱོད་བྱེད་སྐབས། ངེས་པར་དུ་དྲོད་ཚད་ནི20℃ཡན་དུ་ཚོད་འཛིན་བྱེད་དགོས། གལ་ཏེ་ཆེས་འཁྲོད་འཚམ་གྱི་དྲོད་ཚད་ལས་དམའ་བའི་སྐབས་སུ་སྐྱི་དངོས་ཞིང་སྨན་གཏོར་ན། སྨུག་ཐུམ་ནི་གནོད་འབུའི་ལུས་ཁམས་ནང་གི་སྐྱི་འཕེལ་སྨུར་ཚད་ཧ་ཅང་དལ་བར་མ་ཟད། སྤྲི་དཀར་གྱི་བདར་གཟུགས་ཀྱིས་ཀྱང་དེའི་ནུས་པ་འདོན་དཀའ་བས་ཆེས་ལེགས་པའི་འགོག་བཅོས་ཀྱི་ཕན་འབྲས་ཐོན་དཀའ། ཚོད་ལྟ་ལས་བདེན་དཔང་བྱས་པ་ལྟར་ན། 20~30℃ཡི་ཆ་རྐྱེན་འོག་ཏུ་སྐྱི་དངོས་ཞིང་སྨན་འགོག་བཅོས་ཀྱི་ཕན་འབྲས་ནི10~15℃དང་བསྡུར་ན་ལྡབ1~2བར་མཐོ་བ་ཡིན།

(བཞི) ཚན་རིག་དང་མཐུན་སྒོ་ནས་སྨན་གྱི་གཤེར་ཚད་ཚོད་འཛིན་བྱེད་དགོས།

སྐྱི་དངོས་ཞིང་སྨན་གྱིས་བརླན་གཤེར་ལ་བརྟེན་པའི་ཤྭང་བྱ་ནི་ཚོར་བ་ཤིན་ཏུ་སྐྱེན་པོ་ཡིན་ལ། ཞིང་སའི་ཁོར་ཡུག་གི་བརླན་གཤེར་ཇི་ལྟར་ཆེ་ན་སྨན་གྱི་ཕན་འབྲས་དེ་ལྟར་མངོན་གསལ་ཡིན། ལྷག་པར་དུ་ཕྱི་དབྱིབས་སྐྱི་དངོས་ཞིང་སྨན་ནི་དེ་བས་ཀྱང་དེ་འདྲ་ཡིན། དེར་བརྟེན། སྐྱི་དངོས་ཞིང་སྨན་གྱི་འབྱུ་སྲའི་སྨན་ཕྱིའི་རིགས་གཏོར་དུས་སྔ་དྲོའི་

ཟིལ་པ་སྐམ་མེད་པའི་དུས་སུ་གཏོར་དགོས། དེ་ལྟར་བྱས་ན་འབུ་སྲིན་སྨན་རྫས་ཀྱིས་ཅུང་ལེགས་པའི་སྒོ་ནས་གཞུང་རྩ་དང་ལོ་མའི་སྟེང་དུ་འབྱར་ཐུབ་པར་མ་ཟད། སྨུག་ཐུམ་སྐྱེ་འཕེལ་ལ་སྐྱུལ་འདེད་བྱས་ནས་སྨན་གྱི་ཕན་འབྲས་མཐོར་འདེགས་བྱེད་དོ། །

(ལྔ) ཚན་རིག་དང་མཐུན་པའི་སྨན་བསྟེན་པའི་དུས་ཚོད་ངོ་རྒྱུད་དགོས།

སྐྱེ་དངོས་ཞིང་སྨན་ཁྲོད་ཀྱི་ཕྲ་སྲིན་གྱི་སྨུག་ཐུམ་ནི་བརྟན་གཤེར་ཆེ་བའི་ཁོར་ཡུག་ལ་དགའ་བས། བེད་སྤྱོད་བྱེད་དུས་ཞིང་ཁའི་བརྟན་གཤེར་ཆེ་ན་སྨན་གྱི་ཕན་འབྲས་ཀྱང་དེ་བས་མཐོ་བ་ཡིན། སྤྱིར་བཏང་དུ་བཤད་ན། སྨན་གཏོར་བའི་དུས་ཡུན་ནི་ནངས་དགོང་ནི་ཆེས་བཟང་བའི་དུས་སྐབས་ཡིན། ལྷག་པར་དུ་སྨན་ཕྱེའི་ཞིང་སྨན་གྱི་སྨན་ནུས་དེ་བས་བཟང་། ནངས་དགོང་གི་དུས་སུ་ཟིལ་བ་ཡོད་པས་སྨན་རྫས་སྡོང་བོ་དང་ལོ་མའི་སྟེང་དུ་འབྱར་ཐུབ་པས། སྨུ་གུ་དང་ཐུམ་མར་སྨུར་དུ་སྐྱེ་འཕེལ་འབྱུང་བ་དང་གནོད་འབུས་སྡོང་བོ་དང་ལོ་མ་ཟོས་ན་སྨུར་དུ་ཤི་འགྲོ་བ་དང་། སྨན་རྫས་ཀྱི་ཕན་འབྲས་དང་འགོག་བཅོས་ཀྱི་ཕན་འབྲས་མཐོར་འདེགས་བྱེད་ཐུབ། གལ་ཏེ་ཉིན་གུང་ དྲོད་ཚད་མཐོ་བའི་སྐབས་སུ་སྨན་གཏོར་ན། ཉི་འོད་ཐད་ཀར་འཕྲོས་ནས་ཉི་མའི་འོད་ཟེར་གྱི་སྨུག་ཕྱེའི་ཐིག་གིས་སྨུག་ཐུམ་གསོད་ཐུབ་པ་ཡིན། ཉི་འོད་ཐད་ཀར་ཆུ་ཚོད0.5ལ་འཕྲོས་ན་སྨུག་ཐུམ་འཆི་ཚད50%ཡིན། ཉི་འོད་ཐད་ཀར་ཆུ་ཚོད1ལ་འཕྲོས་ན་སྨུག་ཐུམ་འཆི་ཚད80%ཡིན། དེ་མིན། སྨུག་ཕྱེའི་ཐིག་འཁྱིད་འཕྲོ་བྱས་ན་སྨུམ་ཐུམ་བདར་གཟུགས་དབྱིབས་འགྱུར་བ་དང་། བཀོལ་སྤྱོད་ཀྱི་ཕན་འབྲས་ལ་ཤུགས་རྐྱེན་ཆེན་པོ་ཐེབས་སྲིད། དེ་བས་སྐྱེ་དངོས་ཞིང་སྨན་གཏོར་དུས་ནི་རབ་ཡིན་ན་ས་སྲིབ་དང་གནམ་ངོ་འཐིབས་པའི་དུས་ཡིན་དགོས། འོན་ཀྱང་ངེས་པར་དུ་གནམ་གཤིས་འགྱུར་ལྡོག་ལ་རྒྱུས་ལོན་གང་ལེགས་བྱེད་དགོས་ཤིང་། གནམ་ངོ་དྭངས་པའི་དུས་དང་གནམ་ངོ་འཐིབས་པའི་དུས་སུ་ཆར་པ་སྒྲོ་བུར་དུ་བབས་པ་མ་གཏོགས། གང་ཐུབ་ཅི་ནུས་ཀྱིས་ཆར་ཆེན་འབབ་པའི་དུས་སྐབས་ལ་གཡོལ་ནས་སྨན་རྫས་གཏོར་དགོས། གལ་ཏེ་སྨན་གཏོར་ནས་ཆུ་ཚོད5~6འགོར་རྗེས་ཆར་བ་སིམ་སིམ་བབས་ན་སྨུག་ཐུམ་སྨུ་གུ་འབུས་པར་ཕན་པར་མ་ཟད། སྨན་རྫས་ཀྱི་ཕན་འབྲས་ཇེ་དམའ་རུ་མི་

གཏོང་བའི་ཁར། འབུ་འགོག་གི་ཕན་འབྲས་ཀྱང་ཇེ་མཐོར་གཏོང་ཐུབ།

(དྲུག) ཚན་རིག་དང་མཐུན་པའི་སྒོ་ནས་བེད་སྤྱོད་བྱེད་སྟངས་ཁོང་དུ་ཆུད་དགོས།

སྐྱེ་དངོས་ཞིང་སྨན་མང་ཆེ་བར་ནང་འཇུ་རང་བཞིན་མེད་པས་སྨན་གཏོར་སྐབས་མཉམ་འཛོམ་བྱེད་དགོས་ས་གཉིས་ཡོད་དེ། གཅིག་ནི་སྨན་གཏོར་དུས་ཆ་སྙོམས་ཡིན་ཚེ་ད་གཟོད་ཕན་འབྲས་ལེགས་པོ་ཐོན་ཐུབ། དཔེར་ན་སྲིན་འབུ་དཀར་རེངས་ལྟ་བུར་མཚོན་ན། ངེས་པར་དུ་སྨན་རྫས་སྲིན་བུའི་ལུས་སྟེང་དུ་ཆ་སྙོམས་ཀྱིས་གཏོར་དགོས་ཤིང་། འབུ་ཕྲའི་ལུས་སྟེང་དུ་རྒྱུན་ཆད་མེད་པར་བརྒྱུད་སྤེལ་བྱས་ནས་རིམ་གྱིས་གནོད་འབུའི་ལུས་ཁམས་ཀྱི་ནུས་རྩལ་ལ་གཏོར་བརླག་བྱས་ཏེ། མཐར་གནོད་འབུ་ཡི་སྙིང་ཚབ་གསར་བྱེད་རྩོལ་འཁྲུགས་བྱས་ནས་ཤི་རུ་འཇུག་པ་ཡིན། སྐམ་སར་ཡོད་པའི་ལོ་ཏོག་གི་སྟེང་དུ་བེད་སྤྱོད་བྱེད་སྐབས། གང་ཐུབ་ཀྱིས་སྨན་ཁུ་གཏོར་བ་དང་རྩི་ཤིང་གི་ཆ་ཤས་སོ་སོར་སྙིན་པར་གཏོར་ནས་མ་ཁེབས་པའི་གནས་ཚུལ་སྟོན་འགོག་བྱེད་དགོས། དེ་ལྟར་བྱས་ན་ད་གཟོད་འགོག་བཅོས་ཀྱི་དམིགས་ཡུལ་འགྲུབ་ཐུབ་པ་ཡིན། གཉིས་ནི་སྐྱེ་དངོས་ཞིང་སྨན་གྱི་བྱེད་ནུས་ཚུང་དལ་བས་གནོད་འབུ་གསར་དུ་བྱུང་བ་དང་འབུ་ཕྲུག་གི་དུས་སུ་བེད་སྤྱོད་བྱེད་དགོས། སྐྱེ་དངོས་ཕྲ་རབ་མང་པོ་ཞིག་གི་ཞིང་སྨན་འབུ་གསོད་པའི་ཕན་འབྲས་དལ་ཞིང་། སྨན་གཏོར་རྗེས་ནུས་པ་མྱུར་དུ་ཐོན་ཚད་ནི་རྫས་འགྱུར་ཞིང་སྨན་ལ་ཞན་པས། སྨན་བཀོལ་བའི་དུས་ཚོད་ནི་རྫས་འགྱུར་ཞིང་སྨན་ལས་ཉིན2~5སྔོན་ལ་སྔུར་དགོས། དཔེར་ན། སུའུ་ཡུན་ཅིན་དབྱུག་སྲིན་དང་སྲིན་འབུ་དཀར་རེངས་སྲིན་སོགས་ལྟ་བུ་ཡིན། དེ་དག་གི་འབུ་ཕྲ་གསོད་པའི་མྱུར་ཚད་དལ་ལ། ཕྱིར་བཏང་དུ་སྨན་གཏོར་རྗེས་གནོད་འབུ་ཉིན3~5ནང་དུ་རིམ་གྱིས་ཤི་འགྲོའོ། །

ས་ཁུལ་མི་འདྲ་བའི་དབང་གིས་སྐྱེ་དངོས་ཞིང་སྨན་གྱི་བེད་སྤྱོད་ཕན་འབྲས་ཀྱང་མི་འདྲ་སྟེ། གལ་ཏེ་སྐམ་ཤས་ཆེ་བའི་ས་ཁུལ་དུ་སྨན་གཏོར་ནས་ཆུ་བསྲེས་ཚད་ཇེ་མང་དུ་གཏོང་ནས་བཞའ་ཚན་ཆེ་བའི་ཁོར་ཡུག་ཅིག་བཟོས་ན། ད་གཟོད་སྐྱེ་དངོས་ཕྲ་རབ་ཀྱི་ཐུམ་རྡུལ་གྱི་འཚོ་གནས་དང་སྐྱེ་འཕེལ་ལ་ཕན་པ་དང་། དུས་མཚུངས་སུ་སྲིབ་སྦྱོར་སྨན་རྫས

ཀྱི་ནང་དུ་དམིགས་བསལ་གྱི་འདུས་འདྲེས་དངོས་རྫས་དང་ཞུ་ཁུ་འགྱུར་ཚད་འཕར་སྣོན་བྱེད་པའི་དངོས་རྫས་བསྲེ་དགོས། དཔེར་ན་བསེང་ཕྱེ་དང་སྦྲོག་ཆགས་ཀྱི་རུས་སྦྱིན། རྩི་ཤིང་གི་རྗེ་ཐལ་སྤྲངས་ཐོན་གཤེར་ཁུ་སོགས་བསྣན་ན། སྨན་ཁུ་མགྱོགས་མོར་སྐམ་ནས་སྐྱེ་དངོས་ཞིང་སྨན་བཀོལ་སྤྱོད་ཀྱི་ཕན་འབྲས་ཇེ་མཐོར་གཏོང་ཐུབ།

(བདུན) ཡང་དག་པའི་སྨན་གཏོར་དུས་སྐབས།

སྨན་རྫས་གཏོར་བའི་དུས་སྐབས་ནི་འགོག་བཅོས་བྱ་ཡུལ་གྱི་སྐྱེ་འཚར་དུས་སྐབས་དང་ཞིང་སྨན་སྣ་ཁའི་ཁྱད་ཆོས་ལ་གཞིགས་ནས་གཏན་འཁེལ་བྱེད་དགོས། དཔེར་ན། གནོད་འབུའི་ཚེ་གང་བོར་སྐྱེ་འཚར་དུས་རིམ་མི་འདྲ་བ་འགའ་ཡོད་དེ། སྐྱེ་འཚར་དུས་རིམ་སོ་སོའི་སྐྱེ་དངོས་འབུ་གསོད་ཀྱི་འགོག་ཤུགས་མི་འདྲ་བས། གནོད་འབུ་གསར་བྱུང་ངམ་འབུ་ཕྲུག་གི་དུས་སུ་སྨན་གཏོར་ན་སྐྱེ་དངོས་ཞིང་སྨན་གྱི་འབུ་གསོད་ནུས་པ་གང་ལེགས་སྒོས་འདོན་སྤེལ་བྱེད་ཐུབ་པས། "ཆུང་བཅོས་དང་སྔ་བཅོས"ཀྱི་བླང་བྱ་ལེགས་པར་འགྲུབ་པ་ཡིན། སྐྱེ་དངོས་ཞིང་སྨན་གྱི་དབྱེ་བ་ཕལ་ཆེ་བར་མཚོན་ནས་བཤད་ན། འབུ་གསོད་པའི་མྱུར་ཚད་ཅུང་དལ་བས། སྔོན་བཏང་དུ་ཐོག་མའི་དུས་སུ་སྨན་གཏོར་དགོས། རིག་གསོད་ཅན་གྱི་སྐྱེ་དངོས་ཞིང་སྨན་ལ་མཚོན་ན། གནོད་འབུའི་ཞིང་ནང་གི་གྲངས་འབོར་ཚད་ངེས་ཅན་ཞིག་ཏུ་སླེབ་དུས་ད་གཟོད་སྨན་གཏོར་དགོས་པ་དང་། སྔ་མོ་ནས་སྨན་གཏོར་ན་ཞིང་ཁར་འབུ་མེད་ན་འབུ་གསོད་པའི་ནུས་པ་ཐོན་མི་ཐུབ། བསྐྱུ་ཁྲིད་རིགས་ཀྱི་འབུ་ཕྲ་གསོད་སྨན་ནི་སྔ་མོ་ནས་གཏོར་ཏེ། སྐྱེ་དངོས་ཀྱིས་ནད་འབུ་འགོག་པའི་རང་བཞིན་བསྐྱུ་ཁྲིད་བྱས་ནས་གནོད་འཚེ་ཇེ་ཆུང་དུ་གཏོང་དགོས། དཔེར་ན་ལུའུ་པའོ་ཨང་དང་པོ་རྟགས་ཅན་གྱིས་སྦྲུལ་ཞགས་འགོག་བཅོས་བྱེད་སྐབས། སྦྲུལ་ཞགས་མང་ཆེ་བར་སྔོང་རྐང་འཐེན་པ་དང་འབྲུད་དཀྲི་རྒྱག་པའི་སྐབས་སུ་ད་གཟོད་སྨན་གཏོར་དགོས། སྔ་མོ་ནས་སྨན་གཏོར་ན་ཕྱིས་སུ་ཐོན་པའི་སྦྲུལ་ཞགས་ལ་ཕན་མི་ཐོགས། མདོར་ན། འགོག་བཅོས་བྱ་ཡུལ་གྱི་སྐྱེ་འཚར་དུས་སྐབས་དང་སྐྱེ་དངོས་ཀྱི་ཞིང་སྨན་སྣ་ཁའི་ཁྱད་ཆོས་ལ་གཞིགས་ནས་ཚན་རིག་དང་མཐུན་པའི་སྒོ་ནས་དུས་ཐོག་ཏུ་སྨན་གཏོར་བའི་

དུས་ཚོད་གཏན་འཁེལ་བྱས་ཏེ། འགོག་བཅོས་ཐེངས་གྲངས་ཇེ་ཉུང་དུ་གཏོང་གང་ཐུབ་བྱས་ནས་སྨན་ནུས་འགན་ལེན་བྱེད་པའི་སྔོན་འགྲོའི་ཆ་རྐྱེན་འོག་ཏུ་མ་གནས་ཇེ་དམའ་རུ་གཏོང་དགོས།

(བརྒྱད) འོས་འཚམ་གྱི་སྨན་གཏོར་འཕྲུལ་ཆས་འདེམ་དགོས།

 རླངས་གཏོར་ཡོ་ཆས་ནི་ཆེས་རྒྱ་ཆེ་བའི་སྨན་གཏོར་འཕྲུལ་ཆས་ཤིག་ཡིན་ལ། ལག་འགུལ་ཅན་དང་འཕྲུལ་སྒུལ་ཅན། རྒྱབ་ཁུར་ཅན། འདེགས་ཁྲིའི་རྣམ་པ་ཅན་སོགས་དབྱེ་བ་མང་པོ་ཡོད། སྨན་ཆུ་གཏོར་བའི་ཡོ་བྱད་ནི་ཞིང་སྨན་གྱི་ཕན་འབྲས་དང་འབྲེལ་བ་ཡོད་པར་མ་ཟད། བེད་སྤྱོད་བྱེད་མཁན་གྱི་མི་ལུས་བདེ་འཇགས་དང་ཁོར་ཡུག་གི་སྨུས་ཚད་སོགས་ལ་ཡང་འབྲེལ་བ་དམ་པོ་ཡོད། དེ་བས་རྒྱལ་ཁབ་ཀྱིས་རླངས་གཏོར་ཡོ་བྱད་ལ་བཙན་ཤེད་རང་བཞིན་གྱི་བདེན་དཔང་ར་སྤྲོད་བྱེད་དགོས་པའི་སླང་བྱ་བཏོན་ཡོད། བཙན་ཤེད་རང་བཞིན་གྱི་བདེན་དཔང་ར་སྤྲོད་བྱེད་པའི་རླངས་གཏོར་ཡོ་བྱད་མ་གཏོགས་ཚོང་རའི་སྟེང་དུ་བཙོང་མི་ཆོག བེད་སྤྱོད་བྱེད་མཁན་གྱིས་རླངས་གཏོར་འཕྲུལ་ཆས་ཉོ་སྐབས་ངེས་པར་དུ་རླངས་གཏོར་འཕྲུལ་ཆས་ཀྱི་སྟེང་དུ་བཙན་ཤེད་ཀྱིས་ངོས་ལེན་ཡི་གེ(CCC)ཡོད་མེད་ལ་དོ་སྣང་བྱེད་དགོས།

སྨན་ཆུ་གཏོར་ཆས་མ་བཀོལ་བའི་སྔོན་ལ་གཙང་འཁྲུ་བྱས་ཡོད་མེད་ལ་ཞིབ་བཤེར་བྱེད་དགོས་ཤིང་། བཀོལ་སྤྱོད་བྱེད་པའི་ཆུ་གཏོར་བྱེད་ཀྱི་མགོ་ཡང་དག་ཡིན་མིན་ལའང་ཞིབ་བཤེར་བྱེད་དགོས། སྤྱིར་བཏང་དུ་འབུ་གསོད་སྨན་རྫས་དང་འབུ་ཕྲ་གསོད་སྨན་རྫས་བཀོལ་དུས་སློང་དབྱིབས་རང་བཞིན་གྱི་སྨུག་པ་གཏོར་མགོ་སྤྱོད་དགོས། རྩྭ་ལྷེམ་གཏོར་སྨན་ལ་རླུང་གཡབ་དབྱིབས་ཀྱི་སྨུག་པ་གཏོར་མགོ་བཀོལ་དགོས། གཞན་ཡང་འགྲོ་སྐྱོད་མྱུར་ཚད་དང་བཞུར་ཚད། གནོན་ཤུགས་སོགས་ལ་དག་བཅོས་བྱེད་དགོས་ཤིང་། དེ་མིན་ལྷོད་པར་འགྱུར་བ་དང་ཡོངས་ཁྱབ་ལ་ཁེབས་དཀའ་བ་ཡིན། འབུ་གསོད་སྨན་རྫས་དང་འབུ་ཕྲ་གསོད་སྨན་གཏོར་བའི་ཡོ་བྱད་ཡིན་ན་རྩྭ་ལྷེམ་སེལ་བྱེད་པའི་སྨན་རྫས་གཏོར་བར་བཀོལ་མི་རུང་བར་མཉམ་འཇོག་དགོས།

སྐྱེ་དངོས་ཞིང་སྨན་ཐོན་སྐྱེད་ཀྱི་ས་གནས་མཐོ་བས། སྨན་རྫས་གཏོར་བའི་ལག་རྩལ་ཇི་ལེགས་སུ་གཏོང་བ་དང་། གཤིས་ནུས་མཐོ་བའི་འཕྲུལ་ཆས་བེད་སྤྱོད་བྱེད་དགོས། དཔེར་ན་གཤིས་ནུས་མཐོ་བའི་སྨན་གཏོར་ཡོ་ཆས་སྤྱོད་པ་སྟེ། རླུང་གཡབ་དབྱིབས་ཀྱི་མཁའ་དབུགས་གཏོར་མགོ་དང་ཆ་སྒྲིག་པའི་སྨུག་གཏོར་འཕྲུལ་འཁོར་བེད་སྤྱོད་བྱས་ན། དེའི་གཤེར་གཟུགས་གཏོར་བྱེད་མགོ་ཆུང་ཞིང་ཆ་སྙོམས་ཡིན་པས། སྐྱེ་དངོས་ཞིང་སྨན་གྱི་འགོག་ནུས་ཇི་མཐོར་གཏོང་ཐུབ་པ་དང་། ཐོན་སྐྱེད་ཀྱི་ས་གནས་ཇི་དམའ་རུ་གཏོང་ཐུབ།

(དགུ) ཚན་རིག་དང་མཐུན་པའི་སྒོ་ནས་སྐྱེ་དངོས་ཞིང་སྨན་གསོག་ཉར་བྱེད་དགོས།

སྐྱེ་དངོས་ཞིང་སྨན་གསོག་ཉར་བྱེད་སྐབས་གཤམ་གྱི་ཕྱོགས་འགར་དོ་སྣང་བྱེད་དགོས་ཏེ། གཅིག་ནི་དྲོད་ཚད་མཐོན་པོའམ་འོད་ཤུགས་འོག་ཉི་མར་བསྲོ་བར་སྔོན་འགོག་བྱས་ཏེ། སྐྱེ་དངོས་ཞིང་སྨན་གྱི་ནུས་པ་ཤོར་བར་སྔོན་འགོག་བྱེད་དགོས། གཉིས་ནི་བསིལ་ཞིང་སྐམ་ལ་རླུང་རྒྱུག་སར་འཇོག་དགོས། གསུམ་ནི་བསྲེས་སྦྱོར་བྱས་ཟིན་པའི་སྨན་ཆུ་སྐབས་ཐོག་ཏུ་བཀོལ་སྤྱོད་བྱས་ཚར་དགོས་ཤིང་། ཆུ་འཚེད་ནུས་པ་ཤོར་བའམ་སྐྱེ་དངོས་ཀྲུང་གཤིས་ཡལ་བར་སྔོན་འགོག་བྱེད་དགོས། བཞི་ནི་དབྱེ་བ་མང་ཆེ་བ་ཆུ་ཐོར་སྨན་རྫས་ཡིན་པས། དགུན་དུས་མི་འཁྱགས་པའི་དྲོད་ཚད་དམའ་བའི་ཁོར་ཡུག་གི་ནང་དུ་ཉར་ཚགས་བྱེད་དགོས། ལྔ་ནི་སྤུས་ཚད་འགན་ལེན་དུས་ཡུན་གྱི་ནང་དུ་བེད་སྤྱོད་བྱས་ཚར་རྗེས། གསོག་ཉར་དུས་ཚོད་ནི་སྤུས་ཚད་འགན་ལེན་དུས་ཡུན་ལས་བརྒལ་ན་ནུས་པ་ཤོར་བས་ཡང་བསྐྱར་བཀོལ་སྤྱོད་བྱེད་མི་རུང་། ཀྲུང་གཤིས་སྐྱེ་དངོས་ལས་སྔོན་བྱས་ན་ཉར་ཚགས་ཆ་རྐྱེན་དང་གསོག་ཉར་དུས་ཚོད་ལ་ལྷག་པར་དུ་དོ་སྣང་ཆེན་པོ་བྱེད་དགོས། དྲུག་ནི་ཀྲུང་གཤིས་ཀྱི་རང་བྱུང་ཁམས་ན་ལྷན་སྐྱེས་ཀྱི་ཚུལ་དུ་ཡོད་པའི་འཇོམས་བྱེད་འབུ་སྲིན་ཉོས་རྫས་གཏན་འབེབས་བྱས་པའི་དུས་ཚོད་ཀྱི་ནང་དུ་ཞིང་ཁར་གཏོང་དགོས་པ་ལས། སྤྱིར་བཏང་གི་ཁོར་ཡུག་ཆ་རྐྱེན་འོག་ཏུ་འཇོག་མི་རུང་། གལ་ཏེ་གསོག་ཉར་བྱེད་སྐབས་ངེས་པར་དུ་རང་ལ་དགོས་པའི་ལག་རྩལ་ཆ་རྐྱེན་ལྟར་དྲོད་ཚད

ངེས་ཅན་གྱི་འཁྱུགས་སྐམ་དང་གྲང་མཛོད་ཁང་གི་ནང་དུ་དུས་ཡུན་ཐུང་ངུར་འཇོག་དགོས། རང་བྱུང་ཁམས་ན་ལྷན་སྐྱེས་ཀྱི་ཚུལ་དུ་ཡོད་པའི་འཇོམས་བྱེད་འབུ་སྲིན་གྱི་སྐྱེ་འཚར་ལ་བཀག་འགོག་བྱས་ནས་དེ་ཉིད་དགུན་ཉལ་རྣམ་པར་གནས་སུ་འཇུག་དགོས།

གཉིས། རིགས་མི་འདྲ་བའི་ཞིང་སྨན་གྱི་བཀོལ་སྤྱོད་ཁྱད་ཆོས།

(གཅིག) སྐྱེ་དངོས་ཕྲ་རབ་ཀྱི་ཞིང་སྨན།

1. དྲོད་ཚད་ཁོང་དུ་ཆུད་པ།

སྐྱེ་དངོས་ཕྲ་རབ་ཀྱི་ཞིང་སྨན་གྱི་གྲུང་ཤུགས་དང་དྲོད་ཚད་གཉིས་ལ་ཐད་ཀར་གྱི་འབྲེལ་བ་ཡོད་པས། ཁོར་ཡུག་གི་འཕྲོད་འཚམ་དྲོད་ཚད་ནི15℃ཡན་དང30℃མན་ཡིན་དགོས། འཕྲོད་འཚམ་གྱི་དྲོད་ཚད་ལས་དམའ་ན་གཏོར་བའི་སྐྱེ་དངོས་ཞིང་སྨན་ནི་གནོད་འབུའི་ལུས་པོའི་ནང་གི་སྐྱེ་འཕེལ་མྱུར་ཚད་དལ་བར་མ་ཟད། ནུས་པ་འདོན་སྤེལ་བྱེད་དཀའ་བས་ཐོན་རྫས་ཀྱི་སྨན་ནུས་མི་བཟང་བ་ཡིན། སྤྱིར་བཏང་དུ་སྐྱེ་དངོས་ཕྲ་རབ་ཀྱི་ཞིང་སྨན་ནི་དྲོད་ཚད20~30℃ཆ་རྐྱེན་འོག་གི་འགོག་བཅོས་ཕན་འབྲས་ནི་དྲོད་ཚད10~15℃བར་ལས་ལྡབ1~2ཀྱིས་མཐོ་བ་ཡིན།

2. རླན་ཚད་ཁོང་དུ་ཆུད་པ།

སྐྱེ་དངོས་ཕྲ་རབ་ཀྱི་ཞིང་སྨན་གྱི་གྲུང་ཤུགས་དང་བརླན་གཤེར་ལ་འབྲེལ་བ་དམ་པོ་ཡོད། ཞིང་སའི་ཁོར་ཡུག་གི་བརླན་གཤེར་ཇི་ལྟར་ཆེ་ན་སྨན་གྱི་ཕན་འབྲས་དེ་ལྟར་མངོན་གསལ་ཡིན། རབ་ཡིན་ན་སྔ་དྲོའི་ཟིལ་བུ་མ་སྐམ་གོང་དུ་སྨན་གཏོར་ན་ལེགས། དེས་སྐྱེ་དངོས་ཕྲ་རབ་མྱུར་དུ་སྐྱེ་འཕེལ་བྱུང་ནས་འགོག་བཅོས་ཕན་འབྲས་སྔར་ལས་ཇེ་ལེགས་སུ་གཏོང་ཐུབ།

3. འོད་དྲག་པོ་འགོག་པ།

སྨུག་ཕྱིའི་འོད་ལ་སྐྱེ་དངོས་ཕྲ་རབ་ཀྱི་ཞིང་སྨན་གྱི་ནུས་པ་ཤོར་དུ་འཇུག་པའི་བྱེད་ནུས་ཡོད། ཉི་འོད་ཐད་འཕྲོའི་དུས་ཡུན་སྐར་མ30དང་སྐར་མ60ནང་དུ། སྐྱེ་དངོས་ཕྲ་རབ་འཆི་ཚད50%དང80%ཡན་ལ་སླེབས་ཡོད་པས། རབ་ཡིན་ན་གནམ་ངོ་འཁྱིབས་པའམ་

ཡང་ན་ས་སྲོད་ཀྱི་དུས་སུ་སྨན་གཏོར་དགོས།

4. ཆར་ཆུས་འཁྲུད་པར་འཛེམ་དགོས།

སྨན་རྫས་གཏོར་རྗེས་ཆར་ཆུ་དང་འཕྲད་ན་སྐྱེ་དངོས་ཕྲ་རབ་ཀྱི་ཞིང་སྨན་ཁྲོད་ཀྱི་གྲུང་གཤིས་ཕུང་གྲུབ་ཀྱི་བརྒྱུད་སྲེལ་ལ་ཕན་པ་དང་། སྨན་ནུས་ལ་ཤུགས་རྐྱེན་མི་ཐེབས་མོད། འོན་ཀྱང་དྲག་ཆར་གྱིས་ལོ་ཏོག་གི་སྟེང་དུ་གཏོར་བའི་སྨན་ཁུ་མེད་པར་བཟོས་ནས་འགོག་བཅོས་ཀྱི་ཕན་འབྲས་ལ་ཤུགས་རྐྱེན་ཐེབས་སྲིད། རང་ས་གནས་ཀྱི་གནམ་གཤིས་སྔོན་བརྡ་ལྟར་དུས་དང་བསྟུན་ནས་སྨན་བརྒྱབ་སྟེ་ཆར་ཆེན་དང་དྲག་ཆར་ལ་གཡོལ་ཏེ་འབུ་གསོད་པའི་ཕན་འབྲས་ལ་ཁག་ཐེག་བྱེད་དགོས།

གཞན་ནད་དུག་རིགས་ཀྱི་སྐྱེ་དངོས་ཕྲ་རབ་ཀྱི་ཞིང་སྨན་ནི་དམིགས་གཏད་རང་བཞིན་ཕྱོགས་གཅིག་ཏུ་སྒྲིལ་བས། སྤྱིར་བཏང་དུ་གནོད་འབུ་གཅིག་ལ་མ་གཏོགས་ནུས་པ་མི་འདོན་པ་དང་། གནོད་འབུ་གཞན་དག་ལ་ནུས་པ་གཏན་ནས་མི་ལྡན། དཔེར་ན་ཚལ་འབུ་མེ་ལྕེབ་རྫོག་གཟུགས་ཀྱི་ནད་དུག་ནི་ཚལ་འབུ་མེ་ལྕེབ་འགོག་པའི་ཕྱོགས་སུ་མ་གཏོགས་སྤྱད་མི་ཆོག བེད་སྤྱོད་མ་བྱས་པའི་གོང་རོལ་ལ་ཞིང་ཁའི་འབུའི་གནོད་འཚེ་བྱུང་ཚུལ་ལ་བརྟག་དཔྱད་བྱེད་དགོས་པ་དང་། འབུའི་གནོད་འཚེ་བྱུང་ཚུལ་ལ་གཞིགས་ནས་འགོག་བཅོས་དུས་སྐབས་བཀོད་སྒྲིག་ལུགས་མཐུན་བྱས་ཏེ་དུས་ཐོག་ཏུ་སྨན་རྫས་སྤྱོད་དགོས།

(གཉིས) རྩི་ཤིང་ལས་བྱུང་བའི་ཞིང་སྨན།

1. སྔོན་འགོག་གཙོ་བོར་འཛིན་པ།

ནད་འབུའི་གནོད་པ་ཡོད་པ་ཤེས་ཚེ་དུས་ཐོག་ཏུ་སྨན་རྫས་སྤྱོད་པ་ལས་ནད་འབུའི་གནོད་པ་ཆེན་པོ་ཐོན་དུས་ད་གཟོད་འགོག་བཅོས་བྱེད་མི་རུང་། རྩི་ཤིང་ལས་བྱུང་བའི་ཞིང་སྨན་གྱི་ཕན་འབྲས་སྤྱིར་བཏང་དུ་རྫས་འགྱུར་ཞིང་སྨན་ལས་དལ་བ་དང་། སྨན་བསྟེན་མ་ཐག་ནད་འབུའི་གནོད་པར་འཕྲལ་མར་ཕན་འབྲས་ཐོན་མི་སྲིད་པས། སྨན་གཏོར་བའི་དུས་ཚོད་རྫས་འགྱུར་ཞིང་སྨན་ལས་ཉིན2~3སྔ་སྒྱུར་བྱེད་དགོས་པར་མ་ཟད། སྤྱིར་

བཏང་དུ་བེད་སྤྱོད་བྱས་རྗེས་ཀྱི་ཉིན2~3ནང་དུ་ད་གཟོད་དེའི་ཕན་འབྲས་ཀྱི་བཟང་ངན་ལ་ལྟ་ཞིབ་བྱེད་ཐུབ།

2. ཞིང་སྨན་གཞན་པ་དང་བསྡེབས་ནས་སྤྱོད་པ།

ནད་དང་འབུའི་གནོད་པ་ཚབས་ཆེ་བའི་སྐབས་སུ། ཐོག་མར་རྫས་འགྱུར་ཞིང་སྨན་སྤྱད་ནས་ནད་དང་འབུའི་གནོད་པ་གང་མྱུར་གྱིས་ཇི་ཙམ་དུ་གཏོང་དགོས་པ་དང་། དེ་འཕྲོར་སྐྱེ་དངོས་ལས་བྱུང་བའི་ཞིང་སྨན་སྤྱད་ནས་ཕྱོགས་བསྡུས་ཀྱིས་བཅོས་སྐྱོང་བྱེད་དགོས།

3. ཆར་པ་འབབ་པའི་དུས་སུ་སྨན་གཏོར་མི་རུང་།

རྩི་ཤིང་ལས་བྱུང་བའི་ཞིང་སྨན་གྱིས་ཆར་ཆུ་མི་ཐེག་པ་དང་། སྨན་གཏོར་རྗེས་ཆར་པ་བབས་ན་དུས་ཐོག་ཏུ་ཡང་བསྐྱར་སྨན་རྫས་གཏོར་དགོས།

(གསུམ) སྐྱེ་དངོས་རྫས་འགྱུར་ཞིང་སྨན།

སྐྱེ་དངོས་རྫས་འགྱུར་ཞིང་སྨན་ནི་རྩི་ཤིང(ཡང་ན་གནོད་འབུ)ལ་སྐྱོམ་སྒྲིག་དང་འགལ་རྐྱེན་བཟོ་བའི་སྤྱོད་སྟངས་ལ་བརྟེན་ནས་སྨན་གཏོར་བའི་དམིགས་ཡུལ་འགྲུབ་དགོས།

1. མཚན་མའི་འཕྲིད་སྨན།

མཚན་མའི་འཕྲིད་སྨན་གྱིས་ཐད་ཀར་གནོད་འབུ་གསོད་མི་ཐུབ་པས་ནུས་པ་གཙོ་བོ་ནི་བསླུ་གསོད་དང་གནོད་འབུ་སྡེབ་སྦྱོར་ལ་བར་ཆད་བཟོས་ཏེ། གནོད་འབུའི་ཁྱུ་ཚོགས་ཀྱི་སྟུག་ཚད་ཇེ་དམའ་རུ་གཏོང་བ་དང་འབུའི་གནོད་འཚེ་མྱུར་དུ་འཕེལ་བར་ཚོད་འཛིན་བྱེད་པ་ཡིན། དེ་བས་གཞན་བརྟེན་རང་བཞིན་གྱི་འདྲིན་སྨན་ཁོ་ནར་བསྟེན་པའི་མི་ཚོག་པར། སྤྱིར་བཏང་དུ་རྫས་འགྱུར་གྱི་འགོག་བཅོས་བྱེད་ཐབས་གཞན་དག་དང་ཟུང་འབྲེལ་བྱེད་དགོས། དཔེར་ན་ཁམ་བུའི་ཁོག་འབུ་སྤྱད་ནས་དེའི་ནད་སྲིང་འཕྲིད་གསོད་བྱེད་ན། འབུ་མེ་ལྕེ་དང་སྦྲང་མ་འབྱུང་བའི་དུས་སྐབས་སུ་ཞིང་ཁ་ནས་ཐོག་མར་སྔོ་ང་མཐོང་དུས་རྫས་འགྱུར་གྱི་སྨན་རྫས་དང་འདྲེས་ནས་འགོག་བཅོས་བྱེད་དགོས།

2. ཐུམ་ཁུག་གི་ཁ་ཕྱེ་རྗེས་དུག་ཐོག་ཏུ་བེད་སྤྱོད་བྱེད་དགོས།

མཚན་མའི་འཕྲེད་སྨན་གྱི་ཐོན་རྫས་ཡལ་མེད་དུ་འགྲོ་སླ་བས། ཉར་གསོག་བྱེད་དུས་ངྲོད་ཚད་ཅུང་དམའ་བའི་འཁྱགས་སྐམ་གྱི་ནང་དུ་འཇོག་དགོས། གལ་ཏེ་ཐུམ་ཁུག་ཁ་ཕྱེ་ན་མྱུར་དུ་བཀོལ་སྤྱོད་བྱེད་དགོས།

3. བསྲུ་གསོད་སྔོང་པོ་བསྟོག་པས་སྤྱགས་མི་རུང་།

ཆ་འཕྲིན་རྒྱུ་ཡི་དུག་ཆེ་བ་དང་ཚོར་རྐྱེན་ཚ་བའི་དབང་གིས། རིགས་མི་འདྲ་བའི་གནོད་འབུ་ཡི་བསྲུ་གསོད་སྔོང་པོ་མ་བཞག་པའི་སྔོན་ལ་བསྟོག་པས་མི་སྤྱགས་པའི་ཆེད་དུ་ལག་པ་བཀྲུ་དགོས།

4. ལུགས་མཐུན་གྱི་སྒོ་ནས་འཕྲེད་ཆས་འཇོག་པ།

འཕྲེད་ཆས་ཀྱི་འཇོག་ཡུལ་དང་མཐོ་ཚད། རླུང་རྒྱུད་སོགས་ཀྱིས་བསྲུ་ཐྲིད་འཛིན་ཆས་ཀྱི་ཕན་འབྲས་ལ་ཤུགས་རྐྱེན་ཐེབས་སྲིད། དཔེར་ན། གསེག་རིས་མེ་ལྕེབ་མཚན་འབུར་འཕྲེད་སྨན་འཇོག་དུས། འོས་འཚམ་གྱི་འགེལ་ཚད་ནི་སྨི1~1.5ཡིན། སྲུང་སྐྱོབ་ས་ཁུལ་གྱི་བཀོལ་སྤྱོད་གནས་ཚུལ་དངོས་ལ་གཞིགས་ནས་འོས་འཚམ་གྱིས་ཇེ་དམའ་རུ་གཏོང་དགོས། ཚོད་དཀར་རིགས་ཀྱི་སྡོ་ཚོད་ཞིང་ས་ནི་ལོ་ཏོག་ལས་སྨི0.3~1མཐོ་བ་དང་། སོག་མ་མཐོ་བའི་སྡོ་ཚོད་ཀྱི་རིགས་ནི་སྒྲོམ་འདེགས་ཀྱི་སྟེང་དུ་བཀལ་ཆོག ངྲོད་ཁང་རིགས་ཀྱི་ལོ་ཏོག་ནི་སྤྱིལ་བུའི་སྒྲོམ་འདེགས་ཀྱི་སྟེང་དུ་བཀལ་ཆོག

5. ཕྲན་འབུའི་གནོད་འཚེ་སྔོན་འགོག

ཆ་འཕྲིན་རྒྱུ་བཀོལ་ནས་ཕྲན་འབུའམ་འབུ་སྲིན་གྱི་གནོད་འཚེ་འགོག་དགོས། དཔེར་ན་གསེར་རིས་འབུ་མེ་ལྕེབ་ཕྲ་མོས་བསྲུ་གསོད་ཀྱིས་སྦྲང་མ་བསླུས་ནས་གསོད་པར་ནུས་པ་ཆེན་པོ་ཡོད། འབྲས་ཤིང་གི་མེ་ཏོག་བཞད་དུས་བཀོལ་མི་རུང་ཞིང་། ལྷུམ་རའི་ཉེ་འཁོར་གྱི་འབྲས་ཤིང་ལ་མེ་ཏོག་བཞད་པའི་དུས་སུ་སྦྲང་མ་གསོ་མི་རུང་ངོ་།།

6. གཏན་འཁེལ་གྱི་དུས་ཚོད་ལྟར་བསྲུ་གསོད་སྔོང་པོ་བརྗེ་དགོས།

སྤྱིར་བཏང་དུ་ཟླ་གཅིག་ཡས་མས་ལ་ཐེངས་གཅིག་རེར་བརྗེ་དགོས། དུས་དང་

མཐུན་པའི་སྒོ་ནས་འབྲིད་ཆས་ཁྲིད་ཀྱི་འབུའི་ཤི་རོ་གཙང་དག་བྱེད་དགོས་པར་མ་ཟད། ཞིང་སའི་ཉེ་འཁོར་དང་རིང་དུ་བྲལ་ནས་ས་འོག་གཏིང་རིམ་དུ་ས་སྦས་བྱེད་དགོས། འབྲིད་ཆས་ཡང་བསྐྱར་བཀོལ་སྤྱོད་བྱས་ཆོག

(བཞི) རྩི་ཤིང་སྐྱེ་འཚར་གྱི་སྙོམས་སྦྱོར་སྨན་རྫས།

1. ས་བོན་གདམ་གསེས་དང་དུས་ཐོག་ཏུ་བཀོལ་སྤྱོད་བྱེད་པ།

རྩི་ཤིང་སྐྱེ་འཚར་སྙོམས་སྦྱོར་གྱི་སྨན་རྫས་ནི་སྐྱེ་དངོས་ཀྱི་རིགས་དང་སྐྱེ་འཚར་དུས་སྐབས། བྱེད་ནུས་མི་འདྲ་བའི་དབང་གིས་ཕན་ནུས་མི་འདྲ་བ་ཐོན་བཞིན་ཡོད། བཀོལ་སྤྱོད་བྱེད་སྐབས་ཐོན་རྫས་ཀྱི་ཤོག་བྱང་སྟེང་གི་ནུས་པ་ལྟར་ཐོན་རྫས་འདེམ་དགོས་པར་མ་ཟད། ནན་ཏན་གྱིས་ཤོག་བྱང་སྟེང་དུ་བཀོད་པའི་བེད་སྤྱོད་བྱེད་ཐབས་ལྟར་དུ་འོས་འཚམ་གྱི་དུས་ཚོད་ནང་དུ་བེད་སྤྱོད་གཏོང་དགོས།

2. བེད་སྤྱོད་གར་ཚད་ཁོང་དུ་ཆུད་པ།

རྩི་ཤིང་སྐྱེ་འཚར་སྙོམ་སྒྲིག་སྨན་རྫས་ནི"སྣུམ་མང་ན་ཚལ་ལ་མི་གནོད"ཅེས་པ་ལྟར་དུ་མ་ཡིན་པར། ནན་ཏན་གྱིས་ཤོག་བྱང་སྟེང་གི་གར་ཚད་ཀྱི་གསལ་བཤད་ལྟར་དུ་བཀོལ་སྤྱོད་བྱེད་དགོས། དེ་མིན་ལོག་ཕྱོགས་ཀྱི་ཕན་འབྲས་འབྱུང་སྲིད། དཔེར་ན་སྐྱེ་འཚར་རྒྱུ་ནི་གར་ཚད་དམའ་བའི་སྐབས་སུ་རྩ་ལག་རྒྱས་པར་སྐུལ་འདེད་བྱེད་པ་དང་། གར་ཚད་ཅུང་མཐོ་བའི་སྐབས་སུ་དེ་ལས་ལྡོག་སྟེ་སྐྱེ་འཚར་ལ་བཀག་འགོག་བྱེད་པ་ཡིན།

3. སྨན་ཁུ་དུས་ཐོག་ཏུ་བསྲེས་སྦྱོར་བྱས་ནས་སྤྱོད་པ་དང་སྙོམས་པོར་གཏོར་དགོས།

སྙོམས་སྦྱོར་སྨན་རྫས་ཁ་ཤས་ཏེ། དཔེར་ན་ཁྲི་མེ་སུའུ་ལྷ་བུར་མཚོན་ན། རྩི་ཤིང་གི་སྟེང་དུ་རྩ་བའི་ཆ་ནས་འགྱུལ་སྐྱོད་མི་བྱེད་པ་སྟེ། འབྲས་བུ་རིགས་གཅིག་གིས་ཕྱེད་ཀ་ཙམ་མ་གཏོགས་ཐག་གཅོད་བྱས་མེད་ན། ཐག་གཅོད་བྱས་ཟིན་པའི་ཆ་ཤས་ཧེ་ཆེར་སོང་ནས་ཡ་མ་གཟུགས་ཀྱི་འབྲས་བུ་འབྱུང་སྲིད་པས། སྨན་ཁུ་གཏོར་དུས་ཆ་སྙོམས་དང་ཞིབ་ཚགས་བྱེད་དགོས།

4. སྨན་གྱིས་ལུད་རྫས་ཀྱི་ཚབ་བྱེད་མི་རུང་།

སྐྱུལ་འདེད་རང་བཞིན་གྱི་སྨོམ་སྦྲིག་སྨན་རྫས་ཡིན་ནའང་། ཆུ་ལུད་འདང་བའི་ཆ་རྐྱེན་འོག་ཏུ་མ་གཏོགས་ནུས་པ་འདོན་མི་ཐུབ།

(ལྔ) སྲི་དཀར་གྱི་རིགས་དང་ཙུང་འདུས་ཧྥུགས་རིགས་ཀྱི་ཞིང་སྨན།

ཞིང་སྨན་འདིའི་རིགས་ནི(དཔེར་ན་ཨེམ་ཅི་ཙུང་ཧྥུགས་རྐྱུ་དང་ཅི་ཧྲིན་ཧྥུགས་འདུས། ཤ་མོའི་མངར་ལྡན། ཙུང་འདུས་ཧྥུགས་རྐྱུ་སོགས)རྩི་ཤིང་གི་འཁྲིད་འགོག་སྨན་རྫས་ཡིན་པས། རང་སྙིང་ལ་ནད་འབུ་གསོད་པའི་ནུས་པ་མེད། འོན་ཀྱང་རྩི་ཤིང་རང་སྙིང་ནས་ཕྱིར་ཐོན་གནོད་ལྡན་སྐྱེ་དངོས་ལ་གནོད་འཚེ་ཐེབས་པར་བསྐྱུ་ཁྲིད་བྱས་ཏེ། ནད་འགོག་ནུས་པ་མཐོར་འདེགས་དང་ནད་འགོག་ནུས་པ་འབྱུང་དུ་འཇུག་ཐུབ།

1. ནད་ཀྱི་གནོད་སྐྱོན་མ་བྱུང་བའི་སྔོན་ནམ་ཐོན་མ་ཐག་པའི་སྐབས་སུ་བེད་སྤྱོད་བྱེད་དགོས།

ནད་ཀྱི་གནོད་སྐྱོན་ཙུང་ལྡི་བའི་སྐབས་སུ་སྨན་བཙོས་རང་བཞིན་གྱི་འབུ་སྲ་གསོད་བྱེད་ཀྱི་སྨན་རྫས་སྤྱད་ནས་འགོག་བཅོས་བྱེད་དགོས།

2. སྨན་ཁུ་ སྦྲེབ་སྦྱོར་བྱས་མ་ཐག་དུས་ཐོག་ཏུ་བཀོལ་སྤྱོད་བྱེད་དགོས།

དུས་ཡུན་རིང་པོར་གསོག་ཉར་བྱེད་མི་རུང་བ་དང་ནང་དུ་འཛིབ་པའི་རང་བཞིན་མེད་པས། སྨན་ཆུ་སྙོམས་པོར་གཏོར་དགོས།

(དྲུག) རང་བྱུང་ཁམས་ལ་ལྷན་སྐྱེས་ཀྱི་ཚུལ་དུ་ཡོད་པའི་འཛོམས་བྱེད་ཀྱི་སྐྱེ་དངོས།

མིག་སྔར་བཀོལ་སྤྱོད་བྱེད་ཚད་ཅུང་མང་བ་ནི་སྦྲང་མ་མིག་དམར་དང་ཕིན་ཧྥའོ་སྦྲང་ཆུང་ཡིན། གཞི་ཁྲོན་ཆེ་ན་ལོ་བསྟུད་མར་སྦྲང་མ་གཏོང་བར་སྐྱུལ་འདེད་བྱེད་ཅིང་། རྒྱ་ཁྲོན་ཇི་ལྟར་ཆེ་ན་ཕན་འབྲས་དེ་ལྟར་བཟང་། སྦྲང་མ་གཏོང་ཡུན་དུས་ཡུན་ཇི་ལྟར་རིང་ན་ཕན་འབྲས་ཀྱང་དེ་ལྟར་བཟང་། བེད་སྤྱོད་བྱེད་སྐབས་དོ་སྣང་བྱེད་དགོས་པ་ནི།

1. ལུགས་མཐུན་གྱི་གསོག་འཇོག

སྦྲང་བྱང་འཕྲོར་རྗེས་ཉིན་དེའི་སྔ་དྲོར་གཏོང་དགོས་ཤིང་དུས་ཡུན་རིང་པོར་གསོག་

མི་རུང་། གལ་ཏེ་གནམ་གཤིས་ངན་པར་འགྱུར་ཚེ། ཉིན་དེར་སྦྲང་མ་གཏོང་མི་ཐུབ་པས། སྦྲང་བྱང་སོ་སོར་གྲིས་ནས་བསིལ་ས་དང་རླུང་རྒྱུག་སར་འཇོག་དགོས་ཤིང་། རྫས་འགྱུར་ཞིང་སྨན་དང་བསྲེས་ནས་འཇོག་མི་རུང་།

2. སྦྲང་མ་གཏོང་བའི་དུས་ཚོད་དམ་འཛིན་ཡང་དག་བྱེད་དགོས།

རབ་ཡིན་ན་འབྲུ་སྨིན་གྱི་སྔོན་དཔོག་སྔོན་བརྡའི་གནས་ཚུལ་ལ་གཞིགས་ནས། སྦྲང་མ་གཏོང་བའི་དུས་ཚོད་དང་གནོད་འབུས་སྒོ་ང་གཏོང་བའི་དུས་ཚོད་ཕན་ཚུན་མཐུན་པར་བྱེད་དགོས།

4. རྫས་འགྱུར་ཞིང་སྨན་དང་དུས་རིམ་བགར་ནས་སྤྱོད་པ།

སྦྲང་མ་མ་བཏང་བའི་སྔོན་གྱི་ཉིན5དང་སྦྲང་མ་བཏང་རྗེས་ཀྱི་ཉིན20ནང་དུ་རྫས་འགྱུར་ཞིང་སྨན་སྤྱོད་མི་རུང་།

(བདུན) དུག་སྨིན་འགོག་རྒོལ་རིགས་ཀྱི་ཞིང་སྨན།

དུག་སྨིན་འགོག་རྒོལ་རིགས་ཀྱི་ཞིང་སྨན་བེད་སྤྱོད་བྱེད་སྟངས་ནི་རྫས་འགྱུར་གྱི་ཞིང་སྨན་དང་གཅིག་མཚུངས་ཡིན། དཔེར་ན་ཨ་ཕེ་ཙུན་སུའུ་དང་ཏའོ་ཧྲ་མེ་སུའུ་སོགས་ཡིན། འོན་ཀྱང་དུག་སྨིན་འགོག་རྒོལ་རིགས་ཀྱི་འབུ་སྲ་གསོད་སྨན་མང་ཆེ་བ་གཏན་འཛུགས་ཡོང་དཀའ་བས་དུས་ཡུན་རིང་པོར་ཉར་ཚགས་བྱེད་མི་ཐུབ། དཔེར་ན། ཅིན་ཀང་མེ་སུའུ་ལྷ་བུར་མཚོན་ན་རུལ་སླ། སྨན་ཁུ་ནི་བསྲེས་སྦྱོར་བྱས་མ་ཐག་དུས་ཐོག་ཏུ་བཀོལ་སྤྱོད་བྱེད་དགོས་ཤིང་ཉར་གསོག་བྱེད་མི་རུང་། དུག་སྨིན་འགོག་རྒོལ་གྱི་ཞིང་སྨན་དཔེར་ན་ཁྲིན་ལེ་མེ་སུའུ་དང་ཅིན་ཀང་མེ་སུའུ་སོགས་བུལ་གཤིས་ཞིང་སྨན་དང་བསྲེས་སྤྱོད་བྱ་མི་ཆོག་པ་དང་། ཞིང་ལས་སྐྱེ་དངོས་ལ་རྗེ་ཐལ་དང་རྡོ་ཤིང་གི་ཐལ་བ་སོགས་གཏོར་བའི་སྐབས་གཞུག་ཏུའང་གཏོར་མི་ཆོག

ཚན་པ་གསུམ་པ། བདེ་འཇགས་སྐྱོས་ཞེད་སྤྱོད་བྱེད་པའི་རྒྱ་དོན་དང་
སྙིགས་རོ་གཙང་བཅོས་བྱེད་སྟངས།

གཅིག བདེ་འཇགས་སྐྱོས་བཀོལ་སྤྱོད་དང་འགོག་སྲུང་བྱེད་པ།

ཞིང་སྨན་ནི་སྐྱེ་དངོས་ཀྱི་གྲུང་གཞིས་དངོས་རྫས་ཤིག་ཡིན། རིགས་མང་ཆེ་བས་མིའི་ལུས་ཕུང་ལ་དུག་གཞིས་བསྐྱེད་པས། བེད་སྤྱོད་བྱེད་ཐབས་ཡང་དག་མིན་ན་དུག་ཕོག་པའི་དོན་རྐྱེན་འབྱུང་བ་ཡིན། ཞིང་སྨན་གྱི་དུག་ཕོག་པར་ཕལ་ཆེར་རིགས་གཉིས་སུ་དབྱེ་ཆོག་སྟེ། རིགས་གཅིག་ནི་མྱུར་བའི་རང་བཞིན་གྱི་དུག་ཕོག་སྟེ། ཞིང་སྨན་ཐེངས་གཅིག་ལ་མིའི་ལུས་ཁམས་ལ་སྟུད་ལེན་བྱེད་ཚད་ཅུང་ཆེ་བས་དུས་ཡུན་ཐུང་ངུའི་ནང་གློ་བུར་དུ་བྱུང་བའི་ནད་ལུགས་འགྱུར་འབྱུང་བྱས་ན། དེས་མིའི་ལུས་ཁམས་ལ་ཐེབས་པའི་ཉེན་ཁའི་རང་བཞིན་ནི་ཞིང་སྨན་གྱི་ནུས་ལྡན་གྲུབ་ཆ་མིའི་ལུས་པོར་ཕོག་པའི་གྲངས་འབོར་དང་མིའི་གཟུགས་གཞི་ལ་རག་ལས་ཡོད། གཞན་ཞིག་ནི་དལ་བའི་རང་བཞིན་གྱི་དུག་ཕོག་པ་སྟེ། དེ་ཡང་མྱུར་བའི་རང་བཞིན་གྱི་དུག་ཕོག་པའི་ཞིང་སྨན་དུས་ཡུན་རིང་པོར་མིའི་ལུས་ཁམས་ཀྱིས་སྟུད་ལེན་བྱས་པ་ལས་བྱུང་བའི་ཡུན་རིང་རང་བཞིན་གྱི་ན་ལུགས་ནད་རྐྱེན་གྱི་དུག་ཕོག་པ་ཡིན་པར་མ་ཟད། ཐ་ན་དལ་བའི་རང་བཞིན་གྱི་དུག་ཤེད་གློ་བུར་དུ་ལངས་པ་དང་། ན་ཏུང་སྐྲན་ནད་དང་ཡ་མ་གཟུགས་ཀྱི་སྦྲུམ་བུ། རྒྱུད་འདེད་རང་བཞིན་གྱི་གཞི་རྒྱུ་གློ་བུར་དུ་འགྱུར་བ། དབང་རྩའི་མ་ལག་ལ་དུག་ཕོག་པའི་གནས་ཚུལ་སོགས་འབྱུང་བཞིན་ཡོད། འདིས་མིའི་ལུས་ཁམས་ལ་ཐེབས་པའི་ཉེན་ཁའི་རང་བཞིན་ནི་ཞིང་སྨན་གྱི་དུག་རྒྱུ་མིའི་ལུས་པོའི་ནང་ནས་གསོག་འཇོག་བྱས་པའི་གྲངས་འབོར་དང་མིའི་ལུས་པོའི་བདེ་ཐང་ལ་རག་ལས་ཡོད། ཞིང་སྨན་གྱི་བཟོས་རྫས་ནི་སྲ་གཟུགས་དང་གཤེར་གཟུགས། རླུང་གཟུགས་སོགས་གང་ཡིན་རུང་། སྤྱིར་བཏང་དུ་མིའི་དབུགས་ལམ་དང་སྐྱི་པགས། ཁ་སོགས་བརྒྱུད་ནས་མིའི་ལུས་པོའི་ནང་དུ་འཛུལ་བཞིན་ཡོད། དེ་བས་ཞིང་སྨན

བདེ་འཇགས་སྐོས་བེད་སྤྱོད་དང་འགོག་སྲུང་བྱེད་པར་གོང་གི་གནས་ཚུལ་ལ་དམིགས་ཏེ་བྱེ་བྲག་གི་བྱེད་ཐབས་སྤྱོད་དགོས།

(གཅིག) སྨན་སྤྲེར་མཁན།

སྨན་སྤྲེར་མཁན་ནི་བྱ་བར་གཟབ་ནན་དང་འགན་ཁུར་བ། ལུས་ཕུང་བདེ་ཐང་ཅན་ཞིག་ཡིན་དགོས་པར་མ་ཟད། སྤྱོད་བཟང་ངེས་ཅན་བྱས་སྤྱོང་བའི་གཞོན་དར་མི་སྣའི་འགན་འཁུར་དགོས། ཡ་ན་རྒས་པ་དང་ལུས་སྟོབས་ཞན་པ། ལོ་ན་ཆུང་བ། སྦྲུ་ནད་ཕོག་མཁན། པགས་ནད་ཕོག་མཁན། ཞིང་སྨན་དུག་ཕོག་པའི་ལོ་རྒྱུས་ཡོད་མཁན་དང་། གཞན་པའི་ནད་གཞི་ད་ཅུང་བདེ་ཐང་དུ་གྱུར་མེད་ན་ཞིང་སྨན་བེད་སྤྱོད་བྱེད་པའི་བྱ་བར་མ་ཞུགས་ན་བཟང་། བུད་མེད་ཀྱིས་ལུས་ཁམས་དུས་དང་མངལ་ཆགས་དུས། ནུ་མ་སྣུན་དུས་བཅས་སུ་ཞིང་སྨན་བེད་སྤྱོད་བྱེད་མཚམས་འཇོག་དགོས།

(གཉིས) སྨན་སྤྲེར་བའི་དུས་ཚོད།

དྲོད་ཚད་མཐོ་བ་ནི་ཞིང་སྨན་གྱི་སྨན་དུག་ཕོག་པའི་རྒྱུ་རྐྱེན་གལ་ཆེན་ཞིག་ཡིན། བསྡོམས་རྩིས་བྱས་པ་ལྟར་ན། ཟླ7~8པའི་ནང་དུ་ཞིང་སྨན་དུག་ཕོག་མཁན་གྱིས་སྤྱིའི་ཞིང་སྨན་དུག་ཕོག་མཁན་གྱི90%ཟིན་ཡོད། དེ་བས་དབྱར་དུས་སྨན་རྒྱག་དུས་ནངས་དགོང་གི་དུས་ཚོད་བཀོད་སྒྲིག་བྱས་ནས་རྒྱག་དགོས་ཏེ། ཉིན་གུང་དྲོད་ཚད་མཐོ་བའི་ལས་ཀ་མི་བྱེད་པ་དང་། ཉིན་གུང་ངལ་གསོ་བའི་དུས་ཚོད་འོས་འཚམ་གྱིས་ཇེ་རིང་དུ་བཏང་སྟེ། ལུས་སྟོབས་སླར་གསོ་གང་ལེགས་བྱེད་དགོས། གལ་ཏེ་སྨན་གཏོར་བའི་དུས་ཡུན་རིང་དྲགས་ན་རེས་མོས་ཀྱིས་ལས་རེས་བརྗེ་དགོས། མི་རེའི་ཉིན་རེར་དངོས་སུ་ལས་ཀར་ཞུགས་པའི་དུས་ཚོད་ཆུ་ཚོད6ལས་མི་བརྒལ་བར་ཁག་ཐེག་བྱེད་དགོས། གལ་ཏེ་བསྟུད་མར་ཉིན3~5ལ་སྨན་གཏོར་ན། ཉིན1ལ་ངལ་གསོ་བྱེད་དགོས།

(གསུམ) འགོག་སྲུང་གི་ག་སྒྲིག

སྨན་མ་བརྒྱབ་པའི་སྔོན་ལ་ངེས་པར་དུ་འཕྲུལ་ཆས་ལ་ཞིབ་བཤེར་དང་ཞིག་གསོ་བྱས་ཏེ། ཆུ་སིམ་པ་དང་ཆུ་འཛེར་བར་གཡོལ་ནས་ཞིང་སྨན་འབབ་བཙོག་ཐེབས་པའི་

སྣང་ཚུལ་སྔོན་འགོག་བྱེད་པའི་ཆེད་དུ། སྨན་བླུགས་པའི་ཡོ་བྱད་ཀྱི་ནང་དུ་ཆུ་ལྷུག་ནས་ཆུ་ཚོད12ཡན་སྦང་དགོས་པར་མ་ཟད། སྔོན་ལ་ཆུ་གཙང་མའི་ནང་དུ་བླུགས་རྗེས་མ་ཆུ་བླུགས་ཏེ། ཡོ་བྱད་ཀྱིས་ཞིང་སྨན་ནང་དུ་འཛིབ་པའི་ཚད་ཇེ་ཉུང་དུ་གཏོང་དགོས། སྨན་གཏོར་མཁན་གྱིས་ངེས་པར་དུ་ཕུ་ཐུང་གི་གོས་དང་དོར་མ་རིང་པོ། ཆུ་ལྷམ་བཅས་གྱོན་དགོས་པ་དང་། ཁ་བཏུམ་དང་རྣ་ཞྭ། རླུང་འགོག་མིག་ཤེལ། འཁྱིག་བཟོས་དང་ཡང་ན་སྤྱིས་འཁྱིག་གི་ལག་ཤུབས་སོགས་གྱོན་དགོས་ཤིང་། སྐྱི་པགས་ཕྱིར་མངོན་པའི་ཆ་དེར་འདག་ཆལ་བྱུག་དགོས། གལ་ཏེ་རླངས་བཙོ་བྱེད་རྫས་སྤྱད་དེ་རླངས་བཙོ་བྱེད་སྐབས། ངེས་པར་དུ་སྐྱོན་མེད་གོ་ཚོད་ཀྱི་དུག་འགོག་གདོང་འབབ་གྱོན་དགོས། གྱོན་ཆས་ལ་ཆར་ལྭ་གོན་ན་འཚམ་པ་ཡིན། གཞན་ཡང་ཆུ་གཙང་དང་འདག་རྫས་སོགས་འབྲུད་ཆས་དང་རྒྱུན་སྤྱོད་མྱུར་སྐྱོབ་སྨན་རྫས་དང་ཡོ་བྱད་སོགས་གྲ་སྒྲིག་བྱེད་དགོས།

(བཞི) སྨན་སྦྱོར་དང་ས་བོན་མཉམ་བསྲེས།

ཕྱི་རོལ་དུ་མཐོངས་ཡངས་ཡིན་དགོས། ངེས་པར་དུ་སྡོད་ཁང་དང་ཛིང་བུ། ཁྲོན་པ། སྒོ་ཕྱུགས་དང་ཁྱིམ་བྱའི་ར་བ་དང་། ཀུབ་ཚལ་ར་བ། ཤིང་འབྲས་ར་བ་སོགས་དང་རྒྱང་ཐག་རིང་དགོས། ཕྱིར་བཏང་གི་བར་ཐག་ལ་སྨི200ཡན་ཆད་ཡོད་དགོས། སྨན་སྦྱོར་བྱེད་སྐབས་འགོག་སྲུང་ཡོ་བྱད་ལེགས་པར་གྱོན་དགོས་པ་སྟེ། གཏན་འཁེལ་གྱི་སྨན་ཟོ་དང་འཚག་ཟོམ། དཀྲུགས་སྨན་སོགས་ལག་ཆ་སྤྱོད་དགོས། སྨན་སྦྱོར་བྱེད་སྐབས་གཏན་འབེབས་ཀྱི་ལྟབ་གྲངས་ལྟར་ཆུ(ས)བླུགས་ནས་བསྲེས་སྦྱོར་བྱེད་དགོས་པ་ལས། གང་འདོད་ལྟར་གར་ཚད་ཇེ་མཐོར་གཏོང་མི་རུང་བ་དང་། སྤྱོད་ཚད་ལ་གཞིགས་ནས་སྨན་སྦྱོར་དང་ས་བོན་མཉམ་བསྲེས་བྱེད་དགོས།

(ལྔ) བདེ་འཇགས་བཀོལ་སྤྱོད།

སྨན་རྒྱག་དུས་མི་གྱེན་ཕྱོགས་སུ་ལངས་ནས་བར་ཐག་བཞག་སྟེ་སྨན་གཏོར་བའི་ཐབས་སྤྱོད་དགོས། གལ་ཏེ་མི་འགས་མཉམ་དུ་སྨན་གཏོར་ན་ཕན་ཚུན་བར་ཐག་ངེས་ཅན་ཞིག་རྒྱུན་འཁྱོངས་བྱས་ནས་སྐས་དབྱིབས་ལྟར་མདུན་དུ་སྐྱོད་པ་དང་ཡང་ན་རླུང་

ཕྱོགས་སུ་སྨན་གཏོར་མཁན་སྟོན་ལ་གཏོང་དགོས། སྨན་སྤེལ་པ་དང་སྨན་གཏོར་བའི་བརྒྱུད་རིམ་གྱི་ཁྲོད་དུ་ཐ་མག་འཐེན་པ་དང་ཆུ་འཐུང་བ། ཟས་ཟ་བ་བཅས་གཏན་འགོག་བྱེད་དགོས། སྨན་གཏོར་དུས་རེས་པར་དུ་ནན་ཏན་གྱིས་བགོལ་སྤྱོད་བྱེད་དགོས་པ་ལས། སྐད་ཆ་བཤད་ནས་དགོད་པའི་རིགས་གཏན་ནས་བྱས་མི་ཆོག་པ་དང་། ལག་པས་གདོང་ཕྱིས་པའམ་མིག་ཕྱིས་པའི་རིགས་ཀྱང་གཏན་ནས་བྱས་མི་ཆོག གལ་ཏེ་སེམས་ཚུང་མ་བྱས་པར་སྐྱི་པགས་ཀྱི་སྟེང་དུ་ཞིང་སྨན་འཕྱར་ཚེ་མྱུར་དུ་མཚམས་བཞག་སྟེ། མཁའ་དབུགས་གསར་བའི་གནས་ཡུལ་དུ་སྤོར་ནས་ཞིང་སྨན་གྱིས་འབབ་བཙོག་ཐེབས་པའི་གོས་ཆས་ཕུད་དགོས་ཤིང་། ཆུ་དྭངས་མོས་གདོང་འཁྲུད་པ་དང་ལག་པ་བཀྲུ་བ། ཁ་བཤལ་བ་བཅས་བྱེད་དགོས། གལ་ཏེ་སྨན་ཁང་དུ་འགྲོ་ན་ཞིང་སྨན་གྱི་ཤོག་བྱང་འཁྱེར་དགོས།

(དྲུག) གཙང་བཤེར་ཡག་པོ་བྱེད་དགོས།

ལས་སྒྲུབ་མཇུག་རྫོགས་རྗེས་ལག་པ་དང་ངོ་གདོང་གཙང་མར་བཀྲུ་བའི་ཁར་ཁ་བཤལ་དགོས། དུས་ཐོག་ཏུ་ཞིང་སྨན་གྱིས་སྦགས་པའི་གོས་ཆས་བརྗེ་དགོས། གལ་ཏེ་གཙང་མར་བཀྲུ་མི་ཐུབ་ན་མྱུར་མོར་མེད་པར་བཟོ་དགོས། ཞིང་སྨན་བརྒྱབ་ཟིན་པའི་ཞིང་སར་རྟགས་མཚན་འཛུག་དགོས་ཤིང་དུས་ཚོད་ངེས་ཅན་ཞིག་གི་ནང་དུ་མི་ཕྱུགས་དེའི་ནང་དུ་སོང་མི་ཆོག སྨན་ཁུ་ལྷག་མ་སོགས་བདག་གཉེར་དང་ཐག་གཅོད་ལེགས་པོ་བྱེད་དགོས་པ་ལས། གང་འདོད་དུ་བསྐྱུར་མི་རུང་། འབབ་བཙོག་དང་བཟའ་ནོར་ཐེབས་པར་སྔོན་འགོག་བྱེད་དགོས། ཡོ་བྱད་སྣ་ཚོགས་དུས་ཐོག་ཏུ་གཙང་མར་བཀྲུས་ནས་དུག་ཐོག་པའི་རྐྱེན་ངན་གཏན་འགོག་བྱེད་དགོས།

གཉིས། སྨན་ཁྲ་ལྷག་མ་དང་ཐེད་མེད་དངོས་རྫས་ཀྱི་གཙང་བཅོས་བྱེད་ཐབས།

སྤྱིར་བཏང་དུ་སྐྱི་དངོས་ཞིང་སྨན་ལ་ཞུ་སླ་བ་དང་གསོག་འཛོག་བྱེད་དཀའ་བ། སྤྱོད་ཚད་ཉུང་བ། འབབ་བཙོག་ཆུང་བ། མི་ཕྱུགས་ལ་དུག་ཤས་ཆུང་བ། ཁོར་ཡུག་གི་འཆམ་མཐུན་རང་བཞིན་ལེགས་པ་སོགས་ཀྱི་ལེགས་ཆ་ལྡན་མོད། འོན་ཀྱང་སྐྱི་དངོས་ཞིང་སྨན་ནི་སྔར་བཞིན་ཞིང་སྨན་ཁྲོད་ཀྱི་རིགས་གཅིག་ཡིན་པས། དེའི་གད་སྙིགས་ཐག་

གཅོད་བྱེད་པར་ཞིང་སྨན་གྱི་སྙིགས་རོ་ཕྱིར་སྡུད་དང་ཐག་གཅོད་བྱེད་པའི་གཏན་འབེབས་དང་མཐུན་དགོས།

(གཅིག) སྐྱེ་དངོས་ཞིང་སྨན་བཀོལ་སྤྱོད་བྱེད་པའི་གོ་རིམ་ཁྲོད་དུ་བྱུང་བའི་སྙིགས་རོ།

1. ཞིང་སྨན་རྫུན་མ་དང་སྤུས་ཞན་ཞིང་སྨན། དུས་ཡུན་བརྒལ་ཞིང་ནུས་པ་ཉམས་པའི་ཞིང་སྨན།

2. ཞིང་སྨན་རྙིང་བའི་ཐུམ་རྒྱག་དངོས་པོ། དེའི་ནང་དུ་ཞིང་སྨན་ལྷུགས་པའི་དམ་བུ་དང་ཟོ་བ། ཁུག་མ་བཅས་འདུས། ཞིང་སྨན་འདྲིས་པའི་སྙིགས་རོ་གཞན་དག་བཅས་ཡིན།

3. ཐོན་སྐྱེད་དང་བེད་སྤྱོད་བྱེད་མི་ཆོག་པར་བཀག་སྡོམ་བྱས་ཀྱང་གསོག་ཉར་བྱས་ཡོད་པའི་ཞིང་སྨན།

(གཉིས) ཞིང་སྨན་བེད་མེད་དངོས་པོ་ཕྱིར་སྡུད་དང་ཐག་གཅོད་བྱེད་པའི་བླང་བྱ།

1. རྒྱ་ཁྱབ་དྲིལ་བསྒྲགས།

ཞིང་སྨན་གྱི་ཐུམ་རྒྱག་དངོས་རྫས་བསྐྱུར་བའི་གནོད་འཚེ་ལ་རྒྱུས་ལོན་གང་ལེགས་བྱེད་དགོས་པ་ལས། གང་འདོད་དུ་བསྐྱུར་ནས་གང་བྱུང་དུ་དབྱུག་མི་ཆོག་ལ། ཟས་རིགས་དང་འཐུང་ཆུའི་ནང་དུ་ལྷུགས་མི་ཆོག

2. དུས་ཐོག་འཚོལ་སྡུད།

《ཞིང་སྨན་ངོ་དམ་སྲོལ་ཡིག》གི་གཏན་འབེབས་ལྟར་དུ། ཞིང་སྨན་ཚོང་གཉེར་བྱེད་མཁན་གྱིས་ཞིང་སྨན་གྱི་སྙིགས་རོ་ཕྱིར་སྡུད་བྱེད་དགོས། ཞིང་སྨན་གྱི་སྙིགས་རོ་གཅིག་བསྡུས་ཀྱིས་འཛིན་དགོས་པ་དང་། བསྡུ་རུབ་བྱས་པའི་ཐུམ་སྒྲིལ་དངོས་རྫས་བསྐྱུར་རིགས་ལོགས་སུ་ཕྱེ་སྟེ་འཛིན་དགོས། བེད་མེད་དངོས་པོ་ཉར་ཚགས་བྱེད་སའི་ཁོར་ཡུག་གིས་སྐྱེ་ཁམས་ཁོར་ཡུག་ལ་འབབ་བཙོག་བཟོ་མི་རུང་།

3. ཚན་རིག་དང་མཐུན་པའི་བདེ་འཇགས་ཐག་གཅོད།

བསྡུ་རུབ་བྱས་པའི་ཞིང་སྨན་གྱི་བེད་མེད་དངོས་པོ་ཚན་རིག་དང་མཐུན་པའི་སྒོ

ནས་ཐག་གཅོད་བྱེད་པའམ་ཡང་ན་ཐོན་སྐྱེད་ཁེ་ལས་སུ་སྐྱེལ་དགོས། ཡང་ན་ཐག་གཅོད་ཐོབ་ཐང་ཡོད་པའི་ལས་ཁུངས་སུ་བསྐྱལ་ནས་ཚན་རིག་དང་མཐུན་ཞིང་བདེ་འཇགས་ངང་ཐག་གཅོད་བྱེད་པ། དཔེར་ན། དྲོད་ཚད་མཐོན་པོས་མེར་སྲེག་པ་སོགས་ཡིན།

(གསུམ) ཞིང་སྨན་གྱི་སྙིགས་རོ་ཐག་གཅོད་བྱེད་པར་རྒྱུན་འཁྱོངས་བྱེད་དགོས་པའི་རྩ་དོན།

1. ཕྱོགས་གཞན་པར་སྤྱོད་མི་རུང་།

ཐུམ་སྒྲིལ་ཅུང་ཆེ་བའི་སྣོད་ཆས་ནི་ཐོན་སྐྱེད་ཁེ་ལས་ཀྱིས་གཅིག་གྱུར་གྱི་ཕྱིར་སྡུད་དང་གཙང་སེལ་བྱས་རྗེས་ཆེད་སྤྱོད་བྱེད་པ་ཕུད། ཞིང་སྨན་གྱི་སྙིགས་རོ་གཞན་དག་ཕྱིར་སྡུད་བྱས་རྗེས་བཀོལ་སྤྱོད་བྱས་མི་ཆོག

2. དུས་ཐོག་ཏུ་ཐག་གཅོད་བྱེད་པ།

《སྲུ་གཟུགས་ཟོག་རོས་ཡུལ་ཁམས་བཙོག་པས་སྟགས་ཚུལ་འགོག་བཅོས་བྱེད་ཕྱོགས་སྐོར་གྱི་བཅའ་ཁྲིམས》ཀྱི་དོན་ཚན་ང་བརྒྱད་པས་གཏན་འབེབས་བྱས་དོན། ཉེན་ཆེའི་ཟོག་རོ་གསོག་ཉར་བྱེད་སྐབས་ངེས་པར་དུ་རྒྱལ་ཁབ་ཀྱི་ཡུལ་ཁམས་སྲུང་སྐྱོང་གི་ཚད་གཞི་དང་མཐུན་པའི་འགོག་སྲུང་བྱེད་ཐབས་སྤྱོད་དགོས་པར་མ་ཟད། ལོ་གཅིག་ལས་བརྒལ་མི་ཆོག་པ་དང་། ཉེན་ཆེའི་ཟོག་རོ་ཉེན་མེད་ཟོག་རོའི་ཁྲོད་དུ་བསྲེས་ནས་གསོག་ཉར་བྱེད་རིགས་གཏན་འགོག་བྱེད་དགོས། ཞིང་སྨན་ཚོང་གཉེར་བྱེད་མཁན་གྱི་ལས་ཁུངས་ཀྱིས་དུས་ཐོག་ཏུ་ཞིང་སྨན་གྱི་སྙིགས་རོ་བསྡུ་རུབ་བྱེད་དགོས་པར་མ་ཟད། དུས་ཐོག་ཏུ་ཐག་གཅོད་བྱས་ནས་སྙིགས་རོ་མང་པོ་སྤུངས་མི་ཆོག

3. ཚན་རིག་དང་མཐུན་པའི་བདེ་འཇགས་ཐག་གཅོད།

《སྲུ་གཟུགས་ཟོག་རོས་ཡུལ་ཁམས་བཙོག་པས་སྟགས་ཚུལ་འགོག་བཅོས་བྱེད་ཕྱོགས་སྐོར་གྱི་བཅའ་ཁྲིམས》ཀྱི་དོན་ཚན་ང་ལྔ་པར་གཏན་འབེབས་བྱས་དོན། ཉེན་ཆེའི་ཟོག་རོ་ཐོན་སྐྱེད་པའི་ལས་ཁུངས་ཀྱིས་ངེས་པར་དུ་རྒྱལ་ཁབ་ཀྱི་འབྲེལ་ཡོད་གཏན་འབེབས་ལྟར། ཉེན་ཆེའི་ཟོག་རོ་གཙང་བཅོས་བྱེད་དགོས་པ་ལས་རང་འདོད་ཀྱིས་བསྐྱུར་རིགས་དང་སྤུངས་

རིགས་བྱས་མི་ཆོག གཉེར་སྐྱོང་ལས་ཁུངས་ལ་བབ་མཐུན་གྱི་ཚེད་ལས་ཤེས་བྱའི་ནུས་པ་མེད་ཚེ། ཚེད་ལས་སྦྱིག་གཞིར་ཐག་གཅོད་བྱ་རྒྱུར་མངག་བཅོལ་བྱེད་དགོས།

(བཞི) ཐག་གཅོད་བྱེད་ཐབས་གཙོ་བོ།

1. ཐོན་སྐྱེད་བྱེད་མཁན་གྱི་ཁེ་ལས་ལ་སྐྱེལ་ནས་ཐག་གཅོད་དུ་འཇུག་པ།

ཞིང་སྨན་ཐོ་འགོད་བྱས་ཟིན་མོད། འོན་ཀྱང་ཞིབ་བཤེར་བྱས་པ་བརྒྱུད་ནས་ཚད་དང་མི་མཐུན་པའི་ཐོན་རྫས་ཡིན་ན། གཉེར་སྐྱོང་ལས་ཁུངས་དང་ཐོན་སྐྱེད་ཁེ་ལས་ཀྱིས་གྲོས་མོལ་བྱས་རྗེས། ཐོན་སྐྱེད་ཁེ་ལས་ལ་སྐྱེལ་ནས་ཐག་གཅོད་དུ་འཇུག་དགོས།

2. ཚེད་ལས་སྦྱིག་གཞིའི་ཐག་གཅོད།

བེད་མེད་དངོས་རྫས་རྣམས་གཙང་བཅོས་ཐོབ་ཐང་ཡོད་པའི་ལས་ཁུངས་ལ་ཐག་གཅོད་བྱ་རྒྱུར་སྐྱེལ་དགོས། དཔེར་ན། དྲོད་ཚད་མཐོན་པོས་མེར་སྲེག་པ་སོགས་ལྟ་བུ།

ལེའུ་བཞི་པ། རྒྱུན་སྤྱོད་སྐྱེ་དངོས་ཞིང་སྨན་རིགས་འགའི་རྒྱལ་ཁབ་ཀྱི་འགྲོ་ལུས་ཚད་བཀག་ཚད་གཞི།

གཅིག བརྗོད་ཆད་དང་མཚན་ཉིད།

(གཅིག) འཛྲོ་ལུས་དངོས་པོ།

ཞིང་སྨན་བེད་སྤྱོད་བྱེད་དུས་ཟས་རིགས་དང་ཞིང་ལས་ཐོན་རྫས། སྲོག་ཆགས་ཀྱི་གཟན་ཆས་ཁྲོད་དུ་ཚེད་དམིགས་ཀྱི་དངོས་པོ་གང་ཟུང་འབྱུང་བ་དང་། དེའི་ནང་དུ་དུག་ལྡན་གནས་ལུགས་རིག་པའི་དོན་སྙིང་ཡོད་པར་འདོད་པའི་ཞིང་སྨན་མཆེད་པའི་སྐྱེ་དངོས་ཏེ། དཔེར་ན། ཞིང་སྨན་འཕོ་འགྱུར་དངོས་པོ་དང་ཉེན་ཚབ་གསར་བྱེད་དངོས་པོ། འགྱུར་འབྱུང་ཐོན་རྫས། ལྷད་རྫས་སོགས་འདུས་སོ། །

(གཉིས) འཛྲོ་ལུས་ཆེས་ཆེ་བའི་ཚད་བཀག

ཟས་རིགས་སམ་ཡང་ན་ཞིང་ལས་ཐོན་རྫས་ཀྱི་ནང་ཁུལ་ལམ་ཡང་ན་ཕྱི་ངོས་སུ་

ཁྲིམས་སུ་བཀོད་པའི་ཞིང་སྨན་གྱི་གར་ཚད་མཐོ་ཤོས་ནི་སྟོང་ཁེ་རེའི་ཟས་རིགས་སམ་ཡང་ན་ཞིང་ལས་ཐོན་རྫས་ཁྲོད་ཀྱི་ཞིང་སྨན་འཕྲོ་ལུས་ཀྱི་ཧའོ་ཁའོ་གྲངས་ཚད་ཀྱིས་མཚོན་དགོས། (ཧའོ་ཁེ/སྟོང་ཁེ)

(གསུམ) བསྐྱར་བྱུང་འཕྲོ་ལུས་ཀྱི་ཚད་བཀག

རྒྱུན་རིང་རང་བཞིན་གྱི་ཞིང་སྨན་སྐོར་ཞིག་བཀོལ་སྤྱོད་བྱས་མི་ཆོག་མོད། འོན་ཀྱང་དུས་ཡུན་རིང་པོར་ཁོར་ཡུག་ནང་དུ་གནས་པས། བཟའ་ཆས་ཁྲོད་དུ་ཡང་བསྐྱར་འཕྲོ་ལུས་བྱུང་བས། ཞིང་སྨན་རིགས་འདིས་བཟའ་ཆས་ལ་འབབ་བཙོག་ཐེབས་པར་ཚོད་འཛིན་བྱེད་ཆེད་ཟས་རིགས་ཁྲོད་དུ་ལུས་པའི་ཚད་བཀག་བཟོས་ཏེ། སྟོང་ཁེ་རེའི་ཟས་རིགས་སམ་ཡང་ན་ཞིང་ལས་ཐོན་རྫས་ཁྲོད་ཀྱི་ཞིང་སྨན་འཕྲོ་ལུས་ཀྱི་ཧའོ་ཁའོ་གྲངས་ཚད་ཀྱིས་མཚོན་དགོས། (ཧའོ་ཁེ/སྟོང་ཁེ)

(བཞི) ཉིན་རེར་སྡུད་ལེན་བྱས་ཆོག་པའི་གྲངས་འབོར།

མིའི་རིགས་ཀྱིས་མི་ཚེ་གང་པོར་ཉིན་རེ་རེར་དངོས་པོ་ག་གེ་མོ་ཞིག་སྡུད་ལེན་བྱེད་བཞིན་ཡོད་ཀྱང་། བདེ་ཐང་ལ་གནོད་འཚེ་ཐེབས་པའི་ཚོད་དཔག་གི་ཚད་གྲངས་མི་འབྱུང་བ་དང་། སྟོང་ཁེ་རེའི་ལྗིད་ཚད་ཀྱིས་འཇལ་ཐུབ་པའི་ཚད་ཀྱིས་མཚོན་བཞིན་ཡོད། (ཧའོ་ཁེ/སྟོང་ཁེའི་ལྗིད་ཚད)

གཉིས། རྒྱུན་སྤྱོད་སྐྱེ་དངོས་ཞིང་སྨན་གྱི་ཟས་རིགས་ཀྱི་བདེ་འཇགས་སྐོར་གྱི་རྒྱལ་ཁབ་ཀྱི་ཚད་གཞི།

(གཅིག) ཨ་ཕེ་ཙུན་སུའུ།

(1) སྤྱོད་སྒོ་གཙོ་བོ་ནི་འབུ་གསོད་སྨན་རྫས་ཡིན།

(2) ཉིན་རེར་སྡུད་ལེན་བྱས་ཆོག་པའི་ལྗིད་ཚད་ཧའོ་ཁེ0.001/སྟོང་ཁེའི་ལྗིད་ཚད།

(3) ལྷག་འཕྲོ་ནི་ཨ་ཕེའི་ཙུན་སུའུ་ཡིན།

(4) ཆེས་ཆེ་བའི་འཕྲོ་ལུས་གྲངས་འབོར་ནི་རེའུ་མིག་དང་པོའི་གཏན་འབེབས་དང་མཐུན་དགོས།

རེའུ་མིག1 ཡ་ལྷིའི་རྩན་སྲུའུ་ཡི་འགྲོ་ལུས་ཆེ་ཤོས་ཀྱི་ཚད་བཀག

ཟས་རིགས་ཀྱི་དབྱེ་བ།	ནུས་མིང་།	ཆེས་ཆེ་བའི་འཇོག་ལུས་ཚད་བཀག(ཧའོ་ཁེ/སྟོང་ཁེ)
སྔོ་ཚལ།	སྔོ་ཚོད་སྣུན་མ།	0.10
	ཚལ་སྒྱིད་སྣུན་ཆེན།	0.05
	ལ་ཕུག	0.01
	ཞུང་མ།	0.02
	ཞོག་ཁོག	0.01
	ཅའོ་པེ།	0.30
ཤིང་འབྲས།	ཚ་ལུ་མ་རིགས་ཀྱི་ཤིང་འབྲས།	0.01
	ཚ་ལུ་མ། (柑)	0.02
	ཚ་ལུ་མ། (橘)	0.02
	ཚ་ལུ་མ། (橙)	0.02
	ཀུ་ཤུ།	0.02
	ལི།	0.02
	ཙོ་རིལ།(གསར་སྐྱེས)	0.05
	འདྲེ་ཚེར་མ།(གསར་སྐྱེས)	0.10
	འབྲི་ཏ་ས་འཛིན།	0.02
	དབྱུང་མ།	0.02
	ཤིང་འབྲས་རིགས་ཀྱི་ཤིང་ཏོག	0.01
	རྒུ་ གུབ།	0.02
ཤིང་འབྲས་སྐམ་པོ།	འདྲེ་ཚེར་མ།(སྐམ་པོ)	0.10
ཤིང་འབྲས།	ཁམ་ཚོག་གི་ནང་སྙིང་།	0.01
	སྦར་ཀ	0.01

ཟས་རིགས་ཀྱི་དབྱེ་བ།	རུས་མིང་།	ཆེས་ཆེ་བའི་འགྲོ་ལུས་ཚད་བཀག(ཏའོ་ཁེ/སྟོང་ཁེ)
འཕྲུང་བུའི་སྐོར།	ཕྲུ་ཚང་མེ་ཏོག	0.10
བྲོ་རྫས།	སུར་པན་སྐམ་པོ། ན་ལེ་ཤམ།	0.20 0.05

(གཉིས) འབུ་འདེད་ལུག་མིག་རྒྱུ།

(1) སྤྱོད་སྒོ་གཙོ་བོ་ནི་འབུ་གསོད་སྨན་རྫས་ཡིན།

(2) ཉིན་རེར་སྤྱད་ལེན་བྱས་ཆོག་པའི་ལྡིད་ཚད་ཏའོ་ཁེ0.04/སྟོང་ཁེའི་ལྡིད་ཚད།

(3) ལྷག་འཛོ་ནི་འབུ་འདེད་ལུག་མིག་རྒྱུIདང་འབུ་འདེད་ལུག་མིག་རྒྱུIIཡིན།

(4) ཆེས་ཆེ་བའི་འགྲོ་ལུས་གྲངས་འབོར་ནི་རེའུ་མིག་གཉིས་པའི་གཏན་འབེབས་དང་མཐུན་དགོས།

རེའུ་མིག2 འབུ་འདེད་ལུག་མིག་རྒྱུ་ཡི་འགྲོ་ལུས་ཆེ་ཤོས་ཀྱི་ཚད་བཀག

ཟས་རིགས་ཀྱི་དབྱེ་བ།	རུས་མིང་།	ཆེས་ཆེ་བའི་འགྲོ་ལུས་ཚད་བཀག(ཏའོ་ཁེ/སྟོང་ཁེ)
འབྲུ་རིགས།	འབྲས། གྲོ།	0.30 0.30
འབྲུ་རིགས་གཙོ་བོའི་སྐོར།	མ་རྨོས་ལོ་ཏོག ཀའོ་ལིའང་། ཁྲེ། དཀྱུས་འབྲུའི་སྐོར།	0.30 0.30 0.30 0.10
སྣུམ་རྒྱུ་དང་སྣུམ་ཚིལ།	བ་དམ།	0.50

ཟས་རིགས་ཀྱི་དབྱེ་བ།	རྫས་མིང་།	ཆེས་ཆེ་བའི་འགྲོ་ལུས་ཚད་བཀག (ཧའོ་ཁི/སྤྱོང་ཁི)
སྔོ་ཚལ།	ལོ་སྒོར་པད་ཚལ།	1.00
	ཀོ་ཕི།	1.00
	སྔོ་སྐྱ།	1.00
	སྔོ་ནག	2.00
	པའོ་ཚལ།	5.00
	ལོ་སྒོར་པད་ཚལ།	5.00
	ཕུར་ནག	5.00
	ཨོ་རྩུས།	5.00
	རྒྱ་རྩི་དཀར་པོ།	1.00
	ལ་ཕུག་གི་ལོ་མ།	1.00
	ཁྲུང་མ།	1.00
	ཇིན་ཚལ།	1.00
	ཀོ་སྙོད།	1.00
	ཚོད་དཀར།	1.00
སྔོ་ཚལ།	ཀྲོ་མ་གྲུའི་རིགས་ཀྱི་སྔོ་ཚལ། རྩ་བ་དང་ཞོག་ཁོག་མངར་ མོའི་རིགས་ཀྱི་སྔོ་ཚལ། ལ་ཕུག གྲུང་ལ་ཕུག ཁྲུང་མ།	0.05 0.05 1.00 1.00 1.00
སིལ་ཏོག	ཚ་ལུ་མ་རིགས་ཀྱི་ཤིང་འབྲས།	0.05

ཟས་རིགས་ཀྱི་དབྱེ་བ།	རྫས་མིང་།	ཚེས་ཆེ་བའི་འགྲོ་ལུས་ཚད་བཀག (ཏའོ་ཁེ/སྟོང་ཁེ)
ཤིང་འབྲས་སྐམ་པོ།	སྐམ་བཟོས་ཤིང་འབྲས།	0.20
	ཤིང་འབྲས།	0.50
གྲོ་ཐོས།	ན་ལེ་ཤམ།	0.50

(གསུམ) སྦིད་དམར་བུལ་ཏོག

(1) སྤྱོད་སྒོ་གཙོ་བོ་ནི་འབུ་གསོད་སྨན་རྫས་ཡིན།

(2) ཉིན་རེར་སྦྱོད་ལེན་བྱས་ཆོག་པའི་ལྡིད་ཚད་ཏའོ་ཁེ0.01/སྟོང་ཁེའི་ལྡིད་ཚད།

(3) ལྷག་འགྲོ་ནི་སྦིད་དམར་བུལ་ཏོག་ཡིན།

(4) ཚེས་ཆེ་བའི་འགྲོ་ལུས་གྲངས་འབོར་ནི་རེའུ་མིག་གསུམ་པའི་གཏན་འབེབས་དང་མཐུན་དགོས།

རེའུ་མིག3 སྦིད་དམར་བུལ་ཏོག་གི་འགྲོ་ལུས་ཆེ་ཤོས་ཀྱི་ཚད་བཀག

ཟས་རིགས་ཀྱི་དབྱེ་བ།	རྫས་མིང་།	ཚེས་ཆེ་བའི་འགྲོ་ལུས་ཚད་བཀག(ཏའོ་ཁེ/སྟོང་ཁེ)
སྔོ་ཚལ།	ཀླུམ་སྲིལ་ཚོད་དཀར།	5.00
	ཏོང་ཀུབ།	5.00
ཤིང་ཏོག	ཚ་ལུ་མ།(柑)	1.00
	ཚ་ལུ་མ།(橘)	1.00
	ཚ་ལུ་མ།(橙)	1.00
	ལི།	5.00

(བཞི) ཡུན་ལེན་རྒྱ།

(1) སྦྱོད་སྒོ་གཙོ་བོ་ནི་འབུ་གསོད་སྨན་རྫས་ཡིན།

(2) ཉིན་རེར་སྤྱད་ལེན་བྱས་ཆོག་པའི་ཕྱིད་ཚད་ཧྲའོ་ཁེ0.01/སྟོང་ཁེའི་ཕྱིད་ཚད།

(3) ལྷག་འཁྲོ་ནི་ཡུན་ལེན་རྒྱ་ཡིན།

(4) ཆེས་ཆེ་བའི་འཁྲོ་ལུས་གྲངས་འབོར་ནི་རེའུ་མིག་བཞི་པའི་གཏན་འབེབས་དང་མཐུན་དགོས།

རེའུ་མིག4 ཡུན་ལེན་རྒྱའི་འཁྲོ་ལུས་ཆེ་ཤོས་ཀྱི་ཚད་བཀག

ཟས་རིགས་ཀྱི་དབྱེ་བ།	རུས་མིང་།	ཆེས་ཆེ་བའི་འཁྲོ་ལུས་ཚད་བཀག(ཧྲའོ་ཁེ/སྟོང་ཁེ)
སྟོ་ཚལ།	ཀླུམ་སྒྲིལ་ཚོད་དཀར།	0.10
ཇའི་རིགས།	ཇ་ལོ།	1.00

(ལྔ) ཉ་སྨ་ཐོན།

(1) སྦྱོད་སྒོ་གཙོ་བོ་ནི་འབུ་གསོད་སྨན་རྫས་ཡིན།

(2) ཉིན་རེར་སྤྱད་ལེན་བྱས་ཆོག་པའི་ཕྱིད་ཚད་ཧྲའོ་ཁེ0.0004/སྟོང་ཁེའི་ཕྱིད་ཚད།

(3) ལྷག་འཁྲོ་ནི་ཉ་སྨ་ཐོན་ཡིན།

(4) ཆེས་ཆེ་བའི་འཁྲོ་ལུས་གྲངས་འབོར་ནི་རེའུ་མིག་ལྔ་པའི་གཏན་འབེབས་དང་མཐུན་དགོས།

རེའུ་མིག5 ཉ་སྨ་ཐོན་གྱི་འཁྲོ་ལུས་ཆེ་ཤོས་ཀྱི་ཚད་བཀག

ཟས་རིགས་ཀྱི་དབྱེ་བ།	རུས་མིང་།	ཆེས་ཆེ་བའི་འཁྲོ་ལུས་ཚད་བཀག(ཧྲའོ་ཁེ/སྟོང་ཁེ)
སྟོ་ཚལ།	ཀླུམ་སྒྲིལ་ཚོད་དཀར།	0.50